BREHMS SCHÖNSTE TIERGESCHICHTEN

BEARBEITET VON THEODOR ETZEL

BREHMS

schönste Tiergeschichten

MIT PHOTOS VON DR. BERNHARD UND MICHAEL GRZIMEK

Genehmigte Lizenzausgabe für den Kreis der Quelle=Bücherfreunde

Umschlagentwurf und Einband Herbert Günther

Federzeichnungen von Käthe Olshausen=Schönberger

Gestaltung des Vorsatzpapiers von Almut Werner Seeck, Berchtesgaden

Fotonachweis am Schluß des Buches

Printed in Germany · Herstellung Ebner, Ulm=Donau

Inhaltsverzeichnis

ALFRED BREHM GEWIDMET

Erinnern wir uns nicht an das verlorene Paradies, wenn wir unsere Kinder mit jungen Tieren spielen sehen?

Denkt jemand von uns Stadtmenschen noch daran, daß die Tiere einen Schöpfungstag älter sind als wir? Oder denken wir uns das Tier nur noch als wichtigen Bestandteil unseres täglichen Speisezettels? Das wäre sehr schade.

Denn wir versäumen viel, wenn wir uns nicht mit unserer so sehr lebendigen Umwelt beschäftigen, mit dem Werden und Vergehen draußen in der Natur, die uns kein Kino und kein Fernsehen weg= nehmen kann. Dort können wir vieles verstehen lernen; wir finden manchen Trost und viele, viele Freude. Wenn wir die Natur beobach= ten und mit den Tieren umgehen, leben wir bewußter. Wir spüren den Zusammenhang. Dieses Buch will uns allen die Anregung dazu geben. Gute Tierbücher gibt es viele. Freuen wir uns darüber und besonders über dieses. Denn wenn es eine klassische Ausgabe in dieser Literatur gibt, dann ist es „Brehms Tierleben".

Diese Sammlung bringt eine sorgsame Auswahl der schönsten Ge= schichten aus diesem zur Weltliteratur gewordenen Standardwerk und zwar aus der zweiten Auflage, welche Alfred Brehm in den Jahren 1876 bis 1879 noch selbst besorgt hat.

Sicher hat seitdem die Wissenschaft neue Erkenntnisse hinzugewon=
nen. Unnachahmlich ist aber der Reiz dieser liebevollen Beobachtun=
gen und spannender Schilderungen geblieben. Wir begegnen hier
nicht dem verniedlichten oder phantasievoll umdichteten Tier, son=
dern wir sehen, wie es in seiner Umwelt lebt, wie es um sein Dasein
kämpft, wie es dem Menschen begegnet. Hier ist die Wirklichkeit
ergreifender als alle Dichtung!

Über die ganze Erde führen uns diese charakteristischen Brehm=Erzäh=
lungen. Wir haben Spaß an den Tieren im Haus und staunen über die
exotischen Tiere in fernen Ländern. Der Wunsch wird in uns wach,
das alles mit eigenen Augen zu sehen. Und das ist das Schönste, was
sich dieses Buch wünschen kann.

In diesem Sinne wollen auch die sorgfältig ausgewählten Bilder be=
kannter Tierfotografen uns zum Schauen anregen und eine Verbin=
dung zu unserer Zeit herstellen.

Beides, Wort und Bild, wollen helfen, dieses Buch zu einem Geschenk
für die ganze Familie zu machen. Alt und jung sollen Freude daran
haben und „Brehms schönste Tiergeschichten" zu ihren liebsten
Büchern stellen.

DER VERLAG

Mein Schimpanse

Als er in unserem Tiergarten ankam, befand er sich in trauriger Ver=
fassung. Er war von der Reise völlig erschöpft, krank, an Körper und
Verstand herabgekommen, und verlangte eine Pflege, wie man sie
sonst nur einem kranken Menschenkind angedeihen läßt. Kaum aber
war die Krankheit überwunden, zeigte er sich in einem ganz anderen
Licht.

Vom frühen Morgen bis zum Abend ist er tätig, immer beschäftigt
er sich mit irgend etwas, und wenn die Beschäftigung nur darin be=
steht, daß er sich mit den Händen auf die Fußsohlen klatscht, genüg=
sam und vergnügt wie jedes kleine Menschenkind.

In der Regel geht er auf allen Vieren und hält den Rumpf dabei
schief, indem er sich mit den Händen auf die Knöchel stützt und ent=
weder ein Hinterbein zwischen die Vorderarme und eines nach außen
setzt oder beide Hinterbeine zugleich zwischen die Vorderarme schiebt.
Trägt er jedoch etwas, so richtet er sich fast zu voller Höhe auf, stützt
sich nur mit einer Hand auf den Boden und bewegt sich dann nicht
weniger geschickt. Wirklich aufrecht, also auf beiden Beinen allein,
ohne sich mit den Armen zu stützen, geht er nur dann, wenn er in
besondere Erregung gerät, wenn er z. B. glaubt, daß der Pfleger sich
von ihm entfernen wolle, ohne ihn mitzunehmen. Dabei hält er die
im Armgelenk gebogenen Hände seitlich nach oben, um das Gleich=

gewicht herzustellen. Der Gang auf allen Vieren sieht ziemlich holperig aus, bringt ihn aber verhältnismäßig schnell vom Fleck, jedenfalls schneller als ein Mensch zu laufen imstande ist. Wirkliche Behendigkeit entfaltet er aber doch nur beim Klettern. Er klettert wie ein Mensch, nicht wie ein Tier; mit dem Arm ergreift er einen Ast und schwingt sich nun mit überraschender Gewandtheit über ziemlich weite Strecken weg, macht auch große Sprünge, immer aber so, daß er mit einer Hand oder mit beiden einen neuen Halt ergreifen kann. Die Füße spielen dabei eine untergeordnete Rolle.

Den ganzen Tag macht sich mein Schimpanse mit seinem Turngerät zu schaffen, und er weiß ihm immer neue Seiten der Verwendung abzugewinnen. Minutenlang schaukelt er sich mit Behagen, klettert an der hängenden Leiter auf und nieder, setzt sie in Schwung, hangelt am Reck hin und her und führt die schwierigsten Turnkunststücke mit großer Fertigkeit aus, ohne jemals darin unterrichtet worden zu sein. Unsicher gebärdet er sich nur, wenn er auf einen Gegenstand klettert, der ihm nicht fest genug zu sein scheint; ein wackliger Stuhl z. B. erregt sein höchstes Mißtrauen. Bei allem, was er tut, fällt den Händen die hauptsächlichste Leistung zu. Mit ihnen untersucht und betastet er alles, mit ihnen ergreift er Gegenstände, während der Fuß nur aushilfsweise als Greifwerkzeug benutzt wird. Er gebraucht die Hände im wesentlichen so wie der Mensch. Der einzige Unterschied besteht darin, daß er die einzelnen Finger der Hand unter sich weniger als der Mensch bewegt. Gewöhnlich greift er mit dem Daumen und der ganzen übrigen Hand zugleich zu.

Mein Schimpanse kennt seine Freunde genau und unterscheidet sie sehr wohl von Fremden, befreundet sich aber mit allen, die ihm liebreich entgegenkommen. Am behaglichsten fühlt er sich im Kreis der versammelten Familie, namentlich wenn er aus einem Zimmer ins andere gehen, Türen öffnen und schließen kann oder sich sonstwie zu unterhalten vermag. Man sieht es ihm förmlich an, wie gehoben er sich fühlt, wenn er sich unter wohlwollenden Menschen frei bewegen und mit ihnen am Tisch sitzen darf. Merkt er, daß man auf seine Scherze eingeht, so beginnt er mit den Händen auf den Tisch zu klopfen und freut sich höchlich, wenn die anderen auch mittun. Er untersucht alles genau, öffnet die Ofentür, um das Feuer zu betrachten, zieht die Kissen und Schachteln hervor, kramt sie aus und spielt mit

dem, was er darin findet, vorausgesetzt, daß es ihm nicht verdächtig erscheint; denn er ist überaus ängstlich und kann sich vor einem Gummiball entsetzen. Sehr genau merkt er, ob er beobachtet wird oder nicht. Im ersten Fall tut er nur das, was ihm erlaubt ist, im anderen gestattet er sich manchen Übergriff, gehorcht aber auf das bloße Wort hin, wenngleich nicht immer sofort. Lob feuert ihn an, besonders beim Turnen, und er erweist sich dankbar, indem er, ohne dazu abgerichtet worden zu sein, den Arm zärtlich um die Schulter des Pflegers legt und ihm die Hand oder auch einen Kuß gibt. Dasselbe tut er, wenn er abends aus seinem Käfig genommen und ins Zimmer gebracht wird. Er kennt die Zeit, und schon eine Stunde bevor er zurückgebracht wird, zeigt er sich höchst unruhig. In dieser letzten Stunde darf sich der Pfleger nicht von ihm entfernen, ohne daß er in Klagen ausbricht und sich mitunter wahrhaft verzweifelt gebärdet, sich auf den Boden wirft, mit Händen und Füßen strampelt und ein unerträgliches Kreischen ausstößt. Dabei beobachtet er genau, wohin der Pfleger geht. Wird er aber getragen, so setzt er sich wie ein Kind auf den Arm seines Pflegers, schmiegt den Kopf an seine Brust und scheint sich sehr behaglich zu fühlen. Von nun an hat er anscheinend bloß den einen Gedanken, sobald als möglich auf sein Zimmer zu kommen, setzt sich hier auf das Sofa und betrachtet seinen Freund mit treuherzigem Blick, als wollte er aus seinen Gesichtszügen erforschen, ob er ihm heute abend wohl Gesellschaft leisten oder ihn allein lassen würde. In letzterem Fall schneidet er ein sehr betrübtes Gesicht, stößt die Lippen vor, schreit jammernd auf, klettert an dem Pfleger empor und hält sich krampfhaft an ihm fest.

Kindern gegenüber benimmt er sich liebenswürdig. Er ist überhaupt nicht bösartig und behandelt jedermann freundlich, Kinder aber mit besonderer Zuneigung, und dies um so mehr, je kleiner sie sind. Als er zum erstenmal meinem sechs Wochen alten Töchterchen gezeigt wurde, betrachtete er das Kind zunächst mit großem Erstaunen, berührte dann das Gesicht überaus zart mit einem Finger und reichte schließlich freundlich die Hand hin. Gegen seinesgleichen benimmt er sich weniger freundlich. Ein junges Schimpansenweibchen, das ich früher einmal pflegte, zeigte, als ich ihm ein junges Männchen seiner Art beigesellte, keinerlei Teilnahme, nichts von Freude oder Freund= schaft, im Gegenteil, es behandelte das schwächere Männchen sehr schlecht, versuchte es zu schlagen, zu kneifen und auf alle mögliche Weise zu mißhandeln, so daß beide getrennt werden mußten.

Bis in die späte Nacht, d. h. solange das Zimmer beleuchtet wird, ist mein Schimpanse munter. Das Abendbrot schmeckt ihm am besten, und sobald er ins Zimmer gebracht worden ist, kann er es kaum er= warten, daß die Wirtschafterin ihm den Tee bringt. Erscheint sie nicht gleich, so geht er zur Tür und klopft laut an; kommt sie dann, so be= grüßt er sie mit freudigem „oh, oh!" und bietet ihr auch gleich die Hand. Tee und Kaffee schätzt er sehr, jenen stark versüßt und mit Rum, aber er genießt überhaupt alles, was auf den Tisch kommt, und läßt sich auch ein Glas Bier vortrefflich munden. Beim Essen stellt er sich auf das Sofa, stützt beide Hände auf den Tisch oder legt sich mit dem einen Arm auf, nimmt mit der anderen Hand die Tasse und schlürft sie mit Behagen leer; dann erst geht er zu den eingebrockten Brotstückchen über. Soweit er sie so erlangen kann, zieht er sie mit den Lippen an sich; geht es auf die Neige, so bedient er sich nicht ungeschickt des Löffels, da er mit den Händen nicht zulangen darf. Solange er ißt, schweifen seine Augen ununterbrochen überall umher. Gelegentlich hat er auch absonderliche Gelüste, so z. B. eine Handvoll Salz oder Erde oder ein Stück Kreide. Nachdem er gespeist hat, will er sich noch ein wenig vergnügen, jedenfalls noch nicht zu Bett gehen. Er holt sich ein Stück Holz vom Ofen oder zieht die Hausschuhe seines

Pflegers über die Hände und rutscht so im Zimmer umher, nimmt ein Hand= oder Taschentuch, hängt es sich um oder scheuert das Zimmer damit. Scheuern, Putzen, Wischen sind Lieblingsbeschäftigungen von ihm, und wenn er einmal ein Tuch erwischt hat, läßt er es sich nur ungern wieder abnehmen. Zu Anfang war er sehr unreinlich, hat sich aber bald daran gewöhnt, seinen Käfig, das Zimmer und das Bett nicht mehr zu beschmutzen; und wenn er einmal versehentlich in Schmutz getreten ist, zeigt er sich sehr verdrießlich, betrachtet mit entschiede= nem Ekel den Fuß, hält ihn so weit wie möglich von sich ab, schüttelt ihn und nimmt dann eine Handvoll Heu, um sich damit zu reinigen. Es ist sogar bemerkt worden, daß er das Heu nachher zur Tür seines Käfigs hinauswarf.

Sobald das Licht ausgelöscht wird, legt er sich zu Bett, weil er sich im Dunkeln fürchtet. In schwülen Sommernächten ruht er langge= streckt auf dem Rücken, beide Hände unter den Kopf gesteckt; im Winter kauert er sich zusammen. Sobald der Tag anbricht, ist er wieder munter.

Mit anderen Tieren pflegt er wenig Umgang; größere fürchtet er, kleinere mißachtet er. Im selben Zimmer mit meinem Schimpansen befindet sich ein Graupapagei, mit dem er sich gern zu schaffen macht. So furchtsam er selbst nun ist, kann er es doch nie unterlassen, diesen zu ängstigen. Leise schleicht er sich an den Käfig heran und hebt plötz= lich eine Hand hoch, um ihn zu erschrecken. Der Papagei aber fürchtet ihn schon lange nicht mehr und macht zur Antwort nur „Pst, Pst!". Vor Schlangen, Fröschen und Molchen hat der Schimpanse eine lä= cherliche Furcht; ich zeigte ihm einmal Krokodile, da rief er ängstlich: „Oh, oh!" und suchte sich schleunigst zu entfernen; lasse ich ihn Schlangen durch ein Glas betrachten, so stößt er denselben Ruf aus, entflieht jedoch nicht, weil er genau weiß, daß das Glas ihn schützt. Nehme ich aber eine Schlange oder eine Schildkröte in die Hand, so verschwindet er, so schnell er kann.

Heute, da ich meine damaligen Aufzeichnungen überlese, ist mein lieber Schimpanse schon längst tot. Eine Lungenentzündung hat sei= nem Dasein ein Ende gemacht. Ich habe mehrere Schimpansen krank und einige von ihnen sterben gesehen, keiner aber hat sich in seinen letzten Lebenstagen so menschlich benommen wie dieser eine. Er genoß die sorgsamste Pflege mehrerer Ärzte; einer von ihnen schreibt:

„In hohem Grad überraschte mich der Eindruck, den der kranke Affe auf mich machte. Bis an den Kopf in sein Deckbett gehüllt, lag er ruhig und teilnahmslos gegen alles, was um ihn her vorging, auf seinem Lager, den Ausdruck schweren Leidens im Antlitz, von Hustenanfällen geplagt und zeitweise unter Schmerzensseufzern die Augen aufschlagend. Nach Beratung mit einem Berufsgenossen entschlossen wir uns zu einer Operation. Dies war leicht bedacht, aber schwer getan. Jede Bewegung des leidenden Tieres während der Operation konnte dem Messer eine tödliche Richtung geben. Betäubung durch Chloroform war infolge der schweren Erkrankung der Lunge nicht möglich; wir gingen ans Werk. Vier Männer sollten das Tier festhalten. Umsonst: der Schimpanse schleuderte die Leute zur Seite und hörte nicht eher zu toben auf, bis wir die vermeintlichen Peiniger entfernt hatten. Was durch Zwangsmittel nicht zu erreichen war, sollte zu unserem Erstaunen freiwillig gewährt werden. Beruhigt durch Zureden und Liebkosungen, beugte der Affe, auf dem Schoß seines Pflegers sitzend, den Kopf rückwärts und ließ sich willig in dieser Stellung festhalten. Die erforderlichen Schnitte waren rasch geführt; das Tier zuckte nicht einmal und gab auch keinen Laut des Schmerzes von sich. Ein Ausdruck der Freude und des Besserbefindens prägte sich nach der Operation in den Zügen des Kranken aus, und dankbar reichte er uns beiden die Hand und umarmte seinen Wärter.

Leider gelang es nicht, sein Leben zu retten. Die Lungenentzündung griff weiter um sich. So heldenmütig und verständig das kranke Tier sich während der wundärztlichen Behandlung gezeigt hatte, so willig und folgsam nahm es die ihm gereichten Arzneien, so sanft und geduldig erschien er in seinen letzten Stunden. Er starb wie ein Mensch, nicht wie ein Tier stirbt."

———

Sieht dieser Bartaffe nicht furchterregend aus? Aber der Anschein trügt: in Wirklichkeit ist er harmlos und von jung an aufgezogen sogar sehr gelehrig.

Joe, der Unzähmbare

Der Afrikaforscher Du=Chaillu erzählt von einem gefangenen jungen Gorilla: Am 4. Mai lieferten ihn einige Neger ein, die in meinem Auf= trage gejagt hatten. Ich kann unmöglich die freudige Aufregung be= schreiben, die mich erfaßte, als man das kleine Scheusal ins Einge= borenendorf brachte. Alle Beschwerden und Entbehrungen, die ich in Afrika ausgehalten hatte, waren im Augenblick vergessen. Der Affe war erst etwa drei Jahre alt, aber so wütend und halsstarrig, wie nur einer seiner erwachsenen Genossen hätte sein können. Meine Jäger fingen ihn im Land zwischen dem Rembo und dem Vorgebirge St. Ka= tharina.

Nach ihrem Bericht gingen sie zu fünft nahe einer Ortschaft an der Küste lautlos durch den Wald, hörten ein Geknurre, das sie sofort als das Rufen eines jungen Gorilla nach seiner Mutter erkannten, und folgten dem Schrei. Mit den Gewehren in der Hand schlichen sie vor= wärts dem Dickicht des Waldes zu. Sie wußten, daß die Mutter in der Nähe sein würde, und daß sie unter Umständen auch mit dem ge= fürchteten Männchen es zu tun bekommen konnten; trotzdem be= schlossen sie, alles aufs Spiel zu setzen, um womöglich das Junge lebend einzufangen. Beim Näherkommen bot sich ihnen ein seltener Anblick. Das Junge saß einige Schritte entfernt von seiner Mutter auf dem Boden und pflückte Beeren. Die Alte schmauste von denselben Früchten. Die Jäger machten sich zum Feuern fertig, und die Alte er= blickte sie, als sie eben die Gewehre erhoben. Glücklicherweise erleg= ten sie die Mutter mit dem ersten Schuß.

Dieser junge Gorilla zeigt ein noch kindliches Gesicht und läßt nicht ahnen, daß er ausgewachsen zu einem Koloß bis zu 350 kg wird.

Das Junge, erschreckt durch den Knall der Gewehre, eilte zu seiner toten Mutter, hängte sich an sie, umklammerte ihren Leib und versteckte sein Gesicht. Als aber die Jäger herbeieilten, verließ es den Leichnam und kletterte an einem schmalen Baum mit großer Behendigkeit empor. Oben brüllte es wütend auf seine Verfolger herunter. Doch die Leute ließen sich nicht verblüffen. Man hieb den Baum um, deckte, als er fiel, schnell ein Kleid über den Kopf des seltenen Wildes und konnte es nun leicht fesseln. Doch der kleine Gorilla, seinem Alter nach noch ein Kind, war bereits erstaunlich kräftig und nichts weniger als gutartig, so daß die Leute nicht imstande waren, ihn zu führen. Sie mußten seinen Hals in eine Holzgabel stecken, die vorn verschlossen wurde und als Zwangsmittel diente. So kam der Gorilla in das Dorf. Große Aufregung bemächtigte sich aller Gemüter.

Als der Gefangene aus dem Boot gehoben wurde, brüllte und bellte er und schaute aus bösen Augen wild um sich, als wollte er uns seiner Rache versichern. Ich sah, daß die Gabel seinen Nacken verwundet hatte, und ließ deshalb schnell einen Käfig für ihn anfertigen. Nach zwei Stunden hatten wir ein festes Bambushaus für ihn gebaut und konnten ihn nun in Ruhe beobachten. Er war ein junges Männchen, für sein Alter mit einer merkwürdigen Kraft ausgerüstet. Gesicht und Hände waren schwarz, die Augen jedoch noch nicht so tief eingesunken wie bei den alten Tieren, Brust und Bauch dünner, die Arme länger behaart. Das Haar der Brauen und an den Armen war rötlichbraun, die Oberlippe war mit kurzen Haaren bedeckt, die untere mit einem kleinen Bart, grauweißes Haar bedeckte den Nacken.

Ich versuchte nun, mich mit dem kleinen Burschen, den ich Joe benannte, im Käfig zu befreunden und sprach ihm ermunternd zu. Er stand in der fernsten Ecke; sowie ich mich näherte, sprang er wütend auf mich zu und bellte. Obgleich ich mich so schnell als möglich zurückzog, erreichte er doch meine Beinkleider, zerriß sie und floh nach seinem Winkel. Dies lehrte mich Vorsicht, doch gab ich die Hoffnung, ihn zu zähmen, nicht auf. Meine erste Sorge war natürlich, Futter für ihn zu beschaffen. Ich ließ Waldbeeren holen und reichte sie ihm mit Wasser; doch wollte er weder essen noch trinken, bevor ich mich ziemlich weit entfernt hatte.

Am zweiten Tag war Joe wilder als am ersten, fuhr auf jeden los, der nur einen Augenblick vor seinem Käfig stand, und schien geson-

nen, uns alle in Stücke zu zerreißen. Ich brachte ihm einige Pisang=
blätter, von denen er die weichen Teile fraß. Am dritten Tage war er
noch mürrischer und wütender, bellte jeden an und zog sich entweder
nach seinem fernen Winkel zurück oder schoß angreifend vor.

Am vierten Tag glückte es ihm, zwei Bambusstäbe auseinanderzu=
schieben und zu entfliehen. Als ich mein Haus betrat, wurde ich durch
ein ärgerliches Brüllen begrüßt, das unter meiner Bettstelle hervor=
kam. Es war Joe, der hier lag und alle meine Bewegungen scharf be=
obachtete. Rasch schloß ich die Fenster und rief meine Leute herbei,
das Tor zu besetzen. Als Freund Joe dies sah, bekundete er eine gren=
zenlose Wut: seine Augen funkelten, der ganze Leib bebte vor Zorn,
und so kam er unter dem Bett hervor. Wir schlossen das Tor und
ließen ihm das Feld und zogen es vor, lieber einen Plan zu seiner
Gefangennahme zu entwerfen als uns seinen Zähnen auszusetzen.
Es war kein Vergnügen, ihn wieder zu fangen: er war schon so stark
und wütend, daß ich selbst einen Faustkampf mit ihm scheute. Mitten
im Raum stand der Gesell und schaute grimmig auf seinen Feind,
untersuchte nebenbei aber voll Neugier die Einrichtungsgegenstände.
Ich fürchtete, daß das Ticken meiner Uhr sein Ohr erreichen und ihn
zum Angriff auf diesen unschätzbaren Gegenstand begeistern würde
oder daß er hinter meine Sammlungen geraten möchte. Endlich, als er
sich etwas beruhigt hatte, schleuderten wir ihm glücklich ein Netz
über den Kopf. Der junge Unhold brüllte fürchterlich und tobte unter
seinen Fesseln. Ich warf mich schließlich auf seinen Nacken, zwei
Mann faßten seine Arme, zwei andere die Beine, und dennoch machte
er uns viel zu schaffen. So schnell als möglich trugen wir ihn nach
seinem inzwischen ausgebesserten Käfig zurück und bewachten ihn
jetzt sorgfältiger.

Niemals sah ich ein so wütendes Tier wie diesen Affen. Er fuhr auf
jeden los, der sich ihm näherte, biß in die Bambusstäbe und schaute
mit bösen Augen um sich. Weder durch Hunger noch durch die ver=
lockendsten Speisen war er zu bändigen. Als er ein zweites Mal durch=
brach und mit vieler Mühe wieder gefangen und daraufhin in Ketten
gelegt wurde, fand man ihn einige Tage später tot in seinem Ge=
fängnis.

Das Orang-Utan-Kind

Im Sumpfgebiet der Insel Borneo erbeutete der Naturforscher Wallace einen jungen Orang=Utan lebendig. Von Dajaks, den Eingeborenen, herbeigerufen, sah er einen großen Meias, wie der Affe dort genannt wird, sehr hoch auf einem Baum sitzen und erlegte ihn mit drei Schüs= sen. Während die Leute ihn zurüsteten, um ihn nach Hause zu tragen, entdeckte er noch ein Junges, das mit dem Kopf im Sumpf steckte. Das kleine Geschöpf hatte wahrscheinlich am Hals der Mutter gehan= gen, als sie vom Baum herabfiel. Es schien nicht verwundet worden zu sein und, nachdem sein Mund vom Schlamm gesäubert worden war, fing es an zu schreien und schien kräftig und lebhaft. Als ich es nach Hause trug, berichtet der Naturforscher, geriet es mit seinen Händen in meinen Bart und faßte so fest hinein, daß ich große Mühe hatte, freizukommen; denn die Orang=Utanfinger sind am letzten Gelenk hakenartig nach innen gebogen. Der Kleine hatte noch keinen einzigen Zahn; jedoch kamen einige Tage darauf die beiden unteren Vorderzähne zum Vorschein. Unglücklicherweise konnte ich keine Milch beschaffen, da weder Malaien noch Chinesen noch Dajaks dieses Nahrungsmittel verwenden, und vergeblich bemühte ich mich um ein weibliches Tier, das mein Kleines hätte säugen können. Ich sah mich daher genötigt, ihm Reiswasser aus der Saugflasche zu geben. Dies war eine magere Kost, und das kleine Geschöpf gedieh auch nicht gut dabei, obgleich ich gelegentlich Zucker und Kokosnußmilch hinzu= fügte, um die Atzung nahrhafter zu machen. Wenn ich meinen Finger in seinen Mund steckte, saugte es mit großer Kraft, zog seine Backen mit aller Macht ein und strengte sich vergeblich an, etwas Milch her= auszuziehen, und erst nachdem es dies eine Zeitlang getrieben hatte, gab es die Sache mißmutig auf und fing ganz wie ein Kind unter ähn= lichen Umständen zu schreien an. Liebkoste und wartete man es, so war es ruhig und zufrieden; sowie man es aber ablegte, schrie es stets, namentlich in den ersten Nächten, die es unter großer Unruhe ver= brachte. Ich machte einen kleinen Kasten als Wiege zurecht, und legte ihm eine weiche Matte hinein, die täglich gewechselt und gereinigt wurde, fand es jedoch sehr bald nötig, auch den kleinen Meias zu waschen. Diese Behandlung gefiel ihm, nachdem er sie einigemale durchgemacht hatte, so wohl, daß er zu schreien begann, sobald er schmutzig war, und nicht eher aufhörte, bis ich ihn nach dem Brunnen trug. Beim ersten kalten Wasserstrahl strampelte er und schnitt komische Grimassen, doch beruhigte er sich bald, wenn das Wasser über seinen Kopf lief. Das Abwaschen und Trockenreiben liebte er sehr, und vollkommen glücklich schien er zu sein, wenn ich sein Haar bürstete. Dann lag er ganz still und streckte Arme und Beine von sich.

In den ersten Tagen klammerte er sich mit allen Vieren ängstlich an alles, was er packen konnte, und ich mußte meinen Bart sorgfältig vor ihm hüten, da seine Finger das Haar hartnäckiger als irgend etwas festhielten, und ich mich ohne Hilfe unmöglich von ihm befreien konnte. Wenn er aber ruhig war, tastete er mit den Händen in der Luft umher und versuchte, irgend etwas zu ergreifen. Gelang es ihm, einen Stock oder einen Lappen mit zwei Händen und womöglich noch mit einem Fuß zu fassen, so war er glücklich. In Ermangelung eines Besseren ergriff er oft seine eigenen Füße, oder er kreuzte seine Arme und packte mit jeder Hand das lange Haar unter der entgegengesetzten Schulter. Bald aber ließ seine Kraft nach, und ich mußte auf Mittel sinnen, ihn zu üben und seine Glieder zu stärken. Zu diesem Zweck verfertigte ich ihm eine kurze Leiter mit drei oder vier Sprossen und hing ihn daran. Zuerst gefiel ihm das; aber er konnte mit Händen und Füßen in keine bequeme Lage kommen, löste eine Hand nach der anderen los, bis er zuletzt auf den Boden fiel. Manchmal, wenn er nur an zwei Händen hing, ließ er eine los und kreuzte sie nach der gegenüberliegenden Schulter, um hier sein eigenes Haar zu packen; dann ließ er auch die andere los, fiel herab, kreuzte beide Arme und lag zufrieden auf dem Rücken. Da ich sah, daß er Haare so gern hatte, bemühte ich mich, ihm eine künstliche Mutter herzustellen, indem ich ein Stück Büffelhaut zu einem Bündel zusammenschnürte und niedrig über dem Boden aufhing. Zuerst gefiel ihm das ausgezeichnet, weil er mit seinen Beinen nach Belieben umherzappeln konnte und immer etwas Haar zum Festhalten fand. Meine Hoffnung, die kleine Waise glücklich gemacht zu haben, schien erfüllt. Bald aber erinnerte er sich seiner verlorenen Mutter und versuchte zu saugen. Dazu zog er sich soviel als möglich in die Höhe und suchte überall nach der Saugwarze,

bekam aber nur den Mund voll Haare und Wolle, was ihn verdrieß=
lich machte und zum Schreien veranlaßte. Eines Tages war ihm etwas
Wolle in die Kehle gekommen, und ich fürchtete schon, daß er er=
sticken müßte, nach vielem Keuchen aber erholte er sich wieder. Somit
mußte ich die nachgemachte Mutter entfernen und den letzten Ver=
such, das kleine Tier zu beschäftigen, aufgeben.

Nach der ersten Woche fand ich, daß ich ihn besser mit einem Löffel
füttern und ihm abwechselnde und nahrhaftere Kost reichen konnte.
Eingeweichten Zwieback mit etwas Ei und Zucker gemischt, auch ge=
süßte Kartoffeln aß er gern, und ich hatte immer großes Vergnügen
an seinen drolligen Grimassen, durch die er seine Billigung oder sein
Mißfallen ausdrückte über das, was ich ihm gegeben hatte. Das arme
kleine Geschöpf leckte die Lippen, zog die Backen ein und verdrehte
die Augen mit dem Ausdruck höchster Befriedigung, wenn er den
Mund mit dem, was er besonders liebte, voll hatte, während er ander=
seits den Bissen einige Zeit mit der Zunge im Mund herumdrehte, als
ob er einen Wohlgeschmack daran suchen wolle, und wenn er ihn
nicht süß oder schmackhaft genug fand, regelmäßig wieder ausspie.
Gab man ihm dasselbe Essen fernerhin, so begann er zu schreien und
schlug heftig um sich, genau wie ein kleines Kind im Zorn zu tun
pflegt.

Als ich meinen jungen Meias ungefähr drei Wochen besaß, bekam
ich glücklicherweise einen anderen einheimischen Affen, einen jungen
Makak, der klein, aber sehr lebhaft war und allein fressen konnte.
Die beiden jungen Tiere wurden sogleich die besten Freunde. Keiner
fürchtete sich im geringsten vor dem anderen. Der kleine Makak

setzte sich ohne die mindeste Rücksicht auf den Leib, ja selbst auf das Gesicht des Meias, und während ich diesen fütterte, pflegte jener dabeizusitzen und alles aufzunaschen, was danebenfiel, gelegentlich auch mit seinen Händen den Löffel abzufangen. War ich mit der Atzung fertig, so leckte er die Lippen des Meias begierig ab und riß ihm schließlich das Maul auf, um nachzusehen, ob noch etwas darin sei. Den Leib seines Gefährten betrachtete er wie gesagt als ein bequemes Kissen, und der hilflose Meias ertrug allen Übermut seines Gefährten mit beispielloser Geduld; er schien überhaupt froh zu sein, etwas Warmes in der Nähe zu haben, um das er zärtlich seine Arme schlingen konnte. Nur wenn sein Gespiele weggehen wollte, hielt er ihn so lange, als er konnte, an der beweglichen Haut des Rückens oder Kopfes oder auch am Schwanz fest, und der Makak vermochte sich nur nach vielen kräftigen Sprüngen loszumachen. Merkwürdig war das verschiedene Gebaren dieser zwei Tiere, die im Alter nicht weit auseinander sein konnten. Der Meias benahm sich ganz wie ein kleines Kind, lag hilflos auf dem Rücken, rollte sich langsam hin und her, streckte alle Viere in die Luft in der Hoffnung, irgend etwas zu erhaschen, war aber noch kaum imstande, seine Finger nach einem bestimmten Gegenstand hinzubringen, öffnete, wenn er unzufrieden war, seinen fast zahnlosen Mund und drückte seine Wünsche durch ein sehr kindliches Schreien aus. Der junge Makak war beständig in Bewegung, lief und sprang umher, wann und wo es ihm Vergnügen machte, untersuchte alles, ergriff mit Sicherheit die kleinsten Dinge, erhielt sich mühelos auf dem Rand des Kastens im Gleichgewicht, kletterte an einem Pfahl hinauf und setzte sich in den Besitz von allem Eßbaren, das ihm in den Weg kam. Man konnte sich keinen größeren Gegensatz denken. Der Meias erschien neben dem Makak noch hilfloser als ein kleines Kind.

Erst nach einer Gefangenschaft von ungefähr einem Monat zeigte sich, daß er wohl allein laufen lernen würde. Wenn man ihn auf die Erde legte, stieß er sich mit den Beinen weiter oder überkugelte sich und kam so schwerfällig vorwärts. Wenn er im Kasten lag, pflegte er sich am Rand aufzurichten, und es gelang ihm auch einige Male bei dieser Gelegenheit sich herauszuhelfen. War er schmutzig oder hungrig, oder fühlte er sich sonst vernachlässigt, so begann er heftig zu schreien, bis man ihn wartete. Wenn niemand im Haus war, oder wenn

man auf sein Schreien nicht kam, wurde er nach einiger Zeit von selbst ruhig. Soweit er aber dann einen Tritt hörte, fing er wieder um so ärger an.

Nach fünf Wochen kamen die beiden oberen Vorderzähne zum Vor= schein. Gewachsen war er nicht im geringsten im Laufe der ganzen Zeit. Das kam zweifellos von dem Mangel an Milch oder anderer nahrhafter Kost. Reiswasser, Reis und Zwieback waren doch nur dürf= tige Ersatzmittel, und die Kokosnußmilch vertrug sein Magen nicht. Dieser Ernährung hatte er auch eine Erkrankung an Durchfall zu ver= danken, unter der er sehr litt; doch gelang es mir, ihn durch eine ge= ringe Gabe Rizinusöl wiederherzustellen. Einige Wochen später wurde er wieder krank und diesmal ernstlicher. Die Erscheinungen waren genau die des Wechselfiebers, auch von Anschwellungen der Füße und des Kopfes begleitet. Er verlor alle Eßlust und starb, nachdem er binnen einer Woche bis zu einem Jammerbild abgezehrt war. Der Verlust meines kleinen Lieblings, den ich fast drei Monate besessen und großzuziehen gehofft hatte, tat mir bitter leid. Wieviel fröhliche Stunden verdankte ich ihm durch sein drolliges Gebaren und seine unnachahmlichen Grimassen!

Bobi

Ein Schiffskapitän nahm in einem Hafen der Sundainseln einen Orang=
Utan an Bord, dem man den Namen Bobi gab. Solange sich das Schiff
in den asiatischen Gewässern befand, hauste Bobi auf dem Verdeck
und suchte sich nur nachts eine geschützte Stelle zum Schlafen aus.
Während des Tages war er außerordentlich aufgeräumt, spielte mit
anderen Affen, die sich an Bord befanden, und kletterte im Takelwerk
umher. Turnen und Klettern schien ihm überhaupt großes Vergnügen
zu machen. Seine Gewandtheit und Muskelkraft waren erstaunlich.
Der Kapitän hatte einige hundert Kokosnüsse mitgenommen, von
denen erhielt Bobi täglich zwei. Die äußerst zähe, zwei Zoll dicke Hülle
der Nuß, die selbst mit einem Beil nur schwer zu durchschlagen ist,
wußte er mit seinem gewaltigen Gebiß sehr geschickt zu lösen. Er
setzte an dem spitzigen Ende der Nuß, wo die Frucht kleine Erhöhun=
gen oder Buckel hat, mit seinen furchtbaren Zähnen ein, packte die
Nuß dann mit dem rechten Hinterfuß und schlitzte so die zähe Schale
auseinander. Dann durchbohrte er mit den Fingern einige der natür=
lichen Öffnungen der Nuß, trank die Milch aus, zerschlug darauf die
Nuß an einem harten Gegenstand und fraß den Kern.

Als das Schiff die Sundastraße verlassen hatte, verlor Bobi mit der
abnehmenden Wärme mehr und mehr seine Heiterkeit. Er hörte auf
zu turnen und zu spielen, kam nur noch selten auf das Verdeck,
schleppte die wollene Decke seines Bettes hinter sich her und hüllte
sich, sobald er still saß, vollständig in sie ein. In der gemäßigten süd=
lichen Zone hielt er sich in der Kajüte auf und saß dort stundenlang
mit der Decke über dem Kopf. Sein Bett bereitete er sich mit großer
Umständlichkeit. Er schlief nie, ohne vorher seine Matratze zwei= bis
dreimal mit dem Rücken der Hände ausgeklopft und geglättet zu
haben. Dann streckte er sich auf den Rücken, zog die Decke über sich,
daß nur die Nase und die Lippen frei blieben, und lag in dieser Stel=
lung die ganze Nacht, ohne sich zu rühren. In seiner Heimat geschah
sein Aufstehen und Niederlegen so regelmäßig wie der Gang einer
Uhr. Punkt sechs Uhr morgens oder mit Sonnenaufgang erhob er sich

und, sowie der letzte Strahl der Sonne schwand, also Punkt sechs Uhr abends, legte er sich wieder nieder. Je weiter das Schiff nach Westen segelte und demgemäß in der Zeit abwich, um so früher ging er zu Bett, und um so früher stand er auf; er schlief genau seine zwölf Stunden. Am Vorgebirge der Guten Hoffnung ging er bereits um zwei Uhr mittags zu Bett und stand um halb drei Uhr morgens auf. Diese beiden Zeiten behielt er später bei, obwohl das Schiff im Verlauf seiner Reise die Zeit noch um zwei Stunden veränderte.

Außer den Kokosnüssen liebte er Salz, Fleisch, Mehl, Sago und was er einmal gefaßt hatte, gab er um keinen Preis wieder her. Drei bis vier Pfund Fleisch aß er mit Leichtigkeit auf einmal. Das Mehl holte er sich täglich aus der Küche; er wußte die Abwesenheit des Kochs regelmäßig dazu zu benutzen, die Mehltonne zu öffnen, seine Hand tüchtig voll zu nehmen und sie nachher auf dem Kopf abzuwischen, so daß er stets gepudert zurückkam. Dienstags und freitags, sobald acht Glas geschlagen wurde, stattete er den Matrosen seinen Besuch ab, weil die Leute an diesen Tagen Sago mit Zucker und Zimt erhielten. Ebenso regelmäßig stellte er sich um zwei Uhr in der Kajüte ein, um am Mahl teilzunehmen. Beim Essen war er sehr ruhig und reinlich; doch konnte er nie dazu gebracht werden, einen Löffel richtig zu gebrauchen. Er setzte den Teller einfach an den Mund und trank die Suppe aus, ohne einen Tropfen zu verschütten. Geistige Getränke liebte er sehr und erhielt deshalb mittags stets sein Glas Wein. Aus seiner Unterlippe konnte er durch Vorstrecken einen Löffel bilden, geräumig genug, um ein Glas Wasser aufzunehmen. In diesen Löffel schüttete er das Getränk, nachdem er das ihm gereichte Glas berochen hatte, und schlürfte es sehr bedächtig und langsam zwischen den Zähnen hinunter, als ob er sich einen recht dauernden Genuß davon verschaffen wollte. Manchmal währte dieses Schlürfen mehrere Minuten lang, und erst dann hielt er sein Glas von neuem hin, um es sich wieder füllen zu lassen. Er zerbrach niemals ein Gefäß, sondern setzte es stets behutsam nieder, und hierdurch unterschied er sich sehr zu seinem Vorteil von den übrigen Affen, die die Geschirre gewöhnlich zerschlugen.

Nur ein einziges Mal sah sein Besitzer, daß Bobi sich an der Schiffswand aufrichtete und so einige Schritte weit ging. Dabei hielt er sich wie ein Kind, das gehen lernt, immer mit beiden Händen fest. Ein

anderer kleinerer Affe war sein Liebling; wenn der einmal wegen einer Unart bestraft werden sollte, so flüchtete er sich regelmäßig an die Brust seines großen Freundes und klammerte sich dort fest, und Bobi kletterte mit seinem kleinen Schützling in das Takelwerk hinauf, bis die Gefahr vorüber war.

Man vernahm nur zwei Stimmlaute von dem Orang=Utan: einen schwachen, pfeifenden Kehllaut, der Gemütsaufregung kennzeichnete, und ein schreckliches Gebrüll, das etwa dem einer geängstigten Kuh ähnelte und Furcht ausdrückte. Einmal brüllte er so, als eine Herde von Pottfischen nahe am Schiff vorüberschwamm, und ein andermal beim Anblick verschiedener Schlangen, die sein Gebieter aus Java mitgebracht hatte. Der Ausdruck seiner Gesichtszüge blieb sich immer gleich.

Leider machte ein unglücklicher Zufall dem Leben des beliebten Bobi ein Ende, noch ehe das Schiff Deutschland erreicht hatte. Bobi hatte von seiner Lagerstätte aus den Kellner des Schiffes beobachtet, als dieser Rumflaschen umpackte, und dabei war ihm nicht entgangen, daß der Mann einige Flaschen liegengelassen hatte. Es war zu der Zeit, als er sich schon um zwei Uhr nachmittags zu Bett legte. In der Nacht vernahm sein Herr ein Geräusch in der Kajüte und sah beim Schimmer der Nachtlampe eine Gestalt am Weinlager beschäftigt. Zu seinem Erstaunen entdeckte er in dieser seinen Orang=Utan. Bobi hatte eine fast ganz geleerte Rumflasche am Mund. Vor ihm lagen sämtliche leeren Flaschen behutsam in Stroh gewickelt. Die vollen hatte er trotz= dem zu finden gewußt und mit Geschick entkorkt. Etwa zehn Minuten nach diesem Vorgang wurde Bobi lebendig. Er sprang auf Tische und

Stühle, machte die lächerlichsten Bewegungen und gebärdete sich mit steigender Lebhaftigkeit wie ein Betrunkener und zuletzt wie ein wahnsinniger Mensch. Es war unmöglich, ihn zu bändigen. Sein Zustand hielt ungefähr eine Viertelstunde an, dann fiel er zu Boden; Schaum trat ihm vor den Mund, er lag steif und regungslos. Nach einigen Stunden kam er wieder zu sich, fiel aber in ein heftiges Nervenfieber. Während dieser Krankheit nahm er nur Wein mit Wasser und die ihm gereichten Arzneien zu sich, sonst nichts. Nachdem ihm einmal der Puls gefühlt worden war, streckte er seinem Herrn jedesmal, wenn er an sein Lager trat, die Hand entgegen. Dabei hatte sein Blick etwas so Rührendes und Menschliches, daß seinem Pfleger oft die Tränen in die Augen traten.

Mehr und mehr nahmen seine Kräfte ab, und am vierzehnten Tage verschied er nach einem heftigen Fieberanfall.

Die Räuberbande

Äußerst anziehend für den Beobachter ist es, wenn er eine auf Raub ausziehende Meerkatzenbande belauschen kann. Mich hat die Dreistigkeit, welche sie dabei zeigten, ebenso ergötzt, wie sie den Eingeborenen empörte. Unter Führung des alten, oft geprüften und wohlerfahrenen Stammvaters zieht die Bande dem Getreidefeld zu; die Äffinnen mit kleinen Kindern tragen diese am Bauch; die Kleinen haben aber noch zum Überfluß auch mit ihrem Schwänzchen ein Häkchen um den Schwanz der Frau Mutter geschlagen. Anfangs nähert sich die Rotte mit großer Vorsicht, am liebsten, indem sie ihren Weg noch von einem Baumwipfel zum anderen verfolgt. Der alte Herr geht stets voran; die übrige Herde richtet sich nach ihm Schritt für Schritt und betritt nicht nur dieselben Bäume, sondern sogar dieselben Äste wie er. Nicht selten steigt der vorsichtige Führer auf einen Baum bis in die höchste Spitze hinauf und hält von dort aus sorgfältige Umschau; wenn deren Ergebnis ein günstiges ist, wird es durch beruhigende Gurgeltöne angezeigt, wenn nicht, die übliche Warnung gegeben. Von einem dem Feld nahen Baum steigt die Bande ab, und nun geht es mit tüchtigen Sprüngen dem Paradies zu.

Hier beginnt eine wirklich beispiellose Tätigkeit. Man deckt sich zunächst für alle Fälle. Rasch werden einige Maiskolben und Durra=ähren abgerissen, die Körner enthülst und mit ihnen die weiten Bak=kentaschen so vollgepfropft, als nur immer möglich; erst wenn diese Vorratskammern gefüllt sind, gestattet sich die Herde etwas mehr Lässigkeit, zeigt sich aber auch zugleich immer wählerischer, immer heikler in der Auswahl der Nahrung. Jetzt werden alle Ähren und Kolben, nachdem sie abgebrochen worden sind, erst sorgsam berochen und, wenn sie, was sehr häufig geschieht, diese Probe nicht aushalten, sofort ungefressen weggeworfen. Man darf darauf rechnen, daß von zehn Kolben erst einer wirklich gefressen wird; in der Regel nehmen die Schlecker bloß ein paar Körner aus jeder Ähre und werfen das übrige weg. Dies ist eben, was ihnen den grenzenlosen Haß der Ein=geborenen zugezogen hat.

Wenn sich die Affenherde im Fruchtfeld völlig sicher fühlt, erlauben die Mütter ihren Kindern, sie zu verlassen und zu spielen. Die strenge Aufsicht, unter welcher alle Kleinen von ihren Erzieherinnen gehalten werden, endet deshalb jedoch nicht, und jede Affenmutter beobachtet mit wachsamen Blicken ihren Liebling; keine aber bekümmert sich um die Sicherheit der Gesamtheit, sondern verläßt sich, wie alle, ganz auf die Umsicht der Herdenführer. Dieser erhebt sich selbst während der schmackhaftesten Mahlzeit von Zeit zu Zeit auf die Hinterfüße, stellt sich aufrecht wie ein Mensch und blickt in die Runde. Nach jeder Um=schau hört man beruhigende Gurgeltöne, wenn er nämlich nichts Un=sicheres bemerkt hat; im entgegengesetzten Fall stößt er einen un=nachahmlichen, zitternden oder meckernden Ton zur Warnung aus. Augenblicklich sammelt sich die Schar seiner Untergebenen; jede Mutter ruft ihr Kind zu sich heran, und im Nu sind alle zur Flucht bereit; jeder aber sucht in der Eile noch soviel Futter aufzuraffen, als er fortbringen zu können glaubt. Ich habe mehrmals gesehen, daß Affen fünf große Maiskolben mit sich nahmen. Davon umklammerten sie zwei mit dem rechten Vorderarme, die übrigen faßten sie mit der Hand und mit den Füßen, und zwar so, daß sie beim Gehen mit den Kolben den Boden berührten. Bei wirklicher Gefahr wird nach und nach alle Last abgeworfen, der letzte Kolben aber nur, wenn der Ver=folger ihnen sehr nahe auf den Leib geht und die Tiere wirklich Hände und Füße zum Klettern notwendig haben. Immer wendet sich die

Flucht dem ersten besten Baum zu. Ich habe beobachtet, daß die Meer=
katzen auch auf ganz einzelstehende Bäume kletterten, von denen sie
wieder absteigen und weiterfliehen mußten, wenn ich sie dort auf=
störte; sowie sie aber einmal den Wald erreicht haben, sind sie ge=
borgen, denn ihre Gewandtheit im Klettern ist groß. Es scheint kein
Hindernis für sie zu geben: die furchtbarsten Dornen, die dichtesten
Hecken, weit voneinander stehende Bäume — nichts hält sie auf. Jeder
Sprung wird mit einer Sicherheit ausgeführt, welche uns in größtes
Erstaunen setzen muß, weil kein bei uns heimisches Klettertier es dem
Affen auch nur annähernd nachtun kann. Sie sind imstande, mit Hilfe
des steuernden Schwanzes, noch im Sprunge die von ihnen anfangs
beabsichtigte Richtung in eine andere umzuwandeln; sie fassen, wenn
sie einen Ast verfehlten, einen zweiten, werfen sich vom Wipfel des
Baumes auf die Spitze eines tiefstehenden Astes und lassen sich wei=
terschnellen, setzen mit einem Sprung von dem Wipfel auf die Erde,
fliegen gleichsam, über Gräben hinweg, einem anderen Baum zu,
laufen pfeilschnell an dem Stamm empor und flüchten weiter. Auch
hierbei geht der Leitaffe stets voran und führt die Herde durch sein
sehr ausdrucksvolles Gegurgel bald rascher, bald langsamer. Man
gewahrt bei flüchtenden Affen niemals Angst oder Mutlosigkeit, muß
vielmehr ihre unter allen Umständen sich gleichbleibende Geistes=
gegenwart bewundern.

Wenn es dem Leitaffen gut dünkt, hält er in seinem eiligen Lauf an, steigt rasch auf die Höhe eines Baumes hinauf, vergewissert sich der neuerlangten Sicherheit und ruft hierauf mit beruhigenden Tönen seine Schar wieder zusammen. Diese hat jetzt zunächst ein wichtiges Geschäft zu besorgen. Während der rasenden Flucht hat keiner darauf achten können, Fell und Glieder von Kletten und Dornen frei zu halten; letztere hängen vielmehr überall im Pelz oder stecken oft tief in der Hand. Nun gilt es vor allen Dingen, sich gegenseitig von den unangenehmen Anhängseln zu befreien. Eine höchst sorgfältige Reinigung beginnt. Der eine Affe legt sich der Länge nach auf einen Ast, der andere setzt sich neben ihn und durchsucht ihm das Fell auf das gewissenhafteste und gründlichste. Jede Klette wird ausgelöst, jeder Dorn herausgezogen, ein etwa vorkommender Schmarotzer aber auch nicht ausgelassen, vielmehr mit Leidenschaft gejagt und mit Begierde gefressen. Übrigens gelingt ihnen die Reinigung nicht immer vollständig; denn manche Dornen sind so tief eingedrungen, daß sie bei aller Anstrengung nicht herausgezogen werden können. Dies darf ich verbürgen, weil ich selbst eine Meerkatze geschossen habe, in deren Hand noch ein Mimosendorn steckte, der von unten eingedrungen war und die ganze Hand durchbohrt hatte. Daß solches möglich ist, hat mich nicht verwundert, weil ich mir selbst einmal einen Mimosendorn eingetreten habe, welcher die Ledersohle, meine große Fußzehe und das Oberleder des Stiefels durchdrang, ich mir also wohl denken kann, daß ein von oben herunter auf einen Ast springender Affe kräftig genug auffällt, um eine ähnliche Erfahrung von der Schärfe und Härte jener Dornen machen zu können.

Erst nachdem die Reinigung beendet ist, tritt die Affenherde wieder den Rückzug an, d. h. sie geht ohne weiteres von neuem nach dem Feld zurück, um dort ihre Spitzbübereien fortzusetzen. So kommt es, daß der Einwohner des Landes sie eigentlich niemals aus seinen Feldern los wird. Da die Leute keine Feuergewehre besitzen, wissen sie sich nur durch oftmaliges Verjagen der Affen zu schützen; denn alle anderen Kunstmittel zur Vertreibung fruchten bei diesen losen Geistern gar nichts — nicht einmal die sonst unfehlbaren Kraftsprüche ihrer Heiligen oder Zauberer; und ebendeshalb sehen die braunen Leute Innerafrikas alle Affen als entschiedene Gottesleugner und Glaubensverächter an. Ein weiser Scheich im Ostsudan sagte mir:

„Glaube mir, Herr, den deutlichsten Beweis von der Gottlosigkeit der Affen kannst du darin erblicken, daß sie sich niemals vor dem Worte des Gesandten Gottes beugen. Alle Tiere des Herrn achten und ehren den Propheten — Allahs Frieden sei über ihm! — die Affen verachten ihn. Derjenige, welcher ein Amulett schreibt und in seine Felder auf= hängt, auf daß die Nilpferde, Elefanten und Affen seine Früchte nicht auffressen und seinen Wohlstand schädigen, muß immer erfahren, daß nur der Elefant dieses Warnungszeichen achtet. Das macht, weil er ein gerechtes Tier, der Affe aber ein durch Allahs Zorn aus dem Menschen in ein Scheusal verwandeltes Geschöpf ist, ein Sohn, Enkel und Urenkel des Ungerechten, wie das Nilpferd die abschreckende Hülle des scheußlichen Zauberers."

Koko und Hassan

Als ich auf dem Blauen Fluß reiste, brachten mir eines Tages Einwoh= ner eines Uferdorfes fünf frisch gefangene Meerkatzen zum Verkauf. Der Preis war niedrig; ich kaufte sie, in der Hoffnung, eine lustige Reisegesellschaft an ihnen zu bekommen, und band sie nebeneinander am Schiffsbord fest. Meine Hoffnung schien jedoch nicht in Erfüllung gehen zu wollen, denn die Tiere saßen traurig und stumm da, bedeck= ten sich das Gesicht mit den Händen wie tiefbetrübte Menschenkinder, fraßen nicht und ließen von Zeit zu Zeit traurige Gurgeltöne hören, die offenbar Klagen über ihr Geschick ausdrücken sollten. Vielleicht handelte es sich aber auch um einen Kriegsrat; am anderen Morgen nämlich saß nur noch ein einziger Affe da, die übrigen waren ent= flohen. Keiner der Stricke, mit denen ich sie angebunden hatte, war

Schon das Gesicht des Schimpansen verrät die Intelligenz, die dieses höchstentwickelte aller Säugetiere besitzt und auch anzuwenden weiß.

zerbissen oder abgerissen; die schlauen Tiere hatten vielmehr gegen=
seitig die Knoten sorgfältig gelöst, an ihren Gefährten aber, der etwas
weiter entfernt von ihnen saß, nicht gedacht und ihn in der Gefan=
genschaft allein sitzen lassen.

Dieser Übriggebliebene war ein Männchen und erhielt den Namen
Koko. Er trug sein Geschick mit Fassung und fraß schon gegen Mittag
des folgenden Tages Durrakörner und anderes Futter, das wir ihm
vorsetzten. Und sein Herz schien sich nach einem Gefährten zu seh=
nen; er sah sich unter den andern Tieren um und wählte den sonder=
barsten Kauz: — einen Nashornvogel, den wir aus seinem heimat=
lichen Wald mitgebracht hatten. Wahrscheinlich hatte ihn die Gut=
mütigkeit des Vogels bestimmt. Die Verbindung beider wurde sehr
innig. Koko behandelte seinen Pflegling mit unverschämter An=
maßung; dieser aber ließ sich alles gefallen. Er war frei und konnte
gehen, wohin er wollte; gleichwohl näherte er sich oft aus freien
Stücken dem Affen und ließ nun über sich ergehen, was diesem gerade
in den Sinn kam. Daß der Vogel Federn anstatt Haare hatte, küm=
merte Koko sehr wenig: sie wurden ebenso nach Läusen durchsucht
wie das Fell der Säugetiere, und der Vogel war es bald so gewöhnt,
daß er von selbst die Federn sträubte, wenn der Affe sein Lieblings=
werk begann. Daß ihn dieser während der Reinigung bald beim
Schnabel, bald an einem Bein, am Hals, an den Flügeln oder am
Schwanz zerrte, nahm das gutmütige Geschöpf ebensowenig übel.
Er hielt sich zuletzt dauernd in der Nähe des Affen auf, fraß ihm
das Brot weg, putzte sich und schien seinen Freund förmlich heraus=
fordern zu wollen, sich mit ihm zu beschäftigen. Die beiden Tiere
lebten so mehrere Monate lang zusammen, auch später noch, als wir
nach Chartum zurückgekehrt waren und der Vogel im Hof frei um=
herlaufen durfte. Erst der Tod löste das schöne Verhältnis.

---

*Diese beiden Böhms=Zebras scheinen sich zu ähneln wie ein Ei dem
andern. Und doch sind hundert Zebras der gleichen Art in ihrer Zeich=
nung verschieden, wenn oft auch nur in Kleinigkeiten.*

Koko war nun wieder allein und langweilte sich. Zwar versuchte er, sich gelegentlich mit Katzen abzugeben, bekam aber von diesen gewöhnlich Ohrfeigen anstatt Freundschaftsbezeigungen, und wurde einmal auch mit einem bissigen Kater in einen ernsthaften Kampf verwickelt, der unter entsetzlichem Fauchen, Miauen, Gurgeln und Schreien ausgefochten wurde und mit dem Rückzug des Mäusejägers endete.

Ein junger, mutterloser Affe gewährte Koko endlich die ersehnte Betätigung. Gleich, als er das Tierchen erblickte, war er außer sich vor Freude und streckte verlangend die Hände nach ihm aus; wir ließen den Kleinen los, und er lief von selbst sofort zu Koko hin. Dieser erstickte ihn fast vor Liebe, drückte ihn an sich, gurgelte vergnügt und begann sodann eine sorgfältige Reinigung des vernach= lässigten Felles. Jedes Stäubchen, jeder Stachel, jeder Splitter wurde herausgezupft. Dann folgten neue Umarmungen und andere Beweise der Zärtlichkeit. Wenn einer von uns Koko das Pflegekind entreißen wollte, wurde er wütend, und wenn wir den Kleinen ihm wirklich abgenommen hatten, traurig und unruhig. Er benahm sich ganz, als ob er die Mutter des kleinen Waisenkindes wäre. Dieses hing mit großer Hingabe an seinem Wohltäter und gehorchte ihm auf den Wink.

Leider starb dieses Äffchen schon nach wenigen Wochen. Koko war außer sich vor Schmerz. Zuerst nahm er seinen toten Liebling in die Arme, hätschelte und liebkoste ihn, ließ die zärtlichsten Töne hören, setzte ihn dann an seinen bevorzugten Platz auf den Boden, sah ihn immer wieder zusammenbrechen, immer unbeweglich bleiben und brach nun von neuem in wahrhaft herzbrechende Klagen aus. Die Gurgeltöne gewannen einen Ausdruck, den ich vorher nie vernommen hatte; sie wurden ergreifend weich, ton= und klangreich und dann wieder unendlich schmerzlich, schneidend und verzweiflungsvoll. Immer und immer wiederholte er seine Bemühungen, immer wieder sah er keinen Erfolg und begann dann von neuem zu klagen und zu jammern. Sein Schmerz hatte ihn veredelt; er rührte uns zu tiefem Mitleid. Ich ließ endlich das Äffchen wegnehmen und die kleine Leiche über eine hohe Mauer werfen. Koko hatte aufmerksam zugesehen, gebärdete sich wie toll, zerriß im Nu seinen Strick, sprang über die Mauer, holte den Leichnam und kehrte mit ihm in den Armen auf seinen alten Platz zurück. Wir banden ihn wieder fest, nahmen ihm den Toten abermals und trugen ihn weiter weg; Koko befreite sich zum zweitenmal und tat wie vorher. Endlich begruben wir das Tier. Eine halbe Stunde später war Koko verschwunden. Am anderen Tag erfuhren wir, daß in einem Wald in der Nähe, der sonst nie Affen beherbergte, ein menschengewöhnter Affe zu sehen gewesen sei.

Eine andere Meerkatze brachte ich in meine deutsche Heimat. Bald gewann sich Hassan — so hieß der Affe — die Zuneigung meiner Eltern und anderer Leute, trotzdem er sich so manchen Streich zu= schulden kommen ließ. Die Hühner meiner Mutter brachte er zur Verzweiflung, weil es ihm den größten Spaß zu machen schien, sie zu jagen und zu ängstigen. Im Haus selbst ging er durch Küche und Keller, in alle Kammern und auf den Boden, und was ihm geeignet schien, wurde entweder zerbissen oder gefressen oder mitgenommen.

Niemand war so geschickt, ein Hühnernest aufzufinden wie er: die Hühner mochten es anstellen, wie sie wollten, Hassan kam gewiß hinter ihre Schliche, nahm die Eier weg und trank sie aus. Meine Mutter schalt ihn aus, als er wieder einmal mit dottergelbem Maul erschien. Am anderen Tage brachte er ihr zierlich ein ganzes Hühnerei, legte es vor sie hin, gurgelte beifällig und lief seiner Wege.

Unter den irdischen Genüssen schätzte er Milch und Rahm am meisten. Es dauerte gar nicht lange, so wußte er in der Speisekammer nur allzu gut Bescheid, aber auch hierbei wurde er erwischt und ausgescholten; deshalb verfuhr er in Zukunft listiger. Er trug das Milchtöpfchen auf einen Baum und trank es dort in aller Ruhe aus. Anfangs warf er die ausgeleerten Töpfe achtlos weg und zerbrach sie dabei natürlich fast immer; dafür wurde er bestraft, und zum innigen Vergnügen meiner Mutter brachte er ihr von da an die leeren, aber unzerbrochenen Töpfchen wieder.

Sehr spaßhaft war es, wenn Hassan auf den Ofen kletterte, oder wenn er ein Ofenrohr bestieg und dabei verzweifelt von einem Bein auf das andere sprang, weil ihm die Wärme des Rohres unerträglich wurde. Er führte so die allerdrolligsten Tänze auf; so gescheit war er aber nicht, daß er den heißen Boden verlassen hätte, bevor er sich nicht wirklich verbrannt hatte.

Mit einem weiblichen Pavian, den ich ebenfalls mitgebracht hatte, hielt er innige Freundschaft und ließ sich von diesem hätscheln und pflegen, als ob er ein kleiner, unverständiger Affe gewesen wäre. Nachts schlief er stets in des Pavians Armen, und beide hielten sich so fest umschlungen, daß es aussah, als wären sie nur ein Wesen. Pavian und Meerkatze unterhielten sich oft lange mit verschiedenen kurzen Gurgeltönen und verstanden sich vortrefflich.

Gegen uns war Hassan liebenswürdig, gab aber niemals seine Selbständigkeit auf. Er kam auf den Ruf — wenn er wollte. Sonst antwortete er wohl, rührte sich aber nicht. Wenn wir ihn gefangen hatten und gewaltsam festhielten, verstellte er sich nicht selten und gebärdete sich, als müßte er im nächsten Augenblick abscheiden; sowie er aber frei wurde, rächte er sich durch Beißen und entfloh hierauf mit vielsagendem Gegurgel.

Der zweite kalte Winter, den er in Deutschland verlebte, endete leider sein frisches, fröhliches Leben, und das ganze Haus trauerte

um ihn, als ob ein Kind gestorben wäre. Jedermann hatte seine unzähligen Unarten vergessen und gedachte nur noch seines heiteren Wesens und seiner übrigen Vorzüge.

Die Meerkatzen und der Adler

Als ich eines Tages in den Urwäldern jagte, hörte ich plötzlich ein Rauschen über mir, und einen Augenblick später ein fürchterliches Affengeschrei: ein Habichtsadler hatte sich auf einen noch sehr jungen, aber doch schon selbständigen Affen geworfen und wollte diesen aufheben und an einen entlegenen Ort tragen, um ihn dort ruhig zu verspeisen. Allein der Raub gelang ihm nicht. Der von dem Vogel erfaßte Affe klammerte sich mit Händen und Füßen so fest an einen Zweig, daß ihn jener nicht wegziehen konnte, und schrie dabei Zeter. Augenblicklich entstand ein wahrer Aufruhr unter der Herde, und im Nu war der Adler von vielleicht zehn starken Affen umringt. Diese

fuhren unter entsetzlichem Gesichterschneiden und gellendem Schreien auf ihn los und hatten ihn sofort auch von allen Seiten gepackt. Jetzt dachte der Gaudieb schwerlich noch daran, die Beute zu nehmen, sondern gewiß bloß an sein eigenes Fortkommen. Doch dieses wurde ihm nicht so leicht. Die Affen hielten ihn fest und hätten ihn wahrscheinlich erwürgt, wenn er sich nicht mit großer Mühe frei gemacht und schleunigst die Flucht ergriffen hätte. Von seinen Schwanz= und Rükkenfedern aber flogen verschiedene in der Luft umher und bewiesen, daß er seine Freiheit nicht ohne Verluste erkauft hatte. Daß dieser Adler nicht zum zweiten Male auf einen Affen stoßen würde, stand wohl fest.

Das böse Gewissen

Als Beweis des Verstandes des indischen Hutaffen und seines Vermögens zu urteilen und Schlüsse zu ziehen, mag nachstehende, mir von Schomburgk mitgeteilte Erzählung dienen.

In der tierkundlichen Abteilung des Pflanzengartens von Adelaide wurde ein alter Hutaffe mit zwei jüngeren Artgenossen in demselben Käfig gehalten. Eines Tages griff er, übermütig geworden, durch die grausam gehandhabte Knechtung seiner Mitaffen, vielleicht auch beeinflußt von der herrschenden heißen Witterung, seinen Wärter an, gerade als dieser das Trinkwasser für die gefangenen Affen erneuern wollte, und biß ihn so heftig in das Handgelenk des linken Armes, daß er nicht nur alle Sehnen, sondern auch eine Schlagader schwer verletzte und dem Mann ein längeres Krankenlager aufzwang. Sofort, nachdem mir dies gemeldet worden war, verurteilte ich den Schuldigen zum Tode, und früh am folgenden Morgen nahm ein anderer Wärter ein Gewehr, um meinen Befehl auszuführen. Ich muß erwähnen, daß Feuerwaffen in der Nähe der Käfige sehr oft gebraucht werden, um Katzen, Ratten usw. zu vertilgen; die Affen haben sich daran so gewöhnt, daß sie weder einer Flinte halber, noch wegen des Abfeuerns derselben im geringsten sich beunruhigten. Als der Wärter dem Käfig sich näherte, blieben die beiden jüngeren Affen wie gewöhnlich ruhig auf der Stelle; der verurteilte Verbrecher dagegen floh in größter Eile in den Schlafkäfig und ließ sich durch keinerlei Lockungen und Überredungskünste bewegen, hervorzukommen. Das gewöhnliche Futter wurde gebracht; er sah, was er früher nie getan hatte, ruhig zu, daß die Gefährten fraßen, bevor er selbst seinen Hunger gestillt hatte, und erst als der Wärter mit dem Gewehr sich soweit vom Käfig zurückgezogen hatte, daß er von ihm nicht mehr gesehen werden konnte, kam er vorsichtig und ängstlich hervorgekrochen, ergriff etwas von dem Futter und lief in größter Eile in den Schlafkäfig zurück, um es dort zu verzehren. Nachdem er zum zweiten Male herausgekommen war, um sich ein anderes Stück Brot zu sichern, wurde die Tür seines Zufluchtsortes rasch von außen geschlossen; als der arme Schelm nunmehr wiederum den Wärter mit der Todeswaffe auf den Käfig zukommen sah, fühlte er, daß er verloren sei. Zuerst stürzte er sich wie wahnsinnig auf die Tür des Schlafkäfigs, um sie zu öffnen; als ihm dies aber nicht gelang, stürmte er durch den Käfig, versuchte durch alle Lücken und Winkel zu entwischen und warf sich, keine Möglichkeit zur Flucht entdeckend, am ganzen Leibe zitternd auf den Boden nieder und ergab sich in das Schicksal, welches ihn schnell ereilte. Seine beiden Genossen zeigten keine Spur von Aufregung und blickten ihm voll Erstaunen nach.

Die Geschichte ist vollständig wahr und liefert ein bemerkenswertes Beispiel für die Fähigkeit des Affen, Wirkung und Ursache zu verbinden.

Sonderbare Heilige

Gleich dem berühmten Hulman, dem heiligen Affen Indiens, erweisen die Eingeborenen auch dem fast ebenso großen Bunder ähnliche Ehrfurcht und belästigen ihn in keiner Weise. Die Folge davon ist, daß die Bunder sich ebenso unverschämt betragen wie die Hulmans.

"In der Nähe von Bindrabun, zu Deutsch Affenwald", erzählt Kapitän Johnson, "gibt es mehr als hundert wohlbestellte Gärten, in denen alle Arten von Früchten gezogen werden, einzig und allein zum Besten der Bunder, deren Unterhaltung den Reichen des Landes als großes Glaubenswerk erscheint. Als ich durch eine der Straßen in Bindrabun ging, folgte ein alter Affe mir von Baum zu Baum, kam plötzlich herunter, nahm mir meinen Turban weg und entfernte sich damit in kurzer Zeit, ohne wieder gesehen zu werden. Ich wohnte einst einen Monat in dieser Stadt, und zwar in einem großen Haus an den Ufern des Flusses, das einem reichen Eingeborenen gehörte. Das Haus hatte keine Türen; die Affen kamen daher oft in das Innere des Zimmers, in dem ich mich aufhielt, und nahmen Brot und andere Dinge vor unseren Augen von dem Tisch weg. Wenn wir in einer Ecke des Raumes schliefen, brandschatzten sie uns auch in anderer Hinsicht. Ich habe oft mich schlafend gestellt, um sie in ihrem Treiben zu beobachten, und dabei mich weidlich gefreut über ihre Pfiffigkeit und Geschwindigkeit. Sätze von vier bis fünf Meter von einem Haus zum anderen, mit einem, ja zwei Jungen unter ihrem Bauch, und noch dazu beladen mit Brot, Zucker und anderen Gegenständen, schienen für sie nur Spaß zu sein."

Ein anderer Engländer wurde, wie man erzählt, durch Bunder zwei Jahre lang in frechster Weise bestohlen und geärgert und wußte sich gar nicht mehr vor ihnen zu retten, bis er endlich auf ein wirklich sinnreiches Mittel verfiel. Er hatte gesehen, daß seine herrliche Zuckerrohrpflanzung von Elefanten, Schweinen, vor allem aber von den Affen, verwüstet wurde. Erstere wußte er in kurzer Zeit durch einen tiefen Graben mit einem Spitzpfahlzaune abzuwehren; die Affen aber fragten wenig oder gar nichts nach Wall oder Graben, sondern

kletterten in aller Gemütsruhe auch über den Zaun hinweg und raubten nach wie vor. Der Pflanzer sah seine Ernte verschwinden; da
kam er auf einen glücklichen Gedanken. Er jagte eine Bande Affen
auf einen Baum, fällte denselben mit Hilfe seiner Diener, fing eine
Menge von den Jungen und nahm sie mit sich nach Hause. Hier hatte
er sich bereits eine Salbe zurechtgemacht, in welcher Zucker, Honig
und Brechweinstein die Hauptbestandteile waren. Mit dieser Salbe
wurden die jungen Affen eingerieben und dann wieder freigelassen.
Die ängstlichen Eltern hatten sorgend nach ihrer Nachkommenschaft
gespäht und waren froh, als sie die lieben Kinder erblickten. Aber,
o Jammer, wie kamen sie zurück! Unsauber, beschmutzt, beschmiert,
kaum mehr erkenntlich. Natürlich, daß sofort eine gründliche Reinigung vorgenommen wurde. Die Beschwerde der Säuberung schien
sich zu lohnen; denn zuckersüß war die Schmiere, welche den Körper
bedeckte. Beifälliges Grunzen ließ sich vernehmen, doch nicht lange
Zeit: der Brechweinstein zeigte seine tückische Wirkung, und ein
Fratzenschneiden begann, wie niemals früher, als die Affen sich an-
schickten, mit heißem Flehen den „heiligen Ulrich" anzurufen. Nach
dieser bitteren Erfahrung kamen sie nie wieder in die Nähe des Ver-
räters und ließen sein Hab und Gut fortan unbehelligt.

Perro, Atile und andere Paviane

Der erste Pavian, den ich besaß, erhielt den Namen Perro. Er war ein hübscher, munterer Affe, und hatte sich schon nach drei Tagen vollkommen an mich gewöhnt. Ich wies ihm das Amt eines Türhüters an, indem ich ihn über unserer Hoftür an die Kette legte. Hier hatte er sich bald einen Lieblingsplatz ausgesucht und bewachte von dort aus die Tür mit großer Sorgfalt. Nur Bekannte durften eintreten; Unbekannten verwehrte er den Eingang hartnäckig und gebärdete sich dabei wie toll, so daß er festgehalten werden mußte, bis der Betreffende eingetreten war. Im Zorn erhob er den Schwanz und stellte sich auf beide Füße und eine Hand, die andere benutzte er, um dabei heftig auf den Boden zu schlagen, ganz wie ein wütender Mensch auf den Tisch schlägt, nur daß er nicht die Faust ballte. Seine Augen blitzten und funkelten; er stieß ein gellendes Geschrei aus und rannte auf den Gegner los. Nicht selten verstellte er sich auch hinterlistig, nahm eine freundliche Miene an, schmatzte, was immer als Beteuerung seiner Freundschaft aufzufassen war, und langte voll Sehnsucht mit seinen Händen nach dem, dem er eins versetzen wollte. Gewährte ihm dieser seine Bitte, so fuhr er blitzschnell nach der Hand, riß seinen Feind zu sich heran und kratzte und biß ihn.

Er lebte mit allen Tieren in Freundschaft, mit Ausnahme der Strauße, die wir besaßen; die aber trugen selbst die Schuld an dem feindseligen Verhältnis. Perro saß, wenn er nicht gerade die Tür bewachte, gewöhnlich ruhig auf seiner Mauer und hielt sich gegen die sengenden Sonnenstrahlen eine Strohmatte als Schirm über den Kopf. Dabei versäumte er, auf seinen langen Schwanz zu achten, und ließ ihn an der Mauer herabhängen. Die Strauße nun haben die Unart, nach allem, was nicht niet= und nagelfest ist, zu schnappen. Und geschah es denn zuweilen, daß einer der Vögel schaukelnd herankam, mit seinem dummen Kamelkopf sich dem Schwanz näherte und plötz= lich einen tüchtigen Biß versetzte. Die Strohmatte wegwerfen, laut schreien, den Strauß mit beiden Händen beim Kopf packen und schütteln, war dann für Perro das Werk des nächsten Augenblicks.

Oft konnte er nach dem Vorfall lange seine Fassung nicht wieder=
finden. Kein Wunder, daß er den Straußen, wo er sie nur immer
erreichen konnte, einen Hieb oder Kniff versetzte.

Während unserer Rückreise nach Ägypten wurde Perro am Bord
der Barke festgebunden und hielt mit den Schiffsleuten gute Freund=
schaft. Er fürchtete sich vor dem Wasser sehr, war aber doch gescheit
genug, sich zu behelfen, wenn er Durst hatte. Zuerst probierte er
seinen festen Strick, dann ließ er sich daran bis nahe über den
Wasserspiegel hinab, streckte seine Füße in den Strom, zog sie wieder
heraus und leckte sie ab.

Als wir in Alexandria einzogen, hatten wir ihn auf den Wagen
gebunden, der unsere Kisten trug; sein Strick war aber so lang, daß
er ihm die nötige Freiheit gewährte. Da erblickte Perro neben der
Straße das Lager einer Hündin, die vor kurzer Zeit geworfen hatte
und vier allerliebste Junge säugte. Gleich sprang er vom Wagen
herunter und riß der Hundemutter eines ihrer Kinder weg; nicht so
schnell gelang es ihm aber, seinen Sitz wieder zu erreichen. Wütend
fuhr die Hundemutter auf den frechen Affen los, und Perro geriet
in eine peinliche Lage: der Wagen fuhr immer weiter und ihm blieb
keine Zeit hinaufzuklettern, weil ihn sonst die Hündin gepackt haben
würde. So klammerte er nun den jungen Hund zwischen den oberen
Arm und die Brust, zog mit demselben Arm den Strick an sich, weil
er ihn würgte, lief auf den Hinterbeinen und verteidigte sich mit dem,
was übrigblieb, tapfer gegen den Feind. Sein Mut gewann ihm die
Bewunderung der begegnenden Araber, und keiner nahm ihm das
geraubte Hundekind ab; schließlich jagten sie die arme Hundemutter
weg. Unbehelligt brachte Perro nun den jungen Hund mit sich in
unsere Behausung, hätschelte, pflegte und wartete ihn sorgfältig,
sprang mit dem kleinen Kerl, der gar kein Gefallen an solchen
Künsten zu haben schien, auf Mauern und Balken, ließ ihn dort in
der gefährlichsten Lage los und unternahm alles mögliche mit ihm,
was wohl für einen jungen Affen, nicht aber für einen jungen Hund
paßte. Seine Freundschaft zu dem Kleinen war groß; dies hinderte
ihn aber nicht, alles Futter, das wir dem jungen Hund brachten, selbst
zu fressen und das arme hungrige Pflegekind auch noch mit dem
Arm wegzuhalten, während er, der räuberische Vormund, es betrog.
Ich ließ ihm noch am gleichen Abend den jungen Hund abnehmen

und zu seiner rechtmäßigen Mutter zurückbringen. Darüber ärgerte sich Perro sehr.

Während meines zweiten Aufenthalts im Ostsudan hatte ich viele Paviane derselben Art zu gleicher Zeit in meinem Gehöft. Sie ge= hörten teils mir, teils einem meiner Freunde. Jeder Pavian kannte seinen Herrn genau und ebensogut den ihm verliehenen Namen. Es war eine Kleinigkeit, einen frisch gekauften Affen beides kennen zu lehren. Einer von uns nahm die Peitsche und bedrohte den Affen, der andere gebärdete sich in ausdrucksvoller Weise als Schutzherr des Verfolgten. Er begriff sofort den ihm in Aussicht gestellten Schutz und erwies sich stets dankbar für die ihm in so schwerer Bedrängnis gewordene Hilfe. Ebenso leicht war es, einem Pavian begreiflich zu machen, daß er mit dem oder jenem Namen getauft worden sei. Wir riefen den Namen und prügelten alle, die falsch antworteten. Hierin bestand das ganze Kunststück. Übrigens war es niemals nötig, harte Züchtigungen zu verhängen. Die Drohung, zu schlagen, bewirkte mehr als die Schläge selbst und versetzte die Paviane in größte Aufregung.

Während der Regenzeit waren wir oft an unsere Behausung gebannt. Das Fieber schüttelte auch den einen oder anderen von uns; ich war damals bettelarm, hatte schwere Verluste erlitten und befand mich in einer traurigen Lage. Da waren es vor allem die Affen, die mich erheiterten. Wir trieben tolle Streiche mit ihnen, lehrten sie allerhand Unsinn, machten die allersonderbarsten Versuche. Allein gerade hierdurch lernten wir die merkwürdigen Burschen genau kennen.

Unsere Affen erhielten z. B. Reitstunde. Ein dicker Esel, das unentbehrliche Reittier eines noch dickeren und unausstehlichen Griechen, wurde dazu benutzt. Die Affen schauderten, als sie zum erstenmal sich auf den Rücken des Esels setzen sollten; doch genügte eine einzige Lehrstunde, um ihnen den Wert der höheren Reitkunst begreiflich zu machen, und schon nach wenigen Abenden hatten wir das Vergnügen, alle Affen sattelfest, wenn auch verzweiflungsvoll, auf dem Esel sitzen zu sehen, der seinerseits über die Zumutung nicht wenig entrüstet war. Wie vortrefflich unseren Pavianen die Hände und Fußhände zustatten kamen, zeigte sich bei diesen Versuchen besonders deutlich. Wir hatten sie gelehrt, sich wie ein Mensch auf den Rücken des geduldigen Langohrs zu setzen, und zwar zu dreien, vieren, ja fünfen auf einmal. Der erste umhalste den Esel zärtlich mit seinen Vorderarmen; mit den Füßen aber krampfte er sich in dem Fell des Tieres so fest, daß er mit ihm verwachsen zu sein schien. Sein hinter ihm sitzender Mitreiter klammerte sich mit seinen Händen an ihn an, mit den Füßen aber genau in derselben Weise wie jener an den Esel, und so alle übrigen Reiter. Man kann sich unmöglich einen komischeren Anblick denken als vier oder fünf Affen auf dem Rücken des mit vollem Recht störrisch werdenden Grautiers.

Ein weibliches Mitglied dieser Gesellschaft brachte ich nach Deutschland in meine Heimat. Es zeichnete sich durch auffallenden Verstand aus, verübte aber auch viele tolle Streiche. Unser Haushund hatte sich jahrelang als Tyrann gefallen und war in seinem Alter so mür-

risch geworden, daß er eigentlich mit keinem Geschöpf im Frieden lebte, und wenn er schlechter Laune war oder bestraft werden sollte, sogar nach dem eigenen Herrn biß. An Atile, so hieß mein Pavian, fand er jedoch einen überlegenen Gegner. Atile machte sich ein Vergnügen daraus, den Hund auf jede Weise zu ärgern. Wenn er draußen im Hof seinen Mittagsschlummer hielt und sich auf den grünen Rasen hingestreckt hatte, erschien die Äffin leise neben ihm, ergriff ihn am Schwanz und erweckte ihn durch einen plötzliche Ruck an diesem geachteten Anhängsel aus seinen Träumen. Wütend fuhr der Hund auf und stürzte sich bellend und knurrend auf die Äffin. Diese nahm eine herausfordernde Stellung ein, schlug mit der einen Hand wiederholt auf den Boden und erwartete getrost ihren Feind. Zu seinem grenzenlosen Ärger erreichte er sie niemals. Sowie er nach ihr schnappte, sprang sie mit einem Satz über den Hund hinweg und hatte ihn im nächsten Augenblick wieder beim Schwanz. Daß der Hund zuletzt vor Wut schäumte, fand sich erklärlich. Es half ihm aber nichts; schließlich räumte er stets mit eingezogenem Schwanz das Feld.

Auch Atile liebte Pflegekinder aller Art. Hassan, die Meerkatze, war ihr Liebling — solange es sich nicht um das Fressen handelte. Daß der gutmütige Hassan jeden Bissen mit ihr teilte, schien sie ganz selbstverständlich zu finden. Sie verlangte von ihm sklavische

47

Unterwürfigkeit; augenblicklich brach sie ihm das Maul auf und leerte die gefüllten Backentaschen Hassans ohne Umstände aus, wenn dieser den kühnen Gedanken gehabt hatte, auch für sich etwas in Sicherheit zu bringen. Übrigens genügte ihrem großen Herzen ein Pflegekind nicht; sie stahl junge Hunde und Katzen, wo sie immer konnte, und trug sie oft lange mit sich herum. Eine junge Katze, die sie gekratzt hatte, wußte sie unschädlich zu machen, indem sie mit großer Verwunderung die Klauen des Tieres untersuchte und die ihr bedenklich erscheinenden Nägel ganz ohne weiteres abbiß. Die menschliche Gesellschaft liebte sie sehr, zog aber Männer ganz entschieden Frauen vor und neckte diese in jeder Weise. Auf Männer wurde sie nur dann böse, wenn sie ihr etwas zuleide getan hatten, oder wenn sie glaubte, daß ich sie auf die Leute hetzen wolle. In diesem Punkt war sie wie ein auf den Mann dressierter Hund. Man durfte bloß ein Wort sagen oder auf jemand zeigen: sofort fuhr sie auf den Betreffenden los und biß ihn oft empfindlich. Empfangene Beleidigungen vergaß sie wochenlang nicht und rächte sich, sobald sich Gelegenheit bot.

Ihr Scharfsinn war groß. Sie stahl meisterhaft, machte Türen auf und zu und besaß eine bedeutende Fertigkeit, Knoten zu lösen, wenn sie glaubte, dadurch irgend etwas zu erreichen. Schachteln und Kisten öffnete sie ohne weiteres und plünderte sie dann immer gründlich aus. Wir pflegten sie manchmal zu erschrecken, indem wir ein Häufchen Pulver vor ihr auf den Boden schütteten und dieses dann mit Feuerschwamm anzündeten. Sie schrie laut auf, wenn das Pulver aufblitzte, und machte einen Satz, soweit ihr Strick es zuließ. Ein andermal war sie pfiffig genug, den brennenden Schwamm mit ihren Händen zu ersticken und so die Entzündung des Pulvers zu verhüten, dann fraß sie das Pulver auf.

Diese südamerikanischen Löwenäffchen stehen entwicklungsgeschichtlich auf einer niederen Stufe als die meisten Altweltaffen. Uns gefällt das leuchtende Fell.

Im Winter wohnte sie im warmen Ziegenstall, trieb aber hier häufig Unfug, indem sie Türen aushob und so die Ziegen und Schweine befreite, Bretter abdeckte und andere Streiche ausführte. Das eingemischte Kleienfutter, das die Ziegen erhielten, fraß sie lei= denschaftlich gern und fing deshalb oft Streit mit den rechtmäßigen Eigentümern an. Hierbei benahm sie sich äußerst schlau: sie faßte mit der einen Hand den Eimer, mit der anderen packte sie die Ziege an den Hörnern und hielt sie, während sie selber trank, so weit als möglich von sich ab. Wenn eine Ziege sie stieß, schrie sie laut auf und hing dann gewöhnlich im nächsten Augenblick an dem Hals ihrer Gegnerin, um sie zu bestrafen. Sie verzehrte alles Genießbare, namentlich gern Kartoffeln, die ihre Hauptnahrung bildeten. Gewürz= artige Sämereien, zumal Kümmel, waren eine Leckerei für sie. Tabak und noch mehr den Tabakrauch liebte sie wie alle Affen sehr und sperrte, wenn ich ihn ihr ins Gesicht blies, das Maul weit auf, um davon soviel als möglich einzuschlürfen.

Ihre Zuneigung zu mir überschritt alle Grenzen. Ich konnte tun, was ich nur wollte, ihre Liebe gegen mich blieb sich gleich. Wie es schien, betrachtete sie mich in allen Fällen als vollkommen unschuldig an allen Übeln, die ihr widerfuhren. Wenn ich sie züchtigen mußte, wurde sie niemals auf mich wütend, sondern stets auf diejenigen, die zufällig anwesend waren, wahrscheinlich weil sie glaubte, daß sie die Schuld an ihrer Bestrafung trügen. Mich zog sie unter allen Um= ständen ihren sämtlichen Bekannten vor: sie wurde, wenn ich mich nahte, augenblicklich eine Gegnerin von denen, die sie eben noch geliebkost hatte.

Freundliche Worte schmeichelten ihr, Gelächter empörte sie, zumal wenn sie merkte, daß es ihr galt. Sie antwortete jedesmal, wenn wir sie riefen, und kam auch zu mir heran, wenn ich es wünschte. Ich

Der mähnenreiche Berberlöwe wurde in der Freiheit Nordafrikas aus= gerottet. Seine Nachkommen leben nur noch in Zoos und Tierparks.

konnte weite Spaziergänge mit ihr machen, ohne sie an die Leine zu nehmen. Sie folgte mir wie ein Hund, wenn auch nur in weiten Bogen, und Hassan lief wiederum ihr treulich nach.

Als Hassan starb, war sie sehr unglücklich und stieß von Zeit zu Zeit ein gellendes Geschrei aus, auch in der Nacht, die sie sonst regelmäßig verschlafen hatte. Wir mußten fürchten, daß sie den Verlust ihres Gefährten nicht überleben würde, und verkauften sie deshalb an den Besitzer einer Tierschaubude, bei dem sie andere Gesellschaft fand.

Sally

Sally war ein kleiner Klammeraffe. Er war in Britisch=Guayana ge= fangen und dann zum Statthalter von Demerara gebracht worden. Der schenkte ihn einem englischen Kapitän, der uns folgendes von seinem Liebling zu erzählen weiß:

Sallys lieblicher Erscheinung ist durch die Kunst der Photographie mehrfach die Unsterblichkeit gesichert worden. Das eine Bild zeigt Sally, wie sie still und vergnügt in ihres Herrn Schoß ruht; ihr kleines runzliges Gesicht guckte über seinen Arm hinweg, und ihr Schwanz ringelt sich um sein Knie. Auf einem anderen steht sie neben meinem Bootsführer, dessen Fürsorge sie anvertraut war; den linken Arm schlingt sie kosend um seinen Hals, ihr Schwanz windet ich in mehr= fachen Ringen um seine Rechte, auf der sie lehnt. Ein drittes Bild ist dem ähnlich, nur schlingt sie diesmal die Schwanzspitze um den Hals des Bootsführers. Auf allen Bildern bemerkt man Undeutlich= keiten, weil das Tier nicht ganze zwei Sekunden in der Stellung ruhig verharren konnte.

Sally ist ein sehr sanftes Tier. Nur zweimal hat sie gebissen, und zwar das eine Mal, um sich gegen einen Feind zu wehren. Auf der Werft zu Antigua hatte sie sich losgerissen und war von den Leuten arg verfolgt worden; endlich wurde sie in eine Ecke getrieben; man hätte sie dort leicht fangen können, jedoch die Arbeiter fürchteten ihren Zorn. Ihr Herr fing sie nun, um zu zeigen, daß das Tierchen sanft und zahm sei, aber er wurde durch einen Biß in den Daumen belohnt, denn Sally war durch die Verfolgung ganz verängstigt.

Im allgemeinen ist sie so gutartig, daß sie eine Strafe stets ruhig hinnimmt und sich beiseite macht. Bosheit scheint durchaus nicht in ihrer Natur zu liegen, denn Beleidigungen vergißt sie bald und trägt sie dem strafenden Herrn nicht nach. An Bord des Schiffes läuft sie frei herum, tummelt sich im Tauwerk, und wenn es ihr Spaß macht, tanzt sie so lustig und ausgelassen auf dem Seil, daß die Zuschauer kaum noch Arme und Beine vom Schwanz unterscheiden können. In solchen Augenblicken ist der Name „Spinnenaffe" vollständig angemessen, denn sie sieht dann einer riesigen Tarantel in ihren Zuckungen äußerst ähnlich. Solange dieses launige Spiel dauert, hält sie von Zeit zu Zeit inne und blickt mit freundlichem Kopfschütteln auf ihre Freunde, zieht rümpfend die Nase und stößt kurze, sanfte Töne aus. Gewöhnlich wird sie gegen Sonnenuntergang am lebendig= sten. Eine besondere Liebhaberei von ihr besteht darin, daß sie im Tauwerk hinaufklettert, bis sie ein waagrechtes Seil oder eine dünne Stange erreicht. Hier hängt sie sich mit dem Schwanzende knapp aber fest an, schwingt sich langsam hin und her und reibt einen Arm mit dem anderen vom Handgelenk bis zum Ellbogen, als wollte sie das Haar gegen den Strich strählen. Immer wickelt sie ihren Schwanz um irgendeinen Gegenstand, und am liebsten möchte sie keinen Schritt gehen, ohne sich mittels dieses langen und geschmeidigen Gliedes zu versichern.

Im Gegensatz zu vielen ihrer Verwandten, die unverbesserliche Diebe sind und mit den Schwanzenden ganz ruhig Dinge stehlen, auf die ihre Aufmerksamkeit gar nicht gerichtet zu sein scheint, ist Sally sehr ehrenhaft und hat niemals etwas entwendet als höchstens mal eine Frucht oder ein Stückchen Kuchen. Ihre Mahlzeit hält sie an ihres Herrn Tisch und beträgt sich dabei höchst manierlich, ja sie ißt nicht einmal, bevor sie Erlaubnis dazu erhalten hat, hält sich dann auch an ihren eigenen Teller wie ein wohlerzogenes Geschöpf. Ihre Nahrung besteht hauptsächlich aus Pflanzenstoffen, Früchten und Weißbrot, obschon sie hin und wieder mit einem Hühnerbein bewirtet wird. Hinsichtlich ihrer Speise ist sie ziemlich wählerisch, und wenn man ihr ein Stück gar zu trockenen Brotes gibt, beschnuppert sie es arg= wöhnisch, wirft es auf den Boden und tut mit verächtlicher Miene,

als ob es für sie gar nicht vorhanden wäre. Sie unterscheidet Ge=
sundes von Schädlichem: nachdem sie schon lange keine tropische
Frucht mehr gesehen hatte, ergriff sie ohne weiteres einen ihr dar=
gebotenen Apfel und verzehrte ihn ohne Zögern.

In Belize wurde ihr gestattet, die Stadt nach Belieben einige Tage
lang zu durchstreifen. Eines Morgens, als ihr Herr die Straße entlang=
ging, hörte er über sich einen dumpfen Laut, der ihm bekannt vor=
kam. Er blickte auf und sah Sally auf einem Erker sitzen. Sie schaute
zu ihm herab und knurrte voll Freude über das unerwartete Wieder=
sehen. Nur einmal geriet Sally in eine traurige Lage. Ihr Herr fand
sie in seiner Kajüte ganz zusammengerollt auf einer Fußdecke sitzen.
Er sprach zu ihr, das Tier erhob das Köpfchen, sah ihm ins Gesicht
und sank wieder in seine frühere trübselige Stellung zurück. „Komm,
Sally", sagte der Gebieter, doch Sally rührte sich nicht. Der Befehl
wurde noch mehrmals wiederholt, aber ohne den gewöhnlichen Gehor=
sam zu finden. Überrascht durch diesen auffallenden Umstand ergriff
der Herr sie am Arm und machte nun die befremdende Entdeckung, daß
Sally schwer berauscht und weit über eine „Anheiterung" hinaus war.
Sie hatte gerade noch Bewußtsein genug, um ihren Freund zu er=
kennen. Sehr krank war Sally diese Nacht und sehr katzenjämmerlich
am nächsten Tage. Der Grund dieses traurigen Ereignisses war fol=
gender. Die Offiziere des Schiffes hatten ein kleines Mittagessen
veranstaltet, und da sie den Affen sehr gern sahen, ihn so reichlich
mit Mandeln, Rosinen und Früchten der verschiedensten Art, mit
Zwieback und eingemachten Oliven gefüttert, wie es ihm lange nicht
vorgekommen war. Nun liebte er aber die Oliven ganz besonders,
und da er sich reichlich an ihnen eine Güte getan, so quälte ihn
natürlich bald großer Durst. Als nun Branntwein und Wasser herum=
gereicht wurde, steckte Sally ihren Mund in einen der Humpen und
leerte fast den ganzen Inhalt zum großen Vergnügen der Offiziere.

Dem guten Tier war durch dieses Erlebnis der Branntwein so gänz=
lich zum Ekel geworden, daß es später nie wieder den Geschmack
oder auch nur den Geruch desselben ertragen konnte. Selbst ein=
gemachte Kirschen, die sonst sein Leckerbissen gewesen waren,
mochte es nicht mehr aus der Flüssigkeit nehmen.

Kälte schien Sally ziemlich gut zu ertragen; sie war auch hin=
reichend mit warmer Kleidung versehen, die ihr an der eisigen Küste

Neufundlands sehr zustatten kam. Gleichwohl drückte sie ihr Miß=
behagen an kaltem Wetter durch beständiges Schauern aus. Um sich
gegen die Kälte zu schützen, verfiel sie selbst auf einen glücklichen
Gedanken. Zwei junge Neufundländer, die sich an Bord befanden,
hatten eine mit Stroh wohlversehene Hütte: in diese Wohnung kroch
sie hinein und legte gemütlich ihre Arme den beiden Hunden um den
Hals; und hatte sie nun noch ihren Schweif um sich geschlagen, so
befand sie sich glücklich und wohl. Sie war allen möglichen Tieren
zugetan, besonders kleinen und jungen, aber ihre Lieblinge blieben
diese beiden Hunde. Ihre Zuneigung zu ihnen war so groß, daß sie
eifersüchtig auf sie zeigte, und wenn jemand näher an ihnen vor=
überging, als sie für passend erachtete, sprang sie aus der Hütte
heraus und streckte die Arme nach dem Eindringling mit einer Miene,
als ob sie ihn zurechtweisen wolle. Für sie selbst war ebenfalls ein
Häuschen gebaut worden, aber sie ging nie hinein. Sie ist ein sehr
empfindliches Tier und kann kein Dach über sich leiden; deshalb
verschmähte sie ihr Häuschen und rollte sich lieber in einer Hänge=

matte zum Schlafen zusammen. Sally ist etwas schläfrigen Wesens;
sie geht gern zeitig zu Bett und schläft morgens lange.

Seit etwa drei Jahren befindet sie sich im Besitz ihres Herrn. Ihren
Zähnen nach darf man ihr ein Alter von vier Jahren zusprechen,
obschon man sie nach ihrem runzligen Gesicht für einen hundert=
jährigen Greis halten könnte.

Meine Löwin Bachida

Jung eingefangene Löwen werden bei verständiger Pflege sehr zahm.
Sie erkennen in dem Menschen ihren Pfleger und gewinnen ihn um
so lieber, je mehr er sich mit ihnen beschäftigt. Man kann sich kaum
ein liebenswürdigeres Geschöpf denken als einen so gezähmten
Löwen, welcher seine Freiheit, ich möchte sagen, sein Löwentum ver=
gessen hat und dem Menschen mit voller Seele sich hingibt. Ich habe
einmal eine Löwin zwei Jahre lang gepflegt. Bachida, so hieß sie, hatte
früher Latif Pascha, dem ägyptischen Statthalter im Ostsudan, an=
gehört und war einem meiner Freunde zum Geschenk gemacht wor=
den. Sie gewöhnte sich in kürzester Zeit in unserem Hof ein und
durfte dort frei umherlaufen. Bald folgte sie mir wie ein Hund, lieb=
koste mich bei jeder Gelegenheit und wurde bloß dadurch lästig, daß
sie zuweilen auf den Einfall kam, mich nachts auf meinem Lager zu
besuchen und dann durch ihre Liebkosungen aufzuwecken.

Nach wenigen Wochen hatte sie sich die Herrschaft über alles
Lebende auf dem Hof angemaßt, jedoch mehr in der Absicht, mit
den Tieren zu spielen, als um ihnen Leid zu tun. Nur zweimal tötete
und fraß sie Tiere; einmal einen Affen, das andere Mal einen Widder,
mit dem sie vorher gespielt hatte. Die meisten Tiere behandelte sie
mit dem größten Übermut und neckte und ängstigte sie auf jede
Weise. Ein einziges Tier verstand es, sie zu bändigen. Dies war ein
Marabu, welcher, als beide Tiere sich kennenlernten, ihr mit seinem
gewaltigen Keilschnabel zu Leibe ging und sie dergestalt abprügelte,
daß sie ihm, wenn auch nach langem Kampfe, den Sieg zugestehen
mußte. Oft machte sie sich das Vergnügen, nach Katzenart auf den

54

Boden sich zu legen und einen von uns auf das Korn zu nehmen, über den sie dann plötzlich herfiel wie eine Katze über die Maus, aber bloß in der Absicht, um uns zu necken. Gegen uns benahm sie sich stets liebenswürdig und ehrlich. Falschheit kannte sie nicht; selbst als sie einmal gezüchtigt worden war, kam sie schon nach wenigen Minuten wieder und schmiegte sich ebenso vertraulich an mich wie früher. Ihr Zorn verrauchte, und eine Liebkosung konnte sie sogleich besänftigen.

Auf der Reise von Chartum nach Kairo, die wir auf dem Nil zurück= legten, wurde sie, solange das Schiff in Fahrt war, in einen Käfig ein= gesperrt, sobald wir aber anlegten, jedesmal freigelassen. Dann sprang sie wie ein übermütiges Füllen lange Zeit umher und entleerte sich stets zunächst ihres Unrates; denn ihre Reinlichkeitsliebe war so groß, daß sie niemals ihren Käfig während der Fahrt beschmutzte. Bei die= sen Ausflügen ließ sie sich mehrere Male dumme Streiche zuschulden kommen. So erwürgte sie unter anderem in einem Dorf ein Lamm und fing in einem zweiten einen kleinen Negerknaben; doch ver= mochte ich zum Glück den Bedrängten zu befreien, da sie sich gegen mich überhaupt nie widerspenstig zeigte. In Kairo konnte ich, sie an der Leine führend, mit ihr spazierengehen, und auf der Überfahrt von Alexandrien nach Triest holte ich sie tagtäglich auf das Verdeck her=

auf, zur allgemeinen Freude der Mitreisenden. Sie kam nach Berlin, und ich sah sie zwei Jahre nicht wieder. Nach dieser Zeit besuchte ich sie und wurde augenblicklich von ihr erkannt. Ich habe nach allem diesen keinen Grund, an den vielen ähnlichen anderen Berichten, welche wir schon über gefangene Löwen haben, zu zweifeln.

Leoparden hinterm Gitter

Obgleich nur die allerwenigsten Leoparden (auch Pardel oder Panther), die man jung oder alt fängt, nach Europa gebracht werden, ist die schöne Katze doch in allen Tiergärten und Tierschaubuden eine ge= wöhnliche Erscheinung. Bei gehöriger Pflege hält der Leopard die Gefangenschaft lange aus. Er verlangt, wie alle Katzen, einen warmen und reinlichen Käfig und täglich etwas mehr als 1 kg gutes Fleisch, ist aber im übrigen sehr anspruchslos. Bei besonders guter Laune springt er in eigentümlich künstlichen Sätzen, welche gewöhnlich zwei durch= einandergeschlungene Kreise bilden, unaufhörlich in seinem Käfig auf und ab. Zur Ruhe wählt er, solange er sich mit seiner Umgebung noch nicht befreundet hat, die dunkelste Ecke seines Käfigs, später mit Vorliebe einen erhöhten Baumast und dergleichen. Ungestört hält er einen mehrere Stunden währenden Mittagsschlaf; so fest er aber auch zu schlafen scheint, so sicher vernimmt er jedes Geräusch: die Ohren spitzen, die Augen öffnen sich, um nach der Ursache zu forschen, und seine volle Aufmerksamkeit wird rege. Jedes Tier, das an seinem Käfig vorübergeht, erweckt seine Raublust: lautlos duckt er sich nie= der, legt sich zum Sprung zurecht und verfolgt alle Bewegungen der ersehnten Beute, auch wenn er durch unzählige Versuche erprobt hat, daß das Gitter des Käfigs jeden Raubversuch vereitelt. Seine Raub= tiernatur macht sich eben geltend; er versucht wenigstens, einen Raub auszuführen. Gewährt man ihm mehr Freiheit, als er zeitweilig genoß, so macht sich der alte sündhafte Adam sofort wieder bemerklich, und man lernt jetzt in ihm das Raubtier kennen, wie es war und ist.

Während meines Aufenthaltes in Afrika hielt ich einen männlichen Pardel geraume Zeit in Gefangenschaft, konnte es aber niemals zu einem erträglichen Verhältnis zwischen mir und ihm bringen. Sobald

ich mich dem Käfig näherte, drückte er durch Grinsen und Zähne=
fletschen, wohl auch durch ein heiseres Fauchen seine Unzufriedenheit
aus, und wenn ich mich ihm nur einen Zoll weiter als gewöhnlich
näherte, durfte ich sicher darauf rechnen, daß er mit einer seiner Tat=
zen nach mir schlug, natürlich regelmäßig dann, wenn ich mich dessen
am wenigsten versah. Ich hatte ihn, wie alle die Raubtiere, die ich bei
mir führte, mittels einer langen Kette noch besonders fesseln lassen,
und so durfte ich mir schon das Vergnügen gewähren, ihn zuweilen
aus dem Käfig herauszulassen. Sobald er auf den Hof trat, begann er
zu rasen, sprang wie toll empor, dehnte sich, zog Gesichter, fauchte
und warf die wildesten Blicke nach allen Seiten. Dabei ging er jedem,
der sich ihm näherte, sofort zu Leibe und gebärdete sich so sprechend,
daß wir wohl wußten, er würde uns niederreißen, wenn er uns er=
langen könnte. Je mehr ich die Kette durch einen angebundenen Strick
verlängerte, um so toller wurden seine Bewegungen, um so mehr
steigerte sich seine Wut. Die ganze Wildheit des frei lebenden Tieres,
die lange gewaltsam unterdrückt worden war, schien durchzubrechen,
der Blutdurst regte sich, und seine Augen drohten der ganzen übrigen
Tiergesellschaft Tod und Verderben. Gurgelnd flogen die Affen an
den Wänden, Stöcken und Säulen empor, ängstlich meckerten die
Ziegen, wie toll rannten die Strauße in ihrem Käfig auf und nieder,
grollend blickte der Löwe auf den rasenden Roland. Dieser versuchte,
auf alle nur mögliche Weise freizukommen, und mehrmals wurde es
uns angst und bang bei diesen Beobachtungsproben. Das allerschwie=
rigste war, den Leoparden wieder in seinen Käfig zurückzubringen.
Aus freien Stücken ging er nicht hinein, und gezwungen konnte er
kaum werden. Drohungen vermochten gar nichts über ihn: wenn wir
ihm die Peitsche vorhielten, zeigte er uns dagegen seine Pranken;
wenn wir ihn anschrien, fauchte er; wenn wir auf ihn losgingen, legte
er sich zum Sprung zurecht. Es galt, seinen Trotz zu brechen, ohne ihn
dabei zu mißhandeln. Ich wagte nicht einmal, mich der aus dem Fell
des Nilpferdes geschnittenen Peitsche zu bedienen, die bei anderen
Tieren gewöhnlich vollkommen ausreichte; ich wagte es aus dem
Grunde nicht, weil mir die Peitsche nicht lang genug erschien und ich
doch das Tier bis zum Käfig treiben mußte. Deshalb nahm ich einen
neuen Stallbesen und befestigte diesen an einer langen dünnen Stange:
damit bekam er seine Prügel; aber sie fruchteten nichts, und ich mußte

auf andere Mittel sinnen. Das beste von allen war, wie ich zufällig entdeckte, ihn mit Wasser zu begießen, und dabei leistete mir nun wieder eine große Spritze die vortrefflichsten Dienste. Sobald er einen Eimer Wasser über den Kopf bekommen hatte, oder durch den Strahl der Spritze dauernd eingenäßt wurde, suchte er so schleunigst als möglich in seinen Käfig zu kommen; und später brachte ich es soweit, daß ich ihm bloß die Spritze und den Besen zu zeigen brauchte, um ihn augenblicklich dazu zu bewegen, seinen Schlupfwinkel zu suchen.

Und doch lassen Leoparden sich ebenfalls abrichten, fast ebensogut wie Löwe oder Tiger, wenn auch in der Regel nicht in derselben Zeit. Gerade die wildesten Stücke sollen oft, wenn auch nicht die zahmsten, so doch die gelehrigsten werden. Doch ist das Wesen der Tiere sehr verschieden geartet: einzelne lernen in 8 bis 14 Tagen ihre sogenannten Kunststücke, andere nehmen keine Lehre an, werden deshalb von den Tierbändigern als „Dumme" bezeichnet und abgeschafft. Panther, welche von Jugend auf mit verständigen Pflegern Umgang hatten, werden ebenso zahm wie andere große Katzen, nehmen gern Liebkosungen von bekannten Personen entgegen, schnurren dabei behaglich nach Katzenart und schmiegen sich, den gelenken Leib schlangenartig biegend, zärtlich an ihren Gebieter an oder reiben sich wenigstens behaglich an den Gittern ihres Käfigs. Ein Panther den ich pflegte, antwortete durch ein absonderliches Schnauben auf den Anruf, sprang mir und anderen Bekannten freudig entgegen, langte mit der Pranke nach mir, in der Absicht, mich an sich heranzuziehen, ließ sich streicheln und liebkosen und leckte mit großer Zartheit, die ihm gereichte Hand — ganz wie ein wohlerzogener Hund. Niemals dachte er daran, von seinen Krallen Gebrauch zu machen: die gefährlichen Pranken blieben in der Hand seines Freundes immer weich und samtig. Kreuzberg besaß einen Panther, welcher so artig war, daß man ihm gestatten durfte, mit der Familie das Zimmer zu teilen und mit den Kindern zu spielen. Eines der letzteren, ein vierjähriges Mädchen, stand in hoher Gunst bei dem Tier und durfte mit ihm verkehren wie mit einem Hunde, beispielsweise auf seine Brust sich legen und in solcher Stellung einschlafen, ohne irgendwelche Tücke befürchten zu müssen. Solches Vertrauen aber erwirbt sich der Pardel doch nur in den seltensten Fällen.

Das feine Gehör

Über das feine Gehör der Katze berichtet Lenz folgendes: Ich hatte mich bei warmer, stiller Luft in meinem Hof auf einer Bank im Schat= ten der Bäume niedergelassen und wollte lesen. Da kam eines von meinen Kätzchen schnurrend und schmeichelnd heran und kletterte mir nach alter Gewohnheit auf Schulter und Kopf. Beim Lesen war das störend; ich legte also ein zu solchem Zweck bestimmtes Kissen auf meinen Schoß, das Kätzchen darauf, drückte es sanft nieder, und nach zehn Minuten schien es fest zu schlafen, während ich ruhig las, und um uns her Vögel sangen. Das Kätzchen hatte den Kopf, also auch die Ohren, südwärts gerichtet.

Plötzlich sprang es mit Blitzesschnelligkeit rückwärts. Ich sah ihm erstaunt nach; da lief nordwärts von uns ein Mäuschen von einem Busch zum andern über glattes Steinpflaster, wo es natürlich gar kein Geräusch machen konnte. Ich maß die Entfernung, in der das Kätzchen die Maus hinter sich gehört hatte: sie betrug etwa 14 Meter.

Die Katze als Mutter

Zweimal im Jahre, zuerst Ende April oder Anfang Mai, dann wieder zu Anfang des August, bekommt die Hauskatze drei bis sechs Junge, welche blind geboren werden und erst am neunten Tage sehen lernen. Die Alte sucht vorher immer ein geschütztes Versteck auf und hält dort ihre Jungen so lange als möglich verborgen, namentlich aber vor dem Kater, der diese auffrißt, wenn er sie entdeckt.

Der Mutter Liebe zu den Jungen ist großartig. Sie trägt die Jungen augenblicklich von einem Ort zum andern, sowie sie Gefahr für sie fürchtet; dabei faßt sie zart nur mit den Lippen ihre Haut im Genick an und trägt sie so sanft dahin, daß die Miezchen davon kaum etwas merken. Solange sie säugt, verläßt sie die Kinder bloß, um für sich und sie Nahrung zu holen. Manche jungen Katzenmütter wissen mit ihren ersten Kleinen noch nicht recht umzugehen; es muß ihnen dann von den Menschen oder von alten Katzen erst gezeigt werden, wie sie sich zu benehmen haben. Eine Katze hatte sich gewöhnt, die Mäus= chen, welche sie gefangen hatte, immer am Schwanze zu tragen, und wandte diese Art der Fortschaffung später auch bei den ersten ihrer Jungen an. Dabei ging es aber nicht so gut wie bei den Mäuschen; denn die jungen Kätzchen klammerten sich am Boden fest und ver= hinderten so die Alte, sie fortzuschaffen. Die Herrin der Wöchnerin zeigte ihr, wie sie ihre Kinder zu behandeln habe. Sie begriff dies augenblicklich und trug später ihre Kleinen immer, wie andere Mütter sie tragen. Daß alle Katzen mit der Zeit viel besser lernen, wie sie ihre Kinder zu behandeln haben, ist eine ausgemachte Tatsache.

Wenn sich einer säugenden Katze ein Hund oder eine andere Katze nähert, geht sie mit der größten Wut auf den Störenfried los, und selbst ihren Herrn läßt sie nicht immer ihre niedlichen Jungen berüh= ren. Dagegen zeigt sie zu derselben Zeit gegen andere hilflose Tiere ein Mitgefühl, welches ihr alle Ehre macht. Man kennt vielfache Bei= spiele, daß säugende Katzen kleine Hündchen, Füchschen, Kaninchen, Häschen, Eichhörnchen, Ratten, ja sogar Mäuse säugten und groß= zogen, und ich selbst habe als Knabe mit meiner Katze derartige Er= fahrungen gemacht. Als sie das erstemal Junge hatte, brachte ich ihr ein noch blindes Eichhörnchen, das einzige Überlebende von dem ganzen Wurf, welchen wir hatten großziehen wollen. Die übrigen Geschwister des kleinen netten Nagers waren unter unserer Pflege gestorben, und deshalb beschlossen wir, zu versuchen, ob nicht unsere Katze sich der Waise annehmen werde. Und wirklich erfüllte sie das in sie gesetzte Vertrauen. Mit Zärtlichkeit nahm sie das fremde Kind unter ihre eigenen auf, nährte und wärmte es aufs beste und behan= delte es gleich von Anfang an mit wahrhaft mütterlicher Hingebung. Das Eichhörnchen gedieh mit den Pflegegeschwistern vortrefflich und blieb, nachdem diese schon weggegeben waren, noch bei seiner Pflege= mutter. Nunmehr schien diese das Geschöpf mit doppelter Liebe an= zusehen. Es bildete sich ein Verhältnis aus, so innig, als es nur immer sein konnte. Mutter und Pflegekind verstanden einander vollkommen, die Katze rief nach Katzenart, Eichhörnchen antwortete mit Knurren. Bald lief es seiner Pflegerin durch das ganze Haus und später auch in den Garten nach. Dem natürlichen Triebe folgend, erkletterte das Eichhörnchen leicht und gewandt einen Baum, die Katze blinzelte nach ihm empor, augenscheinlich höchst verwundert über die bereits so frühzeitig ausgebildete Geschicklichkeit des Grünschnabels, und kratzte wohl auch schwerfällig hinter ihm drein. Beide Tiere spielten miteinander, und wenn auch Hörnchen sich etwas täppisch benahm, der gegenseitigen Zärtlichkeit tat dies keinen Eintrag, und die geduldige Mutter wurde nicht müde, immer von neuem das Spiel zu beginnen. Später säugte die nämliche Katze junge Kaninchen, Ratten, junge Hunde groß, und Nachkommen von ihr zeigten sich der trefflichen Mutter würdig, indem sie ebenfalls zu Pflegerinnen verwaister Geschöpfe sich hergaben. Einige Katzenmütter sind sogar dabei beobachtet worden, wie sie aus eigenem Antrieb verlassene junge Hündchen, Häschen, Ratten herbeischleppten, um sie liebevoll großzuziehen. Solche merkwürdige Pflegelust kann nur in der durch die Liebe zu den eigenen Kindern wachgerufenen Gutmütigkeit, um nicht zu sagen Barmherzigkeit, ihre Erklärung finden.

Eine andere säugende Katze wurde durch irgendeinen Zufall plötzlich von ihren Kindern getrennt, und diese gerieten somit in Gefahr, zu verkümmern. Da kam der Besitzer der kleinen Gesellschaft auf einen guten Gedanken. Des Nachbars Katze hatte Junge gehabt, war aber derselben beraubt worden. Diese wurde nun als Pflegemutter ausersehen und gewonnen. Sie unterzog sich bereitwillig der Pflege der Stiefkinder und behandelte sie ganz wie ihre eigenen. Plötzlich

aber kehrte die rechte Mutter zurück, jedenfalls voller Sorgen für ihre lieben Sprößlinge. Sie fand diese in guten Händen — und, siehe da! beide Katzenmütter vereinigten sich fortan in der Pflege und Erzie= hung der Kleinen und ernährten und verteidigten sie gemeinschaftlich auf das beste.

Keine Menschenmutter kann mit größerer Zärtlichkeit und Hin= gebung der Pflege ihrer Kinderchen sich widmen als die Katze. In jeder Bewegung, in jedem Laut der Stimme, in dem ganzen Gebaren gibt sich Innigkeit, Sorgsamkeit, Liebe und Rücksichtnahme nicht allein auf die Bedürfnisse, sondern auch auf die Wünsche der Kleinen kund. Solange diese schwach und unbehilflich sind, beschäftigt sich die Alte hauptsächlich nur mit ihrer Ernährung und Reinigung. Behutsam nähert sie sich dem Lager, vorsichtig setzt sie ihre Füße zwischen die krabbelnde Gesellschaft, leckend holt sie eines der Kätzchen nach dem andern herbei, um es an das Gesäuge zu bringen, ununterbrochen be= strebt sie sich, jedes Härchen glattzulegen, Augen und Ohren und den ganzen Körper reinzuhalten. Noch äußert sich ihre Liebe ohne Laute; sie schnorrt höchstens dann und wann.

Die Jungen wachsen heran, und die Mutter ändert in vollstem Ein= klang mit dem fortschreitenden Wachstum allgemach ihr Benehmen gegen sie, sobald die Äuglein sich geöffnet haben, beginnt der Unter= richt. Noch starren diese Äuglein blöde ins Weite; bald aber richten sie sich entschieden auf einen Gegenstand: die ernährende Mutter. Sie beginnt jetzt mit ihren Sprößlingen zu reden. Ihre sonst nicht eben angenehm ins Ohr fallende Stimme gewinnt einen Wohlklang, wel= chen man ihr nie zugetraut hätte; das „Miau" verwandelt sich in ein „Mie", in welchem alle Zärtlichkeit, alle Hingebung, alle Liebe einer Mutter liegt; aus dem sonst Zufriedenheit und Wohlbehagen oder auch Bitte ausdrückenden „Murr" wird ein Laut, so sanft, so spre= chend, daß man ihn verstehen muß als den Ausdruck der innigsten Herzensliebe zu der Kinderschar. Bald auch lernt diese begreifen, was der sanfte Anruf sagen will; sie lauscht, sie merkt auf und kommt schwerfällig, mehr humpelnd als gehend, herbeigekrochen, wenn die Mutter ihn vernehmen läßt. Die ungefügen Glieder werden gelenker, Muskeln, Sehnen und Knochen fügen sich allgemach dem erwachen= den und rasch erstarkenden Willen: ein dritter Abschnitt des Kinder= lebens, die Spielzeit, beginnt.

Die Spielseligkeit der Katze macht sich schon in frühester Jugend bemerklich, und die Alte tut ihrerseits alles, sie zu unterstützen. Sie wird zum Kinde mit den Kindern, aus Liebe zu ihnen, genau ebenso, wie die Menschenmutter sich herbeiläßt, mit ihrem Kindlein zu tän= deln. Mit scheinbarem Ernst sitzt sie mitten unter den Kätzchen, be= wegt aber bedeutsam den Schwanz, in welchem vor Jahrhunderten schon der alte Gesner den Zeiger der Seelenstimmung erkannte: „Anderst seyn sie gesinnet, wann sie den Schwantz hencken, anderst wann sie jhn grad in die Höhe strecken oder krümmen." Die Kleinen verstehen zwar diese Sprache ohne Worte noch nicht, werden aber gereizt durch die Bewegung. Ihre Äuglein gewinnen Ausdruck, ihre Ohren strecken sich. Plump=täppisch häkelt das eine und andere nach der sich bewegenden Schwanzspitze; dieses kommt von vorn, jenes von hinten herbei, eines versucht über den Rücken wegzuklettern und schlägt einen Purzelbaum, ein anderes hat eine Bewegung der Ohren der Mutter erspäht und macht sich damit zu schaffen, ein fünftes liegt noch unachtsam am Gesäuge. Die gefällige Alte läßt mit Seelenruhe alles über sich ergehen. Kein Laut des Unwillens, höchstens gemüt= liches Spinnen macht sich hörbar. Solange noch eines der Jungen saugt, wird es verständnisvoll bevorzugt; sobald aber auch dieses sich genügt hat, sucht sie selbst die kindischen Possen, zu denen bisher nur die sich bewegende Schwanzspitze aufforderte, nach Kräften zu unter= stützen.

Ihre wundervolle Beweglichkeit und Gewandtheit zugunsten der täppischen Kleinen beschränkend, ordnet und regelt die Mutterkatze nun das bis jetzt ziellos gewesene Spiel. Bald liegt sie auf dem Rücken und spielt mit Vorder= und Hinterfüßen, die Jungen wie Fangbälle umherwerfend; bald sitzt sie mitten unter der sich balgenden Gesell= schaft, rollt mit einem Tatzenschlage das eine Junge um, häkelt das andere zu sich heran und lehrt durch unfehlbare Griffe der trotz aller Unruhe achtsamen Kinderschar sachgemäßen Gebrauch der krallen= bewehrten Pranken; bald wieder erhebt sie sich, rennt eiligen Laufes eine Strecke weit weg und lockt dadurch das Völkchen nach sich, offen= bar in der Absicht, ihm Gelenkigkeit und Behendigkeit beizubringen. Nach wenigen Lehrstunden haben die Kätzchen überraschende Fort= schritte gemacht. Von ihren gespreizten Stellungen, ihrem wankenden Gang, ihren täppischen Bewegungen ist wenig mehr zu bemerken.

Im Häkeln mit den Pfötchen, im Fangen sich bewegender Gegenstände bekunden sie bereits merkliches Geschick. Nur das Klettern verursacht noch Mühe, wird jedoch in fortgesetztem Spiele binnen kurzem eben= falls erlernt.

Nunmehr scheint der Alten die Zeit gekommen zu sein, auch das in den Kinderchen noch schlummernde Raubtier zu wecken. Anstatt des Spielzeuges, zu welchem jeder leicht bewegliche Gegenstand dienen muß, anstatt der Steinchen, Kugeln, Wollflocken, Papierfetzen und dergleichen, bringt sie eine von ihr gefangene, noch lebende und mög= lichst wenig verletzte Maus oder ein erbeutetes, mit derselben Vorsicht behandeltes Vögelchen, nötigenfalls eine Heuschrecke, in das Kinder= zimmer. Allgemeines Erstaunen der kleinen Gesellschaft, doch nur einen Augenblick. Bald regte sich die Spielsucht mächtig, kurz darauf auch die Raublust. Solcher Gegenstand ist denn doch zu verlockend für das bereits wohlgeübte Raubzeug. Er bewegt sich nicht bloß, son= dern leistet auch Widerstand. Hier muß derb zugegriffen und festge= halten werden: soviel ergibt sich schon bei den ersten Versuchen; denn die Maus entschlüpfte Murrchen, welcher sie doch sicher gefaßt zu haben vermeinte, überraschend schnell und konnte nur durch die acht= same Mutter an ihrer Flucht gehindert werden. Der nächste Fangver= such fällt schon besser aus, bringt aber einen empfindlichen Biß ein: Miezchen schüttelte bedenklich das verletzte Pfötchen. Doch schon hat Hinzchen die Unbill gerächt und den Nager so fest gepackt, daß kein Entrinnen mehr möglich: das Raubtier ist fertig geworden.

_____

Die jungen Tiger werden zwar schon mit der bunten Fellzeichnung ihrer Eltern geboren, sind aber noch unbeholfen und stehen erst nach sechs Wochen einigermaßen sicher auf den Beinen.

Treue und Klugheit der Katze

Gewöhnlich nimmt man an, daß die Katze nicht erziehungsfähig sei, tut ihr damit aber großes Unrecht. Sie bekundet, wenn sie gut und verständig behandelt worden ist, innige Zuneigung zu dem Menschen. Es gibt Katzen, und ich kannte selbst solche, welche schon mehrere Male mit ihren Herrschaften von einer Wohnung in die andere ge= zogen sind, ohne daß es ihnen eingefallen wäre, nach dem alten Haus zurückzukehren. Sie urteilten eben, daß der Mensch in diesem Fall ihnen mehr wert sei als das Haus. Andere Katzen kommen, sobald sie ihren Herrn von weitem sehen, augenblicklich zu ihm heran, schmei= cheln und liebkosen ihn, spinnen vertraulich und suchen ihm auf alle Weise ihre Zuneigung an den Tag zu legen. Sie unterscheiden dabei sehr wohl zwischen ihnen bekannten und fremden Personen und las= sen sich von ersteren, zumal von Kindern, unglaublich viel gefallen, freilich nicht soviel wie alle Hunde, aber doch ebensoviel wie manche. Andere Katzen begleiten ihre Herrschaft in sehr artiger Weise bei Spaziergängen durch Hof und Garten, Feld und Wald. Ich selbst kannte zwei Kater, welche sogar den Gästen ihrer Gebieterin in höchst liebenswürdiger Weise das Geleit gaben, 10—15 Minuten weit mit= gingen, dann aber mit Schmeicheln und wohlwollendem Schnurren Abschied nahmen und zurückkehrten.

Katzen befreunden sich aber auch mit Tieren. Man kennt viele Bei= spiele von den innigsten Freundschaften zwischen Hunden und Kat= zen, welche dem lieben Sprichwort gänzlich widersprechen. Von einer Katze wird erzählt, daß sie es sehr gern gehabt habe, wenn sie ihr

Die zunächst nur schmalen Pupillen der Katze können sich bis zur vollen Rundung erweitern. Deshalb können die Katzen auch im Dun= keln noch gut sehen.

Freund, der Hund, im Maule in der Stube hin und her trug; von an=
dern weiß man, daß sie bei Beißereien unter Hunden ihren Freunden
nach Kräften beigestanden, und ebenso auch, daß sie von den Hunden
bei Katzenbalgereien geschützt wurden.

Manche Katzen liefern außerordentliche Beweise ihrer Klugheit.
Solche von echten Vogelliebhabern werden nicht selten so weit ge=
bracht, daß sie den gefiederten Freunden ihres Herrn nicht das ge=
ringste zuleide tun. Giebel beobachtete, daß sein schöner Kater, Peter
genannt, eine Bachstelze, welche genannter Naturforscher im Zimmer
hielt, wiederholt mit dem Maul aus dem Hof zurückbrachte, wenn der
Vogel seine Freiheit gesucht hatte — natürlich, ohne ihm irgendwie zu
schaden.

Ein ganz gleiches Beispiel ist mir aus meinem Heimatdorf bekannt
geworden. Dort brachte die Katze eines Vogelfreundes zur größten
Freude ihres Herrn diesem ein seit mehreren Tagen schmerzlich ver=
mißtes Rotkehlchen zurück, welches sie also nicht nur erkannt, son=
dern auch gleich in der Absicht gefangen hatte, ihrem Gebieter da=
durch eine Freude zu bereiten!

Gestützt auf diese Tatsachen, glaube ich, daß auch folgende Ge=
schichte buchstäblich wahr ist: Eine Katze lebte mit dem Kanarien=
vogel ihres Herrn in sehr vertrauten Verhältnissen und ließ sich ruhig
gefallen, daß dieser sich auf ihren Rücken setzte und förmlich mit ihr
spielte. Eines Tages bemerkt ihr Gebieter, daß sie plötzlich mit großer
Hast auf den Kanarienvogel losstürzt, ihn mit den Zähnen faßt und
knurrend ein Pult erklettert, den Kanarienvogel dabei immer fest in
den Zähnen haltend. Man schreit auf, um den Vogel zu befreien,
bemerkt aber gleichzeitig eine fremde Katze, welche zufällig in das
Zimmer gekommen ist, und erkennt erst jetzt Miezchens gutes Herz.
Sie hatte ihren Freund vor ihrer Schwester, welcher sie nicht trauen
mochte, schützen wollen.

Weitere Beweise für den Verstand des vortrefflichen Tieres lieferte
unsere eigene Hauskatze. Im schönen Monat Mai hatte sie auf dem
Heuboden vier allerliebste Junge geworfen und dort sorgfältig vor
aller Augen verborgen. Trotz der größten Mühe konnte die Lager=
stätte erst nach zehn bis zwölf Tagen entdeckt werden. Als dies aber
einmal geschehen war, gab sich Miez auch weiter gar keine Mühe, ihre
Kinder zu verstecken. So mochten ungefähr drei oder vier Wochen

hingegangen sein, da erscheint sie plötzlich bei meiner Mutter, schmei=
chelt und bittet, ruft und läuft nach der Tür, als wollte sie den Weg
weisen. Meine Eltern folgen ihr nach, sie springt erfreut über den Hof
weg, verschwindet auf dem Heuboden, kommt über der Treppe zum
Vorschein, wirft von oben herab ein junges Kätzchen auf ein Heu=
bündel, welches unten liegt, springt ihm nach und trägt es bis zu
meiner Mutter hin, zu deren Füßen sie es niederlegt. Das Kätzchen
wird freundlich auf= und angenommen und geliebkost. Mittlerweile
ist die Katze wieder auf dem Heuboden angelangt, wirft ein zweites
ihrer Kinder gleicherweise herab, trägt es aber bloß einige Schritte
weit und ruft und schreit, als verlange sie, daß man es von dort abhole.
Diese Bitte wird gewährt, und jetzt wirft die faule Mutter ihre beiden
andern Kinder noch herab, ohne sich aber nur im geringsten mit deren
Fortschaffung zu befassen, und erst als ihr ganz entschieden bedeutet
wird, daß man die Kleinen liegenlasse, entschließt sie sich, dieselben
fortzuschleppen. Wie sich ergab, hatte die Katze fast gar keine Milch
mehr, und klug genug, wie sie war, sann sie deshalb darauf diesem
Übelstand so gut als möglich abzuhelfen, brachte also ihr ganzes
Kindernest jetzt zu ihrem Brotherrn.

Dieselbe Katze bekundete eine Anhänglichkeit an meinen Vater,
welche von der des treuesten Hundes nicht hätte übertroffen werden
können. Sie wußte, daß sie dieses ausgezeichneten Tierkenners und
Tierfreundes Liebling war, und bemühte sich, dankbar zu sein. Jeden
Vogel, welchen sie gefangen hatte, brachte sie, und zwar kaum oder
nicht verletzt, ihrem Herrn, es ihm gleichsam anheimgebend, ob er
ihre Beute wieder in Freiheit setzen oder für seine Sammlung verwen=
den wollte; niemals aber vergriff sie sich, was andere Katzen nicht
selten tun, an den ausgestopften Stücken der Sammlung, durfte des=
halb auch unbedenklich im Zimmer gelassen werden, wenn alle Tische
und Schränke voller Bälge lagen. Auf den ersten Ruf meines Vaters
erschien sie sofort, schmeichelnd oder bettelnd, je nachdem sie erkannt
hatte, ob sie bloß zur Gesellschaft dienen oder einen ihr aufgesparten
Bissen erhalten sollte. Schrieb oder las mein Vater, so saß sie meist
behaglich spinnend auf seiner Schulter; verließ er das Haus, gab sie
ihm das Geleit.

Während der letzten Krankheit ihres Gebieters, dessen reger Geist
bis zum letzten Augenblick tätig war, besuchte sie ihn täglich stunden=

lang, versuchte auch noch außerdem, ihm Freude zu bereiten. An den mit Vogelbälgen angefüllten Kistchen und Schachteln fanden wir fast täglich frisch gefangene und getötete Vögel, welche sie zu den aus= gestopften gelegt hatte. Nenne man dies Eitelkeit, sage man, daß sie dafür gelobt sein wollte: Verständnis für die Wünsche ihres Herrn und guten Willen, letztere zu erfüllen, wird man solchen Handlungen nebenbei doch zusprechen müssen. Ich will es als einen Zufall gelten lassen, daß dieses treffliche Tier von der Leiche und von dem Sarg meines Vaters gutwillig nicht weichen wollte und, weggenommen, immer wieder zurückkehrte; erwähnenswert scheint mir die Tatsache aber doch zu sein.

Hier sei noch die Erzählung einer Tierfreundin angeschlossen, deren noch junge Katze sich als aufmerksame Krankenwärterin be= währte. Die Dame berichtet: „Als ich am Nervenfieber krank lag, vermißte mich meine Katze sofort, suchte mich und setzte sich so lange an die Tür des Krankenzimmers, bis sie Gelegenheit fand, hereinzu= schlüpfen. Hier tat sie nun ihr Bestes, mich nach ihren Kräften zu unterhalten und zu erheitern. Da sie jedoch merkte, daß ich zu krank war, um mit ihr spielen zu können, setzte sie sich an meine Seite und schwang sich förmlich zu meiner Krankenwärterin auf. Auf alles, was mir geschah, gab sie genau acht, und sobald ich mich nach ihr umsah, erschien sie augenblicklich mit freundlichem Schnurren bei mir. Nie= mand hätte größere Wachsamkeit oder zärtlichere Sorgfalt für mich bekunden können. Sehr bald wußte sie Bescheid über die verschiede= nen Stunden, um welche ich Arznei oder Nahrung nehmen mußte. Wenn meine Pflegerin nachts zuweilen in Schlaf verfiel, weckte die achtsame Katze sie regelmäßig zur bestimmten Zeit dadurch auf, daß sie ihr ganz sanft in die Nase biß. Geradezu wunderbar erschien mir die Tatsache, daß sich das Tier, trotzdem sich in meinem Zimmer keine schlagende Uhr befand, bei Tag wie bei Nacht kaum um fünf Minuten in seinen Berechnungen irrte.“

Aus all dem geht hervor, daß die Katzen die Freundschaft des Men= schen in vollstem Maß verdienen, und daß es endlich Zeit wäre, die ungerechten Meinungen und mißliebigen Urteile über sie der Wahr= heit gemäß zu verbessern.

Mieze als Erzieherin

Ein Herr in Waltershausen, erzählt Lenz, besaß eine Katze, die ge=
wohnt war, nie etwas vom Tisch zu nehmen. Einst kam ein neuer
Hund ins Haus, der gern naschte und zu diesem Zweck auf Stühle
und Tisch sprang. Die Katze sah ihm einige Male mit griesgrämiger
Miene zu, dann setzte sie sich in die Nähe des Tisches und war, als der
Hund wieder auf den Stuhl sprang, schon oben auf dem Tisch und
gab dem Näscher eine tüchtige Maulschelle.

Eine andere Katze war durch Schläge und Drohungen dahin ge=
bracht worden, die Stubenvögel, deren Käfige im Fenster standen, in
Ruhe zu lassen. Eines ihrer Jungen, das bei ihr blieb, zeigte bald Ge=
lüste nach den Vögeln. Es sprang auf den Stuhl, von da ins Fenster
und wollte eben einen Braten aus dem Käfig holen, als es von einer
menschlichen Hand gepackt, durch einige Klapse eines Besseren be=
lehrt und auf den Boden gesetzt wurde. Die Alte hat den Versuch zum
Bösen und die Abstrafung mit angesehen, war bei dem Notgeschrei
herbeigeeilt und leckte jetzt ihrem Kindchen mitleidig die Hiebe ab.
Dasselbe geschah noch zweimal; doch das Kätzchen wollte seine Be=
gierde nicht zügeln und fuhr fort, auf dem Weg der Sünde zu wandeln.
Aber nun ließ es die Alte nicht mehr aus dem Auge, sondern sprang
jedesmal, wenn das Kleine zum Fenster wollte, auf den Stuhl und

verabfolgte dem Zudringlichen ganz gehörige Ohrfeigen. Das Kleine ersann nun einen andern Weg, kroch auf ein Pult, das nahe am Fen= ster stand, und wollte von dort aus auf die Vögel los. Die Alte aber war mit einem Sprung schon oben, und wieder setzte es Ohrfeigen, und zwar von einer Güte, daß von nun an jeder Raubzug unterblieb.

Lucy

Wenige Monate genügten — erzählt Loewis — meinen jungen Luchs seinen Namen Lucy genau unterscheiden zu lehren. Unter vielen Hundenamen, die auf der Jagd von mir genannt wurden, fand er den seinen stets heraus und leistete mit musterhaftem Gehorsam Folge. Seine Abrichtung war ohne alle Mühe so vortrefflich gelungen, daß er in der wildesten, leidenschaftlichsten, aber verbotenen Jagd nach Hasen, Geflügel oder Schafen innehielt, sobald mein drohender Zuruf ihn erreichte, beschämt sich zu Boden warf und nach der Art der Hunde Gnade für Recht erwartete. Die Bedeutung eines Flinten= schusses für Befriedigung seines Appetits lernte er rasch kennen. War er zu weit fort, um die rufende Stimme zu hören, so genügte das Knallen des Gewehres, ihn in Eile herbeizuführen.

Lucy machte freiwillig, mir auf dem Fuße folgend, alle Herbstjagden mit. Stand ein armer Hase vor uns auf, oder gelangte sonst ein von der Meute verfolgter in die Nähe, so begann die hitzige Jagd; und trotz seiner unbeschreiblichen Aufregung bei solcher Gelegenheit be= hielt er stets soviel Überlegung bei, um das Verhältnis seiner Ge= schwindigkeit und Ausdauer zu der des Hasen, scheinbar wenigstens, zutreffend abzuschätzen. Denn nur, wenn ihm das Wild entschieden überlegen war, wandte er die den Katzenarten eigentümliche Weise des Jagens an, die in wenigen, aber gewaltigen Sprungsätzen besteht. Waren die Kräfte gleichartig, dann jagte er durch dick und dünn, über Zäune und Hecken fort, wie ein Windhund dem Wild folgend, und das Ergebnis war oftmals ein günstiges. Nachdem er häufig bei mord= lustigen Sprüngen nach am Boden sitzenden Tauben leer ausgegangen war, änderte er den Angriffsplan und sprang nicht mehr dem Sitzplatz des beflügelten Zieles zu, sondern fing nunmehr durch einen tüchtigen Satz in die Höhe mit ziemlich sicherer Berechnung die Taube auf ihrem luftigen Fluchtweg mit scharfen Krallen ab.

Man spricht den Katzen im allgemeinen die Fähigkeit ab, sich an bestimmte Personen zu gewöhnen und ihnen Gehorsam zu leisten. Mit welchem Recht mag dahingestellt bleiben; daß sich aber der Luchs anders verhält, hat meine Lucy genügend bewiesen. Sie hörte nur auf meines Bruders oder meine Stimme. Fuhren wir beide auf einen Tag in die Nachbarschaft, so konnte niemand Lucy bändigen; dann wehe jedem Huhn, jeder Ente oder Gans! Bei Dunkelwerden kletterte sie auf das Dach des Wohnhauses und ruhte dort, an einen Schornstein gelehnt. Rollte spät abends oder in der Nacht unser Wagen vor die Haustreppe, so sprang sie mit einigen Sätzen vom Hausdach auf das der Treppe, auf meinen Zuruf schwang sie sich an den Säulen hinab und flog in weiten Bogensätzen mir an die Brust, schlug ihre starken Vorderbeine um meinen Hals, schnurrte laut, rieb nach Art der Haus= katzen den Kopf an mir und folgte uns dann in die Stube, um auf dem Sofa, dem Bett oder am Ofen ihr Nachtlager aufzuschlagen. Zuweilen teilte Lucy mit uns das Lager und verursachte mir mehrmals, quer über meinen Hals liegend, beunruhigende Träume und Alpdrücken.

Einst mußten mein Bruder und ich eine ganze Woche abwesend sein. Der Luchs wurde indessen menschenscheu, suchte uns laut klagend mit Unruhe und wählte schon am zweiten Tage einen nahe gelegenen Birkenwald zu seinem Aufenthalt, ohne Nahrung aus der Küche zu erhalten. Nur nachts kehrte er noch auf seinen gewohnten Platz am Schornstein des Hauses zurück. Seine Freude bei unserer nächtlichen Rückkehr nach so langer Trennung kannte keine Grenzen. Wie ein Blitz flog er vom Dach herunter an meinen Hals, und von Stunde an kehrte er zu seiner gewohnten Lebensweise zurück und bot abends wieder, hinter dem Rücken meiner uns vorlesenden Mutter auf dem Sofa ausgestreckt, gemütlich schnurrend, gähnend oder tüchtig schnar= chend, allen Gästen ein seltenes Schauspiel.

Sein Ehr= und Schamgefühl war nicht unbedeutend entwickelt. Aus den Fenstern des Gutsgebäudes beobachtete ich einmal eine eigen= tümliche Szene. Der große Teich war im November mit einer Eisdecke bedeckt, nur in der Mitte war für die Gänseherde ein Loch ausgehauen worden und von der schnatternden Schar dicht besetzt. Mein Luchs erblickte sie mit lüsternen Augen. Platt auf die Eisdecke gedrückt, schiebt er sich rutschend heran, mit seinem Schwänzchen vor Begierde hastig hin und her wedelnd. Die wachsamen Nachkommen der Ka= pitolserretter werden unruhig und recken die Hälse. Jetzt duckt sich der vierbeinige Jäger, und wie ein Pfeil fliegt mit gespreizten Pranken im Bogen mitten unter die erschreckte Sippe der grimmige Feind. Aber statt, wie er wohl erwartet hatte, mit jeder Tatze eine Gans zu erfassen, klatscht der Luchs ins kühle Naß; denn alles Federvieh war rasch zum Loch hinausgesprungen oder geschwind untergetaucht. Jetzt gab ich die auf dem Eis hilflosen Gänse verloren, aber ich täuschte mich: statt sich nun mit leichter Mühe der Beute zu bemächtigen, schlich der Luchs sich triefend mit gesenktem Kopf, Scham in jeder Bewegung zeigend, nicht rechts und nicht links schauend mitten durch die Wehrlosen fort und verbarg sich an einem einsamen Platz. Hunger, Jagdlust und angeborene Blutgier konnten die Beschämung über den verfehlten Angriff nicht überwinden.

Der eigentümlichste Zug an Lucy war der glühende Haß gegen die verwandte Hauskatze. Bis zum Winter waren alle Katzen auf dem Gehöft ausgerottet. Mit gräßlicher Wut wurden sie zerfleischt. Eine einzige sehr beliebte Katze blieb, von den Hofleuten in der Gesinde= winterherberge sorgfältig beschützt, noch längere Zeit am Leben. Der Luchs durfte nie dorthin, und die Katze wurde nie herausgelassen. Eines Tages bemerkte ich Lucy unweit des Hauses auf einem großen Haufen von Findlingsblöcken zusammengekauert liegen. Kein Rufen, kein Locken konnte das sonst so gehorsame Tier entfernen. Plötzlich, nach stundenlangem Lauern, fuhr es wie ein Blitz hernieder. Ich hörte ein entsetzliches Geschrei, und als ich hinzueilte, fand ich die letzte der Katzen zerrissen, unter des Luchses Krallen zuckend. Ob er den Feind unter den Steinen gewittert oder ihn hatte hineinkriechen sehen, konnte ich nicht in Erfahrung bringen.

Nur einmal wagte ich es, Lucy zu einem Besuch auf ein benach= bartes Gut mitzunehmen. Wir waren kaum eine Stunde dort, so mel= dete der Diener, daß die weißbunte Katze soeben vom Luchs erwürgt worden sei. Auch auf Bauernhöfen war immer sein erstes Geschäft das Aufsuchen und Ermorden der Katzen, die ihrerseits instinktiv mehr Abscheu und Furcht vor ihm als vor dem bissigsten Jagdhund zeigten; den Hunden unterlagen sie niemals ohne heftige Gegenwehr,

der Luchs aber zerriß sie mit allerdings größerer Gewandtheit wider=
standslos ohne Unterschied des Geschlechtes und der Größe im Nu.

Später schenkte ich Lucy dem damaligen Bürgermeister zu Walk,
einem großen Tierfreund. Dieser verkaufte ihn leider, durch einen
hohen Preis verlockt, an einen durchreisenden Tierwanderzirkus.
Einige Wochen später sollte er nachgeschickt werden. Unterwegs auf
dem verschneiten holprigen Weg erhielt der Luchs in seiner Kiste
durch das Rütteln des Wagens einige Stöße, und als man, am Reise=
ziel angelangt, die Kiste öffnete, war er tot.

Der letzte Mohikaner

Dies ist die Jagdgeschichte des letzten Luchses, der in Deutschland er=
legt wurde, wie sie mir der glückliche Jäger, Förster Martz aus Wiesen=
steig in Württemberg, mitgeteilt hat.

Der Winter 1845/46 war gelinde und schneearm; dennoch hauste
damals in den württembergischen Wäldern ein Wolf, der unter dem
Namen Abd el Kadr den Forstleuten wohl bekannt war, eifrig verfolgt
und endlich auch erlegt wurde. Mitte Januar hörte man wenig von
ihm. Aber gerade in dieser Zeit fand ich im Staatswald Pfannenhalde,
unweit Reißenstein, eine Stelle, wo ein Reh zerrissen worden war.
Die großen Fetzen, die von der Haut dalagen, ließen auf ein größeres
Raubtier schließen. Natürlich hatte ich den Wolf im Verdacht und
verdoppelte meine Aufmerksamkeit. Da es aber keinen Schnee gab,
konnte ich nur an der steten Flüchtigkeit der Rehe beobachten, daß es
im Revier nicht sauber war, vermochte jedoch nicht, etwas Verdäch=
tiges zu bemerken. In der Nacht vom 11. zum 12. Februar 1846 fiel
endlich neuer Schnee, und ich machte mich alsbald auf die Suche. Am
13. Februar fand ich eine verdächtige Fährte; das Raubtier hatte auf
einer Lichtung ein Reh geraubt und es an dem nahegelegenen Berg=
abhang gegen die Ruine Reißenstein hingeschleppt. Das Reh hatte
auf einer holzlosen Stelle Heide geäst und war von seinem Mörder
beschlichen worden; er hatte sich hinter einem Buchengebüsch ver=
steckt und von hier aus, wie sich im Schnee deutlich zeigte, einen Satz

von etwa 5 m Weite gemacht. Das Reh hatte zu fliehen versucht, war aber durch einen zweiten Satz erreicht worden. Dann hatte das Raub= tier es getötet und weitergeschleppt.

Die Fährte war mir rätselhaft, zumal ich an dem Gang wohl er= kannte, daß sie nicht von einem Wolf herrührte. In der Nacht vom 14. auf den 15. Februar setzte Tauwetter mit Sturm ein, und der spär= liche Schnee war denn auch bald geschmolzen. Ich machte mich aber am nächsten Morgen in Begleitung zweier Waldschützen schon vor Tagesanbruch auf den Weg, um zu kreisen. Lange Zeit spürten wir vergebens; nachmittags aber konnten wir sagen, daß das geheimnis= volle Tier in der Bergwand von der Neidlinger=Reißensteiner Steige an bis zum sogenannten Pfarrensteig stecken müßte. Es war zweimal aus den Bergabhängen auf die Ebene und dreimal auf den Berg hinauf zu spüren; doch entdeckten wir die Fährte, die infolge des Sturms ver= weht und teilweise schon ganz verwischt war, nur nach sehr langem Suchen. Es war ein schweres Stück Weidmannsarbeit. Ich schickte nun nach Neidlingen um Schützen; diese aber ließen mir sagen, sie würden nur dann mitgehen, wenn man den Wolf frisch spüre. Ich wußte ge= wiß, daß das Raubtier in der fraglichen Bergwand steckte, allein, es war schon nachmittags drei Uhr, und so blieb mir nichts weiter übrig, als den Verwalter von Reißenstein um einen Knecht zu bitten, den ich als Treiber verwandte. Er wurde angewiesen, möglichst still an den Felsen hinzugehen; ich aber stellte mich mit meinen zwei Waldschüt= zen vor. Der erste Trieb blieb erfolglos, im zweiten jedoch, und zwar ganz in der Nähe der Ruine Reißenstein, kam mir das Raubtier auf der nordöstlichen Ecke der Ruine zu Gesicht. Es schlich sich so dicht an den Felsen hin, daß ich es nur einen Augenblick sehen konnte, und zwar bloß am Hinterteil, doch war mir dies genug, zu erkennen, daß es kein Wolf war; denn für einen solchen war die Rute viel zu kurz. Gleichwohl wußte ich noch immer nicht, welchen Gegner ich vor mir hatte. Ich stand auf einem Felsen und hatte eine ziemlich weite Um= schau; allein das Tier mochte mich wohl auch gesehen haben, denn es fiel plötzlich in eine große Flucht; doch bekam ich weiter bergab Ge= legenheit, in dem Augenblick, als es wieder einmal auf den Boden sprang, zweimal zu feuern. Es stürzte in die nahen Büsche und ver= endete dort nach wenigen Sprüngen. Jetzt erkannte ich freilich, mit welchem Feind meiner Schutzbefohlenen ich es zu tun gehabt hatte.

Es war ein starker, männlicher Luchs von sehr schöner Färbung, in der Größe eines mittleren Hühnerhundes, prachtvoll getigert an den Vorderläufen, dem Gebiß nach höchstens vier bis fünf Jahre alt; sein Gewicht betrug 48 Pfund. Mein Schuß war ihm durchs Herz gegangen.

Erst später konnte ich im Schnee noch ausspüren, daß der Luchs auf der nordwestlichen Ecke der Ruine in einer kleinen Felsenhöhle sein Lager hatte. Es war vortrefflich gewählt; denn das Tier lag versteckt und ganz trocken.

Jack, der Unwiderstehliche

Oft steht er stundenlang unbeweglich da, sieht träumerisch starr nach einer Richtung und spinnt dabei behaglich. In solchen Augenblicken dürfen Hühner, Tauben, Sperrlinge, Ziegen und Schafe an ihm vor= übergehen: er würdigt sie kaum eines Blickes. Nur andere „Raub= tiere" stören seine Gemütlichkeit. Ein vorüberschleichender Hund regt ihn sichtlich auf; das Spinnen unterbleibt, er äugt scharf nach dem gewöhnlich etwas verlegenen Hund, spitzt die Ohren und ver= sucht wohl auch einige kühne Sprünge zu machen, um ihn zu erreichen.

Im großen ganzen aber war Jack, mein Gepard, so zahm, daß ich ihn wie einen Hund am Strick herumführen und mit ihm in den Straßen spazierengehen konnte.

Solange er es bloß mit Menschen zu tun hatte, ging er immer ruhig mir zur Seite; anders aber wurde es, wie gesagt, wenn uns Hunde begegneten. So kam ich auf den Gedanken, einmal zu untersuchen, was er tun würde, wenn er wenigstens beschränkt frei wäre. Ich band ihn also an eine Leine von etwa 15 m Länge, wickelte mir diese um Hand und Ellbogen und führte ihn spazieren. Zwei große, faule Köter kreuzten den Weg. Jack äugte verwundert, endigte sein gemüt= liches Spinnen und wurde ungeduldig; jetzt faßte ich das Ende der Leine und warf die Schlingen zu Boden, so daß er Spielraum hatte. Augenblicklich legte er sich platt auf die Erde und kroch an die Hunde heran, die ihrerseits verdutzt das sonderbare Wesen betrach=

teten. Je näher er den Hunden kam, um so aufgeregter, aber auch zugleich vorsichtiger wurde er. Wie eine Schlange glitt er auf dem Boden dahin. Endlich glaubte er, nahe genug zu sein, und nun stürzte er mit drei, vier gewaltigen Sätzen auf einen der Hunde los, holte ihn ein und schlug ihn mit den Tatzen nieder. Dies geschah in ganz absonderlicher Weise. Er hieb nicht seine Krallen ein, sondern prü= gelte nur auf den Hund los, bis dieser zu Boden fiel. Der arme Hund bekam es mit der Angst zu tun, als er das Katzengesicht über sich erblickte, und fing an, jämmerlich zu heulen; sämtliche Hunde der Straße gerieten in Aufruhr und heulten und bellten aus Mitleid; ein Volkshaufen sammelte sich, und ich mußte wohl oder übel meinen Gepard an mich nehmen, ohne gesehen zu haben, was er mit dem Hund beginnen würde.

Dagegen veranstaltete ich in unserm Hof ein anderes Duell. Ich besaß damals einen fast erwachsenen Leoparden, ein rasendes, wü= tendes Tier ohnegleichen, ein Teufel in Katzengestalt. Die Kette des Leoparden wurde also durch einen Strick verlängert, und so durfte er aus seinem Käfig heraus in den Hof. Der Gepard seinerseits war ungefesselt und konnte nach Belieben kämpfen. Er befand sich gerade in höchst gemütlicher Stimmung und schnurrte besonders ausdrucks= voll, als ich ihn herbeiholte. Kaum aber erblickte er seinen Herrn Vetter, als nicht nur alle Gemütlichkeit verschwand, sondern auch sein ganzes Aussehen sich veränderte. Die Augen traten aus ihren Höhlen, die Mähne sträubte sich, er fauchte sogar, was ich sonst niemals bei ihm vernommen hatte, und stürzte sich mutig auf seinen Gegner los. Dieser hielt stand, und so begann jetzt ein Gebalge und Gefauche, daß mir angst und bang dabei wurde. Der Leopard war bald niedergetrommelt, aber gerade jetzt wurde er furchtbar. Er lag auf dem Rücken und mißhandelte seinen Gegner mit allen vier Tatzen; Jack aber achtete der Schmerzen nicht, sondern biß mutig auf den heimtückischen Vetter los und würde ihn jedenfalls besiegt haben, wenn ich dem Kampf nicht ein Ende gemacht hätte. Zwei Eimer voll Wasser über die wütenden Kämpen gegossen, unterbrach den Streit augenblicklich. Beide sahen sich höchst verdutzt an, und der Leopard hielt es, in Anbetracht der höchst verhaßten Wasser= bäder für das beste, so schnell als möglich in seinen Käfig zu kriechen, der hinter ihm sofort geschlossen wurde. Jack war schon wenige

Minuten nach dem Kampf wieder ganz der alte; er leckte, reinigte und putzte sich und begann wieder zu spinnen, als ob nichts geschehen wäre.

Wie zahm, gemütlich und liebenswürdig mein Jack war, mag aus folgendem hervorgehen. Einige deutsche Damen, die sich gerade in Alexandrien befanden, waren gekommen, um meine Tiersammlung anzusehen, hatten mich aber nicht zu Hause angetroffen. Ich versprach ihnen daher, wenigstens einige von meinen Tieren zu ihnen zu bringen, und führte diesen Scherz auch wirklich einmal aus, als ich erfahren hatte, daß die Damen gerade zusammen waren. Jack an der Leine hinter mir, betrat ich das Haus, beschwichtigte die entsetzten Diener, die mich mit dem fürchterlichen Raubtier hatten kommen sehen und Lärm schlagen wollten, und stieg nun ruhig nach dem zweiten Stockwerk des Hauses empor. Am rechten Zimmer angelangt, öffnete ich die Tür zur Hälfte und bat um Erlaubnis einzutreten, zugleich aber auch, meinen Hund mitbringen zu dürfen. Dies wurde zugestanden, und Jack trat gemächlich ein. Ein lauter Aufschrei begrüßte den Harmlosen und setzte ihn in höchste Verwunderung. Die geängstigten Frauen suchten sich so gut als möglich zu retten und sprangen in ihrer Verzweiflung auf einen großen runden Tisch, der mitten im Zimmer stand. Dies aber diente nur dazu, Jack zu einem gleichen aufzufordern, und ehe sich die Damen besannen, stand er mitten unter ihnen, spann höchst gemütlich und schmiegte sich zutraulich bald an diese, bald an jene. Da war denn freilich die Furcht bald verschwunden. Die beherzteste der Damen begann den hübschen Burschen zu liebkosen, und bald folgten alle übrigen ihrem Beispiel. Jack wurde der erklärte Liebling und schien nicht wenig stolz darauf zu sein.

Wolfsjagden

Ich habe in Kroatien einer Wolfsjagd beigewohnt und muß sagen, daß das Schauspiel viel großartiger war als der Erfolg. Man hatte die Mannschaft von mehreren Ortschaften aufgeboten und in einem Dorf unweit des zu bejagenden Waldes versammelt. Mehrere hundert

Treiber waren erschienen und zogen nun in geordneten Haufen, geleitet und beaufsichtigt durch die Waldhüter unsres Jagdherrn, einem in der Ebene gelegenen Wald zu, um sich dort aufzustellen. Wir folgten bald darauf in Gesellschaft der von Agram herbei= gekommenen und aus den benachbarten Dörfern zusammen= geströmten Schützen. Mitten im Wald wurde, ganz wie bei unserem Fuchstreiben, eine Kette gebildet, nur daß sie fast eine halbe Meile weit sich ausdehnte. So lautlos, wie ich erwartet, ging es bei dem Treiben nicht zu; auch hatten einzelne Treiber es sich nicht nehmen lassen, dem Verbot entgegen, im Wald Feuer anzuzünden; auf dem Weg, an dem unsre Schützenlinie sich hinzog, verkehrten Bauern nach wie vor, und aus dem Wald tönten uns die Schläge der Holz= fäller entgegen. Drei Schüsse gaben das Zeichen zum Beginn des Treibens. Wir standen lange Zeit, laut= und regungslos, wie es guten, erfahrenen Jägern geziemt, ehe wir von dem Treiben etwas ver= nahmen. Erst dumpf und verhallend, dann deutlicher und endlich vollkommen klar vernehmlich kamen sie heran, rufend, schreiend, jauchzend, heulend, auf Pfeifen blasend und die Trommeln rührend. Letztere verliehen dem Ganzen einen eigentümlichen Reiz. Die takt= mäßigen Schläge der Trommel, welche der Wolf mehr fürchten soll als alles Schreien, belebten das Treiben in außerordentlicher Weise: es war, als ob ein Regiment zum Sturm heranrückte. Da warnte eine Amsel, für mich verständlich genug. Jetzt mußte er kommen. Und in der Tat vernahm ich bald darauf die Schritte eines größeren Tieres, welches gerade auf mich loszugehen schien. Lange harrte ich vergebens, nur ein Fuchs erschien; der Wolf war zurückgegangen und kam erst später einem tüchtigen Schützen vor das Rohr. Drei andre Wölfe hatten die Treiberlinie gesprengt, ein vierter war an= geschossen worden. Dem erlegten band man die Läufe mittels Weidenruten zusammen, hing ihn an einer Stange auf und trug ihn im Triumph nach dem Dorf.

In ganz andrer Weise jagen die Bewohner der russischen Steppen. Ihnen erscheint das Gewehr als Nebensache. Der aufgetriebene Wolf wird von den berittenen Jägern so lange verfolgt, bis er nicht mehr laufen kann, und dann totgeschlagen. Schon nach einer Jagd von ein paar Stunden versagen ihm die Kräfte. Er stürzt, rafft sich von neuem zu verzweifelten Sätzen auf, schießt noch eine Strecke weiter vor= wärts und gibt sich endlich verzweiflungsvoll seinen Verfolgern preis. Man kann sich keinen scheußlicheren Anblick denken als den des mattgehetzten Wolfes. Die dürr gewordene Zunge hängt ihm lang aus dem geifernden Maul, der weißgelbe, zottige Pelz steht vom Körper ab, und ein scheußlicher Geruch strömt von ihm aus. Mit eingeknickten Hinterläufen macht er kehrt gegen die Verfolger. Diese aber, welche ihren Gegner genau kennen, steigen vom Pferd und schlagen ihn entweder tot oder schieben ihm einen Lappen, einen alten Hut in den Rachen und packen ihn am Genick, knebeln ihn und nehmen ihn mit sich nach Hause.

Kohl erzählt, daß die Pferdehirten eine außerordentliche Geschick= lichkeit in der Wolfsjagd besitzen. Ihre ganze Waffe besteht aus einem Stock mit eisernem Knopf. Diesen werfen sie dem gejagten Wolfe, selbst wenn ihr Pferd im schnellsten Lauf begriffen ist, mit solcher Kraft und Geschicklichkeit auf den Pelz, daß der Feind regel= mäßig schwer getroffen niedersinkt.

In eigentümlicher Weise jagen die Lappen. Die meisten besitzen zwar das Feuergewehr und wissen es auch recht gut zu gebrauchen; allein die Jagd mit diesem ist bei weitem nicht so erfolgreich als eine andre, welche sie ausüben. Sobald nämlich der erste Schnee gefallen ist und noch nicht eine feste Kruste erhalten hat, welche er im Winter regelmäßig bekommt, machen sich die Männer zur Wolfsjagd auf.

Ihre einzige Waffe besteht in einem langen Stock, an welchen oben ein scharfschneidiges Messer angefügt wurde, so daß der Stock hier= durch zu einem Speer umgewandelt wird. An die Füße schnallen sie sich die langen Schneeschuhe, welche ihnen ein sehr schnelles Fort= kommen ermöglichen. Jetzt suchen sie den Wolf auf und verfolgen ihn laufend. Er muß bis an den Leib im Schnee waten, ermüdet bald und kann einem Skiläufer nicht entkommen. Der Verfolger nähert sich ihm mehr und mehr, und wenn er auf eine waldlose Ebene hinausläuft, ist er verloren. Das Messer war anfänglich mit einer Hornscheide verdeckt; diese sitzt aber so locker auf, daß ein einziger Schlag auf das Fell des Wolfes genügt, sie abzuwerfen. Nunmehr bekommt das Raubtier so viele Stiche, als erforderlich sind, ihm seine Raublust für immer zu verleiden.

Mein gezähmter Präriewolf

Längere Zeit pflegte ich einen Präriewolf, der im Zimmer aufgezogen worden und ebenso artig war wie ein gutmütiger Hund, allerdings nur gegen Bekannte. Beim Anblick seiner Freunde sprang er vor Freude hoch, wedelte mit dem Schwanz und kam ans Gitter heran, um sich liebkosen zu lassen. Die ihm schmeichelnde Hand leckte er jedoch nicht, sondern beroch sie höchstens. Wenn er allein war, lang= weilte er sich und fing an, jämmerlich zu heulen. Gab man ihm aber Gesellschaft, so mißhandelte er diese, falls er es nicht mit besseren Beißern zu tun hatte, als er selbst war. Aus Raummangel mußte er mit einem Wolfshund, einem Schabrackenschakal und einem indischen Schakal zusammengesperrt werden. Da gab es anfangs schlimme

Der in den afrikanischen Steppenländern beheimatete Serval ist ein gewandtes Raubtier. Er erbeutet nicht nur das Wild, sondern raubt häufig auch die kleineren Haustiere der Farmer.

Raufereien. Später zeigte er sich übellaunisch gegen seine Genossen, hielt sich auch immer zurückgezogen. Einen Nasenbären, der den Nebenkäfig bewohnte, erwischte er einmal am Schwanz, biß diesen einfach ab und verspeiste ihn ohne Umstände. Lebende Tiere, die an seinem Käfig vorübergingen, versetzten ihn stets in Aufregung; Hühnern namentlich folgte er mit der größten Begierde, solange er sie sehen konnte. Er war an Hausmannskost gewöhnt worden und zog Brot entschieden dem Fleisch vor, verachtete aber auch dieses nicht. Kleine Säugetiere und Vögel schlang er mit Haut und Haar oder Federn hinab. Dabei war er so gierig, daß er sich leicht über= fraß und dann die Speise wieder erbrach; er fraß das Ausgebrochene aber, wie es die Hunde zu tun pflegen, manchmal wieder auf. Reichte man ihm mehr Nahrung, als er wirklich zu sich nehmen konnte, so verscharrte er sie geschwind in einer Ecke seines Käfigs und hütete solche Vorräte dann mit Argusaugen. Er knurrte bedrohlich, sobald einer seiner Kameraden dem Winkel zu nahe kam.

Sehr empfindsam zeigte er sich für die Klagen anderer Tiere. In das Geheul der Wölfe stimmte er stets mit ein, und selbst das Gebrüll oder Gebrumm der Bären beantwortete er. Redete man ihn mit klagender Stimme an, als ob man ihn bedauerte, so heulte und winselte er. Er zeigte überhaupt ungemeines Verständnis für die Betonung verschiedener Laute und Worte, fürchtete sich, wenn man ihn hart anredete, verstand Schmeicheleien und ließ sich durch Kla= gen oder bedauernde Worte zur tiefsten Wehmut hinreißen. Auch die Musik preßte ihm stets laute Klagen aus.

Sein Gedächtnis war bewundernswürdig. Er vergaß ebensowenig Liebkosungen wie Beleidigungen. Gegen diese suchte er sich zu rächen, auch noch nach längerer Zeit, jene nahm er mit Dank ent= gegen. Sein Wärter mußte ihn einmal von einem Käfig in den andern

Um vor seinen Feinden sicher zu sein, ist der in den afrikanischen Urwäldern lebende Potto nur nachts und auf Bäumen unterwegs. Ganz selten begibt er sich auf die Erde.

bringen und dazu natürlich einfangen. Dies nahm er übel und biß plötzlich nach dem bei ihm sonst sehr beliebten Mann. Hierauf wurde er bestraft, wie es sich gehörte. Seit dieser Zeit hegte er einen tiefen Groll gegen den Wärter, obgleich dieser ihn gut und freundlich behandelte und regelmäßig fütterte. Mir dagegen blieb er sehr zu= getan, obschon ich ihm nur selten etwas zu fressen reichte, und dachte niemals daran, nach mir zu beißen. Seinen früheren Herrn liebte er noch immer, obwohl ihn dieser sehr selten besuchte. Mich erkannte er schon von weitem und begrüßte mich regelmäßig durch freudiges Schwanzwedeln. Wenn ich ihn streichelte, legte er sich auf den Rücken wie ein junger Hund, und ich durfte dann mit ihm spielen, ihm die Hand zwischen das Gebiß schieben, ihn sogar am Fell zausen, ohne daß er dies je übelgenommen hätte.

Afrikanische Windhunde

Im Jahre 1848 verlebte ich mehrere Wochen in dem Dorf Melbeß in Kordofan und hatte hier Gelegenheit, den afrikanischen Windhund zu beobachten. Es war eine wahre Freude, durch das Dorf zu gehen; vor jedem Haus saßen drei oder vier der prächtigen Tiere. Am Tag verhielten sie sich ruhig und still; nach Einbruch der Nacht aber begann ihr wahres Leben. Man sah sie dann auf allen Mauern umherklettern, selbst die Strohdächer der Dokhals (runde Hütten) bestiegen sie, wahrscheinlich um dort einen geeigneten Standpunkt zum Ausschauen und Lauschen zu haben.

Ihre Gewandtheit im Klettern erregte meine Bewunderung. Schon in Ägypten hatte ich beobachtet, daß die Dorfhunde sich nachts mehr auf den Häusern als in den Straßen aufhielten; dort aber waren alle Hüttendächer flach, während in Melbeß die meisten kegelförmig waren. Trotzdem schienen auch hier die Hunde sich oben ebenso heimisch zu fühlen wie unten auf der Erde. Wenn nun die Nacht hereinbrach, hörte man anfangs wohl hier und da Gebell und Gekläff, bald darauf wurde es jedoch ruhig, und man vernahm nur noch das Geräusch, das die Hunde verursachten, wenn sie über die Dächer wegliefen, unter denen man lag. Doch verging während meines gan=

zen Aufenthalts nicht eine Nacht, in der es nicht zu einem großen Hundealarm gekommen wäre. Hyänen, Leoparden, Geparde, wilde Hunde und andere Raubtiere ließen sich immer wieder blicken. Ein Hund entdeckte den Heranschleichenden und schlug an. Im Nu war die ganze Schar lebendig. Von allen Dächern sprangen sie herab; sofort bildete sich in der Straße eine Meute, und diese stürmte nun zum Dorf hinaus, um den Kampf mit dem Feind aufzunehmen. Gewöhnlich war das ganze Schauspiel nach einer Viertelstunde be= endet, der Feind in die Flucht geschlagen, und die Hunde kehrten siegreich zurück. Nur wenn ein Löwe erschien, erwiesen sie sich feige und verkrochen sich winselnd in einen Winkel der dornigen Um= zäunung des Dorfes.

Jede Woche brachte ein paar Festtage für die schönen Tiere. Früh am Morgen vernahm man im Dorf den Ton eines Horns, und dieser rief sogleich helle Begeisterung unter den Hunden hervor. Als ich das Horn zum erstenmal hörte, wußte ich nicht, was das bedeuten sollte; die Hunde aber wußten es wohl. Aus jedem Haus hervor eilten drei oder vier in wilden Sprüngen, jagten dem Klang nach, und in wenigen Minuten hatte sich um den Hornbläser eine Meute von mindestens 50 oder 60 Hunden versammelt. Wie ungeduldige Knaben umdrängten sie den Mann, sprangen an ihm empor, heulten, bellten, kläfften, rannten hin und her, knurrten einander an, dräng= ten sich gegenseitig aus der Nähe des Mannes und gebärdeten sich wie toll. Als ich dann aber aus den Häusern Männer mit Lanzen und Stricken treten sah, verstand ich auch, was der Hornruf bedeuten

sollte: nämlich das Zeichen zur Jagd. Nun sammelten sich die Jäger um die Hunde, und jeder suchte die ihm gehörenden aus dem bunten wilden Haufen heraus. Zu vieren oder sechsen wurden sie von je einem Mann geführt, der seine liebe Not hatte, die Ungeduldigen wenigstens einigermaßen zu zügeln. Das war ein Drängen, Bellen, Kläffen, ein Vorwärtsstreben ohne Ende. Und so zog die ganze Schar zum Dorf hinaus zur Jagd; ein prächtiger Anblick!

Selten ging man weit; schon die nächsten Wälder boten ergiebige Jagd, und dank dem Eifer der Hunde hatten es die Männer ziemlich leicht und bequem. An einem Dickicht angekommen, bildeten sie einen Kessel und ließen die Hunde los. Sie drangen in das Dickicht ein und fingen fast alles Wild, das sich darin befand. Man brachte mir Trappen, Perlhühner, Frankoline, sogar Wüstenhühner, die von den Hunden gefangen worden waren. Eine Antilope entkam ihnen selten, weil sich mehrere vereinigten, um sie zu verfolgen. Die ge= wöhnliche Jagdbeute bestand immer aus Antilopen, Hasen und Hüh= nern; nebenbei wurden auch Wildhunde, Steppenfüchse und anderes Raubzeug von den Hunden erbeutet. Man versicherte mir, daß ein Leopard, Gepard oder eine Hyäne den Windhunden nicht standhalten könnte.

Bei den Arabern am Nil findet man sie nicht, und kommt einmal ein Steppenbewohner mit Windhunden zum Nil, so verliert er bei diesem Ausflug gewöhnlich einen seiner Hunde, und zwar durch die Krokodile. Die am Nil geborenen und aufgewachsenen Hunde wer= den von den Krokodilen niemals überrascht. Sie nahen sich, wenn sie trinken wollen, dem Strom mit großer Vorsicht, beobachten miß= trauisch das Wasser, solange sie trinken, und ziehen sich bei der geringsten Bewegung der Wellen eilig zurück; der Steppenhund da= gegen denkt an nichts Böses, springt unbesorgt in den Strom, um sich den Leib zu kühlen, und fällt auf diese Weise oft genug den Krokodilen zum Opfer.

In der Sahara hütet man den Windhund wie den eigenen Aug= apfel, reicht ihm erlesenes Futter und wacht peinlich über die Rein= haltung der Rasse. Ein Mann der Sahara durchreist gern 30 Meilen, um für eine edle Hündin einen passenden edlen Hund zu finden.

Der Windhund edler Rasse muß die flüchtige Gazelle in kurzer Zeit erreichen. „Wenn der Slugui eine weidende Gazelle sieht, fängt

er sie, ehe sie Zeit hatte, den Bissen im Mund zu verschlucken", sagen die Araber.

Geschieht es, daß eine Windhündin sich mit einem anderen Hund einläßt und trächtig wird, so töten die Araber die Jungen in ihrem Leib, sobald sie sich einigermaßen entwickelt haben. Und nicht allein ihre Kinder verliert so eine ungeratene Hündin, sondern oft auch das Leben.

Wenn eine Windhündin Junge geworfen hat, kommen nicht selten die Frauen und lassen sie an ihren eigenen Brüsten trinken. Je größeren Ruf die Hündin hat, um so mehr Besucher empfängt sie während ihres Wochenbettes, und alle bringen ihr Geschenke; die einen Milch, die andern Kuskusu. Jeder versucht mit allen Mitteln, ein junges, edles Hündchen zu erlangen, aber der Herr der Hündin antwortet gewöhnlich, daß er noch nicht Gelegenheit gehabt habe, für sich selbst einen Hund des Gewölfes auszusuchen, und vor sieben Tagen nichts versprechen könne. Diese Zurückhaltung hat ihren be= stimmten Grund. In dem Gewölf der Windhündin findet sich manch= mal ein Hündchen, das auf dem anderen liegt, sei es zufällig oder mit Absicht. Man nimmt es von seinem Platz weg und beobachtet nun, ob es sich ihn in den ersten sieben Tagen wiederholt erobert. Geschieht dies, so ist der Besitzer überzeugt, einen vorzüglichen Hund in ihm zu erhalten, und er verkauft ihn um keinen Preis.

Am vierzigsten Tag werden die jungen Windhunde entwöhnt; sie erhalten aber noch weiterhin Ziegen= oder Kamelmilch soviel sie wollen, und dazu Datteln und Kuskusu. Und nach drei oder vier Monaten beginnt die Erziehung. Die Knaben lassen Spring= und Rennmäuse laufen und hetzen den jungen Hund auf dieses Wild. Bald zeigt das edle Tier Gefallen an solcher Jagd, und nach einiger Zeit geht man mit ihm zu einem vorher ausgekundschafteten Hasen=

lager, jagt den Schläfer auf und feuert den Hund durch einen leisen Zuruf zur Verfolgung an. Dies wird so lange wiederholt, bis der Windhund imstande ist, jeden Hasen mit leichter Mühe einzuholen. Jetzt geht man zu jungen Gazellen über.

Unter solchen Übungen ist das edle Tier ein Jahr alt geworden und hat beinahe seine ganze Stärke erreicht. Aber erst wenn er 15 oder 16 Monate alt ist, beginnt für den Slugui der Ernst des Lebens. Von nun an mutet man ihm das fast Unmögliche zu, und er führt das scheinbar Unmögliche aus.

Wenn er jetzt ein Rudel von 30 bis 40 Antilopen erblickt, zittert er vor Aufregung und Vergnügen und schaut bittend seinen Herrn an. Kaum sieht er sich frei, jauchst er vor Vergnügen auf und wirft sich wie ein Pfeil auf das Wild. Hat er eine Gazelle oder Antilope gefangen, so erhält er sein Weidrecht: das Fleisch an den Rippen. Eingeweide würde er mit Verachtung liegen lassen.

Der Windhund ist klug und stolz. Wenn man ihm eine schöne Antilope zeigt und er sie nicht erreicht, sondern eine andere im Rudel niederreißt und dafür gescholten wird, zieht er sich beschämt zurück und verzichtet auf sein Wildrecht.

Ein edler Windhund frißt niemals von einem schmutzigen Teller und trinkt nie Milch, in die jemand seine Hand getaucht hat. Er schläft zur Seite seines Herrn auf Teppichen und nicht selten in einem Bett mit seinem Besitzer. Man kleidet ihn an, damit er nicht unter der Kälte leidet, man belegt ihn mit Decken wie ein edles Pferd, man gibt sich Mühe, ihn zu erheitern, wenn er mürrisch ist; alles dies, weil seine Unarten, wie man sagt, ein Zeichen seines Adels sind. Man findet Vergnügen daran, ihn zu schmücken; man legt ihm Hals= bänder und Muscheln um und behängt ihn mit Talismanen, um ihn vor dem Blick des „bösen Auges" zu schützen; man bereitet seine Nahrung mit größter Sorgfalt und gibt ihm überhaupt nur Lecker= bissen. Der Windhund begleitet seinen Herrn, wenn dieser Besuche macht, genießt wie dieser alle Rechte der Gastfreundschaft und erhält seinen Teil von jedem Gericht.

Der edle Windhund jagt nur mit seinem Herrn. Seine Anhäng= lichkeit vergilt die Mühe, die man sich mit ihm gibt. Wenn nach einer Abwesenheit von einigen Tagen der Herr zurückkommt, stürzt der Windhund jauchzend aus dem Zelt hervor und springt mit einem

Satz in den Sattel, um den von ihm schmerzlich Vermißten zu lieb=
kosen.

Wenn ein Windhund stirbt, ist großer Schmerz im Zelt. Die Frauen
und Kinder weinen, als ob sie ein Familienmitglied verloren hätten.
Und oft genug haben sie viel verloren; denn der Hund erhielt die ganze
Familie. Ein Slugui, der für den armen Beduinen jagt, wird niemals
verkauft, und nur sehr selten läßt man sich herbei, ihn einem Ver=
wandten oder einem Marabut, vor dem man große Ehrfurcht hat,
zu schenken. Der Preis eines Slugui, der größere Gazellen fängt,
steht dem eines Kamels gleich; für einen Windhund, der große
Antilopen niederreißt, bezahlt man gern soviel wie für ein schönes
Pferd.

Bezerillo

Eine große Bullenbeißerrasse benutzte man in früheren Zeiten in der
scheußlichsten Weise. Man richtete sie ab, Menschen einzufangen,
niederzuwerfen oder sogar umzubringen. Bei der Eroberung von
Mexiko verwendeten die Spanier solche Hunde gegen die Indianer,
und einer von ihnen, Bezerillo, ist berühmt oder berüchtigt geworden.
Ob er zu der eigentlichen Kubadoggenrasse gehört hat, die man als
einen Bastard von Bullenbeißer und Bluthund ansieht, ist nicht mehr
zu bestimmen. Er wird beschrieben als mittelgroß, von Farbe rot, nur
um die Schnauze bis zu den Augen schwarz. Seine Kühnheit und
Klugheit waren gleichermaßen erstaunlich. Er genoß unter den an=
deren Hunden einen hohen Rang und erhielt doppelt soviel Fressen
wie die übrigen. Beim Anpfiff pflegte er sich in die dichtesten Haufen
der Indianer zu stürzen, seinen Gegner am Arm zu fassen und ge=
fangen wegzuführen. Gehorchten sie, so tat ihnen der Hund weiter
nichts, weigerten sie sich aber, mit ihm zu gehen, so riß er sie augen=
blicklich zu Boden und erwürgte sie. Indianer, die sich unterworfen
hatten, wußte er genau von den Feinden zu unterscheiden und
berührte sie nie. So grausam und wütend er war, zeigte er sich doch
bisweilen menschlicher als seine Herren. Eines Morgens, so wird

erzählt, wollte sich der Hauptmann Jago de Senadza den grausamen Spaß machen, von Bezerillo eine alte, gefangene Indianerin zerreißen zu lassen. Er gab ihr ein Stückchen Papier mit dem Auftrag, den Brief zu dem Statthalter der Insel zu tragen, in der Voraussetzung, daß der Hund, der nach dem Abgang der Alten gleich losgelassen werden sollte, die alte Frau ergreifen und zerreißen würde. Als die arme, schwache Indianerin den wütenden Hund auf sich losstürzen sah, setzte sie sich schreckerfüllt auf die Erde und bat ihn mit rührenden Worten, sie zu schonen. Dabei zeigte sie ihm das Papier und versicherte ihm, daß sie es dem Befehlshaber bringen und ihren Auftrag erfüllen mußte. Der Hund stutzte bei diesen Worten, und nach kurzer Überlegung näherte er sich liebkosend der Alten. Dieses Ereignis erfüllte die Spanier mit Erstaunen und erschien ihnen als übernatürlich und geheimnisvoll. Die alte Indianerin wurde frei= gelassen. Bezerillo endete sein Leben in einem Gefecht gegen die Karaiben, die ihn durch einen vergifteten Pfeil erlegten. Daß solche Hunde den unglücklichen Indianern als vierbeinige Gehilfen der zweibeinigen Teufel erscheinen mußten, ist leicht zu begreifen.

Aus Neid geheilt

Wie neidisch Dachshunde sein können, erfuhr ich an einem, den mein Vater besaß. Der Hund war ein erklärter Feind aller übrigen Geschöpfe, die sich auf unserm Hof befanden. Er lebte mit keinem Tier in Frieden, und am meisten stritt er sich mit einem Pintscher herum, dessen Feigheit ihm den Sieg im voraus sicherte. Nur wenn sich beide Hunde ineinander verbissen hatten, hielt auch der Pint= scher stand, und dann kam es vor, daß sie, förmlich zu einem Knäuel geballt, nicht bloß über die Treppen, sondern auch von da über eine Mauer hinabrollten, sich über die Gartenbeete fortwälzten und nun in Purzelbäumen den ganzen Berg hinunterkollerten, aber doch ihren Kampf nicht eher einstellten, als bis sie entweder am Zaun oder im Wasser des nahen Baches landeten. Dieser Todfeind sollte nun ein= mal die Arznei für den erkrankten Dächsel werden.

Der Dackel lag elend da und hatte schon seit Tagen jede Nahrung verschmäht. Vergeblich waren die bisher angewandten Hausmittel geblieben: der Hund näherte sich, so schien es, schnell seinem Ende. Im Hause herrschte trotz seiner vielen unliebenswürdigen Eigen= schaften tiefe Betrübnis, und namentlich meine Mutter sah seinem Hinscheiden mit Kummer entgegen. Endlich kam sie auf den Ge= danken, noch einen Versuch zu machen. Sie brachte einen Teller voll des leckersten Fressens vor das Lager des Kranken. Er erhob sich, sah mit Wehmut auf die saftigen Hühnerknochen, auf die Fleisch= stückchen, aber er war zu schwach, zu krank, als daß er sie hätte fressen können. Da brachte meine Mutter den andern Hund herbei und ermunterte diesen, den Teller zu leeren. Augenblicklich erhob sich der Kranke, wankte hin und her, richtete sich fester auf, bekam neues Leben und — stürzte sich wie unsinnig auf den Pintscher, knurrte, bellte, schäumte vor Wut, biß sich in seinem Feind fest, wurde von dem tüchtig abgeschüttelt, blutig gebissen und jedenfalls so erregt, erzürnt und erschüttert, daß er anfangs zwar wie tot zu= sammenbrach, allein von Stund an sich besserte und nach kurzer Zeit von seinem Fieber genas.

Schlittenhunde auf Kamtschatka

Die kamtschatkischen Hunde sind weiß, schwarz oder wolfsgrau, dabei sehr dick und langhaarig. Sie ernähren sich von alten Fischen. Vom Frühjahr bis in den Herbst bekümmert man sich nicht im gering= sten um sie; sie gehen allenthalben frei umher, lauern den ganzen Tag an den Flüssen auf Fische, die sie sehr geschickt zu fangen wissen. Wenn sie Fische genug haben, so fressen sie wie die Bären, nur noch den Kopf davon, das andere lassen sie liegen.

Im Oktober sammelt jeder seine Hunde und bindet sie an Pfeilern bei der Wohnung an. Dann läßt man sie weidlich hungern, damit sie ihr Fett loswerden, und alsdann geht mit dem ersten Schnee ihre Not an, so daß man sie Tag und Nacht mit Geheul ihr Elend be= jammern hört. Ihre Kost im Winter ist zweifach. In erster Linie stinkende Fische, die man in Gruben verwahrt und „versäuern" läßt. Diese „sauren" Fische werden in einem hölzernen Trog mit glühen= den Steinen gekocht und dienen sowohl zur Speise der Menschen als der Hunde. Die Hunde werden zu Hause, wenn sie ausruhen, oder abends auf der Reise, wenn sie die Nacht über schlafen, mit diesen Fischen allein gefüttert; denn wenn man sie morgens damit füttert, werden sie von diesen Leckerbissen so weichlich, daß sie auf dem Wege ermüden und nur Schritt für Schritt gehen können. Das andere Futter besteht in trockener Speise, verschimmelten und an der Luft getrockneten Fischen. Damit füttert man die Hunde morgens. Nebenbei suchen sie sich selber Speise und stehlen, wo sie können, fressen Riemen und ihrer Herren eigene Reisekost, steigen wie Men= schen auf den Leitern in die Balagans (Wohnungen) und plündern.

Sie hegen nicht die geringste Liebe und Treue für ihren Herrn, sondern suchen ihm allezeit einen Schabernack zu spielen; mit Betrug muß man sie an die Schlitten spannen. Kommen sie an einen steilen Berg oder Fluß, so ziehen sie aus allen Kräften, und der Herr ist genötigt, um nicht Schaden zu nehmen, den Schlitten aus den Händen zu lassen; dann darf er sich nicht einbilden, seinen Schlitten sobald wieder zu erhalten, es sei denn, daß der Schlitten zwischen Bäumen steckenbleibt, bei welcher Gelegenheit die Hunde jedoch keine Mühe sparen, alles in Stücke zu zerbrechen und zu entlaufen.

Man kann sich nicht genug über die Stärke dieser Hunde verwundern. Gewöhnlich spannt man nur vier Hunde an einen Schlitten; sie ziehen drei erwachsene Menschen mit anderthalb Pud Ladung leicht fort. Auf vier Hunde ist die gewöhnliche Ladung fünf bis sechs Pud.

Pferde sind im Winter nicht zu gebrauchen wegen des allzu tiefen Schnees, über den die Hunde hinlaufen, in den ein Pferd aber bis an den Leib einfällt, wie auch wegen der vielen steilen Gebirge und engen Täler, unwegsamen, dichten Wälder und der vielen Ströme und Quellen, die entweder gar nicht zufrieren oder doch wenigstens nicht so, daß das Eis ein Pferd tragen könnte. Wegen der häufigen Sturmwinde hat man nur selten auf einen gebahnten Weg zu hoffen.

Unter solchen Umständen sind die Hunde unentbehrlich, und obschon das Reisen mit ihnen sehr beschwerlich und gefährlich ist, und man fast mehr entkräftet wird, als wenn man zu Fuß ginge, weil man bei dem Hundeführen und Fahren so müde wie ein Hund selber wird, so hat man doch dabei den Vorteil, daß man über unwegsamen Stellen von einem Ort zum andern kommen kann, wohin man weder mit Pferden, noch wegen des tiefen Schnees zu Fuß kommen könnte. Sie sind außerdem gute Wegweiser und wissen sich auch in Stürmen, wo man kein Auge aufmachen kann, zurecht und nach den Wohnungen zu finden. Sind die Stürme so stark, daß man liegenbleiben muß, was sehr oft geschieht, so erwärmen und erhalten sie ihren Herrn, liegen neben ihm 1 bis 2 Stunden ruhig und still, und dann hat man sich unter dem Schnee um nichts zu kümmern, als daß man nicht allzutief vergraben wird und erstickt. Oft kommt es vor, daß ein Sturm einige Tage, ja eine ganze Woche anhält. Die Hunde liegen dann während der ganzen Zeit still, nur wenn sie die äußerste Hungersnot treibt, fressen sie Kleider und alle Riemen vom Schlitten ab. Die Tiere zeigen übrigens ein herannahendes Unwetter dadurch an, daß sie im Schnee graben und sich dabei legen; man hat dann unter Umständen noch Zeit, einen Ort zu suchen, wo man sich vor dem Sturm bergen kann.

Die kamtschatkischen Schlitten sind, den Umständen entsprechend, klug ausgedacht. Oben ist ein hohler, länglicher Korb, der aus ge=

bogenen Hölzern und zwei dünnen, langen Stöcken besteht, an den die Hölzer mit Riemen festgebunden sind. Dieses Gitter ist auf allen Seiten mit Riemen umwunden; alles ist biegsam, ohne zu zerbrechen; bricht einmal ein Hölzchen, so lassen doch die Riemen den Korb nicht auseinanderfallen. Der Korb ist auf zwei krummgebogene Höl=zer aufgebunden, die wiederum auf den Schlittenkufen festgemacht sind. Diese sind nicht sonderlich dick; der ganze Schlitten wiegt nicht über 16 Pfund. Obgleich nun alles daran so dünn und biegsam ist, widerstehen die Schlitten doch selbst einem starken Anprall. Man fährt öfters dergestalt an Bäumen an, daß sich der Schlitten krumm=biegt und doch keinen Schaden erleidet. Man fährt damit über Ge=birge und Klippen. Meist sitzt man darauf auf einer Seite, um bei einer gefährlichen Stelle rasch abspringen zu können. Zuweilen setzt man sich auch darauf wie auf ein Pferd. Die Hunde laufen ihren Weg, will man nach links, so schlägt man mit dem Stock zur rechten Seite an die Erde oder an den Schlitten, will man nach rechts, so schlägt man an die linke Seite des Schlittens; will man halten, steckt man den Stock vor den Schlitten in den Schnee. Fährt man einen steilen Berg hinab, so steckt man den Stock in den Schnee zwischen das Vorderbogenholz und bremst dadurch. Obwohl man nun fährt, wird man doch ebenso müde, als wenn man zu Fuß ginge, weil man die Hunde beständig zurückhalten, bei schlimmen Wegen vom Schlitten abspringen, daneben herlaufen und den Schlitten halten muß; fährt man einen Berg hinauf, so muß man ohnedies zu Fuß gehen.

Außer durch Sturmwinde werden die Hundereisen gefährlich und beschwerlich durch die vielen Flüsse, die selten zufrieren und bei gelinder Witterung gleich wieder auftauen; man hat folglich immer zu befürchten, hineinzufallen und zu ertrinken.

Eine weitere Beschwerde verursachen die dichten Wälder, durch die man fahren muß. Selten trifft man einen geraden Baum an, sondern fährt zwischen Ästen und Zweigen dahin und muß immer in Sorge sein, Arme und Beine zu brechen oder die Augen aus dem Kopf zu verlieren. Überdies haben die Hunde die Eigenschaft, daß sie aus allen Kräften ziehen und laufen, wenn sie an einen solchen Wald, Fluß oder steilen Abhang kommen, weil sie wissen, daß sie hier ihren Herrn abwerfen, den Schlitten zerbrechen und sich von der Last des Ziehens auf diese Art befreien können.

Der Fuchs als Hausgenosse

Von mehreren Füchsen, die ich aufgefüttert habe, erzählt Lenz, war der letzte, ein Weibchen, der zahmste, weil ich ihn am kleinsten bekam. Er fing eben an, selbst zu fressen, und war schon so bissig, daß er immer knurrte, wenn er eine Lieblingsspeise vor sich hatte, und trotzdem ihn niemand bei der Mahlzeit störte, rings um sich in Stroh und Holz biß. Durch freundliche Behandlung wurde er aber bald so zahm, daß er sich gefallen ließ, daß ich ihm ein eben er= mordetes Kaninchen aus dem blutigen Rachen nahm und statt dessen den Finger hineinlegte. Überhaupt spielte er, auch als er erwachsen war, sehr gern mit mir, wedelte wie ein Hund vor Freude, wenn ich ihn besuchte, und sprang winselnd um mich herum. Ebenso freund= lich war er gegen jeden Fremden; er unterschied Fremde schon von weitem von mir und lud sie mit lautem Gewinsel ein, zu ihm zu kommen, eine Ehre, die er mir und meinem Bruder, die wir ihn gewöhnlich fütterten, nicht erwies, wahrscheinlich, weil er wußte, daß wir auch ohne Einladung zu ihm kommen würden. Kam ein Hund, so lief er ihm mit funkelnden Augen und gefletschten Zähnen entgegen. Er war am Tag ebenso munter wie bei Nacht. Seine besondere Liebhaberei war, an den mit Fett beschmierten Schuhen zu nagen oder sich darauf zu wälzen. Anfangs befand er sich frei in einem eigens für ihn gebauten Stall. Gab ich ihm da z. B. einen recht großen, bissigen Hamster, kam er mit funkelnden Augen leise geschlichen und legte sich lauernd nieder. Der Hamster faucht, fletscht die Zähne und fährt grimmig auf ihn los. Der Fuchs weicht aus, springt mit geschmeidigen Wendungen um den Hamster herum oder hoch über ihn weg und zwickt ihn bald mit den Pfoten, bald mit den Zähnen. Der Hamster muß sich unaufhörlich nach ihm wenden und drehen und wirft sich endlich, wenn er dies satt bekommt, auf den Rücken und sucht mit Krallen und Zähnen zugleich zu fechten. Nun weiß aber der Fuchs, daß sich der Hamster auf dem Rücken nicht drehen kann; er geht daher in engem Kreise um ihn herum, zwingt ihn dadurch aufzustehen, packt ihn, während er sich wendet, beim Kragen und beißt ihn tot. Hat sich ein Hamster in einer Ecke festgesetzt, so ist es dem Fuchs unmöglich, ihm beizukommen; er weiß ihn aber doch zu kriegen, denn er neckt ihn solange, bis der Hamster vor Bosheit einen Sprung tut, und packt ihn in dem Augen= blick, wenn er vom Sprung niederfällt.

Einmal, als mein Fuchs kaum die Hälfte seiner Größe erreicht hatte und noch nie ins Freie gekommen war, setzte ich ihn bei einem Gartenfest, bei dem wohl 80 Menschen versammelt waren, auf den etwa 1 m breiten Rand eines kleinen Teiches zur Schau. Die ganze Gesellschaft versammelte sich sogleich rings um das den Teich um= gebende Geländer. Der Fuchs schlich mißtrauisch um den Teich herum, betroffen über den unbekannten Platz und den Anblick der vielen Menschen, wobei er die Ohren bald anlegte, bald aufrichtete, und suchte, wo gerade niemand stand, Auswege durch das Geländer, fand aber keinen. Dann kam er auf den Gedanken, daß er gewiß in der Mitte am sichersten sein würde, und weil er nicht wußte, daß man im Wasser sinkt, so tat er vom Ufer, das etwa 30 cm hoch war, einen großen Satz nach der Mitte zu; er erschrak nicht wenig, als er plötz= lich untersank, indes gelang es ihm, sich durch Schwimmen zu halten, bis ich ihn hervorzog, worauf er sich den Pelz tüchtig ausschüttelte.

Ein andermal fand er Gelegenheit, bei Nacht und Nebel seinen Stall zu verlassen, ging in den Wald und gelangte am folgenden Tage nach Reinhardsbrunn, ließ sich dort ganz gemütlich von Leuten aufnehmen und zu mir zurückbringen. Das zweitemal, als er ohne Erlaubnis im Wald spazierenging, traf er mich zufällig im Wald wieder und sprang voll Freude an mir empor. Ein drittes Mal mußte ich ihn in Begleitung von 16 Knaben in den Ibenhainer Berggärten suchen. Als wir in Menge kamen, hatte er keine Lust sich einfangen zu lassen, saß mit bedenklicher Miene am Zaun und sah uns mit Mißtrauen an. Ich ging ihm von unten her langsam entgegen und redete ihm freundlich zu; er ging ebenso langsam rückwärts bis zur oberen Ecke des Zaunes, wo ich ihn zu erwischen hoffte. Dort hielt ich ihm die Hand entgegen, bückte mich, ihn aufzunehmen, aber wupp! da sprang er mit einem Satz über meinen Kopf weg, riß aus, blieb aber etwa 50 Schritt von mir entfernt stehen und sah mich an. Jetzt schickte ich die Knaben fort, unterhandelte mit ihm und hatte ihn bald auf dem Arm. Als ich ihm später ein Halsband umtat, machte er vor Ärger hohe Sprünge, und als ich ihn gar anlegte, wimmerte, wand und krümmte er sich ganz verzweifelt und wollte tagelang weder essen noch trinken.

Einmal warf ich ihm einen großen Kater in seinen Stall; da war er wie rasend, fauchte, grunzte, sträubte alle Haare, machte unge= heure Sprünge und zeigte sich feig. Gegen mich aber bewies er sich desto tapferer, als sich einmal seine Geduld erschöpft hatte, biß er mich in die Hand; ich gab ihm eine Ohrfeige, er biß mich wieder, ich gab ihm wieder eine Ohrfeige; beim dritten Biß packte ich ihn am Halsband und versohlte ihn mit einem Stöckchen; er wurde aber nur noch wilder, war außer sich vor Wut und wollte auf mich los= beißen. Jedoch war dies das einzige Mal, daß er mich oder sonst jemand absichtlich gebissen hat, obgleich jahrelang täglich Leute mit ihm spielten und manche ihn neckten.

Reineke in der Bärengrube

Reineke, der Held, spielt im Tiergarten eine klägliche Rolle. Seine Geisteskräfte verlieren in der Gefangenschaft ihre Beweglichkeit; er sitzt den ganzen Tag in Brüten versunken, betrachtet teilnahmslos seine Begaffer und führt sein Gefangenenleben mit der Ergebung eines unfreiwilligen Weltweisen. Er, der Schlaue, Erfindungsreiche, bietet das Bild eines zur Einzelzelle verurteilten politischen Ver= brechers, der zu stolz ist, sein inneres Leid zur Schadenfreude seiner Peiniger zu enthüllen. Aus diesen Gründen, erzählt Jäger, der frühere Vorsteher des Wiener Tiergartens, ist es für mich immer ein un= angenehmes Ereignis, wenn mir ein Gönner des Tiergartens einen dieser Freigeister mit der Bitte übergibt, ihn in getreue Obhut zu nehmen. Ich erscheine mir wie ein Kerkermeister und ziehe es in vielen Fällen vor, den armen Teufel zu Pulver und Blei zu begna= digen, statt täglich aus seinem Blick den Vorwurf zu lesen, daß ich ein zur Freiheit geborenes Wesen in geisttötender Gefangenschaft halte.

Eine Anwandlung von solchen Gefühlen brachte mich einmal auf den Gedanken, einen Fuchs in den Bärenzwinger zu werfen. Ich konnte den vorwurfsvollen Blick nicht länger ertragen. Aus der Einzelhaft mußte er unter allen Umständen befreit werden, sei es tot oder lebendig. War er wirklich so erfindungsreich, wie man ihn rühmte, so mußte er sich auch in einer Gesellschaft, wie sie ihm der Bärenzwinger bot, zurechtfinden, wenn nicht, so war es gleichgültig, ob ein Bär oder eine Kugel seinem Leben ein Ziel setzte. Eines schönen Tages sah sich also Reineke plötzlich mitten unter Bären. Im ersten Augenblick mochte ihm das ebenso sonderbar vorkommen, wie wenn ein großstädtischer Stutzer unter die Gäste einer Bauernhochzeit versetzt wird. Aber offenbar war ihm sogleich das Sprichwort „Bange machen gilt nicht" eingefallen. Blasiert wie ein Stutzer, der seine Halsbinde ordnet, schüttelte er seinen Pelz und besah sich die vier ungeschlachten Lümmel in Ermangelung eines Sehglases mit seinen bloßen Augen. Die hinkende Bärenjungfer des Zwingers war die erste, die den schmucken Gesellen begucken und beschnüffeln mußte. Reineke bestand diese Musterung mit bewundernswerter Ruhe. Als jedoch die Bärin seinen Schnurrhaaren bedenklich nahe kam, fuhr er ihr mit den Zähnen über das Gesicht und belehrte sie nachdrücklich, daß er keine nähere Bekanntschaft wünsche. Sie wischte sich verdutzt die Schnauze und hielt sich von da an in achtungsvoller Entfernung.

Mittlerweile studierte das Füchslein, ohne sich von der Stelle zu bewegen, aufmerksam die Örtlichkeit. Er entdeckte an der vorspringenden Ecke des Turmes einen sicheren Punkt und gewann ihn mit zierlichen Sprüngen. Nicht lange dauerte es, so machte ihm hier die ganze Gesellschaft des Bärenzwingers ihre Aufwartung.

Es sah unendlich komisch aus, wie die vier zottigen Bestien mit keineswegs Gutes verheißenden Blicken im geschlossenen Halbkreis den in die Ecke gedrückten schmächtigen Ankömmling beguckten und

---

Das listig zugekniffene Auge verrät den schlauen Fuchs, der sich auch in den kultivierten Ländern Europas noch behauptet. Jung gefangen wird er sogar zahm.

ihm immer näher auf den Leib rückten. Der Fuchs blieb gelassen. Er schaute seinen Gegnern ruhig ins Gesicht, und als endlich einer seine Schnauze etwas weiter vorwagte als die andern, hatte er auch schon eine blutige Nase gekriegt. Da zeigte sich nun recht, wie nur der Schaden die wahre Mutter der Weisheit ist; jeder Bär brauchte eine blutige Nase, um zu der Erkenntnis zu gelangen, daß Reineke Lebens= art genug besitzt, auch mit Bären umzugehen. Immerhin aber ge= reichte es ihrem Verstand zur Ehre, daß diese Einsicht bei ihnen ziem= lich schnell zum Durchbruch kam. Einer um den andern zog brum= mend ab, und der Fuchs genoß wieder freie Aussicht. Er machte sich nun unbesorgt auf den Weg, untersuchte seinen neuen Wohnort in Gemütsruhe und erkor sich ein Plätzchen zwischen ein paar größeren Steinen für seinen Tagesschlummer. Die Bären, durch das erste Zu= sammentreffen belehrt, ließen ihren Gast ungeschoren und gingen anderweitigen Unterhaltungen nach. Nach seinem Schlummer aber machte Reineke sehr sorgfältige Toilette.

Bald war er in dem Bärenzwinger vollständig zu Hause. Er hielt es unter seiner Würde, mit den Bären in näheren Verkehr zu treten, die Bären aber erachteten es für gut und ratsam, den sonderbaren Kauz seinen eigenen Betrachtungen zu überlassen. Er veränderte seine Le= bensweise nicht im geringsten. Während die Bären sich tagsüber viel mit den Beschauern abgaben, blieb er in stolzer Ruhe auf seinem Platz sitzen; nachts dagegen, wenn seine Mitbewohner schliefen, machte er seinen Rundgang. Später erwählte er den Steigbaum zu seinem Ruhe= lager, wußte mit einem gewandten Sprung die erste Gabel zu gewin= nen und schlief dort mit einer Sorglosigkeit, als wenn er der alleinige Inhaber des Zwingers wäre. Kam einmal ein Bär auf den Gedanken, den Steigbaum zu erklimmen, so wich der Fuchs auf die höhergelegene Gabel aus, und wenn der Bär die erste Gabel erreicht hatte, sprang er

Mit seinen scharfen Krallen ist das Eichhörnchen ein geschickter Klet= terer. Und wenn es von Wipfel zu Wipfel springt, landet es selbst auf dünnen Zweigen immer noch sicher.

ihm einfach auf den Rücken und von dort auf den Boden herab. Aber den glänzendsten Beweis seiner Begabung, sich in alle Verhältnisse zu schicken, legte Reineke im Winter ab, als die Kälte nachts auch durch den dichten Fuchspelz drang. Da die Bären zur Befriedigung seiner geistigen Bedürfnisse gar nicht beitrugen, wollte er nun wenig= stens leiblichen Nutzen von ihnen ziehen, begab sich nachts in den Bärenstall und legte sich seelenruhig zwischen die schnarchenden Bä= ren, kroch sogar zwischen ihre Pranken hinein, als wenn er es mit Wollsäcken zu tun gehabt hätte. Die Gebrüder Petz waren durch diese Unverschämtheit so verblüfft, daß sie sich in das Schicksal, Kopf= polster und Matratze für Freund Reineke abzugeben, ruhig fügten. Am gelungensten war, daß aus diesem Verhältnis keine Spur von einem Freundschaftsbündnis wurde. War der Zweck der Warmhaltung erfüllt, so kümmerte sich der Fuchs nicht im geringsten mehr um seine lebendigen Wärmflaschen, zog sich auf seinen Steigbaum zurück und verbrachte den Tag als vollendeter Einsiedler.

Die Probe war nicht leicht gewesen, aber Reineke hat sie meister= haft gelöst und den Besuchern des Tiergartens die Lehre gegeben, daß ein Mann von Welt und Bildung sich selbst mit den gröbsten Flegeln vertragen kann, wenn er dem Grundsatz huldigt: „Bange machen gilt nicht."

Hyänenhunde

Im Jahre 1859 sah ich zum erstenmal einen fast erwachsenen Steppen=
hund in einer Tierschaubude in Leipzig. Der Besitzer der Bude besaß
außer ihn noch zwei junge Nilpferde, die ersten, die nach Deutschland
gekommen waren, und bot somit einen seltenen Genuß. Der Hund
ergötzte durch seine außerordentliche Lebendigkeit und Beweglichkeit.
Bei meinen Besuchen in jener Bude habe ich ihn kaum eine Minute
lang ruhig gesehen. Allerdings konnte er nur Bewegungen ausführen,
die ihm seine Kette zuließ; allein niemals sprang er in der einförmigen
Weise hin und her, wie sich andere eingesperrte Raubtiere zu bewe=
gen pflegen; er wußte vielmehr die mannigfaltigsten Abwechslungen
in seine Sprünge zu bringen. So oft sich ihm die Nilpferde näherten,
versuchte er, sie wenigstens zu zwicken, da die dicke Haut seiner
Genossen für ihn natürlich undurchdringlich war. Äußerst spaßhaft
sah es aus, wenn er ein Nilpferd am Kopf anpackte. Der ungeschlachte
Riese öffnete gutmütig ernst den ungeheuren Rachen, als wolle er
dem Hund anraten, sich in acht zu nehmen, und dieser wagte danach
auch wirklich nicht, den gar zu gefährlich aussehenden Wasserbe=
wohner anzugreifen. Er war so gut gezähmt, wie nur möglich, und
freute sich ungemein, wenn sein Wärter sich ihm näherte und ihn
liebkoste. Gleichwohl waren die Hände dieses Mannes über und über
mit Bißwunden bedeckt, die der Hund ihm beigebracht hatte, wahr=
scheinlich gar nicht in böser Absicht, sondern eben nur aus Übermut
und Lust zum Beißen.

Die Betrachtung des lebenden Steppenhundes ließ sogleich den
Unterschied zwischen ihm und der Hyäne deutlich hervortreten. Schon
das kluge, muntere und listige, ja übermütige Gesicht des behenden
Gesellen zeigte einen ganz andern Ausdruck als das dumme, stör=
rische und geistlose der Hyäne. Noch auffallender aber wurde der
Unterschied, wenn man die leichten und zierlichen Bewegungen des
Hundes mit denen der Hyäne verglich. Der Hund erschien gleichsam
als ein Erzeugnis des freundlichen, hellen Tages, während die Hyäne
ein echtes Kind der Nacht und Finsternis darstellt.

Es muß ein wildes Schauspiel sein, diese schönen, behenden und lauten Tiere jagen zu sehen. Eine große Säbelantilope ist von ihnen aufgeschreckt worden. Sie kennt ihre Verfolger und eilt mit Aufbietung aller Kräfte der federnden Läufe durch den Graswald der Steppe dahin. Ihr nach stürmt die Meute, kläffend, heulend, winselnd und aufjauchzend; denn die Laute klingen wie helle Glockenschläge. Weiter geht die Jagd; die Antilope vergißt über der größten Gefahr jede andere. Unbekümmert um den Menschen, den sie sonst ängstlich meidet, eilt sie dahin; dicht hinter ihr, in geschlossenem Trupp, folgen die Hyänenhunde, die den Erzfeind aller Tiere noch viel weniger beachten als ihr geängstigtes Wild. Ihr Lauf ist ein niemals ermüdender, langgestreckter Galopp, ihre Ordnung wohlberechnet. Sind die vordersten ermattet, so nehmen die hinteren, die durch Abschneiden der Bogen ihre Kräfte mehr geschont haben, die Spitze, und so lösen sie sich ab, solange die Jagd währt. Endlich ermattet das Wild, die Jagd kommt zum Stehen. Ihrer Stärke sich bewußt, bietet die Antilope den mordgierigen Feinden die Stirn. In weitem Bogen fegen die schlanken, spitzigen Hörner über den Boden. Der eine und der andere Verfolger wird tödlich getroffen; dieser und jener empfängt einen Schlag mit den scharfen Schalen, der ihn taumelnd umsinken läßt: aber nach wenigen Sekunden bereits hat einer der älteren Hyänenhunde das Wild an der Kehle gepackt und im nächsten Augenblick hängen ihm so viele am Nacken, als Platz finden können. Alle heulen laut auf vor Jagdlust und Blutgier; einer sucht den andern zu vertreiben; man vernimmt die verschiedenartigsten Laute durcheinander. In der Regel liegt das Wild schon nach einer Minute röchelnd, verendend am Boden; zuweilen aber gelingt es ihm doch, sich noch einmal zu befreien. Dann beginnt eine neue Hetze, und die Jagdhyänen stürmen mit bluttriefenden Schnauzen hinter dem schweißenden Wilde drein. Ihre Mordgier scheint durch den Tod jedes neuen Opfers gesteigert zu werden; denn solange sie lebendige Tiere um sich sehen, lassen sie sich gar nicht Zeit zum Fressen, sondern würgen und verstümmeln nur.

Schafe und Rinder sind den Angriffen der Hyänenhunde besonders ausgesetzt, jene greifen sie offen an, diese durch listiges Beschleichen. Wenn sie eine Schafherde überfallen, begnügen sie sich nicht mit den fetten Schwänzen, sondern reißen soviel Stücke nieder, als sie können,

fressen die Eingeweide der Erwürgten und lassen das übrige liegen. Endlich des Mordens satt, stürzen sie sich über die gefällten Opfer her, reißen ihnen den Leib auf und wühlen fressend, heulend, kläffend in den Eingeweiden umher. Jetzt zeigen sie sich gänzlich als Hyänen, freßgierig, unreinlich, blutdürstig im höchsten Grad. Vom Muskel= fleisch fressen sie wenig; Burchell fand eine frisch getötete Elen= antilope, der sie nur die Höhlen ausgefressen hatten, und nahm den Rest des Wildes für seine eigene Küche in Anspruch.

Gordon Cumming, ein sehr eifriger Jäger und guter Beobachter, lernte die Steppenhunde im Norden der Kapansiedlung kennen. Als er in einem Versteck bei einer Quelle auf Wild lauerte, sah er ein von vier Hunden verfolgtes, von Blut triefendes Gnu heranspringen und sich in das Wasser stürzen. Hier machte es halt und bot den Hunden die Stirn. Alle vier waren an Kopf und Schultern mit Blut bedeckt, ihre Augen glänzten in gieriger Mordlust, und sie wollten eben ihre Beute packen, als Cumming mit dem einen Lauf seiner Doppelbüchse das Gnu, mit dem andern einen Hund niederschoß. Die drei noch übriggebliebenen Steppenhunde begriffen nicht, woher das Unheil gekommen, und umschnürten äugend und sichernd den Ort; dann schoß Cumming einen zweiten an, und alle drei eilten davon.

Ein andermal hatte sich Cumming in der Nähe eines Wasserbehäl= ters in mondheller Nacht versteckt, ein Wildebeest niedergestreckt, auch eine Hyäne angeschossen, und war eingeschlafen, bevor er dazu kam, seine Büchse wieder zu laden. Nach einiger Zeit wurde er durch sonderbare Töne geweckt, träumte, daß Löwen ihn umlagerten, er=

wachte mit einem lauten Schrei und sah sich rings von einer Masse knurrender und zähnefletschender wilder Hunde umgeben. Sie spitz= ten die Ohren, reckten die Hälse nach ihm; eine Meute von ungefähr 40 Hunden hielt sich lauernd in der Entfernung, ein anderer Haufe fraß unter heftigem Zank und Gebalge von dem erlegten Wildebeest. Cumming erwartete in der nächsten Sekunde angefallen und zer= rissen zu werden, sprang schnell auf, schwenkte seine Decke und redete die wilde Versammlung mit lauter Stimme an. Dies wirkte. Die Tiere zogen sich weiter zurück und bellten aus Leibeskräften. Er begann die Büchse zu laden; aber der ganze Schwarm war verschwun= den, ehe er Feuer geben konnte. Noch in derselben Nacht kamen 15 Hyänen, machten sich an das Wildebeest, und am Morgen waren nur noch die größten Knochen davon übrig.

Unser Jäger glaubt die Krone der Jagdfähigkeit den wilden Hunden erteilen zu können. Immer sind die Tiere äußerst vorsichtig, wenn sie sich einem wilden Ochsen, Zebra oder einem andern kräftigen Tier nähern; um so dreister und kühler aber fallen sie über eine Herde von wehrlosen Wiederkäuern her. Sie scheinen besonderes Vergnügen daran zu finden, den Ochsen die Schwänze abzubeißen, und da sie im Gebrauch ihrer Zähne nicht eben sonderlich zurückhaltend sind, bei= ßen sie leider manchmal noch mehr ab als den Schwanz.

Wie der Mungo mit Giftschlangen kämpft

Berühmt und geehrt ist der Mungo vor allem wegen seiner Kämpfe mit Giftschlangen. Er wird trotz seiner geringen Größe sogar der Brillenschlange Meister. Seine Behendigkeit ist es, welche ihm zum Sieg verhilft. Die Eingeborenen behaupten, daß er, wenn er von der Giftschlange gebissen sei, eine sehr bittere Wurzel, Mungo genannt, ausgrabe, diese verzehre, durch den Genuß solcher Arznei augen= blicklich wiederhergestellt werde und den Kampf mit der Schlange nach wenigen Minuten fortsetzen könne. Selbst genaue Beobachter versichern, daß etwas Wahres an der Sache sei, berichten wenigstens, daß der gebissene und ermattete Mungo vom Kampfplatz fortlaufe, Wurzeln suche und, durch diese gestärkt, den Kampf wieder auf= nehme.

„Ich habe", sagt Tennent, „allgemein gefunden, daß die Singalesen der von Europäern erzählten Geschichte, der von einer Giftschlange gebissene Mungo gebrauche eine Pflanze als Gegengift, keinen Glau= ben schenken. Außer Zweifel steht es, daß er bei seinen Kämpfen mit der Brillenschlange, welche er ohne zu zögern ebensogut angreift, wie jede harmlose Verwandte, gelegentlich pflanzliche Stoffe verzehrt; ein Herr aber, welcher dies öfters gesehen, versicherte mir, daß er dann meist Gras oder, wenn solches nicht vorhanden, irgendeine andere Pflanze fresse."

Es folgt hier ein Bericht über einen Kampf zwischen dem mutigen Mungo und einer gefürchteten Giftschlange. Eine mehr als einen hal= ben Meter lange Lanzenschlange, welche man in einer großen Glas= flasche eingesperrt hatte, wurde dem aus seinem Käfig entlassenen Mungo gezeigt. Sofort bekundete er die größte Erregung, sträubte Fell= und Schwanzhaare, rannte kampfbegierig rund um die Flasche und bemühte sich, den Verschluß, einen Leinenfetzen, mit Zähnen und Nägeln herauszuziehen. Nachdem ihm dies gelungen, glitt die Schlange aus dem Glas und bewegte sich einige Schritte weit im Gras vorwärts. Der Mungo stürzte sich auf sie und versuchte sie mit Zäh= nen und Klauen im Nacken zu packen; die Schlange aber, anscheinend vorbereitet auf solchen Angriff, wußte diesem dadurch, daß sie den Leib rasch zurückwarf, sich zu entziehen, griff nun plötzlich ihrerseits an, schnellte sich auf ihren kleinen Feind und schien ihn auch mit den Gifthaken getroffen zu haben, weil der Mungo schreiend hoch vom Boden aufsprang. Doch in demselben Augenblick warf er sich auf ihren Nacken und biß und zerfleischte diesen voller Wut. Ein kurzes Ringen folgte; die Lage der Schlange gestattete ihr jedoch nicht, die Zähne zu gebrauchen. Beide Kämpfer trennten sich; die Schlange kroch einige Schritte weit weg, und der Mungo rannte währenddem anscheinend ziellos umher. So vergingen etwa drei Minuten. Die Schlange bewegte sich mit Schwierigkeit, schien ängstlich bestrebt, sich zu entfernen, und blieb schließlich still liegen; jetzt plötzlich kehrte der Mungo zu ihr zurück, packte sie in der Mitte ihres Leibes, ohne daß sie sich rührte, und schleppte sie in seinen Käfig, dessen Tür offen stand. Hierin begann er gemächlich mit dem Verzehren seiner Beute, welcher er zunächst mit einem Biß seiner scharfen Zähne den Kopf zermalmte. Der Käfig wurde geschlossen, und die Zuschauer verließen den Kampfplatz, jedoch mit wenig Hoffnung, den mutigen Kämpen lebend wiederzufinden.

Nach Verlauf einer Stunde kehrte man zum Käfig zurück, öffnete ihn und sah den Helden des Kampfes kühlen Sinnes herauskommen, ohne zu bemerken, daß er irgendwelchen Schaden genommen hätte. Bei Untersuchung des Käfigs fand man nur ein kleines Stück vom Schwanz der Schlange vor: alles übrige war verzehrt worden. 14 Tage später war der tapfere Gesell ebenso munter und rauflustig wie vor dem Kampf. Ob und wie stark er verwundet worden war, konnte nicht festgestellt werden, weil er alle dahin zielenden Untersuchungen abzuwehren wußte.

Aus der Schule der Marderkinder

Wenn die Marderjungen der Muttermilch nicht mehr bedürfen, trägt ihnen die Alte lebendige kleine Beutetiere zu und ernährt sie oft noch mehrere Monate lang. Auf gemeinsamen Ausflügen werden sie spie= lend in allen Leibesübungen und Künsten des Gewerbes auf das gründlichste unterrichtet und zeigen sich dabei so gelehrig, daß sie schon nach kurzer Lehrfrist der Alten an Mut, Schlauheit, Behendig= keit und Mordlust nicht viel nachgeben. Eine solche Schulstunde jun= ger Steinmarder schildert Karl Müller:

Die Mutter ist auf das angelegentlichste bemüht, den Kindern vor=
zuturnen. Ich habe Gelegenheit gehabt, dies einige Male zu sehen. In
einem Park stand eine 5 m hohe Mauer in Verbindung mit einer
Scheune, in welcher ein Marderpaar mit vier Jungen hauste. Zur Zeit
der einbrechenden Dämmerung kam zuerst die Alte vorsichtig hervor,
sah sich scharf um und lauschte, schritt sodann langsam, nach Art der
Katzen, einige Schritte weit auf der Mauer dahin und blieb dort ruhig
sitzen. Es verging eine Minute, ehe das erste Junge erschien und sich
neben sie drückte; ihm folgte rasch das zweite, das dritte und vierte.
Nach einer kurzen Pause völliger Regungslosigkeit erhob die Alte sich
bedächtig und durchmaß in 5—6 Sätzen eine lange Strecke der Mauer.
Mit eiligen Sprüngen folgte das kleine Volk. Plötzlich war die Alte
verschwunden, und kaum meinem Ohr vernehmlich hörte ich einen
Sprung in den Garten. Nun machten die Kleinen lange Hälse, unent=
schlossen, was sie tun sollten. Endlich entschieden sie sich, einen an
der Mauer stehenden Pappelbaum benutzend, hinabzuklettern. Kaum
waren sie unten angelangt, als ihre Führerin an einer Holunderstaude
wieder auf die Mauer sprang. Diesmal wurde das Kunststück ohne
Zögern von den Jungen nachgeahmt, und erstaunlich war es, wie sie
den leichteren Weg in raschem Überblick zu finden wußten. Nunmehr
aber begann das Rennen und Springen mit solchem Eifer und in so
halsbrechender Weise, daß das Spielen der Katzen und Füchse mir
dagegen wie Kinderspiel vorkam. Mit jeder Minute schienen die Zög=
linge gelenker, gewandter und entschlossener zu werden. An Bäumen
auf und nieder, über Dach und Mauer hin und zurück, immer der
Mutter nach, zeigten diese Tiere eine Fertigkeit, welche zur Genüge
andeutete, wie sehr die Vögel des Gartens künftig vor ihnen auf der
Hut würden sein müssen.

Ebenso wunderlich wie hübsch ist auch das Spiel der allerliebsten
Wieselchen, wenn sie sich im hellsten Sonnenschein mit der Mutter
auf Wiesen umhertreiben, zumal auf solchen mit vielen Maulwurfs=
löchern und anderen unterirdischen Gängen. Lustig geht es beim
Spielen zu. Aus diesem und jenem Loch guckt ein Köpfchen hervor;
neugierig sehen sich die kleinen hellen Augen nach allen Seiten um.
Es scheint alles ruhig und sicher zu sein, und eins nach dem andern
verläßt die Erde und treibt sich im grünen Gras umher. Die Geschwi=
ster necken, beißen und jagen einander und entfalten dabei alle Ge=

wandtheit, welche ihrer Art eigentümlich ist. Wenn der versteckte Beobachter ein Geräusch macht, vielleicht ein wenig hustet oder in die Hand schlägt, stürzt alt und jung voll Schrecken in die Löcher zurück, und im Augenblick scheint alles verschwunden zu sein. Doch nein! Hier schaut bereits wieder ein Köpfchen aus dem Loch hervor, dort ein zweites, da ein drittes: jetzt sind sie sämtlich da, prüfen von neuem, vergewissern sich der Sicherheit, und bald ist die ganze Ge= sellschaft vorhanden. Wenn man nunmehr das Erschrecken fortsetzt, bemerkt man gar bald, daß es wenig helfen will; denn die kleinen, mutigen Tierchen werden immer dreister, immer frecher und treiben sich zuletzt ganz unbekümmert vor den Augen des Beobachters umher.

Marderduelle

Sehr unfreundlich benahmen sich von mir gepflegte Edelmarder gegen einen Iltis, welchen ich zu ihnen bringen ließ, weil ich sehen wollte, ob sich zwei so nahe verwandte Tiere vertragen würden oder nicht. Der Iltis suchte ängstlich nach einem Ausweg; aber auch die Edel= marder nahmen den Besuch nicht günstig auf. Sie stiegen sofort zur höchsten Spitze ihres Kletterbaumes empor und betrachteten den Fremdling funkelnden Auges. Neugier oder Mordlust siegten jedoch bald über ihre Furcht: sie näherten sich dem Iltis, berochen ihn, gaben ihm einen Tatzenschlag, zogen sich blitzschnell zurück, näherten sich von neuem, schlugen nochmals, schnüffelten hinter ihm her und fuh= ren plötzlich, beide zugleich, mit geöffnetem Gebiß nach dem Nacken des Feindes. Da nur einer sich festbeißen konnte, ließ der zweite ab und beobachtete aufmerksam den Kampf, welcher sich zwischen sei= nem Genossen und dem gemeinsamen Gegner entsponnen hatte. Beide Streiter waren nach wenig Augenblicken ineinander verbissen und zu einem Knäuel geballt, welcher sich mit überraschender Schnel= ligkeit dahinkugelte und wälzte. Nach einigen Minuten eifrigen Rin= gens schien der Sieg sich auf die Seite des Edelmarders zu neigen. Der Iltis war fest gepackt worden und wurde festgehalten. Diesen Augenblick benutzte der zweite Edelmarder, um sich im Hinterteil des

Iltis einzubeißen. Jetzt schien dessen Tod gewiß zu sein, da, mit einem Male ließen beide Edelmarder gleichzeitig los, schnüffelten in der Luft und tummelten dann wie betrunken hinter dem ein Versteck suchen= den Iltis einher. Ein durchdringender Gestank, welcher sich verbreitete, belehrte uns, daß der Ratz seine letzte Waffe gebraucht hatte. In welcher Weise der Gestank gewirkt hatte, ob besänftigend oder ab= schreckend, blieb unentschieden; die Edelmarder folgten wohl eifrig schnüffelnd den Spuren des Stänkers, griffen ihn aber nicht wieder an.

In ergötzlicher Weise beschreibt Lenz, wie im Käfig der Fuchs einem Iltis mitspielt. Der Fuchs, welcher nach seinem Fleisch durchaus nicht leckert und es, wenn der Iltis tot ist, gar nicht einmal fressen mag, kann doch gegen den lebenden Ratz seine Tücke nicht lassen. Er schleicht heran, liegt lauernd auf dem Bauch, springt plötzlich zu, wirft den Ratz übern Haufen und ist schon weit entfernt, wenn jener sich wütend erhebt und ihm die Zähne weist. Der Fuchs kommt wieder, springt ihm mit großen Sätzen entgegen und versetzt ihm in dem Augenblick, wenn er ihn zu Boden wirft, einen Biß in den Rücken, hat aber schon wieder losgelassen, ehe jener sich rächen kann. Jetzt streicht er von fern im Kreis um den Ratz herum, welcher sich immer hin= drehen muß, endlich schlüpft er an ihm vorüber und hält den Schwanz nach ihm hin. Der Ratz will hineinbeißen, der Fuchs hat ihn schon eiligst weggezogen, und jener beißt in die Luft. Jetzt tut der Fuchs, als ob er ihn nicht beachtete; der Ratz wird ruhig, schnuppert umher und beginnt an einem Kaninchenschenkel zu nagen. Das ist dem bösen Feind ganz recht. Auf dem Bauch kriechend, kommt er von neuem herbei, seine Augen funkeln, die Ohren sind gespitzt, der Schwanz ist in sanft wedelnder Bewegung: plötzlich springt er zu, packt den schmausenden Ratz beim Kragen, schüttelt ihn tüchtig und ist ver= schwunden. Der Ratz, um nicht länger geschabernackt zu werden, wühlt in die Erde und sucht einen Ausweg. Vergebens! Der Fuchs ist wieder da, beschnuppert das Loch, beißt plötzlich durch und fährt dann schnell zurück. Ein solches Schauspiel, bei welchem der eine noch der andere ernsten Schaden leidet, dauert oft stundenlang und erweckt mit Recht die Heiterkeit der Zuschauer.
Derselbe Beobachter teilt ein lehrreiches Beispiel von einem ungleichen Zweikampf mit, den das kleine Wiesel bestand: Zu einem alten

Wiesel, welches mit anderen Tieren schon ganz gesättigt war, setzte ich einen Hamster, welcher es an Körpermaß wohl dreimal übertraf. Kaum hatte es den bösen Feind bemerkt, vor dem es wie ein Zwerg vor einem Riesen stand, so rückte es im Sturmschritt vor, quiekte laut auf und sprang unaufhörlich nach dem Gesicht und Hals seines Geg= ners. Der Hamster richtete sich empor und wehrte mit den Zähnen den Wagehals ab. Plötzlich aber fuhr das Wiesel zu, biß sich in seine Schnauze ein, und beide wälzten sich nun, das Wiesel laut quiekend, auf dem mit Blut sich rötenden Schlachtfeld. Die Streiter fochten mit allen Füßen; bald war das leicht gebaute Wiesel, bald der schwere, plumpe Hamster obenauf. Nach zwei Minuten ließ das Wiesel los, und der Hamster putzte die Zähne fletschend, seine verwundete Nase. Aber zum Putzen war wenig Zeit; denn schon war der kleine Feind wieder da, und wupp! saß er wieder an der Schnauze und hatte sich fest eingebissen. Jetzt rangen sie eine Viertelstunde lang unter lautem Quieken und Fauchen, ohne daß ich bei der Schnelligkeit der Bewe= gungen recht sehen konnte, wer siegte, wer unterlag. Zuweilen hörte ich zerbissene Knochen knirschen. Die Heftigkeit, womit sich das Wiesel wehrte, die zunehmende Mattigkeit des Hamsters schien zu beweisen, daß jenes im Vorteil war.

Endlich ließ das Wiesel los, hinkte in eine Ecke und kauerte sich nieder; das eine Vorderbein war gelähmt, die Brust, welche es fort= während leckte, blutig. Der Hamster nahm von der anderen Ecke Be= sitz, putzte seine angeschwollene Schnauze und röchelte. Einer seiner Zähne hing aus der Schnauze hervor und fiel endlich gänzlich ab; die Schlacht war entschieden. Beide Teile waren zu neuen Anstrengungen nicht mehr fähig. Nach vier Stunden war das tapfere Wiesel tot. Ich

untersuchte es genau und fand durchaus keine Verletzung, ausge=
nommen, daß die ganze Brust von den Krallen des Hamsters arg zer=
kratzt war. Der Hamster überlebte seinen Feind noch um vier Stun=
den. Seine Schnauze war zermalmt, ein Zahn ausgefallen, zwei andere
wacklig, und nur der vierte saß fest. Sonst sah ich nirgends eine Ver=
letzung, da ihn das Wiesel immer fest an der Schnauze gehalten hatte.

Das Hermelin kennt keinen Feind, welcher ihm wirklich Furcht ein=
flößen könnte; denn selbst auf den Menschen geht es unter Umstän=
den tolldreist los. Man sollte nicht glauben, daß es dem erwachsenen
Mann ein wenigstens lästiger Gegner sein könnte und doch ist dem
so. Ein Mann, so erzählt Wood, welcher in der Nähe von Cricklade
spazieren ging, bemerkte zwei Hermeline, welche ruhig auf dem Pfad
saßen. Aus Übermut ergriff er einen Stein und warf nach den Tieren,
und zwar so, daß er eins von ihnen traf und es durch den kräftigen
Wurf über und über schleuderte. In demselben Augenblick stieß das
andere einen eigentümlichen, scharfen Schrei aus und sprang sofort
gegen den Angreifer seines Gefährten, kletterte mit einer überra=
schenden Schnelligkeit an seinen Beinen empor und versuchte sich in
seinem Hals einzubeißen. Das Kriegsgeschrei war von einer ziem=
lichen Anzahl anderer Hermeline, welche sich in der Nähe verborgen
gehalten hatten, erwidert worden, und diese kamen jetzt ebenfalls
herbei, um dem mutigen Vorkämpfer beizustehen. Der Mann raffte
zwar schleunigst Steine auf, in der Hoffnung, jene zu vertreiben,
mußte sie aber bald genug fallen lassen, um seine Hände zum Schutz
seines Nackens frei zu bekommen. Er hatte hinlänglich zu tun; denn
die gereizten Tierchen verfolgten ihn mit der größten Ausdauer, und
er verdankte es bloß seiner dicken Kleidung und einem warmen Tuch,
daß er nicht ernstlich verletzt wurde. Doch waren seine Hände, sein
Gesicht und ein Teil seines Halses mit Wunden bedeckt, und er behielt
diesen Angriff in so gutem Andenken, daß er hoch und teuer gelobte,
niemals wieder ein Hermelin zu beleidigen.

Sehr spannend ist es, wenn ein Hermelin eine seiner Lieblingsjagden
unternimmt, nämlich eine Wasserratte verfolgt. Diesem Nager wird
von dem unverbesserlichen Strolch zu Wasser und zu Lande nachge=
stellt und, so ungünstig das eigentliche Element dieser Ratten dem

Hermelin auch zu sein scheint, zuletzt doch der Garaus gemacht. Zuerst spürt das Raubtier alle Löcher aus. Sein feiner Geruch sagt ihm deutlich, ob in einem von ihnen eine oder zwei Ratten gerade ihrer Ruhe pflegen oder nicht. Hat das Hermelin nun eine beuteversprechende Höhle ausgewittert, so geht es ohne weiteres hinein. Die Ratte hat natürlich nichts Eiligeres zu tun, als sich entsetzt in das Wasser zu werfen, und ist im Begriff, durch das Schilfdickicht zu schwimmen; aber das rettet sie nicht vor dem unermüdlichen Verfolger und ihrem ärgsten Feind. Das Haupt und den Nacken über das Wasser emporgehoben, wie ein schwimmender Hund es zu tun pflegt, durchgleitet das Hermelin mit der Behendigkeit des Fischotters das ihm eigentlich fremde Element und verfolgt nun mit seiner bekannten Ausdauer die fliehende Ratte. Diese ist verloren, wenn nicht ein Zufall sie rettet. Kletterkünste helfen ihr ebensowenig wie Versteckenspielen. Der Räuber ist ihr ununterbrochen auf der Fährte, und seine Raubtierzähne sind immer noch schlimmer als die starken und scharfen Schneidezähne des Nagers. Der Kampf wird unter Umständen selbst im Wasser ausgeführt, und mit der erwürgten Beute im Maul schwimmt das Tier zum Ufer, um sie dort gemächlich zu verzehren.

Ebenso eifrig verfolgt das Hermelin auch die Landratten. Grill ließ in den Käfig seines gefangenen Hermelinmännchens eine große Wanderratte hinein und schildert den folgenden Zweikampf. Zuerst sprangen beide lange umeinander herum, ohne einander anzufallen: sie schienen sich voreinander zu fürchten. Die ungewöhnlich große Ratte war sehr dreist, biß boshaft in ein durchs Gitter gestecktes Stäbchen und hatte in wenigen Minuten die Milch des Hermelins ausgetrunken. Dieses saß ganz still am anderen Ende des meterlangen Bauers. Es sah aus, als wäre die Ratte dort schon lange zu Hause und das Hermelin eben erst hineingekommen. Nach vollendeter Mahlzeit wollte indessen die erstere sich auch so weit wie möglich von dem Hermelin entfernt halten; als ich sie aber zwang, näher zu kommen, war immer sie die Angreifende, und wären Größe und Bosheit allein entscheidend gewesen, hätte ich gewiß mit den übrigen Zuschauern geglaubt, daß der Ausgang sehr ungewiß sei. Das Hermelin schien sogar einigemal zu unterliegen; daß es doch überlegen war, sah man an den schnelleren und sicheren Hieben, womit es sich verteidigte. Wie eine Schlange zog es

sich zurück, nach den Anfällen, welche so schnell geschahen, daß man nicht Zeit hatte, den geöffneten Rachen zu sehen. Es war ein Kampf auf Leben und Tod. Die Ratte knirschte und piepte beständig, das Hermelin bellte nur bei der Verteidigung. Beide sprangen umeinander und gegen das Dach des fast meterhohen Bauers hinauf. Als ich sie lange gegeneinander aufgereizt hatte und die Ratte weniger kampf= lustig wurde, begann auch das Hermelin mit seinen Angriffen. Alle Anfälle geschahen offen, von vorn und nach dem Kopf gerichtet. Keins schlich sich hinter das andere. Bei dem letzten Zusammentreffen kam das Hermelin auf den Rücken der Ratte, preßte die Vorderfüße dicht hinter den Schultern der Ratte fest um ihren Leib zusammen, und da diese sich folglich nicht mehr verteidigen konnte, lagen beide längere Zeit auf der Seite, wobei der Sieger sich in den Oberhals der Ratte hineinfraß, bis diese endlich starb. Dann zerquetschte es ihr das Rück= grat der Länge nach und ließ beim Verzehren fast die ganze Haut, den Kopf, die Füße und den Schwanz zurück. Ganz auf gleiche Weise ver= fuhr das Hermelin mit einer anderen, ebenso großen lebendigen Ratte. Ich habe nie gesehen, daß es den Säugetieren oder Vögeln, welches es getötet, das Blut ausgesogen hätte, wie man zuweilen angibt, aber wohl, daß es sie gleich auffraß.

Ein zahmes Wiesel

Alt gefangene Wiesel wird man kaum jemals zu Freunden gewinnen; nimmt man dagegen ganz junge, womöglich noch blinde, aus dem Nest, läßt sie durch eine sanfte Katzenmutter aufsäugen und gewöhnt sie von Kindheit auf die pflegende Menschenhand, so können sie ungemein zahm werden und sind dann wirklich allerliebste Geschöpfe. Unter den verschiedenen Geschichten, welche von solchen Wieseln berichten, scheint mir eine von Frauenhand geschriebene die anmu= tigste zu sein, und deshalb will ich sie im Auszug wiedergeben.

Wenn ich etwas Milch in meine Hand gieße, sagt die Dame, trinkt mein zahmes Wiesel davon eine gute Menge; schwerlich aber nimmt es einen Tropfen der von ihm so geliebten Flüssigkeit, wenn ich ihm nicht die Ehre antue, ihm meine Hand zum Trinkgefäß zu bieten. Sobald es sich gesättigt hat, geht es schlafen. Mein Zimmer ist sein gewöhnlicher Aufenthaltsort, und ich habe ein Mittel gefunden, sei= nen unangenehmen Geruch durch wohlriechende Stoffe vollständig aufzuheben. Bei Tag schläft es in einem Polster, zu dessen Innern es Eingang gefunden hat; während der Nacht wird es in einer Blech= büchse im Käfig verwahrt, geht aber stets ungern in dieses Gefängnis und verläßt es mit Vergnügen. Wenn man ihm seine Freiheit gibt, ehe ich wach werde, kommt es in mein Bett und kriecht nach tausend lustigen Streichen unter die Decke, um in meiner Hand oder an mei= nem Busen zu ruhen. Bin ich aber bereits munter geworden, wenn es erscheint, so widmet es mir wohl eine halbe Stunde und liebkost mich auf die verschiedenste Weise. Es spielt mit meinen Fingern wie ein

---

Geparden oder „Jagd=Leoparden" gelten als die schnellsten Land= säugetiere. Während sich die meisten anderen Großkatzen in Gefan= genschaft ohne große Schwierigkeit fortpflanzen, ist dies bei Geparden noch niemals gelungen.

kleiner Hund, springt mir auf den Kopf und den Nacken oder klettert um meinen Arm oder um meinen Leib mit einer Leichtigkeit und Zier= lichkeit, welche ich bei keinem Tier gefunden habe. Halte ich ihm in einer Entfernung von 1 m meine Hand vor, so springt es in sie hinein, ohne jemals zu fallen. Es bekundet große Geschicklichkeit und List, um irgendeinen seiner Zwecke zu erreichen, und scheint oft das Ver= botene aus einer gewissen Lust am Ungehorsam zu tun.

Bei seinen Bewegungen zeigt es sich stets achtsam auf alles, was vorgeht. Es schaut jede Ritze an und dreht sich nach jedem Gegen= stand hin, welchen es bemerkt, um ihn zu untersuchen. Sieht es sich in seinen lustigen Sprüngen beobachtet, so läßt es augenblicklich nach und zieht es gewöhnlich vor, sich schlafen zu legen. Sobald es aber munter geworden ist, betätigt es sofort seine Lebendigkeit wieder und beginnt seine heiteren Spiele sogleich von neuem. Ich habe es nie schlechtgelaunt gesehen, außer wenn man es eingesperrt oder zu sehr geplagt hatte. In solchen Fällen suchte es dann sein Mißvergnügen durch kurzes Gemurmel auszudrücken, gänzlich verschieden von dem, welches es ausstößt, wenn es sich wohlbefindet.

Das kleine Tier unterscheidet meine Stimme unter zwanzig anderen, sucht mich bald heraus und springt über jeden hinweg, um zu mir zu kommen. Es spielt mit mir auf das liebenswürdigste und liebkost mich in einer Weise, welche man sich nicht vorstellen kann. Mit seinen zwei kleinen Pfötchen streicht es mich oft am Kinn und sieht mich da= bei mit einer Miene an, welche sein großes Vergnügen auf das beste ausdrückt. Aus dieser seiner Liebe und tausend anderen Bevorzugun= gen meiner Person ersehe ich, daß seine Zuneigung zu mir eine wahre und nicht eingebildete ist. Wenn es bemerkt, daß ich mich ankleide, um auszugehen, will es mich gar nicht verlassen, und niemals kann ich mich so ohne Umstände von ihm befreien. Listig, wie es ist, ver=

Der vermutlich aus den Steppengebieten Asiens nach Mitteleuropa eingewanderte Hamster trägt in seinen Backentaschen bis zu fünfzig Kilogramm Körner in seinen Winterbau als Vorrat ein.

113

kriecht es sich gewöhnlich in ein Zimmer an der Ausgangstür, und so=
bald ich vorbeigehe, springt es plötzlich auf mich und versucht alles
mögliche, um bei mir zu bleiben.

In seiner Lebendigkeit, Gewandtheit, in der Stimme und in der Art
seines Gemurmels ähnelt es am meisten dem Eichhörnchen. Während
des Sommers rennt es die ganze Nacht hindurch im Haus umher; seit
Beginn der kälteren Zeit aber habe ich dies nicht mehr beobachtet. Es
scheint jetzt die Wärme sehr zu vermissen, und oft, wenn die Sonne
scheint und es auf meinem Bett spielt, dreht es sich um, setzt sich in
den Sonnenschein und murmelt dort ein Weilchen.

Wasser trinkt es bloß, wenn es Milch entbehren muß, und auch
dann immer mit großer Vorsicht. Es scheint just, als wollte es sich nur
ein wenig abkühlen und sei fast erschreckt über die Flüssigkeit; Milch
hingegen trinkt es mit Entzücken, jedoch immer bloß tropfenweise,
und ich darf stets nur ein wenig von der so beliebten Flüssigkeit in
meine Hand gießen. Wahrscheinlich trinkt es im Freien den Tau in
derselben Weise wie bei mir die Milch. Als es einmal im Sommer
geregnet hatte, reichte ich ihm etwas Regenwasser in einer Tasse und
lud es ein, hinzugehen, um sich zu baden, erreichte aber meinen Zweck
nicht. Hierauf befeuchtete ich ein Stückchen Leinenzeug in diesem
Wasser und legt es ihm vor, darauf rollte es sich mit außerordent=
lichem Vergnügen hin und her.

Eine Eigentümlichkeit meines reizenden Pfleglings ist seine Neu=
gier. Es ist geradezu unmöglich, eine Kiste, ein Kästchen oder eine
Büchse zu öffnen, ja bloß ein Papier anzusehen, ohne daß auch das
Wiesel den Gegenstand beschaut. Wenn ich es wohin locken will,
brauche ich bloß ein Papier oder ein Buch zu nehmen und aufmerk=
sam auf dasselbe zu sehen, dann erscheint es plötzlich bei mir, rennt
auf meiner Hand hin und schaut mit größter Aufmerksamkeit auf den

Gegenstand, welchen ich betrachte. Ich muß schließlich bemerken, daß das Tier mit einer jungen Katze und einem Hund, welche beide schon ziemlich groß sind, gern spielt. Es klettert auf ihren Nacken und Rük= ken herum und steigt an den Füßen und dem Schwanz empor, ohne ihnen jedoch auch nur das leiseste Ungemach zuzufügen.

Marderfreundschaften

Wie zahm und anhänglich gefangene Edelmarder werden können, beweisen die beiden folgenden Berichte.

Ich habe, so erzählt Ritter von Frauenfeld, einen Edelmarder ge= sehen, welcher meinem Bruder auf dem Wege von Tulln nach Wien auf eine Entfernung von mehreren Meilen durch den Wald von Dorn= bach wie ein Hund auf dem Fuß folgte. In Wien schlug er seine Woh= nung in einem Holzschuppen auf und bereitete sich hier ein Lager auf einem ungeheuren Haufen von Hühner= und Taubenfedern, den Beuteresten der Tiere, welche er auf seinen nächtlichen Wanderungen erjagte. Des Morgens kam er vom Hof herauf in die im ersten Stock= werk gelegene Wohnung, wo er durch Kratzen und Scharren Einlaß verlangte. Er bekam allda seinen Kaffee, den er außerordentlich liebte, spielte und neckte sich mit den Kindern in der launigsten Weise her= um und liebte es unendlich, wenn ihm gestattet wurde, eine Stunde im Schoß zu ruhen und zu schlafen. —

Ein Edelmarder, schreibt mir Grischow, war so zahm, daß ich ihn auf den Arm nehmen und streicheln durfte. Die Taschen meines Vaters untersuchte er stets auf das genaueste, weil er gewohnt war, in ihnen Leckerbissen zu finden; gern kroch er zwischen Ärmel und Arm, um sich zu wärmen. Ein schwarzer Affenpintscher spielte so gern und so hübsch mit ihm, daß man wahre Freude an den Tieren haben mußte. Beide jagten sich unter lautem Bellen des Hundes hin und her, und der Marder entfaltete dabei alle ihm eigene Gewandtheit. Oft saß er auf dem Rücken des Hundes wie ein Affe auf dem Rücken des Bären; gefiel der Reiter dem Hund nicht länger, so wußte er ihn schlau da= durch zu entfernen, daß er so weit lief, bis die Leine, an welcher der

Marder gefesselt war, diesen herabriß. Mitunter erzürnten sich beide ein wenig; dann schlüpfte der Marder in eine kleine Tonne, und der Hund wartete vor dieser, bis sein Spielgefährte wieder guter Laune war. Lange währte es nie, bis der Marder, schelmisch sich umsehend, hervorkam, dem Hund eine Ohrfeige versetzte und damit das Zeichen zu neuem Spielen gab.

Hübsch ist auch die Geschichte von einem Steinmarder. Lange Zeit hatte er als ungebetener Gast in einem schottischen Gebirgsdorf ge=haust und dort an dem Hühnergeschlecht namenlose Schandtaten ver=übt. Es gab keinen einzigen Hühnerstall im Dorfe, in welchem nicht Wehklage über ihn erhoben worden wäre. Da entdeckte man seinen Aufenthaltsort. Mit Hilfe von guten Hunden trieb man ihn endlich aus der einsamen Scheuer, seiner Räuberhöhle, fort und ins Freie. Vergebens versuchte er alle List und Gewandtheit, den Hunden zu entgehen. Sie kamen ihm näher und näher und hatten ihn, als er zum Rande eines Abgrundes gelangt war, beinahe gefaßt. Er entschloß sich kurz und sprang mit einem einzigen kühnen Satz in die wohl 30 m tiefe Schlucht hinab. Der Sturz war doch zu heftig; denn unten lag er wie tot und rührte und regte sich nicht. Seine Verfolger waren der festen Überzeugung, daß er zerschellt sei. Des Felles wegen stieg einer der Leute hinab und hob den Verunglückten auf. Plötzlich begann sich dieser von neuem zu regen, gab seinem Fänger auch sofort mit einem

gehörigen Biß das deutlichste Zeichen seines wiedererlangten Bewußt=
seins. Gleichwohl ließ der verwundete Mann das Tier nicht fahren,
sondern faßte es sicher am Hals und brachte es nach Hause.

Hier wurde der Marder freundlich und mild behandelt und war
nach kurzer Zeit wirklich zahm, sei es nun infolge des hohen Sturzes
oder aus Dankbarkeit für die ihm erwiesene Freundschaft. Der Be=
sitzer beschloß, ihn als Mäusefänger zu verwenden, und brachte ihn in
den Pferdestall. Hier war er binnen kurzem nicht nur eingewöhnt,
sondern hatte sich sogar einen Freund zu erwerben gewußt, und zwar
— eines der Pferde selbst. Sooft man in den Stall trat, fand man ihn
bei seinem Gesellen, den er durch dumpfes Knurren gleichsam zu ver=
teidigen suchte. Bald saß er auf dem Rücken des Pferdes, bald auf dem
Hals, bald rannte er auf ihm hin und her, bald spielte er mit dem
Schwanz oder mit den Ohren seines Gastfreundes, und dieser schien
höchst erfreut zu sein über die Zuneigung, welche der kleine Räuber
zu ihm gefaßt hatte. Leider wurde dieser merkwürdige Freundschafts=
bund grausam zerrissen. Der Marder geriet bei einem seiner nächt=
lichen Ausflüge in eine Falle und wurde am anderen Morgen tot in ihr
gefunden.

Gezähmte Fischottern

Eine Dame hatte einen jungen Otter mit Milch aufgezogen und so ge=
zähmt, daß er ihr überall nachlief und, sobald er konnte, an ihrem
Kleid emporkletterte, um sich in ihren Schoß zu legen. Er spielte mit
der Herrin oder in drolliger Weise mit sich selbst, suchte sich einen zu
diesem Zweck hingelegten Pelz auf, wälzte sich auf ihm herum, legte
sich auf den Rücken, haschte nach dem Schwanz, biß sich in die Vor=
derpfoten und setzte dies so lange fort, bis er sich selbst in Schlum=
mer wiegte. Die Gebieterin konnte mit ihm tun, was sie wollte. „So
sehr ich das liebe Tierchen", schreibt sie meinem Vater, „mit meinen
Liebkosungen auch plagte, so ruhig duldete es sie. Ich legte es minu=
tenlang um meinen Hals, dann auf den Rücken, ergriff es mit beiden
Händen und vergrub mein Gesicht in seinem Fell; dann hielt ich es

unter den Vorderfüßen umfaßt und drehte es wie ein Quirl herum: alles dieses ließ es sich geduldig gefallen. Nur wenn ich es von mir tat, bekam es wieder eigenen Willen, den es dadurch kundgab, daß es an mir in die Höhe zu klettern suchte, dabei auch wohl in mein Kleid biß und es zerriß. Mit diesem Beißen und seinen schmutzigen Pfötchen konnte es mich recht plagen; denn nie blieb ein Unterkleid einen Tag lang sauber. Ich konnte aber doch nicht umhin, das Tierchen schlafen zu lassen, wo es wünschte. So gestaltete sich unsere gegenseitige Liebe immer inniger, je größer und verständiger der Otter wurde."

Ein Fischotter, sagt Winkell, welcher unter der Pflege eines in Dien= sten meiner Familie stehenden Gärtners aufwuchs, befand sich, noch ehe er halbwüchsig wurde, nirgends so wohl als in menschlicher Ge= sellschaft. Waren wir im Garten, so kam er zu uns, kletterte auf den Schoß, verbarg sich vorzüglich gern an der Brust und guckte mit dem Köpfchen aus dem zugeknöpften Oberrock hervor. Als er mehr heran= wuchs, reichte ein einziges Pfeifen nach der Art des Otters, verbun= den mit dem Rufe des ihm beigelegten Namens hin, um ihn sogar aus dem See, in welchem er sich gern mit Schwimmen vergnügte, heraus und zu uns zu locken. Bei sehr geringer Anweisung hatte er appor=

tieren, aufwarten und nächstdem die Kunst, sich fünf= bis sechsmal über den Kopf zu kollern, gelernt und übte dies sehr willig und zu unserer Freude aus. Beging er, was zuweilen geschah, eine Ungezogen= heit, so war es für ihn die härteste Bestrafung, wenn er mit Wasser stark besprengt oder begossen wurde; wenigstens fruchtete dies mehr als Schläge. Sein liebster Spielkamerad war ein ziemlich starker Dachs= hund, und sobald sich dieser im Garten nur blicken ließ, war auch ge= wiß gleich der Otter da, setzte sich ihm auf den Rücken und ritt gleich= sam auf ihm spazieren. Zu anderen Zeiten zerrten sie sich spielend umher; bald lag der Dachshund oben, bald der Otter. War dieser recht bei Laune, so kicherte er dabei in einem weg. Ging man mit dem Hund in ziemlicher Entfernung vorüber und schien dieser nicht willens, seinen Freund zu besuchen, so lud der Otter durch wiederholtes Pfeifen ihn ein. Jener folgte, wenn es sein Herr erlaubte, augenblick= lich dem Ruf.

Ein bekannter Jäger, erzählte Wood, besaß einen Otter, welcher vor= züglich abgerichtet war. Wenn er mit seinem Namen „Neptun" ge= rufen wurde, antwortete er augenblicklich und kam auf den Ruf her= bei. Schon in der Jugend zeigte er sich außerordentlich verständig, und mit den Jahren nahm er in auffallender Weise an Gelehrigkeit und Zahmheit zu. Er lief frei umher und konnte fischen nach Belieben. Zuweilen versorgte er die Küche ganz allein mit den Ergebnissen seiner Jagden, und häufig nahmen diese den größten Teil der Nacht in Anspruch. Am Morgen fand sich Neptun stets auf seinem Posten, und jeder Fremde mußte sich dann wundern, dieses Geschöpf unter den verschiedenen Vorsteh= und Windhunden zu erblicken, mit denen es in größter Freundschaft lebte. Seine Jagdfestigkeit war so groß, daß sein Ruhm sich von Tag zu Tag vermehrte und mehr als einmal die Nachbarn des Besitzers zu dem Wunsch veranlaßte, man möge ihnen das Tier auf einen oder zwei Tage leihen, damit es ihnen eine Anzahl guter Fische verschaffe.

Richardson berichtet von einem Otter, welchen er gezähmt hatte. Das Tier war ganz an ihn gewöhnt und folgte ihm bei Spaziergängen wie ein Hund, in der anmutigsten Weise neben ihm herspielend. Bei An= kunft an einem Gewässer sprang der Otter augenblicklich in die Wel=

len und schwamm hier nach seinem Ermessen umher. Trotz aller An=
hänglichkeit und Freundschaft, welche er seinem Herrn bewies, konnte
er jedoch niemals dahin gebracht werden, diesem seine gemachte Beute
zu überliefern. Sobald er sah, daß Richardson in der Absicht auf ihn
zuging, ihm einen gefangenen Fisch zu entreißen, sprang er schnell
mit ihm ins Wasser, schwamm an das andere Ufer, legte ihn dort
nieder und verzehrte ihn daselbst in Frieden. Zu Hause durchstreifte
der Otter nach Behagen Hof und Garten und kam auch dort auf seine
Rechnung; denn er fraß das verschiedenartigste Ungeziefer, wie z. B.
Schnecken, Würmer, Raupen, Engerlinge und dergleichen. Die Schnek=
ken wußte er mit der größten Geschicklichkeit aus ihrem Gehäuse zu
ziehen. Im Zimmer sprang er auf Stühle und an Fenster und jagte
nach Fliegen, welche er sehr gewandt zu fangen wußte, wenn sie an
den Scheiben herumschwärmten. Mit einer schönen Angorakatze
hatte er eine warme Freundschaft geschlossen, und als seine Freundin
eines Tages von einem Hund angegriffen wurde, eilte er zu ihrer Hilfe
herbei, ergriff den Hund bei den Kinnbacken und war so erbittert,
daß sein Herr die Streitenden trennen und den Hund aus dem Zimmer
jagen mußte.

Am Dachsbau

In seinem geräumigen Bau bringt der Dachs den größten Teil seines Lebens zu und bewahrheitet den alten Vers

> „Dreiviertel seines Lebens
> Verschläft der Dachs."

Erst wenn die Nacht vollkommen hereingebrochen ist, verläßt er sein Daheim auf weitere Entfernung. In sehr stillen Waldungen treibt er sich während des Hochsommers auch wohl schon in den späten Nach=mittagsstunden spazierengehend herum, und ich selbst bin ihm in der Nähe von Stubbenkammer auf Rügen am hellen, lichten Tag begeg=net; solche Tagesausflüge gehören jedoch zu den Ausnahmen.

Von einem Jäger, berichtet Tschudi, dem das seltene Glück zuteil ward, einen Dachs im Freien ungestört längere Zeit beobachten zu können, erhalten wir anziehende Mitteilungen. Er besuchte wieder=holt einen Dachsbau, welcher, am Rande einer Schlucht angelegt, von der entgegengesetzten Seite dem freien Überblick offen lag. Der Bau war stark befahren, der neu aufgeworfene Boden jedoch vor der Hauptröhre so eben und glatt wie eine Tenne und so festgetreten, daß nicht zu erkennen war, ob er Junge enthalte. Als der Wind gün=stiger war, schlich sich der Jäger von der entgegengesetzten Seite in die Nähe des Baues und erblickte bald einen alten Dachs, welcher griesgrämig, in eigener Langweiligkeit verloren, dasaß, doch sonst, wie es schien, sich recht behaglich fühlte in den warmen Strahlen. Dies war nicht ein Zufall: der Jäger sah das Tier, sooft er an hellen Tagen den Bau beobachtete, in der Sonne liegen. In Wohlseligkeit und Nichtstun brachte es die Zeit hin. Bald saß es da, guckte ernsthaft ringsum, betrachtete dann einzelne Gegenstände genau und wiegte sich endlich nach Art der Bären auf den vorderen Branten gemächlich hin und her. So große Behaglichkeit unterbrachen jedoch plötzlich blutdürstige Schmarotzer, welche es mit außergewöhnlicher Hast mit Nagel und Zahn sofort zur Rechenschaft zog. Endlich zufrieden mit dem Erfolg des Strafgerichtes gab der Dachs mit erhöhtem Behagen in der bequemsten Lage sich der Sonne preis, indem er ihr bald den breiten Rücken, bald den wohlgenährten Wanst zuwandte. Lange dauerte aber dieser Zeitvertreib auch nicht, mit der Langeweile mochte ihm etwas in die Nase kommen. Er hebt diese hoch, wendet sich nach allen Seiten, ohne etwas ausfindig zu machen. Doch scheint ihm Vor= sicht ratsam, und er fährt zu Bau. Ein anderes Mal sonnte er sich wie= der, trabte dann zur Abwechslung einmal talabwärts, um in ziem= licher Entfernung Raum zu schaffen für die Äsung der nächsten Nacht, kehrte sogar, gemäß seiner gerühmten Vorsicht und Reinlichkeit, nochmals um und überwischte zu wiederholten Malen seine Losung, damit sie ja nicht zum Verräter werde. Auf dem Rückweg nahm er sich Zeit, grub hier und da einen kleinen Bissen aus, ohne jedoch beim Weiden sich aufzuhalten, trieb dann noch ein Weilchen den alten Zeitvertreib, und als allmählich der Bäume Schlagschatten die Szene überliefen, fuhr er nach sehr schweren Mühen wieder zu Bau, wahr= scheinlich, um auf die noch schwereren der Nacht zum voraus noch ein bißchen zu schlummern.

Zur Zeit der Paarung, im Sommer, lebt der Dachs kurze Zeit mit seinem Weibchen gesellig; den ganzen übrigen Teil des Jahres be= wohnt er für sich allein einen Bau und hält weder mit seinem Weib= chen noch mit anderen Tieren Freundschaft. In alten, ausgedehnten Bauen drängt sich ihm zwar der Fuchs nicht selten als Gesellschafter auf; beide Tiere aber kümmern sich wenig umeinander, und der Fuchs haust regelmäßig in den oberen, der Dachs in den unteren Röhren und Kesseln.

Zu Ende des Spätherbstes hat sich der Dachs wohlgemästet und wiegt dann 30—40 Pfund. Jetzt denkt er daran, den Winter so behag= lich wie nur irgend möglich zu verbringen, und bereitet das Wichtigste für seinen Winterschlaf vor. Er trägt Laub in seine Höhle und bettet sich ein dichtes, warmes Lager. Bis zum Eintritt der eigentlichen Kälte zehrt er von dem Eingetragenen. Nun rollt er sich zusammen, legt sich auf den Bauch und steckt den Kopf zwischen die Vorderbeine (nicht, wie gewöhnlich behauptet wird, zwischen die Hinterbeine, die Schnau= zenspitze in seiner Drüsentasche verbergend) und verfällt in einen Winterschlaf. Dieser aber wird sehr häufig unterbrochen. Bei nicht anhaltender Kälte oder beim Eintritt gelinderer Witterung, besonders bei Tauwetter und in nicht sehr kalten Nächten, ermuntert sich der

Dachs, geht sogar zuweilen nachts aus seinem Bau heraus, um zu trinken, wobei er den Mund ins Wasser steckt und die Unterkinnlade bewegt, als ob er kaue. Bei verhältnismäßig warmer Witterung ver= läßt er schon im Januar oder spätestens im Februar zeitweise den Bau, um Wurzeln auszugraben und, wenn ihm das Glück wohl will, auch vielleicht ein Mäuschen zu überraschen und abzufangen. Dennoch be= kommt ihm das Fasten schlecht, und wenn er im Frühling wieder an das Tageslicht steigt, ist er, welcher sich ein volles Bäuchlein ange= mästet hatte, fast klapperdürr geworden und hat nur noch das halbe Gewicht.

Ende Februar oder Anfang März wirft die Dächsin 3—5 blinde Junge von 15 cm Länge auf ein sorgfältig ausgepolstertes Lager von Moos, Blättern, Farnkräutern und langem Gras, welche Stoffe sie zwischen den Hinterbeinen bis zum Eingang ihres Baues getragen und mit gegengestemmtem Kopf und den Vorderfüßen durch die Röhre in den Kessel geschoben hat. Daß sie dabei einen eigenen Bau bewohnt, versteht sich eigentlich von selbst; denn der weibliche Dachs ist ebensogut ein eingefleischter Einsiedler wie der männliche. Die Jungen werden von der Mutter treu geliebt. Nach der Säugezeit trägt sie ihnen Würmer, Wurzeln und kleine Säugetiere in den Bau, bis sie sich selbst zu ernähren verstehen. Während des Wochenbettes wird es dem Weibchen schwer, die sonst musterhafte Reinlichkeit, welche

im Bau herrscht, zu erhalten; denn die unerzogenen Jungen sind natürlich noch nicht so weit, um jene hohe Tugend zu würdigen. Da hat nun die Alte ihre liebe Not, weiß sich aber zu helfen. Neben dem Kessel legt sie noch eine besondere Kammer an, die der kleinen Gesellschaft als Klosett dient und zugleich alle Speiseabfälle aufnehmen muß.

Nach ungefähr 4 Wochen wagen sich die kleinen, sehr hübschen Tierchen in Gesellschaft ihrer Mutter bereits bis zum Eingang ihres Baues, legen sich mit ihr auch wohl vor die Höhle, um sich zu sonnen. Dabei spielen sie nach Kinderart allerliebst miteinander und erfreuen den glücklichen Beobachter um so mehr, als diesem das anziehende Schauspiel selten geboten wird. Bis zum Herbst bleiben sie bei der Mutter, trennen sich sodann und beginnen nun ihr Leben auf eigene Faust. Alte Dachsbaue werden von ihnen mit Vorliebe bezogen; im Notfall muß aber auch ein eigener gegraben werden. Bloß in seltenen Fällen duldet die Mutter, daß sie sich in ihrem Geburtshaus einen zweiten Kessel anlegen und dann den unterirdischen Palast noch während eines Winters mit ihr benutzen. Im zweiten Jahr sind die Jungen völlig ausgewachsen und zur Fortpflanzung fähig, und wenn ihnen nicht der Schuß eines Jägers das Lebenslicht ausbläst, bringen sie ihr Alter auf 10—12 Jahre.

Kaspar, der Dachs

Kaspar, der Dachs, war eine grundehrliche, wenn auch eine etwas plumpe Natur. Er wollte mit aller Welt gern in Frieden leben, wurde indes wegen seiner derben Späße oft mißverstanden und mußte dann unangenehme Erfahrungen machen. Sein Spielkamerad war ein gewandter, verständiger Hühnerhund, den ich von Jugend auf daran gewöhnt hatte, mit allerlei wildem Getier umzugehen. Mit diesem Hund führte der Dachs an schönen Abenden förmliche Turniere auf, und es kamen von weit und breit Tierfreunde zu mir, um diesem Schauspiel beizuwohnen. Der Kampf bestand darin, daß der Dachs nach wiederholtem Kopfschütteln wie eine Wildsau schnurgerade auf

den 15 Schritte entfernt stehenden Hund losfuhr und im Vorüber=
rennen seitwärts mit dem Kopf nach dem Gegner puffte. Dieser sprang
mit einem Satz über den Dachs weg, erwartete einen zweiten und
dritten Angriff und ließ sich dann von seinem Widerpart in den Gar=
ten jagen. Glückte es dem Dachs, den Hund am Hinterlauf zu erwi=
schen, so entstand eine große Balgerei, die jedoch niemals in ernsten
Kampf ausartete. Wenn es Kaspar zu arg wurde, fuhr er, ohne sich
umzukehren, eine Strecke zurück, richtete sich unter Schnaufen und
Zittern auf, sträubte das Haar und rutschte dann wie ein aufgebla=
sener Truthahn vor dem Hund hin und her. Nach wenigen Augen=
blicken senkte sich das Haar und der ganze Körper des Dachses
langsam nieder, und nach einigem Kopfschütteln und begütigendem
Grunzen — hugugugu — ging das tolle Spiel von neuem an.

Den größten Teil des Tages verschlief Kaspar in seinem Bau, den
er ziemlich geschickt unter seiner Hütte angelegt hatte. Der Bau
bestand eigentlich nur in einem großen unregelmäßigen Loch mit
kurzer Einfahrt, und das Merkwürdige daran war nur, daß der Dachs
an der Hinterwand des Kessels beständig, wahrscheinlich der Lüftung
wegen, ein kaum handgroßes Loch unterhielt. Hinter der Hütte hatte
er drei bis fünf Senkgruben, topfförmige Erdlöcher, von etwa 25 cm
Breite und Tiefe, angelegt, denen er eine komische Aufmerksamkeit wid=
mete. Bald wurde eine erweitert, bald eine verschüttet und geebnet, eine
neue angelegt, wieder zugeworfen usw. Sie dienten ihm als — Klosett.
Bei großer Kälte schleppte er Heu und Stroh aus der Hütte in den
Bau hinunter, verstopfte die Löcher von innen, warf 24 Stunden vor
Eintritt des Tauwetters plötzlich alles wieder hinaus und rannte dann
fröstelnd im Zwinger auf und ab, bis er ins Haus oder in einen frost=
freien Stall gebracht wurde.

Er durfte im Haus frei umherwandern. Besonderes Vergnügen
schien es ihm zu machen, auf den Treppen auf= und abzutrippeln;
nicht selten trabte er auch ganz einsam und still auf dem Speicher
umher und steckte den Kopf neugierig in alle Ecken. Als besondere
Gunst betrachtete er es, wenn er während des Mittagessens bei mir
bleiben durfte. Er drängte dann den Hühnerhund einfach beiseite,
richtete sich auf den Hinterläufen in die Höhe, legte die Vorderläufe
und den bunten glatten Kopf auf meine Schenkel und forderte unter
dem üblichen hugugugu ein Stückchen Fleisch, das er dann sehr

geschickt und zart mit den Vorderzähnen von der Gabel zog. Im Winter liebte er es, sich vor dem Ofen platt auf den Rücken zu legen und den breiten, dünn behaarten Wanst der Wärme zuzukehren.

Im Sommer begleitete er mich sehr gern zu einem Streifen dichten Gehölzes, in dem er sich vollkommen heimisch fühlte und bei jedem Schritt neue Entdeckungen machte. Bald fing er eine Hummel oder zog einen Wurm aus der Erde, bald suchte er abgefallene Beeren auf, bald verarbeitete er eine braune Wegschnecke mit seinen Nägeln. Auf dem Heimweg folgte er mir verdrossen, begann aber bald an meinen Beinkleidern zu zerren. Ein derber Tritt mit der Breitseite des Fußes ermunterte ihn nur noch, mit seinen plumpen Späßen fort-zufahren; dagegen verstimmte ihn ein leiser Schlag mit der Hand oder einer Gerte aufs äußerste.

Während der Dauer des Haarwechsels, etwa von Mitte April bis zu Anfang September, war der Dachs ziemlich dürr und mager. Dann mehrte sich plötzlich seine Eßlust, und gegen Ende Oktober war er bereits so fett, daß er beim Traben keuchte. Als Allesfresser liebte er gemischte Kost; Küchenabfälle, Rüben, Möhren, Kürbis, Fallobst mit Hafermehl zu einem steifen Brei gekocht, dazu einige Stücke rohes oder gekochtes Fleisch, bildeten seinen Küchenzettel, Pflaumen und Zwetschgen, die er im Garten aufsuchte und nach oberflächlichem Zerkauen mitsamt den Steinen verschluckte, waren sein Leibgericht. Rohes Fleisch verdaute er weit langsamer als Füchse und Hunde, fraß es jedoch mit Gier, selbst das von Katzen, Füchsen und Krähen. Indes hatte sein ganzes Benehmen durchaus nichts Raubtierartiges, und wenn er zur Herbstzeit so still gefräßig an seinem Trog stand

und mit den Lippen schmatzte, erinnerte er mich immer an ein kleines chinesisches Mastschweinchen.

An einem schönen Herbstmorgen fand mein guter Kaspar ein schmähliches Ende. Er hatte in der Nacht seinen Zwinger verlassen, war in allen umliegenden Gemüsegärten und Rübenfeldern umhergestreift und kehrte gegen Morgen ganz zutraulich in einem etwa eine Viertelmeile von meiner Wohnung entfernten Gehöft ein. Hier wurde er von den Bauern für ein „wildes Ferkel" gehalten und trotz verzweifelter Gegenwehr mit dem Knüppel erschlagen.

Der drollige Schupp

Ein jung eingefangener Waschbär, auch Schupp geheißen, wird gewöhnlich sehr bald und in hohem Grad zahm. Seine Zutraulichkeit, Heiterkeit, die ihm eigene Unruhe, die niemals endende Lust an der Bewegung, sowie sein komisches, affenartiges Wesen, machen ihn den Menschen angenehm. Er liebt es sehr, wenn man ihm schmeichelt, zeigt jedoch niemals große Anhänglichkeit. Auf Scherz und Spiel geht er sofort mit Vergnügen ein und knurrt dabei leise vor Behagen, ganz so, wie junge Hunde dies zu tun pflegen. Sein Benehmen erinnert in jeder Hinsicht an das Gebaren der Affen. Die folgenden Beweise hierfür entnehme ich den Schilderungen L. Beckmanns.

In den zahlreichen Mußestunden, welche jeder gefangene Schupp hat, treibt er tausenderlei Dinge, um sich die Langeweile zu verscheuchen. Bald sitzt er aufrecht in einem einsamen Winkel und ist mit dem ernsthaftesten Gesichtsausdruck beschäftigt, sich einen Strohhalm über die Nase zu binden, bald spielt er nachdenklich mit den Zehen seines Hinterfußes oder hascht nach der wedelnden Spitze der langen Rute. Ein anderes Mal liegt er auf dem Rücken, hat sich einen ganzen Haufen Heu oder dürre Blätter auf den Bauch gepackt, und versucht nun, diese lockere Masse niederzuschnüren, indem er die Rute mit den Vorderpfoten fest darüberzieht. Kann er zum Mauerwerk gelangen, so kratzt er mit seinen scharfen Nägeln den Mörtel aus den Fugen und richtet in kurzer Zeit unglaubliche Verwüstungen an. Wie Jeremias auf den Trümmern Jerusalems, hockt er dann mitten auf seinem Schutthaufen nieder, schaut finsteren Blickes um sich und lüftet sich, erschöpft von der harten Arbeit, das Halsband mit den Vorderpfoten.

Nach langer Dürre kann ihn der Anblick einer gefüllten Wasser=bütte in Begeisterung versetzen, und er wird alles aufbieten, um in ihre Nähe zu gelangen. Zunächst wird nun die Höhe des Wasser=standes vorsichtig untersucht, denn nur seine Pfoten taucht er gern ins Wasser, um spielend verschiedene Dinge zu waschen; er selbst liebt es keineswegs, bis zum Halse im Wasser zu stehen. Nach der Prüfung steigt er mit sichtlichem Behagen in das nasse Element und tastet im Grunde nach irgendeinem waschbaren Körper umher. Ein alter Topfhenkel, ein Stückchen Porzellan, ein Schneckengehäuse sind beliebte Gegenstände und werden sofort in Angriff genommen. Jetzt erblickt er in einiger Entfernung eine alte Flasche, welche ihm der Wäsche höchst bedürftig erscheint; sofort ist er draußen; allein die Kürze der Kette hindert ihn, den Gegenstand seiner Sehnsucht zu erreichen. Ohne Zaudern dreht er sich um, genau wie es die Affen auch tun, gewinnt dadurch eine Körperlänge Raum und rollt die Flasche nun mit dem weit ausgestreckten Hinterfuß herbei. Im näch=sten Augenblick sehen wir ihn, auf den Hinterbeinen aufgerichtet, mühsam zum Wasser zurückwatscheln, mit den Vorderpfoten die große Flasche umschlingend und krampfhaft gegen die Brust drük=kend. Stört man ihn in seinem Vorhaben, so gebärdet er sich wie ein eigensinniges, verzogenes Kind, wirft sich auf den Rücken und um=klammert seine geliebte Flasche mit allen Vieren so fest, daß man ihn mit der Flasche vom Boden heben kann. Ist er der Arbeit im Wasser endlich überdrüssig, so fischt er sein Spielzeug heraus, setzt

---

In heimlichen Erdhöhlen kommen die jungen Dachse zur Welt und verlassen erst nach zwei Monaten den Bau, um die Außenwelt ken=nenzulernen.

sich quer mit den Hinterschenkeln darauf und rollt sich in dieser Weise langsam hin und her, während die Vorderpfoten beständig in der engen Mündung des Flaschenhalses fingern und bohren.

Ein Waschbär, welcher nebst anderen gezähmten Vierfüßlern auf einem Gehöft gehalten wurde, hatte eine besondere Zuneigung zu einem Dachs gefaßt, der in einem kleinen, eingefriedeten Raum frei umherwandelte. An heißen Tagen pflegte Grimbart seinen Bau zu verlassen, um auf der Oberwelt im Schatten eines Fliederbusches sein Schläfchen fortzusetzen. In solchem Fall war der Schupp sofort zur Stelle; weil er aber das scharfe Gebiß des Dachses fürchtete, hielt er sich in achtungsvoller Entfernung und begnügte sich damit, jenen mit ausgestreckter Pfote in regelmäßigen Zwischenräumen leise am Hinterteil zu berühren. Dies genügte, den trägen Gesellen beständig wachzuerhalten und fast zur Verzweiflung zu bringen. Vergebens schnappte er nach seinem Peiniger: der gewandte Waschbär zog sich beiseite, auf die Einfriedigung des Zwingers zurück, und kaum hatte Grimbart sich wieder zur Ruhe begeben, so begann ersterer seine sonderbare Tätigkeit aufs neue. Sein Verfahren hatte keineswegs einen Anstrich von Tücke oder Schadenfreude, sondern wurde mit gewissenhaftem Ernst und mit unerschütterlicher Ruhe betrieben, als hege er die feste Überzeugung, daß seine Bemühungen zu des Dachses Wohlergehen durchaus erforderlich seien. Eines Tages ward es letzteren doch zu arg, er sprang auf und rollte verdrießlich in seinen Bau. Der Hitze wegen streckte er den bunten Kopf aber bald wieder aus der engen Höhle heraus und schlief in dieser Lage ein. Der Schupp sah augenblicklich ein, daß er seinem Freunde die üb= lichen Aufmerksamkeiten in dieser Stellung unmöglich erweisen konnte, und wollte eben den Heimweg antreten, als der Dachs zufällig erwachte und, seinen Peiniger gewahrend, das schmale, rote

Nur selten wird man das Murmeltier so aus der Nähe betrachten können. Sehr scheu lebt es im Hochgebirge unserer Alpen.

Maul sperrweit aufriß. Dies erfüllte unsern Schupp dermaßen mit Verwunderung, daß er sofort umkehrte, um die weißen Zahnreihen Grimbarts von allen Seiten zu betrachten. Unbeweglich verharrte der Dachs in seiner Stellung und steigerte hierdurch die Neugierde des Waschbären aufs äußerste. Endlich wagte der Schupp dem Dachs vorsichtig von oben herab mit der Pfote auf die Nase zu tippen — vergebens, Grimbart rührte sich nicht. Der Waschbär schien diese Veränderung im Wesen seines Gefährten gar nicht begreifen zu können, seine Ungeduld wuchs mit jedem Augenblick; er mußte sich um jeden Preis Aufklärung verschaffen. Unruhig trat er eine Weile hin und her, augenscheinlich unschlüssig, ob er seine emp= findlichen Pfoten oder seine Nase bei dieser Untersuchung aufs Spiel setzen sollte. Endlich entschied er sich für letzteres und fuhr plötzlich mit seiner spitzen Schnauze tief in den offenen Rachen des Dachses. Das folgende ist unschwer zu erraten. Grimbart klappte seine Kinn= laden zusammen, der Waschbär saß in der Klemme und quiekte und zappelte wie eine gefangene Ratte. Nach heftigem Toben und Ge= strampel gelang es ihm endlich, die bluttriefende Schnauze der un= erbittlichen Falle des Dachses zu entreißen, worauf er zornig schnau= fend über Kopf und Hals in seine Hütte flüchtete. Diese Lehre blieb ihm lange im Gedächtnis, und sooft er an dem Dachsbau vorüber= ging, pflegte er unwillkürlich mit der Tatze über die Nase zu fahren; gleichwohl nahmen die Neckereien ihren ungestörten Fortgang.

Mit einem großen Hühnerhund hatte jener Waschbär dagegen ein Schutz= und Trutzbündnis geschlossen. Sobald er morgens von der Kette befreit wurde, eilte er in freudigen Sprüngen, seinen Freund aufzusuchen. Auf den Hinterfüßen stehend, umschlang er den Hals des Hundes mit seinen geschmeidigen Vorderpfoten und schmiegte den Kopf höchst empfindsam an; dann betrachtete und betastete er den Körper seines vierbeinigen Freundes neugierig von allen Seiten. Es schien, als ob er täglich neue Schönheiten an ihm entdecke und bewundere. Etwaige Mängel in der Behaarung suchte er sofort durch Lecken und Streichen zu beseitigen. Der Hund stand während dieser oft über eine Viertelstunde dauernden Musterung unbeweglich mit würdevollem Ernst und hob willig einen Lauf um den andern empor, sobald der Waschbär dies für nötig erachtete. Wenn letzterer aber den Versuch machte, seinen Rücken zu besteigen, wurde er unwillig,

und nun entspann sich eine endlose Rauferei, wobei der Waschbär viel Mut, Kaltblütigkeit und erstaunliche Gewandtheit zeigte. Seine gewöhnliche Angriffskunst bestand darin, dem ihm an Größe und Stärke weit überlegenen Gegner in einem unbewachten Augenblick unter die Gurgel zu springen. Den Hals des Hundes von unten auf mit den Vorderpfoten umschlingend, schleuderte er im Nu seinen Körper zwischen jenes Vorderbeinen hindurch und suchte sich sofort mit den beweglichen Hinterpfoten auf dessen Rücken oder an den Seiten fest anzuklammern. Gelang ihm letzteres, so war der Hund kampfunfähig und mußte nun versuchen, durch anhaltendes Wälzen auf dem Rasen sich von der inbrünstigen Umarmung seines Freundes zu befreien. Zum Lob des Schupp sei erwähnt, daß er den Vorteil seiner Stellung niemals mißbrauchte. Er begnügte sich damit, den Kopf fortwährend so dicht unter die Kehle des Hundes zu drängen, daß dieser ihn mit dem Gebiß nicht erreichen konnte.

Mit den kleinen, bissigen Dachshunden hatte er nicht gern zu schaffen, doch wandelte ihn mitunter plötzlich die Laune an, ein solches Krummbein von oben herab zu umarmen. War der Streich geglückt, so machte er vor Wonne einen hohen Bocksprung nach rückwärts und schnappte dabei in der Luft zwischen den weitgespreiz= ten Vorderbeinen hindurch nach dem rundgeringelten, baumelnden Schweif. Dann aber suchte er, steifen Schrittes rückwärts gehend und den zornigen Dächsel fortwährend im Auge behaltend, sich den Rücken zu decken und kauerte sich schließlich unter dumpfem Schnur= ren und unruhigem Schweifwedeln wie eine sprungbereite Katze platt

auf dem Erdboden nieder. Von verschiedenen Seiten angegriffen, warf er sich sofort auf den Rücken, strampelte mit allen Vieren, und biß unter gellendem Zetergeschrei wütend um sich.

An schönen Sommertagen schlich er gern in der Frühe im hohen, taubedeckten Gras umher. Es war eine Lust, ihn hierbei zu beobachten. Hier und da hält er an, wie ein vorstehender Hühnerhund, plötzlich springt er ein: er hat einen Frosch erwischt, den er nun durch heftiges Hin= und Herreiben auf dem Boden vorläufig außer Fassung zu bringen sucht. Dann setzt er sich vergnügt auf die Hinterschenkel, hält seinen Frosch, wie ein Kind sein Butterbrot, zwischen den Fingern, beißt ihm wohlgemut den Kopf herunter und verzehrt ihn bis auf die letzte Zehe. Während des Kauens summt die erste Biene heran. Der Schupp horcht auf, schlägt beide Pfoten in der Luft zusammen und steckt das so gefangene Kerbtier nach Entfernung des Stachels in die Schnauze. Im nächsten Augenblick richtet er sich am nahen Gemäuer auf, klatscht eine ruhende Fliege mit den flachen Pforte breit und kratzt seinen Fang sorgfältig mit den Nägeln ab. Schneckengehäuse knackte er wie eine Haselnuß mit den Zähnen, worauf der unglückliche Bewohner durch anhaltendes Reiben im nassen Grase von den Scherben seiner Behausung gründlich befreit und dann ebenfalls verspeist wird. Die große Wegeschnecke liebt er nicht; die großen goldgrünen Laufkäfer aber scheinen ihm beson=

deres Vergnügen zu gewähren, denn er spielt lange und schonend mit ihnen, ehe er sie auffrißt. Im Aufsuchen und Plündern der Vogel= und Hühnernester ist er Meister. Als Allesfresser geht er auch der Pflanzennahrung nach: reifes Obst, Waldbeeren, die Früchte der Eberesche und des Holunders weiß er geschickt zu pflücken. Es ge= währt einen drolligen Anblick, wenn der rauhhaarige, langgeschwänzte Gesell mit einer großen Aprikose im Maul langsam rückwärts von einem Geländer herabsteigt, ängstlich den Kopf hin und her wendend, ob sein Diebstahl etwa bemerkt worden sei.

Der Nimmersatt

Der Hunger des Maulwurfs ist unstillbar. Er bedarf täglich min= destens soviel Nahrung wie sein eigenes Körpergewicht beträgt, und hält es nicht über zwölf Stunden ohne Fraß aus. Flourens, ein Beobachter, der wissen wollte, was das Tier am liebsten fräße, setzte zwei Maulwürfe in ein Gefäß mit Erde und legte eine Meerrettich= wurzel vor. Am andern Tag fand er die Wurzel unversehrt, von einem Maulwurf aber nur noch die Haut, das übrige, sogar die Knochen, hatte der andere Maulwurf aufgefressen.

Er tat nun den Überlebenden in ein leeres Gefäß. Das Tier sah schon wieder sehr unruhig und hungrig aus. Der Beobachter brachte einen Sperling mit beschnittenen Schwungfedern zu dem Maulwurf. Augenblicklich näherte sich dieser dem Vogel, bekam aber einige Schnabelhiebe, wich zwei=, dreimal zurück, stürzte sich dann plötz= lich auf den Spatz, riß ihm den Unterleib auf, erweiterte die Öffnung mit den Tatzen und hatte in kurzer Zeit die Hälfte unter der Haut voll Wut aufgefressen. Nun wurde ihm ein Glas Wasser vorgesetzt. Als der Maulwurf es bemerkte, stellte er sich aufrecht mit den Vorder=

tatzen an das Glas und trank begierig, dann fraß er nochmals von dem toten Sperling, und jetzt schien er vollständig gesättigt. Fleisch und Wasser wurden nun aus dem Behälter entfernt; aber schon sehr bald war der Maulwurf wieder hungrig, höchst unruhig und schwach, und schnüffelte mit dem Rüssel überall umher. Kaum erschien ein neuer lebendiger Sperling, so fuhr er auf ihn los, biß ihm den Bauch auf, fraß die Hälfte, trank wieder gierig, sah sehr strotzend aus und wurde ruhig und zufrieden. Am andern Tag hatte er das übrige bis auf den umgestülpten Balg aufgefressen und war schon wieder hungrig. Er fraß sogleich einen Frosch, aber auch der hielt nur bis zum Nach= mittag vor. Da gab man ihm eine Kröte; sobald er mit dem Rüssel an sie stieß, blähte er sich auf und wandte wiederholt die Schnauze ab, als wenn er unüberwindlichen Ekel empfände, fraß sie auch nicht. Am andern Tag war er Hungers gestorben, ohne die Kröte oder etwas von einer Möhre, Kohl oder Salat angerührt zu haben.

Drei andere Maulwürfe, die derselbe Beobachter bloß zu Wurzeln und Blättern gesperrt hatte, starben sämtlich vor Hunger. Andere, die mit Sperlingen, Fröschen, Rindfleisch und Kellerasseln genährt wurden, lebten lange. Einmal setzte der Beobachter zehn Maulwürfe in ein Zimmer ohne jede Nahrung. Einige Stunden später begann der Stärkere den Schwächeren zu verfolgen; am andern Tag war dieser schon aufgefressen, und so ging es fort, bis zuletzt nur noch zwei übrigblieben, von denen ebenfalls der eine den andern auf= gefressen haben würde, wäre beiden nicht Nahrung gereicht worden.

Der Naturforscher Oken fütterte seinen gefangenen Maulwurf mit geschnittenem Fleisch, und zwar mit rohem und gekochtem, wie es gerade bei der Hand war. Als nun ein zweiter Gefangener zu dem ersten gebracht wurde, entstand augenblicklich Krieg; beide fuhren sofort aufeinander los, packten sich und bissen sich minutenlang gegenseitig. Dann ergriff der Neuling die Flucht; der Alte aber suchte ihn überall und fuhr dabei blitzschnell durch den Sand. Oken machte nun dem Verfolgten in einem Zuckerglas eine Art Nest zurecht und stellte dieses während der Nacht in den Behälter. Am andern Morgen aber lag der Schützling dennoch tot im Sand. Wahrscheinlich war er aus dem Glas gekrochen und von dem früheren Eigentümer des Behälters sofort überfallen worden, und zwar nicht aus Hunger, sondern nur aus angeborener Böswilligkeit. Am andern Tag war auch der Alte verendet, wahrscheinlich infolge von Übereiferung und Erschöpfung im Kampf.

Lenz nahm einen unversehrt gefangenen Maulwurf und tat ihn in ein Kistchen, dessen Boden nur 5 cm hoch mit Erde bedeckt war und in dem er sich, weil er keine unterirdischen Gänge bauen konnte, die meiste Zeit frei zeigen mußte. Schon in der zweiten Stunde seiner Gefangenschaft fraß der Maulwurf Regenwürmer in Menge. Er nahm sie, wie er dies auch bei anderm Futter tut, beim Fressen zwischen die Vorderpfoten und strich, während er mit den Zähnen zog, durch die Bewegung der Pfoten den anliegenden Schmutz zurück. Pflanzen= nahrung der verschiedensten Art, auch Brot verschmähte er, dagegen fraß er in der Folge Schnecken, Käfer, Maden, Raupen, Schmetter= lingspuppen und Fleisch von Vögeln und Säugetieren. Am achten Tag legte ihm Lenz eine große Blindschleiche vor. Augenblicklich war der Nimmersatt da, gab ihr einen Biß und verschwand, weil sie sich stark bewegte, unter der Erde. Gleich darauf erschien er wieder, biß nochmals zu und zog sich von neuem in die Tiefe zurück. So trieb er es wohl sechs Minuten lang; endlich wurde er kühner, packte fest zu und nagte, konnte aber nur mit vieler Mühe die zähe Haut durch= beißen. Nachdem er jedoch erst ein Loch gemacht hatte, fraß er immer tiefer hinein, arbeitete gewaltig mit den Vorderpfoten und ließ schließlich nichts übrig als den Kopf, die Rückenwirbel, einige Haut= stücke und den Schwanz. Dies war am Morgen geschehen. Mittags fraß er noch eine große Gartenschnecke, deren Gehäuse zerschmet= tert worden war, und nachmittags verzehrte er drei Schmetterlings= puppen. Um fünf Uhr hatte er schon wieder Hunger und erhielt nun eine 80 cm lange Ringelnatter. Mit dieser verfuhr er geradeso wie mit der Blindschleiche, und da sie aus der Kiste nicht entkommen konnte, erreichte er sie endlich und fraß so gierig, daß am nächsten Morgen nichts mehr übrig war als der Kopf, die Haut, das Gerippe und der Schwanz. Einer Kreuzotter gegenüber wurde sein Mut nicht auf die Probe gestellt, denn er kam durch einen Zufall früher ums Leben. Es ist aber anzunehmen, daß er unter der Erde und in der Freiheit aus lauter Freßgier auch wohl eine Kreuzotter angreifen würde, wenn diese zum Winterschlaf unklugerweise einen Maul= wurfsgang erwählt haben sollte.

Springmäuse in Gefangenschaft

In Ägypten und Algier halten die Europäer die Wüstenspringmaus häufig in Gefangenschaft. Ich kann aus eigener Erfahrung versichern, daß das anmutige Tierchen im Käfig oder im Zimmer viel Freude macht. Während meines Aufenthalts in Afrika brachte man mir oft 10 bis 12 Springmäuse auf einmal. Ich räumte solchen Gesellschaften dann eine große Kammer ein, um ihre Bewegungen beobachten zu können. Vom ersten Augenblick an zeigten sich die Gefangenen harm= los und zutraulich. Ohne Umstände ließen sie sich berühren, machten auch nicht Miene, dem Menschen auszuweichen. Beim Umherziehen in ihrem Zimmer mußte man sich in acht nehmen, sie nicht zu zer= treten, so ruhig blieben sie sitzen, wenn man auf sie zukam.

Auch untereinander sind die Tierchen überaus friedlich und gesellig. Sie schmiegen sich dicht aneinander und verschlingen sich zuweilen förmlich zu Knäueln ineinander, namentlich am Morgen, wenn es kühl ist; denn schon eine geringe Abnahme der Wärme wird ihnen fühlbar unangenehm. Trockene Körner, Reis, Möhren, Rüben, andere Wurzeln und manche Früchte, scheinen ihnen besonders zu behagen; auch Kohl und Kraut, selbst Blumen=, z. B. Rosenblätter, fressen sie gern; doch kann man sie mit saftigen Pflanzen allein nicht erhalten. Sie sind an dürre und dürftige Kost gewöhnt. Wenn ihnen trockene Nahrung gänzlich fehlt, werden sie traurig, verkümmern sichtlich und sterben schließlich dahin. Gibt man ihnen Weizen, Reis, etwas Milch und dann und wann eine Weinbeere, ein Stückchen Apfel, eine Möhre oder eine andere Frucht, so befinden sie sich wohl und halten sich sehr lange.

Den ganzen Tag verschläft die Springmaus und kommt, wenn man sie nicht stört, vom Morgen bis zum Abend auch nicht ein einziges Mal aus ihrem Nest hervor, sondern schläft gute zwölf Stunden in einem Zug fort. Aber auch während der Nacht ruht sie noch mehr= mals halbe Stunden aus. Wenn man sie bei Tag aus dem Nest nimmt, zeigt sie sich sehr schläfrig, fällt in der Hand hin und her und kann sich längere Zeit nicht ermuntern. Ihre Stellung beim Schlafen ist eigentümlich. Gewöhnlich sitzt sie im Nest auf den ziemlich eng zusammengestellten Fersen so, daß die weit auseinanderstehenden Fußspitzen in der Luft schweben. Den Kopf biegt sie ganz herab, so daß die Stirn unten auf dem Boden ruht und die Schnauze an den Unterleib angedrückt ist. Der Schwanz liegt in großem Bogen über die Fußspitzen weg. So gleicht das Tierchen einem Ball, über dessen Oberfläche bloß die übermäßig langen Beine hervorragen. Manchmal legt sich die Springmaus aber auch auf die Seite oder selbst auf den Rücken und streckt dann die Beine sonderbar nach oben; immer aber bleibt sie zusammengerollt wie eine Kugel. Die Ohren werden beim Schlafen dicht an den Kopf gedrückt und an ihren Spitzen teilweise eingerollt, so daß sie wie zerknittert und faltig aussehen. Bewegungslos liegt so das Tier im warmen Nestchen bis zum Abend.

Nun aber macht sich ein leises Rascheln im Nest bemerkbar. Die Langschläferin putzt sich, glättet die Ohren, läßt einen leisen, wie schwacher Husten klingenden Laut vernehmen, springt mit einem plötzlichen Satz aus dem Nest hervor und beginnt nun ihr eigentümliches Nachtleben. Das erste Geschäft, das sie jetzt besorgt, ist das Putzen. In der Reinlichkeit übertrifft die Springmaus kein anderer Nager. Die halbe Nacht wird darauf verwendet, das seidig weiche Fell in Ordnung zu halten. Härchen für Härchen wird durchgekämmt und durchgeleckt, jeder Teil des Körpers, selbst der Schwanz, gründlich besorgt. Einen wesentlichen Dienst leistet ihr dabei feiner Sand.

Sand ist ihr überhaupt unentbehrlich; sie wälzt sich mit wahrer Wollust darin herum, kratzt und wühlt und scharrt in ihm und kann sich gar nicht von ihm trennen. Beim Putzen nimmt sie die verschiedensten Stellungen ein. Gewöhnlich sitzt sie nur auf den Zehenspitzen und dem Schwanz. Sie hebt die Fersen etwa 4 cm vom Boden auf, bildet mit dem Schwanz einen großen Bogen und stemmt ihn, mit dem letzten Viertel etwa, auf den Boden auf, trägt den Leib vorn nur ein wenig erhöht und legt die Hände mit den Handflächen gegeneinander, daß die Krallen sich berühren. Dabei hält sie diese kurzen, stummelartigen Glieder gerade nach vorn gestreckt, so daß sie auf den ersten Blick hin als Zubehör zu ihrem Maul erscheinen. Wenn sie sich aber putzt, weiß sie die zierlichen Gliedmaßen vortrefflich zu gebrauchen. Ehe sie an das Glätten des Fells geht, scharrt sie sich eine passende Vertiefung im Sand aus. Zu diesem Ende biegt sie sich vorn hernieder und schiebt nun mit vorgestreckten, auseinandergehaltenen Händen und der rüsselartigen Schnauze den Sand, oft große Mengen auf einmal, nach vorn und scharrt ihn da, wo er sich nicht schieben läßt, durch rasche Bewegungen der Hände los. So geht es fort, bis sie endlich sich ihr Lager zurechtgemacht hat. Jetzt legt sie zuerst den Kopf in die entstandene Vertiefung und schiebt ihn auf dem Sand vorwärts, den oberen Teil sowohl als den unteren, die rechte wie die linke Seite, jedenfalls in der Absicht, das Fell glattzureiben. Nachdem dies besorgt ist, wirft sie sich plötzlich der ganzen Länge nach in die Mulde und streckt und dehnt sich äußerst behaglich, wobei die langen Springbeine bald nach hinten, bald seitwärts, bald nach vorn zu liegen kommen. Wenn sie sich dann so recht ordentlich eingewühlt hat, bleibt sie mehrere Minuten lang ruhig und zufrieden liegen, schließt die Augen halb, legt die Ohren an und streicht sich nur dann und wann einmal mit einem der kleinen Pfötchen über das Gesicht.

Nach dieser Streckung und Dehnung beginnt das eigentliche Putzen. Viel Mühe, Arbeit und Zeit kostet das Reinigen des Mundes und der Wangen, namentlich des Teils, wo die langen Schnurrhaare sitzen. Dann setzt sie sich aufrecht und nimmt nun auch das übrige Fell in Arbeit. Sie packt ein Stückchen Fell mit beiden Händen, kämmt es mit den Zähnen des Unterkiefers durch und leckt es dann mit der Zunge gehörig glatt. Sehr drollig sieht es aus, wenn sie den

Unterleib putzt, denn sie muß dann die Fußwurzeln sehr breit von=
einanderbiegen und den Leib kugelrund zusammenrollen. Die sonder=
barste Stellung aber nimmt sie ein, wenn sie sich in der Beugung
zwischen Mittelfußknochen und Unterschenkel lecken oder überhaupt
das lange Unterbein putzen will. Sie läßt dann das eine Bein wie
gewöhnlich beim Sitzen auf den Fußwurzeln stehen und schiebt das
andere um die ganze Länge des Mittelfußknochens vor. Der Schwanz
wird immer gebraucht, um der Stellung Sicherheit zu geben. Das
Kratzen besorgt sie mit den Hinterfüßen und bewegt dabei die langen
Beine so außerordentlich schnell, daß man bloß einen Schatten des
Fußes wahrnimmt. Weil sie sich aber dabei sehr auf die Seite biegen
muß, stemmt sie sich, um das Gleichgewicht zu erhalten, auch vorn
mit einer ihrer Hände auf. Am Vorderkopf kratzt sie sich auch mit
den Händen, bewegt diese aber weit langsamer als die Hinterbeine.

Der ruhige Gang des Tieres ist ein schneller Schritt. Die Beine wer=
den beim Gehen am Fersengelenk gerade ausgestreckt und so gestellt,
daß sie unter das dritte Fünftel oder unter die Hälfte des vorn etwas
erhobenen Leibes, der durch den Schwanz im Gleichgewicht erhalten
wird, zu stehen kommen. Nun setzt die Springmaus in rascher Folge
ein Bein um das andere vor. Die Vorderhände werden, in der gewöhn=
lichen Weise zusammengelegt, unter dem Kinn getragen. Da sich die
gefangene Springmaus an den Menschen gewöhnt, macht sie nur
sehr selten einen größeren Sprung, es sei denn, wenn ein Hindernis
zu überwinden, z. B. über ein großes Buch zu springen ist, das man
ihr vorhält. Dabei schwingt sie sich ohne merkbaren Ansatz durch
bloßes Aufschnellen ihrer Hinterbeine fußhoch und noch höher empor.
Als ich eine bei ihren Nachtwandlungen durch eine plötzliche Be=
wegung erschreckte, sprang sie senkrecht über einen Meter in die
Höhe. Wenn man sie auf den Tisch setzt, läuft sie rastlos umher
und sieht prüfend in die Tiefe hinab, um sich die beste Stelle zum
Hinunterspringen auszuwählen. Kommt sie an die Kante, so stemmt
sie sich mit ihren beiden Vorderarmen auf, sonst aber nie. Immer,
auch wenn sie aus Höhen von einem Meter und mehr zu Boden
springt, kommt sie auf die Hinterfüße zu stehen und läuft dann,
ohne sich nur nach vorne zu bücken, so ruhig weiter, als habe sie
bloß einen gewöhnlichen Schritt gemacht. Wie wichtig ihr der Schwanz
zur Erhaltung des Gleichgewichts ist, sieht man deutlich, wenn man

sie in der Hand hält und rasch herumdreht, so daß sie mit dem Rücken nach unten zu liegen kommt. Dann beschreibt sie sofort Kreise mit dem Schwanz, sicher in der Absicht, ihren Leib wieder herumzuwerfen.

Beim Fressen setzt sie sich auf die ganzen Fußsohlen nieder, biegt aber den Leib vorn weit herab und nimmt nun die Nahrung mit einem raschen Griff vom Boden auf. Aus einem Näpfchen mit Weizen= körnern holt sie in jeder Minute mehrere Körner. Sie verzehrt sie aber nicht ganz, sondern beißt bloß ein kleines Stückchen von ihnen ab und läßt sie wieder fallen. In einer Nacht nagt sie manchmal 50 bis 100 Körner an. Allerliebst sieht es aus, wenn man ihr eine Wein= beere oder ein Stückchen fein geschnittene Möhre, Äpfel oder der= gleichen gibt. Sie packt solche Nahrung sehr zierlich mit den Händen, dreht sie beständig hin und her und frißt sie auf, ohne sie fallen zu lassen. Bei weichen, saftigen Früchten, wie Weinbeeren, braucht sie lange, ehe sie mit der Mahlzeit zu Ende kommt. An einer Weinbeere fraß eine meiner Gefangenen sieben Monate lang. Sie öffnet die Beere mit einem einzigen Biß und taucht in die Öffnung fort und fort ihre unteren Nagezähne ein, um sie sodann wieder abzulecken. So fährt sie fort, bis der größte Teil des Inhalts entleert ist. Ein Kohlblatt nimmt sie mit beiden Händen, dreht es hin und her und schneidet dann am Rand in zierlicher Weise Stückchen um Stückchen ab. Hübsch ist auch ihre Weise, Milch zu trinken. Sie bedarf nur sehr wenig Getränk; täglich ein halber Teelöffel voll Milch genügt ihr. Auch Flüssigkeiten muß sie mit den Händen zu sich nehmen, sie taucht daher in rascher Folge ihre Hände ein und leckt die Milch dann ab.

Die Springmaus sieht und hört, wie die großen Augen und Ohren bekunden, sehr gut, riecht und fühlt aber auch fein. Wenn sie ein Korn zu Boden fallen läßt, sucht sie es immer vermittels des Geruchs, vielleicht auch der tastenden Schnurrhaare und nimmt es dann mit größter Sicherheit wieder auf. Ihre geistigen Fähigkeiten will ich nicht eben hoch stellen; soviel ist aber sicher, daß sie sich bald an einem bestimmten Ort eingewöhnt, Leute, die sich mit ihr abgeben, gut kennenlernt und eine gewisse Kunstfertigkeit an den Tag legt. Der Bau ihres Nestes beschäftigt sie an jedem Morgen längere Zeit. Wenn man ihr Heu, Baumwolle und Haare gibt und den Grundbau des Nestes vorzeichnet, arbeitet sie verständig weiter, holt sich die Baumwolleklumpen herbei, zieht sie mit den Vorderhänden auseinander, legt sie zurecht und putzt und glättet die runde Nesthöhle, bis sie den erforderlichen Grad von Ordnung und Sauberkeit zu haben scheint. Hervorspringende Halme werden dann auch wohl noch ausgezogen oder abgebissen, bis das Ganze hübsch rund und behaglich aussieht.

Unter allen Nagern, die ich bis jetzt in der Gefangenschaft hielt, hat mir die Springmaus am meisten Vergnügen gewährt. Sie ist so liebenswürdig, freundlich, zahm und reinlich; man darf sie berühren, streicheln, umhertragen, und sie läßt sich alles gefallen. Nur wenn man ihr abends den Finger durch das Gitter hält, faßt sie ihn zuweilen mit den Zähnen und nagt ein wenig daran herum, wahrscheinlich weil sie glaubt, daß man ihr etwas Eßbares zureichen wolle. Für Liebkosungen zeigt sie sich sehr empfänglich; setzt man sie auf die eine Hand und streichelt sie sanft mit dem Finger, so schließt sie wie verzückt die Augen zur Hälfte, rührt minutenlang kein Glied und vergißt Freiheit und alles andere.

Meine Faultiere

Man wird sich meine Freude vorstellen können, als ich nach allen vergeblichen Versuchen, Zuverlässiges über das Faultier zu erfahren, auf einer Rundreise durch die Tiergärten Englands, Frankreichs, Hollands, Belgiens und der Rheinlande in Amsterdam ein lebendes Faultier und somit Gelegenheit zu eigenen Beobachtungen fand.

Hees, so hieß das Amsterdamer Faultier, bewohnte seinen Käfig bereits seit neun Jahren und befand sich jedenfalls so wohl in der Gefangenschaft wie andere Tiere auch. Der Käfig hatte in der Mitte ein Holzgerüst, an welchem sein Bewohner emporklettern konnte, war unten dick mit Heu ausgepolstert, wurde nach den Seiten hin durch starke Glasscheiben abgeschlossen und war von oben her offen.

In ähnlicher Weise habe ich dann später auch meine Gefangenen gehalten.

Wenn man bei Tag den Tieren einen Besuch abstattet, sieht man in diesem Glaskasten nur einen Ballen, welcher lebhaft an einen Haufen von trockenem Riedgras erinnert. Erst bei genauer Betrach= tung ergibt sich, daß es Faultiere in ihrer gewöhnlichen Ruhe= oder Schlafstellung sind. Der Kopf ist auf die Brust herabgebogen, so daß die Schnauzenspitze unten auf dem Bauch aufliegt, und wird durch die vorgelegten Arme und Beine vollständig verdeckt. Die Glied= maßen nämlich liegen dicht aufeinander und sind so ineinander ver= schränkt, daß man nicht zwischendurch sehen kann. Gewöhnlich sind die Krallen eines oder zweier Füße um eine Stange des Gerüstes geschlagen; nicht selten aber faßt das Faultier mit den Krallen des einen Fußes den anderen Oberarm oder Schenkel und verschlingt sich hierdurch in eigentümlicher Weise. So sieht man von den Kopfteilen nicht das geringste, kann nicht einmal unterscheiden, wo der Rumpf in den Hals und dieser in den Kopf übergeht: kurz, man hat eben einen Haarballen vor sich. Gegen die Zuschauer ringsum, welche durch Klopfen, Rufen und schnelle Bewegungen mit den Händen irgendwelche Wirkungen hervorzubringen suchen, beweist sich der Ballen vollkommen teilnahmslos; keine Bewegung verrät, daß er lebt, und gewöhnlich gehen die Beschauer mißmutig von dannen, nachdem sie verdutzt den Namen des Tieres gelesen und einige nicht eben schmeichelhafte Bemerkungen über dieses „garstige Vieh" gemacht haben.

Aber der Haarballen bekommt, wenn man es recht anfängt, sehr bald Leben; denn das Faultier ist keineswegs so stumpfsinnig wie man behauptet, sondern ein netter, braver Gesell, welcher nur richtig behandelt sein will. Sein Wärter braucht bloß an den Käfig zu treten und ihn zu rufen. Bedächtig oder, wie man auch wohl sagen kann, langsam und etwas schwerfällig, entwirrt sich der Knäuel, und nach und nach entwickelt sich aus ihm zwar kein gerade wohlgebildetes Tier, so doch keineswegs eine Mißgestalt. Langsam und gleichmäßig erhebt das Tier einen seiner langen Arme und hängt die scharfen Krallen an einer der Querleisten des Gerüstes. Dabei ist es ihm voll= kommen gleich, welches von seinen Beinen es zuerst aufhob, ob das hintere oder das vordere, ebenso ob es die Krallen in der natürlichen Lage des Vorderarmes anhängen, oder ob es den Arm herumdrehen muß; denn alle seine Glieder erscheinen wie Stricke, welche kein

Gelenk haben, sondern ihrer ganzen Länge nach beweglich sind. Jedenfalls ist die Beweglichkeit der Speiche und Elle eine so große, wie vielleicht bei keinem anderen Geschöpf. Das Faultier vermag sich derart zu hängen, daß die Krallen jedes einzelnen Beines in einer von denen der anderen abweichenden Richtung gestellt sind. Man kann sich Möglichkeiten der Stellung ausmalen wie man will, das Faultier verwirklicht alle.

Auch kann es Stellen seines Körpers mit den Krallen erreichen, welche jedem anderen Säuger unzugänglich sein würden, kurz, eine Beweglichkeit zeigen, welche wahrhaft in Erstaunen setzt. Bei seiner gemütlichen Faulenzerei macht es die Augen bald auf und bald wieder zu, gähnt, streckt die Zunge heraus und öffnet dabei die kleine Stumpfschnauze so weit als möglich. Hält man ihm an das obere Gitter eine Leckerei, zumal ein Stückchen Zucker, so klimmt es ziem=lich rasch nach oben, um diese Lieblingsspeise zu erhalten, schnüffelt an der Wand herum und öffnet die Schnauze so weit als es kann, gleichsam bittend, daß man ihm doch das Stückchen Zucker gleich in das Maul hineinfallen lasse. Dann frißt es schmatzend mit geschlos=senen Augen und beweist deutlich genug, wie sehr ihm die Süßigkeit behagt.

Die Gefangenen, welche ich gepflegt habe, wurden stets durch einen Wärter gefüttert, weil ich ihnen zutraute, einen vorgesetzten Futter=napf zu verkennen und unberücksichtigt zu lassen. Der Wärter begab sich zweimal täglich in den Käfig, hakte das hängende Faultier los, legte es sich in den Schoß und steckte ihm die Nahrung in den Mund. Letztere besteht vorherrschend, nicht aber ausschließlich aus Pflanzen=stoffen. Am liebsten fressen Faultiere Früchte, namentlich Birnen, Äpfel, Kirschen und dergleichen; eines von meinen Gefangenen aber war unterwegs auch mit hartgekochten Eiern gefüttert worden, schien an die Nahrung sich gewöhnt zu haben und kam in so vortrefflichem Zustand an, daß ich sie ihm nicht entziehen mochte. Der Erfolg recht=fertigte dies vollständig; denn das allgemein für sehr hinfällig gehal=tene Tier befand sich jahrelang im besten Wohlsein, schien auch etwas zu vermissen, wenn ihm einmal kein Ei gereicht wurde.

Jedes Faultier gewöhnt sich in kurzer Frist an solche Fütterung, legt sich mit dem Rücken in den Schoß des Wärters, dreht alle vier Beine nach außen, um sich an Leib und Schenkel des Pflegers anzuklam=

mern, und läßt sich mit ersichtlichem Wohlbehagen die Nahrung in das Maul stopfen. Jedenfalls trägt eine derartige Behandlung wesent= lich dazu bei, das Tier zu zähmen, als es überhaupt gezähmt werden kann. Meine Gefangenen achteten nicht allein auf den Ruf des Pfle= gers, sondern erhoben den Kopf schon, wenn sie den Wärter kommen hörten, kletterten ihm auch wohl entgegen und versuchten an ihn sich festzuhängen, bewiesen also deutlich genug, daß sie in die veränder= ten Verhältnisse sich zu fügen wußten.

In der Regel verschläft das Faultier den ganzen Tag, es sei denn, daß trübes Wetter es an der Tageszeit irre werden läßt. Bei regel= mäßigem Verlauf der Dinge ermuntert es sich in den letzten Nach= mittagsstunden und beginnt zunächst sein Haarkleid zu ordnen. Zu diesem Ende hängt es sich in der Regel mit den beiden Beinen einer Seite auf und bearbeitet mit den anderen das Fell auf das sorgfältigste und gewissenhafteste, kratzt sich an den verschiedensten Stellen sei= nes Körpers und zieht kämmend die einzelnen Haarbündel zwischen den Sichelkrallen seiner Füße durch. Hat es die eine Seite ordentlich bearbeitet, so wechselt es die Stellung, hängt sich wie früher, aber mit den beiden anderen Beinen auf und kratzt und kämmt von neuem, bis endlich die zeitraubende Arbeit zu seiner Befriedigung ausgeführt zu sein scheint. Nunmehr unternimmt es verschiedene Turnübungen, klettert an den Stangen hin und her, erklimmt das Gitter, hängt sich hier an und bewegt sich geraume Zeit anscheinend nur zu seinem Vergnügen. Wenn jetzt der Pfleger mit Futter kommt, wird er mit ersichtlicher Befriedigung empfangen; bleibt er aus, so sucht das Tier früher oder später seinen alten Platz wieder und verträumt hier ein oder mehrere Stündchen, tut solches auch wohl mitten in der Nacht, seiner eigentlichen Arbeitszeit.

Die stumpfe Gleichgültigkeit, von welcher die Reisenden berichten,

Der edle Araber als Zirkuskünstler verdankt seine heutige Gestalt und Zahmheit der Züchterhand des Menschen. Nur sein Temperament verrät noch die Wildheit seiner ungezähmten Vorfahren.

144

kann, wenigstens bei dem Unan, auch einer ersichtlichen Erregung weichen. So bestimmt ein Faultier sich mit seinem Pfleger befreundet, so bestimmt unterscheidet es andere Persönlichkeiten und zeigt diesen gelegentlich die Zähne oder bedroht sie mit den Klauen, während es sich von dem Wärter jede Berührung und Behandlung widerstandslos gefallen läßt.

Das edelste Tier

Obenan unter allen Pferdestämmen steht noch heutigentags der *Araber*. Jahrtausendelange verständnisvolle Zucht hat ihm allmäh= lich Vollendung der Gestalt und eine Fülle trefflicher Eigenschaften verliehen. Nach arabischen Anforderungen muß das edle Pferd in sich vereinigen: ebenmäßigen Bau, kurze und bewegliche Ohren, schwere, aber doch zierliche Knochen, ein fleischloses Gesicht, Nüstern „so weit wie der Rachen des Löwen", schöne, dunkle, vorspringende Augen, „an Ausdruck denen eines liebenden Weibes gleich", einen gekrümmten und langen Hals, breite Brust und breites Kreuz, schma= len Rücken, runde Hinterschenkel, sehr lange wahre und sehr kurze falsche Rippen, einen zusammengeschnürten Leib, lange Oberschen= kel, „wie die des Straußes sind", mit Muskeln, „wie das Kamel sie hat", einen schwarzen, einfarbigen Huf, eine feine und spärliche Mähne und einen reich behaarten Schwanz, dick an der Wurzel und dünn gegen die Spitze hin. Es muß zeigen viererlei breit: die Stirn, die Brust, die Hüften und die Glieder, viererlei lang: den Hals, die Oberglieder, den Bauch und die Weichen, und viererlei kurz: das

Schon vor Jahrtausenden ist der Esel zum Haustier geworden. Trotz seiner ausdauernden Leistung als Reit= oder Tragtier ist er genügsam im Futter.

Kreuz, die Ohren, den Strahl und den Schwanz. Diese Eigenschaften beweisen, daß das Pferd von guter Rasse und schnell ist; denn es ähnelt dann in seinem Bau „dem Windhund, der Taube und dem Kamel zugleich". Die Stute muß besitzen: „den Mut und die Kopf= breite eines Wildschweins, die Anmut, das Auge und das Maul der Gazelle, die Fröhlichkeit und Klugheit der Antilope, den gedrungenen Bau und die Schnelligkeit des Straußes und die Schwanzkürze der Viper".

Ein Rassepferd kennt man aber auch noch an anderen Zeichen. Es frißt bloß aus seinem Futterbeutel. Ihm gefallen die Bäume, das Grün, der Schatten, das laufende Wasser, und zwar in so hohem Grad, daß es beim Anblick dieser Gegenstände wiehert. Es trinkt nicht, bevor es das Wasser erregt hat, sei es mit dem Fuß oder sei es mit dem Maul. Seine Lippen sind stets geschlossen, die Augen und Ohren immer in Bewegung. Seinen Hals wirft es zur Rechten und zur Linken, als wollte es sprechen oder um etwas bitten. Ferner behauptet man, daß es nun und nimmermehr sich paare mit einem seiner Verwandten.

In den Augen der Araber ist das Pferd das edelste aller Tiere, ge= nießt daher fast dieselbe Achtung wie ein vornehmer, größere als ein geringer Mann. Bei einem Volk, das einen weiten Raum unseres Erd= balles spärlich bevölkert, das weniger an der Scholle klebt als wir Abendländer, dessen Hauptbeschäftigung die Viehzucht ist, muß das Roß notwendigerweise zur höchsten Würdigung gelangen. Das Pferd ist dem Araber notwendig zu seinem Leben, zu seinem Bestehen; er vollbringt mit seiner Hilfe Wanderungen und Reisen, hütet auf ihm seine Herden, glänzt durch sein Pferd in seinen Kämpfen, bei den Festen, bei den geselligen Vereinigungen, er lebt, liebt und stirbt auf seinem Roß.

Mit der Natur des Arabers, zumal des Beduinen, ist die Liebe zum Pferd unzertrennlich; er saugt die Achtung für dieses Tier schon mit der Muttermilch ein. Das edle Geschöpf ist der treueste Gefährte des Kriegers, der geachtetste Diener des Gewaltherrschers, der Liebling der Familie, und eben deshalb beobachtet es der Araber mit ängst= lichem Fleiß, erlernt seine Sitten, seine Notwendigkeiten, besingt es in seinen Gedichten, erhebt es in seinen Liedern, findet in ihm den Stoff seiner angenehmsten Unterhaltung. Als der Erschaffende das Roß erschaffen wollte, verkündigen die Schriftgelehrten, sagte er zum

Wind: „Von dir werde ich ein Wesen gebären lassen, bestimmt, meine Verehrer zu tragen. Dieses Wesen soll geliebt und geachtet sein von meinen Sklaven. Es soll gefürchtet werden von allen, welche meinen Geboten nicht nachstreben." Und er schuf das Pferd und rief ihm zu: „Dich habe ich gemacht ohnegleichen. Alle Schätze der Erde liegen zwischen deinen Augen. Du wirst meine Feinde werfen unter deine Hufe, meine Freunde aber tragen auf deinem Rücken. Dieser soll der Sitz sein, von welchem Gebete zu mir emporsteigen. Auf der ganzen Erde sollst du glücklich sein und vorgezogen werden allen übrigen Geschöpfen; denn dir soll die Liebe werden des Herrn der Erde. Du sollst fliegen ohne Flügel und siegen ohne Schwert!" Aus dieser Meinung entspringt der Aberglaube, daß das edle Pferd nur in den Händen der Araber glücklich sein könne; hierauf begründet sich die Weigerung, Rosse an Andersgläubige abzulassen. Abdel=el=Kâder bestrafte, als er noch auf der Höhe seiner Macht stand, alle Gläubigen mit dem Tode, von denen ihm gesagt worden war, daß sie eines ihrer Pferde an Christen verkauft hätten.

Alle Araber glauben, daß die edlen Pferde schon seit Jahrtausenden in gleicher Vollkommenheit sich erhalten haben, wachen daher ängstlich über der Zucht ihrer Rosse. Eigene Gebräuche sind herrschend unter ihnen geworden. So hat fast jeder Pferdebesitzer die Verpflichtung, dem, welcher bittend kommt, seinen Hengst zum Beschälen einer edlen Stute zu leihen, und deshalb veredelt sich der Bestand mehr und mehr. Hengste von guter Rasse werden sehr gesucht: die Stutenbesitzer durchreiten oft Hunderte von Meilen, um solche Hengste zum Beschälen zu erhalten. Als Gegengeschenk erhält der Hengstbesitzer eine gewisse Menge Gerste, ein Schaf, einen Schlauch voll Milch. Geld anzunehmen, gilt als schmachvoll; wer es tun wollte, würde sich dem Schimpf aussetzen, „Verkäufer der Liebe des Pferdes" genannt zu werden. Nur wenn man einem vornehmen Araber zumutet, seinen edlen Hengst zum Beschälen einer gemeinen Stute zu leihen, hat er das Recht, die Bitte abzuschlagen.

Während der Trächtigkeit wird das Pferd sehr sorgfältig behandelt, jedoch nur in den letzten Wochen geschont. Während des Wurfes müssen Zeugen zugegen sein, um die Echtheit des Fohlens zu bestätigen. Das Fohlen wird mit besonderer Sorgfalt erzogen und von Jugend auf wie ein Glied der Familie gehalten. Daher kommt es, daß

die arabischen Pferde zu Haustieren geworden sind und ohne alle
Furcht im Zelt des Herrn oder der Kinderstube geduldet werden kön=
nen. Ich selbst sah eine arabische Stute, die mit den Kindern ihres
Herrn spielte, wie ein großer Hund mit Kindern zu spielen pflegt.
Drei kleine Buben, von denen der eine noch nicht einmal ordentlich
gehen konnte, unterhielten sich mit dem verständigen Tier und be=
lästigten es soviel als möglich. Die Stute ließ sich alles gefallen, zeigte
sich sogar höchst willfährig, um die eigensinnigen Wünsche der spie=
lenden Kinder zu befriedigen.

Mit dem achtzehnten Monat beginnt die Erziehung des edlen Ge=
schöpfes. Zuerst versucht sich ein Knabe im Reiten. Er führt das Pferd
zur Tränke, zur Weide, reinigt es und sorgt überhaupt für alle seine
Bedürfnisse. Beide lernen zu gleicher Zeit: der Knabe wird ein Reiter,
das Fohlen ein Reittier. Niemals aber wird der junge Araber das ihm
anvertraute Füllen übernehmen, niemals ihm Dinge zumuten, die es
nicht leisten kann. Man überwacht jede Bewegung des Tieres, behan=
delt es mit Liebe und Zärtlichkeit, duldet aber niemals Widerstreben
und Böswilligkeit. Erst wenn das Pferd sein zweites Lebensjahr über=
schritten hat, legt man ihm den Sattel auf. Das Gebiß wird anfangs
mit Wolle umwickelt und diese manchmal mit Salzwasser besprengt,
um das Tier leichter an das ihm unangenehme Eisen im Maul zu ge=
wöhnen, der Sattel zuerst so leicht als möglich genommen. Nach Ab=
lauf des dritten Jahres gewöhnt man es allgemach daran, alle seine
Kräfte zu gebrauchen, läßt ihm aber durchaus nichts abgehen. Erst
wenn es das siebente Jahr erreicht hat, sieht man es als erzogen an,

und deshalb sagt das arabische Sprichwort: „Sieben Jahre für meinen Bruder, sieben Jahre für mich und sieben Jahre für meinen Feind." Nirgends ist man von der Macht der Erziehung so durchdrungen wie in der Wüste. „Der Reiter bildet sein Pferd, wie der Ehemann sein Weib bildet", sagen die Araber.

Die Leistungen eines gut erzogenen arabischen Rassepferdes sind außerordentlich. Es kommt vor, daß der Reiter mit seinem Pferd fünf, sechs Tage lang hintereinander täglich Strecken von 70 bis 100 km zurücklegt. Wenn dem Tier hierauf zwei Tage Ruhe gegönnt worden, ist es imstande, in derselben Zeit zum zweiten Male einen gleichen Weg zu machen. Gewöhnlich sind die Reisen, welche die Araber unter= nehmen, nicht so lang, dafür aber durchreitet man in einem Tag noch größere Entfernungen, auch wenn das Pferd ziemlich schwer belastet ist.

Nach der Ansicht der Araber muß ein gutes Pferd nicht bloß einen vollkommen erwachsenen Menschen tragen, sondern auch seine Waf= fen, seine Teppiche zum Ruhen und Schlafen, die Lebensmittel für sich selbst und für seinen Reiter, eine Fahne, auch wenn der Wind hinderlich sein sollte, und im Notfall muß es einen ganzen Tag lang im Zug fortlaufen, ohne zu fressen oder zu trinken. „Ein Pferd", schrieb Abdel=el=Kâder an General Daumas, „welches gesund an allen seinen Gliedern ist und soviel Gerste bekommt, als es benötigt, kann alles tun, was sein Reiter verlangt; denn das Sprichwort sagt: ‚Gib ihm Gerste und mißhandle es'." Gute Pferde trinken oft zwei Tage lang nicht, haben kaum genug zu fressen und müssen doch den Willen ihres Reiters ausführen. Dies ist die Macht der Gewöhnung; denn die Araber sagen, daß die Pferde wie der Mensch nur in der ersten Zeit ihres Lebens erzogen und gewöhnt werden. „Der Unterricht der Kin= der bleibt, wie die in Stein gehauene Schrift, der Unterricht, den das höhere Alter genießt, verschwindet wie das Nest des Vogels. Den Zweig des Baumes kann man biegen, den alten Stamm nimmermehr!" Vom ersten Jahr an unterrichten die Araber ihr Pferd, und schon im zweiten bereiten sie es. „In dem ersten Jahr des Lebens", sagt das Sprichwort, „binde das Pferd an, damit ihm kein Unglück zustoße, im zweiten reite es, bis sein Rücken doppelte Breite gewonnen, im dritten binde es von neuem an, und wenn es dann nichts taugt, ver= kaufe es."

Die Araber unterscheiden viele Rassen ihrer Pferde, und jede Ge=
gend hat ihre besonderen. Es ist eine bekannte Tatsache, daß das
arabische Pferd nur da, wo es geboren, zu seiner vollsten Ausbildung
gelangt, und ebendeshalb stehen die Pferde der westlichen Sahara, so
ausgezeichnet sie auch sein mögen, noch immer weit hinter denen
zurück, die im glücklichen Arabien geboren und erzogen wurden. Nur
hier findet man die echten „Kohhéli" oder „Kohchlani", zu deutsch:
die Vollkommenen; jene Pferde, die unmittelbar von den Stuten des
Propheten abstammen sollen. Wenn wir an der Richtigkeit des
Stammbaumes gelinde Zweifel hegen dürfen, steht doch soviel fest,
daß der bereits während seines Lebens hochgeehrte Prophet vortreff=
liche Pferde besessen haben mag, und daß also schon von diesem
Vergleich auf die Güte der betreffenden Pferde geschlossen werden
kann. Ebenso sicher ist es, daß die Araber mit großer Sorgfalt die
Reinhaltung ihrer Pferderassen überwachen.

Unter allen edlen Pferden achten die Araber diejenigen am höch=
sten, die in Nedschd, dem inneren Gelände der Arabischen Halbinsel,
einem von schroffen Felsen durchzogenem Hochland, gezüchtet wer=
den. Der Stamm der Khadam hat den Ruhm, die besten Pferde zu
besitzen. In Nedschd gibt es zwanzig Pferdefamilien von erstem Rang,
deren alte Abstammung erwiesen ist. Schon die Hengste der echten
Kohhéli werden mit hohen Preisen bezahlt, die Stuten sind kaum
käuflich: ein Mann büßt seinen guten Ruf ein, wenn er gegen Gold
oder Silber einen so kostbaren Schatz hinweggibt. Gerade im Hedjâs
gehört das Roß so recht eigentlich zur Familie, und diese widmet ihm
ungleich mehr Sorgfalt als ihren Angehörigen selber. Wenn ein Krie=
ger einen gefährlichen Zug vollführen will, wünscht die Familie nicht
dem Mann, sondern dem Pferd das beste Glück, und wenn dieses
nach einer Schlacht allein zum Zelt hereinkommt, ist der Schmerz über
den im Gefecht gebliebenen Reiter bei weitem nicht so groß als die
Freude über die Rettung des Rosses. Der Sohn oder ein naher Ver=
wandter des Gefallenen besteigt das edle Tier, und ihm liegt die Ver=
pflichtung ob, den Tod des Reiters zu rächen. Wenn ein Pferd in der
Schlacht getötet oder geraubt worden ist und der Reiter allein zu Fuß
zurückkommt, wartet seiner schlechter Empfang. Wehklagen will kein
Ende nehmen, und die Trauer währet monatelang.

Aber ein solches Pferd ist auch nicht mit irgendeinem anderen zu vergleichen. Der Araber mutet seinen Kräften sehr viel zu, behandelt es dafür jedoch mit einer Liebe ohnegleichen. Mensch und Tier haben sich auf das innigste verbrüdert, und der eine wie das andere fühlen sich bedrückt, wenn der treue Gefährte fehlt. Mehr als einmal ist es vorgekommen, daß ein Pferd den Leichnam seines im Kampf gefal= lenen Reiters noch von der Walstatt bis zum Zelt trug, gleichsam als wisse es, daß es den gefallenen Mann nicht dem Hohn und Spott des Feindes preisgeben dürfe. Kein Wunder, daß solch ein Tier von hun= dert Dichtern glühend besungen worden, daß es das ausschließliche Gespräch der Männer am Lagerfeuer, daß es der Stolz und das höchste Kleinod des Arabers ist!

Ergötzlich anzuhören sind die Lobeserhebungen, die einem hoch= edlen Pferd gespendet werden. „Sage mir nicht, daß dieses Tier mein Pferd ist, sage, daß es mein Sohn ist! Es läuft schneller als der Sturm= wind, schneller noch, als der Blick über die Ebene schweift. Es ist rein wie das Gold. Sein Auge ist klar und so scharf, daß es ein Härchen im Dunkeln sieht. Die Gazelle erreicht es im Lauf. Zu dem Adler sagt es: Ich eile wie du dahin! Wenn es das Jauchzen der Mädchen ver= nimmt, wiehert es vor Freude, und an dem Pfeifen der Kugeln erhebt sich sein Herz. Aus der Hand der Frauen erbettelt es sich Almosen, den Feind schlägt es mit den Hufen ins Gesicht. Wenn es laufen kann nach Herzenslust, vergießt es Tränen aus seinen Augen. Ihm gilt es gleich, ob der Himmel rein ist, oder der Sturmwind das Licht der Sonne mit Staub verhüllt; denn es ist ein edles Roß, welches das Wü= ten des Sturmes verachtet. In dieser Welt gibt es kein zweites, das ihm gleiche. Schnell wie eine Schwalbe eilt es dahin; so leicht ist es, daß es tanzen könnte auf der Brust deiner Geliebten, ohne sie zu be= lästigen. Sein Schritt ist so sanft, daß du im vollsten Lauf eine Tasse Kaffee auf seinem Rücken trinken kannst, ohne einen Tropfen zu verschütten. Es versteht alles wie ein Sohn Adams, nur daß ihm die Sprache fehlt."

Der Esel als Reittier

Unser nordländischer Esel ist, wie allbekannt, ein träger, eigensin=
niger, oft störrischer Gesell, der allgemein, wenn auch mit Unrecht,
als Sinnbild der Einfalt und Dummheit gilt, der südländische Esel
dagegen, ein schönes, lebendiges, außerordentlich fleißiges und aus=
dauerndes Geschöpf, das in seinen Leistungen gar nicht weit hinter
dem Pferd zurücksteht, ja es in mancher Hinsicht noch übertrifft. Ihn
behandelt man aber auch mit weit größerer Sorgfalt als den unsrigen.
In vielen Gegenden des Morgenlandes hält man die besten Rassen so
rein wie die des edelsten Pferdes, füttert die Tiere sehr gut, plagt sie
in der Jugend nicht zuviel und kann deshalb von den erwachsenen
Dienste verlangen, die unser Esel gar nicht zu leisten imstande sein
würde. Man hat vollkommen recht, viel Sorgfalt auf die Zucht des
Esels zu verwenden; denn er ist dort Haustier im vollsten Sinne des
Wortes: er findet sich im Palast des Reichsten wie in der Hütte des
Ärmsten und ist der unentbehrlichste Diener, den der Südländer
kennt. Schon in Griechenland und Spanien trifft man sehr schöne
Esel an, obgleich sie noch immer weit hinter denen im Morgenland
und zumal in Persien und Ägypten zurückstehen. Große Ausdauer,
ein leichter, federnder Gang und ein sanfter Galopp stempeln ihn zu
einem unübertrefflichen Reittier.

Ein allen Anforderungen entsprechender Reitesel steht dort höher
im Preis als ein mittelmäßiges Pferd. Die beste Rasse befindet sich
nur in den Händen der Vornehmsten des Landes.

„Etwas Nutzbareres und Braveres von einer Kreatur als solch ein
Esel", sagt Bogumil Goltz, „ist nicht denkbar. Der größte Kerl wirft
sich auf ein Exemplar, das oft nicht größer als ein Kalb von sechs
Wochen ist, und setzt es in Galopp. Diese schwach gebauten Tiere
gehen einen trefflichen Paß; wo sie aber die Kräfte hernehmen, stun=
denlang einen ausgewachsenen Menschen selbst bei großer Hitze im
Trab und Galopp herumzuschleppen, das scheint mir fast über die
Natur hinaus in die Eselmysterien zu gehen, welche auch noch ihren
Esel=Sue bekommen müssen, wenn Gerechtigkeit in der Weltgeschichte

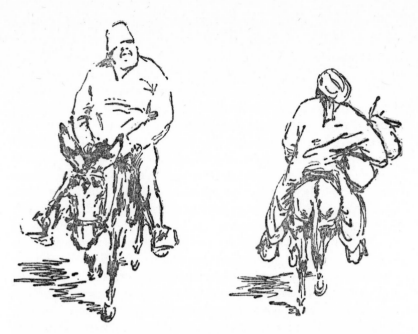

ist." Dennoch hat dieser brave Kerl keineswegs ein beneidenswertes Los. Er ist jedermanns Sklave und jedermanns Narr. Im ganzen Mor=genland fällt es niemandem ein, zu Fuß zu gehen; sogar der Bettler hat gewöhnlich einen Esel: er reitet auf ihm bis zu dem Ort, wo er sich Almosen erbitten will, läßt den Esel, wie er sich ausdrückt, auf „Gottes Grund und Boden" weiden und reitet abends auf ihm wieder nach Haus.

Nirgends dürfte die Eselreiterei so im Schwung sein wie in Ägypten. Hier sind die willigen Tiere in allen größeren Städten geradezu un=entbehrlich zur Bequemlichkeit des Lebens. Man gebraucht sie, wie man unsere Lohnkutschen verwendet, und deshalb gilt es auch durch=aus nicht für eine Schande, sich ihrer zu bedienen. Bei der Enge der Straßen jener Städte sind sie allein geeignet, die notwendigen Wege abzukürzen und zu erleichtern. Daher sieht man sie in Kairo z. B. überall in dem ununterbrochenen Menschenstrom, der sich durch die Straßen wälzt.

Die Eseltreiber Kairos bilden einen eigenen Stand, eine förmliche Kaste, sie gehören zu der Stadt wie die Minaretts und die Palmen.

Sie sind den Einheimischen wie den Fremden unentbehrlich; sie sind es, denen man jeden Tag zu danken hat, und die jeden Tag die Galle in Aufregung zu bringen wissen. „Es ist eine wahre Lust und ein wahrer Jammer", sagt der Kleinstädter in Ägypten, „mit diesen Esels=jungen umzugehen: sie sind ein Quirl von allen möglichen Eigen=schaften." Der Reisende begegnet ihnen, sobald er in Alexandrien seinen Fuß an Land setzt. Auf jedem belebten Platz stehen sie mit ihren Tieren von Sonnenauf= bis Sonnenuntergang. Die Ankunft eines Schiffes ist für sie ein Ereignis; denn es gilt jetzt, den in ihren Augen Unwissenden, bezüglich Dummen, zu erkämpfen. Der Fremde wird zunächst in drei bis vier Sprachen angeredet, und wehe ihm, wenn er englische Laute hören läßt. Sofort entsteht um den Geldmann eine Prügelei, bis der Reisende das Klügste tut, was er tun kann, nämlich auf gut Glück einen der Esel besteigt und sich von dem Jun=gen nach dem ersten besten Gasthaus schaffen läßt. So stellen sie sich zuerst dar; aber erst wenn man der arabischen Sprache kundig ist und statt des Kauderwelsches von drei bis vier durch sie gemißhandelten Sprachen in ihrer Zunge mit ihnen reden kann, lernt man sie kennen.

„Sieh, Herr", sagt der eine, „diesen Dampfwagen von einem Esel, wie ich ihn dir anbiete, und vergleiche mit ihm die übrigen, welche die anderen Knaben dir anpreisen! Sie müssen unter dir zusammenbrechen, denn es sind erbärmliche Geschöpfe, und du bist ein starker Mann! Aber der meinige! Ihm ist es eine Kleinigkeit, mit dir wie eine Gazelle davonzulaufen."

„Das ist ein Kahiriner Esel", sagt der andere; „sein Großvater war ein Gazellenbock und seine Ururgroßmutter ein wildes Pferd. Ei, du Kahiriner, lauf und bestätige dem Herrn meine Worte! Mache deinen Eltern keine Schande, geh los im Namen Gottes, meine Gazelle, meine Schwalbe!"

Der dritte sucht beide womöglich noch zu überbieten, und in diesem Ton geht es fort, bis man endlich eines der Tiere bestiegen hat. Dieses wird nun durch unnachahmliches Zucken, Schlagen oder durch Stöße, Stiche und Schläge mit dem am einen Ende zugespitzten Treibstock in Galopp gebracht, und hinterher hetzt der Knabe, rufend, schreiend, anspornend, plaudernd, seine Lungen mißhandelnd wie den Esel vor ihm. „Sieh dich vor, Herr! Dein Rücken, dein Fuß, deine rechte Seite ist gefährdet! Nimm dich in acht, deine linke Seite, deinen Kopf!

Passe auf! ein Kamel, ein Maultier, ein Esel, ein Pferd! Bewahre dein Gesicht, deine Hand! Weiche aus, Freund; laß mich und meinen Herrn vorbei! Schmähe meinen Esel nicht, du Lump; der ist mehr wert, als dein Urgroßvater war. Verzeih, Gebieter, daß du gestoßen wurdest!" Diese und hundert andere Redensarten umsurren beständig das Ohr des Reitenden. So jagt man zwischen allen den Gefahr bringenden Tieren und Reitern, zwischen Straßenkarren, lasttragenden Kamelen, Wagen und Fußgängern durch, und der Esel verliert keinen Augenblick seine Lust, seine Willfährigkeit läßt sich kaum zügeln, sondern stürmt dahin in einem höchst angenehmen Galopp, bis das Ziel erreicht ist. Kairo ist die Hohe Schule für alle Esel. Hier erst lernt man das vortreffliche Tier kennen, schätzen, achten, lieben.

Die Berner Steinbockzucht

In den zwanziger Jahren des 19. Jahrhunderts betrieb man in Bern den Plan, die dortigen Alpen wiederum mit dem dort längst verschwundenen Steinwild zu bevölkern, und zwar gedachte man dies durch einige eingeführte Steinböcke und deren mit Hausziegen erzielten Blendlingen zu erreichen. Die Versuche bewiesen aber, daß es nicht so leicht sei, wie man glaubte.

Zunächst wies man den Tieren einen Teil der Stadtwälle an, nährte sie entsprechend und erhielt auch in gewünschter Weise Nachzucht. Wie die Steinböcke selbst, vergaßen aber auch die Bastarde bald die ihnen erwiesenen Wohltaten und gaben zuletzt dem Menschen gegenüber weder Liebe noch Furcht zu erkennen.

Ein Bastardbock vergnügte sich damit, auf den Wällen die Schildwachen anzugreifen, und bekundete damit eine Beharrlichkeit, die ihn bald sehr verhaßt machte. Einmal unterbrach er die Beobachtungen des auf seiner Warte arbeitenden Sternkundigen und riß ihm den Rockärmel auf; später gefiel es ihm, an den Lustwandlungen der guten Bürger teilzunehmen und die Leute in die Flucht zu jagen; schließlich fiel es ihm ein, auf die Dächer der Gebäude zu steigen und die Ziegel zu zertrümmern. Zahlreiche Klagen wurden laut, und die

hochwohlweise Behörde sah sich genötigt, ihnen Rechnung zu tragen: der neckische Bock wurde feierlich verbannt und mit seinen Ziegen auf einem Berg bei Unterseen ausgesetzt.

Die Ziegen fanden die Höhe bald nach Wunsch, der Bock aber meinte den bewohnten Gürtel des Gebirges der Nähe der Gletscher vorziehen zu müssen. Zunächst besuchte er die Almhütten, befreundete sich hier inniger mit den Ziegen, als den Sennen lieb war, und wurde zuletzt ein so regelmäßiger und zudringlicher Gast, daß er sich nicht mehr vertreiben ließ, sondern von seinem Gehörn den ausgiebigsten Gebrauch machte. Den Sennen stieß er zu Boden, sobald dieser versuchte, sich ihm zu widersetzen, und einmal spielte er dem Mann so arg mit, daß er ihn wahrscheinlich getötet haben würde, wäre nicht die Sennerin zu Hilfe geeilt und hätte den Bock geschickt und derb beim Bart, seiner empfindlichsten und fast auch einzigen schwachen Stelle, ergriffen.

Solche Gewalttätigkeiten und Unfug anderer Art machten endlich seine Fortschaffung gebieterisch notwendig. Vier starke Männer wurden beordert, ihn weiter hinauf in das Gebirge bis auf die Höhe des Saxetentales zu bringen. Man fesselte den Wildling mit einem starken Seil; mehr als einmal aber warf er sein gesamtes Geleit zu Boden.

Nunmehr übernahm ein kräftiger Gemsenjäger die Aufsicht über die beabsichtigte Steinbockzucht. Doch auch er hatte seine liebe Not; denn der Bock schien von Dankbarkeit durchaus keinen Begriff zu haben. Einmal forderte er seinen Hüter zu einem Zweikampf heraus, den dieser wohl oder übel annehmen mußte, weil sich der Vorfall hart am Rand eines Abgrundes zutrug und der Bock die entschie=denste Lust bezeigte, seinen Herrn und Gebieter in die Tiefe zu stürzen. Eine volle Stunde lang mußte der Mann mit dem Tier ringen, bevor es ihm gelang, sich seiner zu erwehren.

Abgesehen von derartigen Rittertaten verübte der Bock auch an=derweitigen Unfug. Nach wie vor war er der Schrecken der Sennen, die er, von den Höhen bis zu den Hütten herabkommend, geradezu überfiel und mißhandelte. Nach eigenem Behagen stieg er in die Tiefe hinab, und wenn ihn der Gemsjäger von neuem glücklich zu den ihm angewiesenen Höhen emporgebracht hatte, war er gewöhnlich schnel=ler wieder unten als jener, stieß mit seinen mächtigen Hörnern die Türen der Ställe ein, in denen er Ziegen gewittert, besprang diese und verfolgte selbst die Sennerinnen in Küche und Milchkeller. Die Hoffnung, daß das Tier nach Beendigung der Brunstzeit wieder zu seiner alten Gesellschaft, die ruhig auf den höheren Alpen weidete, zurückkehren würde, erwies sich als eitel; denn wenige Tage, nach=dem er einer über ihn verhängten Haft entlassen und auf seine Höhen zurückgebracht war, erschien er plötzlich zu Wilderswyl, hinter einer Herde von Ziegen einherrennend, welche, von ihm gejagt, in voller Eile in das Dorf gelaufen kam.

Entsprechend seiner ungebändigten Urkraft hatte unser Bock bin=nen kurzem mit den Hausziegen der Alpen eine zahlreiche Nach=kommenschaft erzeugt und dieser viele von seinen Tugenden vererbt. Seine Sprößlinge liebten wie er das Erhabene, erkletterten die höch=sten Spitzen, verführten die sittsamen Hausziegen zu ähnlichen Strei=chen und verwandelten schließlich die Milch der frommen Denkungs=art der Geißen und ihrer Herren und Herrinnen in gärend Drachen=gift. Von neuem wurde die höhenbewohnende Menschheit klagbar, und eine nochmalige Versetzung des Bockes war die Folge. Man wies ihm die Grimselalp an; aber auch hier verharrte er in seinem Sinn, band mit allen Hunden, selbst den größten an und warf sie mit kühnem Schwung seines Gehörnes übermütig über seinen Kopf weg, stellte sich herausfordernd auf den Pfad der höhenklimmenden Ge=

birgswanderer und verursachte Schrecken und Entsetzen, wo und wann er sich zeigte. So sah sich endlich die Behörde genötigt, gegen ihn einzuschreiten; ein hochnotpeinliches Halsgericht wurde über ihn verhängt, und der freiheitsdurstige urkräftige Gesell vom Leben zu Tode gebracht.

Eine der Bastardziegen, die treuinnig mit ihm zusammengehalten hatte, blieb verhältnismäßig sanft und fromm bis an ihr Ende; die Nachkommen aber, die er in unrechtmäßiger Ehe mit Hausziegen erzeugt hatte, zeichneten sich bei Zunahme des Alters gleichfalls durch besondere Wildheit aus. Solange sie noch jung waren, belustig= ten sie die Sennen durch ihre mutwilligen Sprünge und Gebärden; als sie jedoch älter und kräftiger wurden, fielen sie den Eignern zur Last und wurden sämtlich geschlachtet.

So endete die Berner Steinbockzucht, ohne daß der beabsichtigte Zweck durch sie erreicht werden konnte.

Von Bock und Geiß

Der Bock hat etwas Ernstes und Würdevolles in seinem ganzen Betragen, zeichnet sich auch vor der Ziege durch entschiedene Keck= heit und größeren Mutwillen aus. „Wenn es ans Naschen oder ans Spielen und Stoßen geht", sagt Tschudi, „stellt er seine ganze Leicht= fertigkeit heraus. Ohne eigentlich im Ernst händelsüchtig zu sein, fordert er gern zum munteren Zweikampf heraus. Ein Engländer hatte sich auf der Grimsel unweit des Wirtshauses auf einem Baumstamm niedergesetzt und war über dem Lesen eingenickt. Das bemerkte ein in der Nähe umherstreifender Ziegenbock, nähert sich neugierig, hält die nickende Kopfbewegung für eine Herausforderung, stellt sich, nimmt eine Fechterstellung an, mißt die Entfernung und rennt mit gewaltigem Hörnerstoß den unglücklichen Sohn Albions an, daß er sofort fluchend am Boden liegt und die Füße in die Luft streckt. Der siegreiche Bock, fast erschrocken über diese Widerstandslosigkeit eines Britenschädels, steigt mit dem einen Vorderfuß auf den Stamm und sieht neugierig nach seinem zappelnden und schreienden Opfer."

Ich selbst erinnere mich mit Vergnügen eines sehr starken Ziegen= bockes, der ruhig wiederkäuend in einem Dorf lag. Es war die lustige Zeit des Schülerlebens, und wir übermütige Gesellen vermochten nicht das Tier unbehelligt zu lassen. Einer von uns forderte durch einen Stoß mit der flachen Hand den Bock zum Kampf heraus. Der erhob sich langsam, streckte und reckte sich, besann sich erst geraume Zeit, stellte sich sodann aber seinem Herausforderer und nahm nun= mehr die Sache viel ernsthafter, als jener gewollt hatte. Er verfolgte uns durch das ganze Dorf, entschieden mißmutig, daß wir ihm den Rücken kehrten; denn sobald sich einer nach ihm umdrehte, stellte er sich augenblicklich ernsthaft auf und nickte bedeutungsvoll mit dem Kopf. Erst nachdem er uns etwa zehn Minuten weit begleitet und zu seinem großen Bedauern gesehen hatte, daß mit solchen Feig= lingen kein ehrenhafter Strauß auszufechten, verließ er uns und trabte, grollend über die verpaßte Gelegenheit, seinen Mut zu zeigen, wieder dem Dorf zu.

Kämpfe mit dem Menschen und mit anderen Tieren sind selten ernst gemeint; es scheint dem Bock mehr darum zu tun zu sein, seine Bereitwilligkeit zum Kampf zu zeigen, als den Gegner wirklich zu gefährden.

Die Ziege hat eine natürliche Zuneigung zum Menschen, ist ehr= geizig und für Liebkosungen im höchsten Grade empfänglich. Im Hochgebirge begleitet sie den Wanderer bettelnd und sich an ihn schmiegend oft halbe Stunden weit, und denjenigen, der ihr einmal etwas reichte, vergißt sie nicht und begrüßt ihn freudig, sobald er sich wieder zeigt. Weiß eine, daß sie gut steht bei ihrem Herrn, so zeigt sie sich eifersüchtig wie ein verwöhnter Hund und stößt auf die andere los, wenn der Gebieter diese ihr vorzieht. Klug und ver= ständig wie sie ist, merkt sie es wohl, ob der Mensch ihr ein Unrecht zugefügt oder sie in aller Form Rechtens bestraft hat. Geschulte Ziegenböcke ziehen die Knaben bereitwillig und gern, selbst stunden= lang, widersetzen sich aber der Arbeit aufs entschiedenste, sobald sie gequält oder unnötigerweise geneckt werden.

Ja, der Verstand dieser vortrefflichen Tiere geht noch weiter: ich kenne Ziegen, welche die menschliche Sprache verstehen. Daß ab= gerichtete Ziegen auf Befehl die verschiedensten Dinge ausrichten, ist bekannt, daß sie aber sozusagen sprechende Antworten auf vor= gelegte Fragen geben, ohne irgendwie abgerichtet zu sein, kann ich nach eigener Erfahrung versichern. Meine Mutter hält Ziegen und achtet sie hoch, ist deshalb auch um ihre Pflege sehr besorgt. Sie kann sofort erfahren, ob ihre Pfleglinge sich befriedigt fühlen oder nicht; denn sie braucht nur zum Fenster heraus zu fragen, so erhält sie die richtige Antwort. Vernehmen die Ziegen die Stimme ihrer Gebieterin und fühlen sie sich irgendwie vernachlässigt, so schreien sie laut auf, im entgegengesetzten Fall schweigen sie still. Genau so

In Gegenden, wo nicht gejagt wird, sind diese Kaffernbüffel recht fried= lich und wenig gefährlich. Dieses Bild stammt aus Kenia, Ostafrika.

benehmen sie sich, falls sie unrechtmäßigerweise gezüchtigt wurden. Wenn sie einmal in den Garten geraten und dort mit ein paar Peit= schenhieben von den Blumenbeeten oder Obstbäumen weggetrieben werden, vernimmt man keinen Laut von ihnen; wenn aber die Magd im Stall ihnen einen Schlag gibt, schreien sie jämmerlich.

Auf den Hochgebirgen Spaniens wendet man die Ziegen, ihrer großen Klugheit wegen, als Leittiere der Schafherden an. Die edleren Schafrassen werden dort während des ganzen Sommers auf den Hochgebirgen, im Süden oft in Höhen zwischen 2000 bis 3000 m über dem Meer geweidet. Hier können die Hirten ohne die Ziegen gar nicht bestehen; allein sie betrachten die ihnen so nützlichen Tiere doch nur als notwendiges Übel.

„Glauben Sie mir, Señor", sagte mir ein gesprächiger Andalusier auf der Sierra Nevada, „über meine beiden Leitziegen könnte ich mich totärgern! Sie tun sicherlich niemals das, was ich will, sondern regelmäßig das gerade Gegenteil, und ich muß sie gewähren lassen. Sie dürfen überzeugt sein, daß ich heute nicht hier weiden wollte, wo Sie mich gefunden haben; aber meine Ziegen wollten hier weiden, und ich mußte folgen. Nicht einmal mein Hund kann mit ihnen fertig werden. Wollte ich sie hetzen, sie führte meine ganze Herde in das Verderben. Da sehen Sie selbst!" Bei diesen Worten zeigte der gute Mann auf die beiden bösen Lockbuben der frommen, dummen Schafe, welche soeben eine der gefährlichsten Felsenklippen erstiegen hatten und der Herde freundlich zumeckerten, zu diesem Punkt, der sicher= lich eine schöne Aussicht versprach, aufzusteigen. Der Hund wurde abgesandt, um die Störrischen herabzuholen; doch dies war keine so leichte Aufgabe. Zuerst zogen sich die beiden Böcke auf die höch= ste Spitze des Grates zurück, und der Hund gab sich vergebliche Mühe, da hinauf ihnen nachzuklettern. Er rutschte beständig von

Krokodileier werden von der Sonne im Sand ausgebrütet. Die aus= schlüpfenden Krokodiljungen müssen gleich selbständig auf Nah= rungssuche gehen.

den glatten Felsen herab; sein Eifer wurde dadurch aber nur an=
gespornt, und weiter und weiter kletterte er empor. Niesend be=
grüßten ihn die Ziegen, bellend antwortete der Hund, dessen Zorn
sich mehr und mehr steigerte. Endlich glaubte er die Frevler erreicht
zu haben; aber nein — sie setzten mit einem ebenso zierlichen als
geschickten Sprung über ihn weg und standen zwei Minuten später
auf einem anderen Felszacken, dort das alte Spiel von neuem begin=
nend. Die Schafherde hatte sich mittlerweile so vollständig in die
Felsen eingewirrt und lief mit solcher Todesverachtung auf den
schmalen Stegen dahin, daß dem Hirten und auch mir vom bloßen
Zusehen bang wurde. Ängstlich rief jener den Hund zurück, und
befriedigt nahmen die Ziegen dies wahr. Augenblicklich stellten sie
sich wieder als Leiter der Herde auf und führten diese nach Verlauf
einer reichlichen halben Stunde, ohne eins der teuren Häupter zu
gefährden, aus dem Felsenwirrsal glücklich heraus. Ich war entzückt
von dem unterhaltenden Lustspiel.

Schafsköpfe

Das Schaf bekundet eine geistige Beschränktheit, wie sie sonst bei
keinem Haustier vorkommt. Es begreift und lernt nichts, weiß sich
deshalb auch allein nicht zu helfen. Nähme es der eigennützige
Mensch nicht unter seinen ganz besonderen Schutz, es würde in
kürzester Zeit aufhören zu sein. Seine Furchtsamkeit ist lächerlich,
seine Feigheit erbärmlich. Jedes unbekannte Geräusch macht die ganze
Herde stutzig, Blitz und Donner und Sturm und Unwetter überhaupt
bringen sie gänzlich außer Fassung und vereiteln nicht selten die
größten Anstrengungen des Menschen.

In den Steppen Rußlands und Asiens haben die Hirten oft viel zu
leiden. Bei Schneegestöber und Sturm zertrennen sich die Herden,
rennen wie unsinnig in die Steppe hinaus, stürzen sich ins Gewässer,
selbst in das Meer, bleiben dumm an ein und derselben Stelle stehen,
lassen sich widerstandslos einschneien und erfrieren, ohne daß sie
daran dächten, irgendwie vor dem Wetter sich zu sichern oder auch
nur nach Nahrung umherzuspähen. Zuweilen gehen Tausende an

einem Tag zugrunde. Auch in Rußland benutzt man die Ziege, um die Schafe zu führen; allein selbst sie ist nicht immer imstande, dem dummen Vieh die nötige Leitung angedeihen zu lassen. Ein alter Hirt schildert die Not, welche Schneestürme über Hirten und Herden bringen, mit lebendigen Worten:

„Wir weideten zu sieben in der Steppe von Otschakom an 2000 Schafe und 150 Ziegen. Es war zum ersten Male, daß wir austrieben, im März; das Wetter war freundlich, und es gab schon frisches Gras. Gegen Abend fing es an zu regnen, und es erhob sich ein kalter Wind. Bald verwandelte sich der Regen in Schnee: es wurde kälter, unsere Kleider starrten, und einige Stunden nach Sonnenuntergang stürmte und brauste der Wind aus Nordosten, so daß uns Hören und Sehen verging. Wir befanden uns nur in geringer Entfernung von Stall und Wohnung und versuchten die Behausung zu erreichen. Der Wind hatte indessen die Schafe in Bewegung gesetzt und trieb sie immer mehr von der Wohnung ab. Wir wollten nun die Geißböcke, denen die Herde zu folgen gewohnt ist, zum Wenden bringen; aber so mutig die Tiere bei anderen Ereignissen sind, so sehr fürchteten sie die kalten Stürme. Wir rannten auf und ab, schlugen und trieben zurück und stemmten uns gegen Sturm und Herde; aber die Schafe drängten aufeinander, und der Knäuel wälzte sich unaufhaltsam während der ganzen Nacht weiter und weiter fort. Als der Morgen kam, sahen wir nichts als rund um uns her lauter Schnee und finstere Sturmwüste.

Am Tag blies der Sturm nicht minder wütend, und die Herde ging fast noch rascher vorwärts als in der Nacht, während welcher sie von der dichten Finsternis noch mitunter gehemmt wurde. Wir überließen uns unserem Schicksal; es ging im Geschwindschritt fort, wir selber voran, das Schafgetrappel blökend und schreiend, die Ochsen mit dem Vorratswagen im Trab und die Rotte unserer Hunde heulend hinterdrein. Die Ziegen verschwanden uns noch an diesem Tag; überall war unser Weg mit dem tot zurückbleibenden Vieh bestreut. Gegen Abend ging es etwas gemacher; denn die Schafe wurden vom Hunger und Laufen matter. Allein leider sanken auch uns zugleich die Kräfte. Zwei von uns erklärten sich krank und ver= krochen sich im Wagen unter die Pelze. Es wurde Nacht, und wir entdeckten immer noch nirgends ein rettendes Gehöft oder Dorf.

In dieser Nacht erging es uns noch schlimmer als in der vorigen, und da wir wußten, daß der Sturm uns gerade auf die schroffe Küste des Meeres zutrieb, so erwarteten wir alle Augenblicke, mitsamt unserem dummen Vieh ins Meer hinabzustürzen. Es erkrankte noch einer von unseren Leuten.

Als es Tag wurde, sahen wir einige Häuser uns zur Seite aus dem Schneenebel hervorblicken. Allein obgleich sie uns ganz nahe, höchstens dreißig Schritte vom äußersten Flügel unserer Herde entfernt waren, so kehrten sich doch unsere dummen Tiere an gar nichts und hielten immer den ihnen vom Wind vorgezeichneten Strich. Mit den Schafen ringend, verloren wir endlich selber die Gelegenheit, zu den Häusern zu gelangen, so vollständig waren wir in der Gewalt des wütenden Sturmes. Wir sahen die Häuser verschwinden und wären, so nahe der Rettung, doch noch verloren gewesen, wenn nicht das Geheul unserer Hunde die Leute aufmerksam gemacht hätte. Es waren deutsche Ansiedler, und der, welcher unsere Not entdeckte, schlug sogleich bei seinem Nachbarn und Knechten Lärm. Diese warfen sich nun, fünfzehn Mann an der Zahl, mit frischer Gewalt unseren Schafen entgegen und zogen und schleppten sie, uns und unsere Kranken allmählich in ihre Häuser und Höfe.

Unterwegs waren uns alle unsere Ziegen und fünfhundert Schafe verlorengegangen. Aber in dem Gehöft gingen uns noch viele zugrunde; denn so wie die Tiere den Schutz gewahrten, den ihnen die Häuser und Strohhaufen gewährten, krochen sie mit wahnsinniger Wut zusammen, drängten, drückten und klebten sich in erstickenden Haufen aneinander, als wenn der Sturmteufel noch hinter ihnen säße. Wir selber dankten Gott und den guten Deutschen für unsere Rettung; denn kaum eine Viertelstunde hinter dem gastfreundlichen Haus ging es zwanzig Klafter tief zum Meer hinab."

Ganz ähnlich benehmen sich bei uns zu Lande die Schafe während heftiger Gewitter, bei Hochwasser oder bei Feuersbrünsten. Beim Gewitter drängen sie sich dicht zusammen und sind nicht von der Stelle zu bringen. „Schlägt der Blitzt in den Haufen", sagt Lenz, „so werden gleich viele getötet; bricht Feuer im Stall aus, so laufen die Schafe nicht hinaus, sondern rennen wohl gar ins Feuer. Ich habe einmal einen großen abgebrannten Stall voll von gebratenen Schafen gesehen; man hatte trotz aller Mühe nur wenige mit Gewalt retten können. Vor einigen Jahren erstickte fast eine ganze Herde, weil zwei Jagdhunde in den Stall sprangen und sie in solche Angst versetzten, daß sie sich übermäßig zusammendrängten. Eine ganze Herde wurde durch den Hund eines Vorübergehenden so auseinandergejagt und zerstreut, daß viele im Wald verlorengingen.

Diese Geschichten genügen, um das Wesen des Schafes zu kennzeichnen.

Stierhatz und Stierkampf in Spanien

In den meisten Ländern Europas ist das Rindvieh ein trauriger Sklave des Menschen; in Spanien dagegen kommt zwar nicht das Rind, aber der Stier zur Geltung. Er genießt hier eine Achtung, wie sie einem indischen Zebu zuteil werden mag; er kann sich zum Helden des Tages emporschwingen und unter Umständen weit mehr Teilnahme erregen, als alles übrige, was den Spanier näher angeht. Dieser hat für die Schönheit eines Stieres ein besonderes Auge; er prüft und schätzt ihn wie bei uns ein Kundiger ein edles Pferd oder einen guten Hund. Nicht einmal an einem frommen Zugstier geht er gleichgültig vorüber; gegen ein vielversprechendes Kalb zeigt er sich sogar zärtlich. Dies hat seinen Grund darin, daß die Spanier leidenschaftliche Freunde von Schauspielen sind, wie sie ähnlich die alten Römer aufführten, und daß man jeden Stier daraufhin ansieht, ob und wieviel er wohl bei einer Stierhatz oder einem Stiergefecht zu leisten vermöge.

Die Stierhatzen sind Vergnügungen, die einen Sonntagnachmittag in erwünschter Weise ausfüllen und der Menge erlauben, tätig mit einzugreifen; bei den Stiergefechten kämpfen geübte Leute, die Toreros, falls nicht junge vornehme Nichtstuer als besonderen Beweis ihrer Gesittung ein solches Schauspiel veranstalten, d. h. das Amt der Stierkämpfer übernehmen.

Die Stierhatzen werden auf den Märkten der Städte abgehalten. Alle nach dem Platz führenden Straßen sind durch feste Holzplanken abgesperrt. Einer dieser Abschlüsse dient als Eingang, und hier entrichtet jeder Eintretende das Eintrittsgeld. Ein Kaufmann in Jàvita de San Felipe hatte uns gelegentlich einer Stierhatz zu sich eingeladen, weil wir von seinem Haus aus den ganzen Marktplatz übersehen konnten. Wir genossen ein sehr eigentümliches Schauspiel. Die Haus=türen waren geschlossen, alle Erker aber geöffnet und gedrängt voll Menschen; insbesondere die Frauen nahmen den lebhaftesten Anteil.

In der Mitte des Marktes erhob sich ein Gerüst für die Musik, die um so lauter spielte, je toller der Lärm wurde. Der ganze Markt war voll von Menschen. Ich konnte mir gar nicht erklären, wo sie hergekommen und wohin sie sich zurückziehen wollten, wenn der Held des Tages auf dem Platz erscheinen würde. Man sah wohl einige Gerüste aufgeschlagen; aber diese konnten doch unmöglich die Menschenmenge fassen, die jetzt auf dem Markt umherwogte. Und doch war es nicht anders. Einige Schläge an die Tür des Ge=höftes, in dem sich die Stiere befanden, benachrichtigten von dem baldigen Erscheinen des vierfüßigen Schauspielers. Augenblicklich stob die Masse auseinander. Alle Gerüste, oder vielmehr die Pfahl= und Bretterverbindungen waren im Nu bis oben hinauf mit Menschen besetzt. Wie Affen hockten die Leute übereinander. Unten auf der Erde, unter den Gerüsten, lag die liebe Jugend auf dem Bauch. An manchen Häusern waren andere Vorrichtungen getroffen worden, um geschützte Plätze gegen den herannahenden Ochsen zu erhalten. Man hatte drei bis fünf starke Stäbe oder Balken in Seile ein=gebunden und letztere an den Erkern befestigt. Die Bohlen waren so schmal, daß eben nur ein Fuß darauf Platz fand, genügten aber, wie ich bald sah, vollständig zum Ausweichen. Von oben herab hingen so viele Leinen, als möglicherweise Leute auf diesen Schiefer=deckergerüsten Platz finden konnten. Die Leinen waren von Fuß zu Fuß Entfernung in Knoten geschlungen und dienten zum rascheren und sicheren Erklettern des Gerüstes sowie zum Sichfesthalten da oben. Andere Zuschauer hatten auf den Bänken, die man hier und da in den Haustüren sieht, Platz genommen, andere standen in den Türen, immer bereit, sie augenblicks zu schließen, wieder andere hatten die Tore mittels schwerer Tafeln befestigt. An dem Gerüst, auf dem die Musikbande thronte, hingen noch außerdem über hun=dert Menschen, und es brach deshalb später auch zusammen.

Jetzt öffneten sich die Flügeltüren des Gehöftes. Der Gegenstand der allgemeinen Verehrung und Unterhaltung, ein zünftiger Stier, stürmte heraus. Augenblicklich saßen alle Menschen auf ihren schwebenden Gerüsten. Die achtbare Versammlung begrüßte den herausgetretenen Stier mit endlosem Gebrüll. Verwundert sah dieser sich um. Die bunte Menschenmenge, der ungewohnte Lärm machten ihn stutzig. Er stampfte mit dem Fuß und schüttelte das Haupt, die gewaltigen Hörner zu zeigen, bewegte sich aber nicht von der Stelle. Das verdroß die Leute natürlich. Die Frauen schimpften und schwenkten ihre Tücher, nannten entrüstet den Stier ein erbärmliches Weib, eine elende Kuh; die Männer gebrauchten noch ganz andere Kraftworte und beschlossen endlich, den faulen Gesellen in Trab zu setzen. Zuerst sollten Mißklänge aller Art ihn aus seiner Ruhe schrecken. Man war erfindungsreich im Hervorbringen eines wahrhaft entsetzlichen Lärms, pfiff auf wenigstens zwanzigfach verschiedene Weise, schrie, kreischte, klatschte in die Hände, schlug mit Stöcken auf den Boden, an die Wände, an die Türen, zischte, als ob Schwärmer in Brand gesetzt würden; man schwenkte Tücher, schwenkte von neuem; der Stier war viel zu sehr verwundert und stand nach wie vor unbeweglich. Ich fand dies ganz natürlich. Sein Fassungsvermögen war eben schwach, und wenn es auch sonst bei derartigen Geistern gewöhnlich nicht lange dauert, um zu begreifen, daß man selbst als Rindvieh der Held des Tages sein kann, schien unser Stier doch nicht in die ihm gewidmeten Ehrenbezeigungen sich finden zu können. Zudem war die Lage des guten Tieres wirklich ungemütlich. Überall Menschen, von denen man nicht wissen konnte, ob sie verrückt oder bei Verstand waren, und aus diesem allgemeinen Irrenhause keinen Ausweg: das mußte selbst einen Stier zum Nachdenken bringen. Aber solches Nachdenken sollte gestört werden. Spaniens edles Volk wollte mit dem Vieh sich unterhalten, verbrüdern. Man griff deshalb zu anderen Mitteln, um den erstaunten Stier zu stören. Langsam öffnete sich eine Tür; ein langes, am vorderen Ende mit spitzen Stacheln bewehrtes Rohr wurde sichtbar; weit schob es sich heraus, endlich erschien auch der Mann, der es am anderen Ende festhielt. Bedächtig richtete und lenkte er besagtes Rohr: ein furchtbarer Stoß nach dem Hinterteil des Ochsen wurde vorbereitet und ausgeführt, gelang auch, doch ohne die erhoffte Wirkung. „Toro" hatte den Stoß für einen Mückenstich gehalten. Er schlug zwar wütend

nach hinten aus, das stechlustige Kerbtier zu vertreiben, blieb aber stehen. Neue Mittel ersann man; sogar das Parallelogramm der Kräfte wurde in Anwendung gebracht: von zwei Seiten zielte und stieß man zu gleicher Zeit nach dem Hinterteil des Stieres. Das trieb ihn endlich einige Schritte vorwärts. Jetzt brachten Stachelbolzen, welche man aus Blasröhren nach seinem Fell sandte, ihm zugeworfene Hüte, vorgehaltene Tücher und das bis zum äußersten gesteigerte Brüllen die gewünschte Wirkung hervor. Todesmutig, zitternd vor Wut, stürmte das Tier an einer Seite des Marktplatzes hinauf und fegte sie gründlich rein — aber nur für einen Augenblick; denn kaum war der Stier vorüber, so war auch die Menge wieder von ihren schwe= benden Sitzen herunter und rannte ihrem Liebling nach.

Man benahm sich nicht bloß dreist, sondern wirklich frech. Wenn der Stier längs der Häuser dahintobte, faßten ihn einige der ver= wegensten Gesellen auf Augenblicke an den Hörnern, traten ihn andere von oben herab mit Füßen, stellten sich andere auf kaum mehr als zehn Schritte vor ihn hin und reizten ihn auf alle denkbare Weise, waren aber, wenn der Stier auf sie losstürzte, immer noch geschwind genug, eines der Gerüste zu erklettern. Die meisten be= wiesen Mut, einige aber waren doch recht feig. Sie stachen durch kleine Löcher in den Haustüren hindurch oder machten nur Lärm, wie ein Mann, der unsere Verachtung auf sich zog, weil er bloß die Tür öffnete, mit der Hand oder dem Stocke daranschlug, sie aber, sowie der Stier die geringste Bewegung machte, schleunigst wieder verschloß. Während der Hatzen lernte ich einsehen, wie genau die Spanier ihren guten Freund kannten. So waren die untersten Planken, auf denen die Leute standen, kaum mehr als anderthalb Meter über den Boden erhöht, der Stier konnte sie also ganz bequem mit seinen Hörnern leer machen: er kam aber nie dazu; denn kurz vor seine Ankunft faßten die auf solchen Planken Stehenden mit ihren Händen höhere Teile des Gerüstes, zogen die Beine an und erhielten sich so lange in der Schwebe, bis das wütende Tier vorübergestürmt war.

Um zum Schluß zu kommen: Sechs Stiere wurden durch Menschen und Hunde so lange auf dem Markt herumgehetzt, bis sie wütend und später müde wurden. Dann war es für sie stets eine Erlösung aus allem Übel, wenn der zahme Leitochse erschien, dem die Pflicht oblag, sie in ihre Ställe zurückzubringen. Dieses Mal ging die Hatz ohne Unfall vorüber, obgleich man wiederholt solchen fürchten mußte, namentlich als das erwähnte Gerüst zusammenbrach. Im ungünstigsten Augenblick darf nur ein einziges Brett an den Gerüsten brechen, und ein Unglück ist vollendet. Bei einer der letzten Hatzen hatten zwei Menschen das Leben verloren. So etwas aber stört die Spanier keineswegs; selbst die Polizei tut nichts, um so ein trauriges Zwischenspiel — denn die Stierhatz wird nicht unterbrochen, wenn ein paar Menschen dabei umkommen — zu verhüten. Hier begnügte sie sich, die auf wirklich unverantwortlich tollkühne Weise aufgestellten Leute weniger gefahrvollen Plätzen zuzutreiben; im übrigen wirkte sie selbst tätig mit.

Solche Hatzen sind einfache Sonntagsvergnügen der Spanier, die Stiergefechte dagegen außerordentliche Feste, man darf wohl sagen, die größten des Jahres. In Madrid und Sevilla werden während der heißen Sommermonate bei gutem Wetter jeden Sonntag Stiergefechte aufgeführt, in den übrigen Städten des Landes nur einmal im Jahr, dann aber gewöhnlich drei Tage lang nacheinander. Der Reisende, der sich längere Zeit in Spanien aufhält, kann solchem Schauspiel nicht entgehen. Ich beschreibe ein Stiergefecht, dem ich in Murcia beiwohnte.

Schon in den ersten Nachmittagsstunden des festlichen Sonntags drängten sich die Menschen in den Straßen. Überfüllte Wagen aller

Art kreuzten sich mit leeren, die vom Platz zurückkehrten, um neue Schaulustige herbeizuführen. Am Eingang des Schauplatzes wogte die bunte Menge unter Fluchen und Toben durcheinander, obgleich die Türen bereits seit mehreren Stunden geöffnet waren und die ärmeren Stadtbewohner sowie die Landleute schon seit Mittag ihre Plätze gewählt und besetzt hatten. Fünf Stunden lang mußten diese Erstlinge die furchtbare Sonnenglut aushalten, um dann während der Vorstellung Schatten zu haben, ertrugen jedoch alles gern, nur um das erhabene Schauspiel in Ruhe genießen zu können. Der An= blick des Amphitheaters war überraschend. Die Menschenmenge ver= schmolz zu einem bunten Ganzen, aus dem nur die roten Binden der Männer der Fruchtebene und die lebhaft gefärbten Halstücher der Frauen hervorstachen. Einige junge Leute schwenkten rote Fahnen mit darauf gestickten Stierköpfen und anderen passenden, d. h. auf das Rindvieh bezüglichen Sinnbildern des Festes; viele waren mit Sprachrohren versehen, um den wüsten Lärm noch vermehren, das Gekreisch und Gebrüll vervollständigen zu können.

Unsere anfangs noch den Sonnenstrahlen ausgesetzten Plätze be= fanden sich hart an der zum Stierzwinger führenden Tür. Links vor uns hatten wir die Pforte, durch welche die Kämpfer hereintreten und die getöteten Tiere hinausgeschafft werden, rechts über uns war der Schausitz der Obrigkeit, dicht vor uns, bloß durch eine Planke getrennt, der Kampfplatz. Dieser mochte ungefähr 60 oder 80 Schritte im Durchmesser halten und war ziemlich geebnet, jetzt aber voller Pfirsichkerne und anderer Fruchtreste, die man von oben herab= geworfen hatte und beständig noch herabwarf. Die Planke, die anderthalb Meter hoch sein mochte, hatte an der inneren Seite in einer Höhe von einem halben Meter ziemlich breite Leisten, dazu bestimmt, den vor dem Stier fliehenden Kämpfern beim Überspringen Unterstützung zu gewähren. Zwischen dieser Umhegung und den Schauplätzen war ein schmaler Gang für die Toreros leer gelassen worden; hierauf folgten, „in weiten, stets geschweiften Bogen" die für die Menge bestimmten Bänke, etwa 20 oder 30 an der Zahl, auf diese Sitzreihen die gesperrten Plätze und auf sie endlich die Logen= reihen, in denen man die Frauen der Stadt im höchsten Putz sehen konnte, und auf deren Dächern noch Hunderte von Menschen, den Regenschirm gegen die Sonnenstrahlen aufgespannt, erwartend stan=

den, wahrscheinlich, weil sie unten keine Sitze gefunden hatten. Erst beim Anblick dieser Menschenmenge wurde es glaublich, daß eine Arena 12000—20000 Menschen fassen kann.

Mit dem Schlag der bestimmten Stunde erschien der Alkade in seiner reichverzierten, mit dem Wappen der Stadt geschmückten Loge. Die großen Tore öffneten sich, und die Toreros traten herein. Vor ihnen her ritt ein Alguazil in seiner uralten Amtstracht; auf ihn folgten die Espadas, Bandarilleros und Cacheteros, hierauf die Pika= dores und zuletzt ein Gespann mit drei reichgeschmückten Maul= tieren. Die Fechter trugen enge, überreich gestickte Kleider und dar= über rote, mit Goldschmuck überladene Sammetmäntel; die kurze Jacke war förmlich mit Gold und Silber überdeckt, weil man nicht allein die Schultergegend mit dicken Goldtroddeln verziert, sondern auch dicke Silberplatten, welche Edelsteine umfaßten, darauf geheftet hatte. Die schwarzen Käppchen, die aller Köpfe bedeckten, waren aus dickem Wollzeug eigentümlich gewebt; die Bekleidung der Füße bestand aus leichten Schuhen mit silbernen Schnallen. Die Banda= rilleros trugen anstatt der Mäntel buntfarbige wollene Tücher über dem Arm. Ganz abweichend waren die Pikadores gekleidet. Nur die Jacken waren ebenso kostbar gestickt wie bei den übrigen; die Beinkleider aber bestanden aus dickem Leder und waren über schwere, eiserne Schienen gezogen, welche die Unterschenkel und die Füße sowie den rechten Oberschenkel umhüllten; auf dem Haupt saßen breitkrempige, mit buntfarbigen Bandrosen verzierte Filzhüte. Diese Leute ritten erbärmliche Klepper, altersschwache Pferde, die sie mit einem wirklich furchtbaren Sporn am linken Fuße antrieben, und saßen in Sätteln mit hohen Rückenlehnen und überaus schweren, wie grobe Holzschuhe gestalteten eisernen Steigbügeln. Alle Fechter tru= gen dünne Haarzöpfe von größerer oder geringerer Länge.

Der Zug der hereingetretenen Männer bewegte sich nach der Loge des Alkaden, verbeugte sich vor diesem und grüßte sodann die schauende Menge. Hierauf rief der Alguazil einige Worte, die aber von ungeheurem Gebrüll der Zuschauer vollkommen verschlungen wurden, zum Mann des Gesetzes hinauf, um sich dessen Geneh= migung zum Beginn der Vorstellung zu erbitten. Der Alkalde erhob sich und warf dem Alguazil den Schlüssel zum Stierzwinger zu. Dieser fing ihn auf, ritt zu der Tür des Zwingers und gab ihn einem dort stehenden Diener, der die Tür aufschloß, aber nicht öffnete. Die Espados warfen ihre Mäntel ab, hingen sie an der Umplankung auf, ordneten ihre Degen und nahmen, wie die Banderilleros, bunte Tücher zur Hand; die Pikadores ritten zu einem besonderen Beamten, der Quäl= und Schlachtwerkzeuge bewahrte, und erbaten sich von diesem Lanzen, 3—4 m lange, runde, etwa 4 cm im Durchmesser haltende Stangen, an deren einem Ende eine kurze, dreischneidige, sehr scharfe Spitze befestigt ist, aber nur soweit hervortritt, als sie in das Fleisch des Stieres eindringen soll. Nachdem sie ihre Waffen empfangen hatten, waren alle zum Beginn des Gefechtes nötigen Vorbereitungen beendet.

Es läßt sich nicht verkennen, daß bis jetzt das Schauspiel etwas Großartiges und teilweise auch Anziehendes hatte; von jetzt an aber sollte es anders kommen. Bisher hatte man es noch mit Menschen zu tun gehabt; von nun an aber trat das Vieh in seine Rechte.

Man öffnete die Tür des Stalles, um dem eingepferchten Stier einen Ausweg zu verschaffen. Der Stier war vorher regelrecht in Wut ver= setzt worden. Der Stierzwinger ist ein breiter Gang mit mehreren kleinen, gemauerten oder aus Holz bestehenden Kämmerchen, in die je ein Stier getrieben wird, oft mit großer Gefahr und Mühe, haupt= sächlich durch Hilfe der zahmen Ochsen, die gegen ihre wilden Brüder ähnlich verfahren wie die zahmen Elefanten gegen die frisch gefangenen. In seinem Kämmerchen nun wird der zum Kampf be= stimmte Stier erst stundenlang mit einem Stachelstock gepeinigt oder, wie der Spanier sagt, „gestraft". Die Spitzen sind nadelfein, so daß sie wohl durch die Haut dringen und Qualen verursachen, aber kaum Blutverlust hervorrufen. Man kann sich denken, wie sehr sich die Wut des gefangenen Tieres, das sich nicht einmal in seinem Kämmerchen umdrehen kann, steigert und mit welchem Grimm es ins Freie stürzt, sobald ihm dazu Gelegenheit sich bietet.

Sofort nach dem Öffnen des Zwingers erschien der erste der Ver= dammten.

> „Ein Sohn der Hölle schwarz und wild,
> Unbänd'ger Kraft ein schaurig Bild;
> Dumpf drang aus seiner Brust die Stimme,
> Er schnaubte wild im Rachegrimme."

Um ihn noch mehr in Wut zu versetzen, hatte man ihm eine
Minute vorher die sog. „Devise", eine große buntfarbige Bandrose,
mittels einer eisernen Nadel mit Widerhaken durch Haut und Fleisch
gestochen und damit die vorhergehenden Qualen würdig beschlossen.
Beim Heraustreten stutzte er einen Augenblick, nahm sodann sofort
einen der Banderilleros an und stürzte gesenkten Hauptes auf diesen
los. Der Fechter empfing ihn mit der größten Ruhe, hielt ihm das
Bunttuch vor und zog sich dann gewandt zurück, um ihn einem der
Pikadores zuzuführen. Diese saßen mit vorgehaltenen Lanzen un=
beweglich auf ihren Pferden, denen sie, weil sie die wütenden Stiere
immer von der rechten Seite auflaufen ließen, das rechte Auge ver=
bunden hatten, oder ritten den Stieren höchstens einige Schritte ent=
gegen, um sie dadurch zum Angriff zu reizen. Ihre Aufgabe war es,
den Stier von den Pferden abzuhalten; allein die armen, alters=
schwachen, dem Tode geweihten Mähren besaßen selten genug
Widerstandsfähigkeit, um dem Stoß des Pikadors den erforderlichen
Nachdruck zu verleihen, und wurden deshalb regelmäßig das Opfer
des anstürmenden Feindes.

Wenn der Stier vor einem Reiter angekommen war, blieb er eine
Zeitlang unbeweglich stehen, stampfte mit den Vorderfüßen den
Boden und schleuderte den Sand hinter sich, schlug mit dem Schweif,
rollte die Augen, senkte plötzlich den Kopf und rannte auf das
Pferd los, dabei aber mit seiner vollen Kraft in die vorgehaltene
Lanze, die der Pikador nach seinem Nacken gerichtet hatte. Pferd
und Reiter wurden durch den Stoß des Tieres zurückgeschleudert,
beide aber blieben diesmal unversehrt. Brüllend vor Schmerz und
Wut zog sich der Angreifer zurück und schüttelte den blutigen, von

der Pike weit aufgerissenen Nacken. Dann stürzte er sich von neuem auf die vor ihm hergaukelnden Fußfechter, deren Mäntel ihn in immer größere Wut versetzten, oder auf einen anderen Pikador. Beim zweiten Anlauf gelang es ihm fast immer, bis zu dem Pferd vorzudringen, und dann bohrte er im selben Augenblick die spitzigen Hörner tief in den Leib des letzteren. Glücklich für das gefolterte Tier, wenn der erste Stoß in die Brust gedrungen und tödlich war; wehe ihm, wenn er nur eine klaffende Wunde in das Bein oder in den Unterleib erhalten hatte! Wenn auch ein Stier dem Pferd den Unterleib aufgeschlitzt hatte und die Gedärme herausquollen oder selbst auf der Erde nachschleppten, so daß das gepeinigte edle Geschöpf mit seinen eigenen Hufen auf ihnen herumtrat: seine Marter war dann noch nicht beendigt. Die Pikadores schleppten sich schwerfällig bis zur Umplankung und erschienen nach einiger Zeit auf einem neuen Pferd wiederum auf dem Kampfplatz. Wenn die gefallenen Pferde noch etwas Leben zeigten, wurden sie geschlagen und gemartert, in der Absicht, sie nach dem gemeinschaftlichen Totenbett zu schaffen. Dort wurden ihnen, während die Banderilleros den Stier auf einer anderen Seite beschäftigten, die Sättel abgerissen, und wenn es anging, schlug, stieß, schob und zog man sie von neuem, um sie von dem Platz zu bringen; denn nur ein tot zusammengestürztes oder wenigstens schon mehr als halbtotes Pferd ließ man ruhig auf der Walstatt liegen.

Bei jedem gut abgewiesenen Anlauf des Stiers spendeten die Zuschauer dem Pikador, bei jeder Verwundung, welche ein Pferd erhielt, dem Stier Beifall. Stimmen der empörendsten Gefühllosigkeit wurden laut: „Geh, Pferd, nach dem Krankenhaus, laß dich dort heilen! Sieh, Pferdchen, welch einen Stier du vor dir hast! Weißt du jetzt, mit wem du es zu tun hattest?" Solche und ähnliche Worte vernahm man, und rohes Gelächter begleitete solche Ausrufe. Je tiefer die Verwundung eines Pferdes war, um so stürmischer erbrauste der Beifall des Volkes; mit wahrer Begeisterung aber begrüßte man die Niederlage eines Pikadors. Während des ganzen Gefechtes geschah es mehrere Male, daß einer dieser Leute samt seinem Pferd von dem Stier zu Boden geworfen wurde. Einer derselben stürzte mit dem Hinterkopf gegen die Holzwand, daß er für tot vom Platz getragen wurde, kam aber mit einer Ohnmacht und einer leichten

Schramme über dem Auge davon. Ein zweiter erhielt eine bedeutende Verrenkung des Armes und wurde dadurch für die nächste Zeit kampfunfähig. Den ersteren würde der Stier ebenso wie sein Pferd getötet haben, hätten die Fußfechter nicht die Aufmerksamkeit des gereizten Tieres durch ihre Tücher auf sich gelenkt und es dadurch von jenem abgezogen.

So dauerte der erste Gang des Gefechtes ungefähr 15 Minuten oder länger, je nach der Güte, d. h. je nach der Wut des Stieres. Je mehr Pferde er tötete oder tödlich verwundete, um so mehr achtete man ihn. Die Pikadores kamen oft in Gefahr, wurden aber immer durch die Fußfechter von dem Stier befreit; diese selbst ent= flohen im Notfall durch rasches Überspringen der Umplankung. Ihre Gewandtheit war bewunderungswürdig, ihre Tollkühnheit überstieg allen Glauben. Der eine Fechter faßte den Stier beim Schwanz und drehte sich mit ihm mehrere Male herum, ohne daß das hierdurch in Raserei versetzte Tier ihm etwas anhaben konnte. Andere warfen, wenn der Stier sie schon fast mit den Hörnern erreicht hatte, ihm noch geschwind das Tuch über die Augen und gewannen so immer noch Zeit zum Entfliehen.

Nachdem der Stier genug Pikenstöße empfangen hatte, gab ein Trompetenstoß das Zeichen zum Beginn des zweiten Ganges. Jetzt nahmen einige Fußfechter die Banderillas zur Hand. Die Pikadores verließen den Kampfplatz, die übrigen behielten ihre Tücher bei. Die Banderilla ist ein starker, ungefähr 75 cm langer, mit Netzen bekleideter Holzstock, der vorn eine eiserne Spitze mit Widerhaken hat. Jeder Banderillero ergriff zwei dieser Quälwerkzeuge, reizte den Stier und stieß ihm, sowie der auf ihn losstürzte, beide Banderillas gekreuzt in den durch Pikenstöße zerfleischten Nacken. Vergeblich versuchte der Stier sie abzuschütteln, und immer höher steigerte sich seine Wut. Im grimmigsten Zorn nahm er den zweiten und den dritten Banderillero auf. Jedesmal erhielt er neue Banderillas, ohne jemals den Mann erreichen zu können, der sofort nach dem Stoß gewandt zur Seite sprang. Binnen fünf Minuten war ihm der Nacken mit mehr als einem halben Dutzend Banderillas gespickt. Beim Schütteln schlugen diese klappend aneinander und bogen sich all= gemach zu beiden Seiten herab, blieben aber stecken.

Ein neuer Trompetenstoß eröffnete den dritten Gang. Der erste

Espada, ein echtes Bravogesicht, schritt auf den Alkalden zu und verneigte sich. Dann nahm er ein rotes Tuch in die linke, die Espada in die rechte Hand, ordnete Tuch und Waffe und trat dem Stier entgegen. Den langen spitzigen und starken zweischneidigen, der ein Kreuz und einen sehr kleinen Handgriff hat, faßte er so, daß die drei hinteren Finger in dem Bügel staken, der Zeigefinger auf der Breitseite des Degens und der Daumen auf dem Handgriff lag. Das Tuch breitete er über einen Holzstock aus, an dessen Ende es durch eine Stahlspitze festgehalten wurde. Mit dem Tuch reizte er den Stier, bis dieser auf ihn losstürzte; aber nur dann, wenn das Tier in günstiger Weise anlief, versuchte er ihm einen Stoß in den Nacken zu geben. Gewöhnlich ließ er den Stier mehrere Male an= laufen, ehe er überhaupt zustieß. Bei einem Stier gelang es ihm erst mit dem dritten Stoß, die geeignete Stelle hart am Rückgrat zwischen den Rippen zu treffen; die früheren Stöße waren durch die Wirbelkörper aufgehalten worden. Nach jedem Fehlstoß ließ der Mann die Espada stecken und bewaffnete sich mit einer anderen, während der Stier die erstere durch Schütteln abwarf. Wenn der Stoß gut gerichtet war, senkte sich der Degen bis zum Heft in die Brusthöhle und kam gewöhnlich unten wieder zum Vorschein. Sofort nach dem tödlichen Stoß blieb der Stier regungslos stehen, ein Blut= strom quoll ihm aus Maul und Nase; er ging einige Schritte vor= wärts und brach zusammen. Nunmehr näherte sich der Cachetero oder Matador, stieß dem sterbenden Tier einen breiten Abfänger ins Genick und zog die Bandrose aus dem Nacken.

Beifallsgebrüll der Zuschauer vermischte sich mit rauschender Musik. Die breite Pforte öffnete sich, um das Gespann der Maul= tiere einzulassen, die den Stier mittels eines zwischen und um die Hörner gewundenen, am Zugholz befestigten Strickes in vollem

Die im tropischen Süd= und Mittelamerika beheimateten Leguane sind harmlose Kriechtiere, die vorwiegend von Pflanzenstoffen leben.

Rennen zum Tor hinausschleiften. Hierauf wurden die gefallenen Pferde in derselben Weise fortgeschafft, die Blutlachen mit Sand bestreut und sonstige Vorkehrungen für das zweite Gefecht getroffen.

Ein zweiter, dritter, sechster Stier erschien auf dem Kampfplatz. Der Gang des Gefechtes war bei allen derselbe, nur mit dem Unterschied, daß der eine mehr, der andere weniger Pferde tötete, daß dieser erst mit dem zehnten, jener mit dem ersten Degenstoß zu Boden fiel. Bei solchem Heldenstück wollte das Brüllen der Zuschauer kein Ende nehmen. Der Espada selbst schnitt sich stolz ein Stück Haut des Tieres ab und warf es laut jubelnd in die Luft. In den Zwischenpausen spielte die Musik oder brüllten die Zuschauer. Nach 6 Uhr war das Schauspiel beendet. Auf blutgetränkter Erde lagen 20 getötete Pferde und der letzte der Stiere; die übrigen hatte man bereits fortgeschafft. Zehn oder zwölf mit Ochsen bespannte Karren hielten auf dem Platz, um die Mähren abzuräumen. Einzelne Pferde lebten noch, ohne daß eine mitleidige Hand sich gefunden hätte, ihrem Dasein ein Ende zu machen. Man schnitt ihnen, unbekümmert um ihr Röcheln, Mähnen und Schwänze ab; man lud sie endlich auf und überließ es ihnen, zu sterben, wo und wann sie könnten.

Es ist leicht erklärlich, daß solche öffentlich aufgeführte, von der Obrigkeit geduldete, ja geleitete Tierquälerei alle Leidenschaften aufstachelt. Nicht nur Männer schwärmen für diese fluchwürdigen Spiele, auch Frauen versäumen, wenn sie können, kein einziges, nehmen selbst ihre Säuglinge mit sich auf den Kampfplatz. Stierfechter erwerben sich gewöhnlich ein bedeutendes Vermögen und werden zu Helden des Tages. Mehr noch als sie selbst bewundert man die Stiere; einzelne, die viele Pferde töteten, genießen jahrelangen Nachruf, und von ihnen her schreibt sich die Achtung, mit der die Spanier das Rindvieh überhaupt behandeln.

Weniger harmlos ist die giftige Kreuzotter. Wachsam hebt sie den Kopf. Aber sie greift mit ihren Giftzähnen nur dann Menschen an, wenn sie sich in Gefahr glaubt.

Begegnungen mit Kafferbüffeln

„Die Kafferbüffel", sagt schon der alte Kolbe, „sind höchst gefährliche Tiere. Wenn man sie erzürnt, ist man seines Lebens nicht sicher; sie fangen an heftig zu brüllen und zu stampfen, fürchten nichts mehr und verschonen nichts, und wenn ihnen auch noch so viele bewaffnete Menschen entgegenständen. Sie springen in der Wut durch Feuer und Wasser und alles, was ihnen vorkommt. Einer verfolgte einmal einen jungen Mann, der eine rote Jacke trug, ins Meer und schwamm ihm nach. Der Jüngling konnte aber gut schwimmen und tauchen, und der Stier verlor ihn aus dem Gesicht; dennoch schwamm er quer durch den Hafen fort, anderthalb Stunden weit, bis er vom Schiff aus durch einen Kanonenschuß getötet wurde."

Daß sich der Büffel ebensowenig scheut, eine Jagdgesellschaft an= zugreifen, geht aus nachstehender Erzählung Schweinfurths hervor.

„Der 14. Januar brachte den ersten Unglückstag, den ich selbst her= aufbeschworen. In der Frühe war zu uns eine andere Barke gestoßen, und die Leute wollten zusammen sich vergnügen und haltmachen. Wir waren aber an einer für mich sehr langweiligen Stelle, und so zwang ich sie, weiterzufahren, um an einer kleinen anziehenden Insel ans Land steigen zu können. Der Ausflug, den ich, von zwei meiner Leute begleitet, antrat, sollte für den einen der beiden verhängnisvoll werden. Mahammed Amîn, so hieß dieser, wurde an meiner Seite von einem wilden Büffel überrannt, dem ich nicht das geringste Leid zu= zufügen beabsichtigte, dem aber der Unglückliche im hohen Gras zu nahe gekommen war. Der Büffel hielt jedenfalls sein Mittagsschläf= chen und geriet durch diese Störung in die äußerste Wut: aufspringen und den Störenfried in die Lüfte wirbeln, war für ihn das Werk eines Augenblickes. Da lag er nun, mein treuer Begleiter, über und über mit Blut bedeckt, vor ihm mit hocherhobenem Schweif der Büffel in drohender Haltung, bereit, sein Opfer zu zerstampfen. Zum Glück war indes seine Aufmerksamkeit durch die zwei anderen Männer gefesselt, die sprachlos vor Staunen als Zeugen dastanden. Ich hatte kein Gewehr in der Hand, mein schöner Hinterlader hing vorläufig noch am linken Horn des Büffels: Mahammed hatte ihn getragen; mein anderer Begleiter, der meine Büchse trug, hatte gleich angelegt, aber der Hahn knackte vergebens, Mal auf Mal versagte das Gewehr. Man stelle sich vor, daß die Zeit nicht erlaubte ihm zuzurufen: Die Sicherung ist vor; es galt den Augenblick. Da griff der Mann nach einem kleinen Handbeil, das ganz aus Eisen bestand, und schleuderte es unverzagt dem Büffel an den Kopf auf eine Entfernung von kaum zwanzig Schritt. Da war denn die Beute dem Feind entrissen. Mit einem wilden Satz warf sich der Büffel seitwärts ins Röhricht, unter gewaltigem Rauschen der Halme dahinsausend, brüllend und den Boden erschütternd. Nach rechts und links sah man ihn unter Grunzen und Brüllen die gewaltigsten Sätze machen, und da wir in seinem Gefolge eine ganze Herde vermuteten, griffen wir zunächst zu den Gewehren und eilten einem nahen Baum zu; doch es wurde alles still, und unsere nächste Sorge wandte sich jetzt dem Unglücklichen zu. Mahammeds Kopf lag wie angenagelt am Boden, da seine Ohren von scharfen Schilfhalmen durchbohrt waren, aber eine flüchtige Untersuchung überzeugte uns sofort davon, daß die Verletzungen nicht tödlich sein konnten. Das Büffelhorn hatte gerade den Mund getroffen, und außer vier Zähnen im Oberkiefer und einem Knochensplitter hatte er keine weiteren Verluste zu beklagen, war auch in drei Wochen wiederhergestellt."

Derartige Zusammenstöße sind in allen Ländern Afrikas, in denen Kafferbüffel leben, etwas Gewöhnliches, und fast in jedem Dorf findet man Leute, die einen ihrer Angehörigen durch Büffel verloren haben, denn in den meisten Fällen enden solche Begegnungen minder glücklich als die hier geschilderte.

Die Jagd auf Kafferbüffel bleibt unter allen Umständen ein gefährliches Unternehmen. Die Haut des Tieres ist stark genug, um allein schon einer Kugel bedeutenden Widerstand entgegenzusetzen, und wenn diese wirklich eingedrungen, bleibt sie in vielen Fällen auf den Knochen sitzen. Demgemäß stürzt der Büffel in den meisten Fällen nicht unter dem ersten Schuß zusammen und behält Zeit genug, seinem Angreifer entgegenzutreten.

„Ich kenne", erzählt Drayson, „einen Kaffer, der an sich selbst des Büffels Kraft und List erfuhr und das Andenken daran für sein Leben trug. Er jagte eines Tages im Wald und traf auf einen alten Einsiedler, den er verwundete. Der Bulle brach durch, aber der Kaffer, glaubend, daß er sein Wild tödlich verwundet habe, folgte ihm. Er hatte unge= fähr hundert Schritte des Waldes durchschlüpft und durchkrochen und untersuchte eben sorgfältig die Fährte des verwundeten Wildes, da hörte er plötzlich ein Geräusch dicht neben sich, und ehe er sich noch fortbewegen konnte, fühlte er sich fliegend in der Luft, infolge eines furchtbaren Stoßes, den ihm der Büffel gegeben hatte. Glück= licherweise fiel er auf die Zweige eng verschlungener Bäume eines Dickichts und wurde hierdurch gerettet; denn der Büffel wäre keines= wegs mit seiner Arbeit zufriedengestellt gewesen, sondern würde ihm unzweifelhaft noch den Garaus gemacht haben. Nachdem er sich überzeugt hatte, daß sein Opfer unnahbar war, verließ er es und trollte in den Wald. Der Kaffer, der zwei oder drei Rippen gebrochen hatte, schleppte sich mühsam nach Hause und gab von diesem Tage das Büffelschießen für immer auf. Wie es schien, hatte der Büffel sich bloß zurückgezogen, um seinen Feind im Wald wieder zu erwarten und von neuem anzufallen."

Ähnliche Geschichten erzählen alle Reisenden, die mit diesem grim= migen Vieh zusammenkamen. Am Tschadsee raste ein verwundeter Büffel gegen Eduard Vogels Leute, verletzte einen Mann gefährlich und tötete zwei Pferde. Ein von Baker angeschossener Büffel wurde von der auf das Fleisch begierigen Begleitmannschaft verfolgt und erst am anderen Morgen, entkräftet in tiefem Schlamme liegend, auf= gefunden, hatte aber gleichwohl noch Leben genug, um den mutigsten seiner Angreifer mit einem Hornstoß zu durchbohren und zu töten.

Bekanntlich endete auch einer unserer deutschen Afrikareisenden, Baron Harnier, auf ähnliche Weise. Nachdem er einen Büffel ver= wundet hatte, stürzte sich das Tier auf seinen eingeborenen Begleiter und warf ihn zu Boden. Harnier griff, um den unter den Hörnern des Tieres befindlichen Menschen zu befreien, den Büffel mutig mit dem Kolben seiner Büchse an, zog ihn auf sich und wurde später zu einer unkenntlichen Masse zertrampelt und zerbohrt aufgefunden; denn der Eingeborene, weit entfernt, auch seinerseits dem Herrn, der sein Leben für ihn eingesetzt hatte, beizustehen, floh vom Platz und über= ließ unseren braven Landsmann seinem Schicksal. „Ich besuchte", sagte Baker mit gerechtfertigter Trauer, „das Grab jenes tapferen Preußen, der auf diese Art sein edles Leben für einen so wertlosen

Gegenstand, wie es ein feiger und erbärmlicher Eingeborener ist, ge=
opfert hatte."

Daß selbst einem gezähmten Kafferbüffel nie zu trauen ist, erfuhr
ein Hilfsarbeiter des Berliner Tiergartens zu seinem Verderben. Ob=
wohl wiederholt gewarnt, das Gehege der Tiere allein zu betreten,
ließ sich der Unglückliche doch verleiten, einem mit dem nebenstehen=
den Jak kämpfenden Kafferbüffel sich zu nahen, in der Absicht, beide
Tiere zu trennen. Der bereits erregte Büffel ließ in der Tat von seinem
bisherigen Gegner ab, aber nur, um sich sofort auf den Mann zu
stürzen. Bevor dieser flüchten konnte, hatte ihn der wütende Bulle
aufgegabelt, in die Luft geworfen, mit den Hörnern wieder aufge=
fangen und endlich, tödlich verwundet, auf den Boden geworfen. Die
zur Rettung des sterbenden Genossen herbeieilenden Wärter bedrohte
das seiner Kraft sich bewußt gewordene Tier mit gleichem Schicksal;
sein Übermut wurde jedoch durch schwere Peitschen so gründlich ge=
brochen, daß er fortan nicht wieder wagte, der Herrschaft des Men=
schen sich zu widersetzen.

Elefantenfang

An einer kühlen und schattigen Stelle des Waldes — erzählt der For=
schungsreisende Tennent, dessen Bericht ich hier im Auszug wieder=
gebe — fanden wir luftige Wohnungen, die in der Nähe des Korral
(Fangraum) hergestellt worden waren. Man hatte Hütten aus Zwei=
gen erbaut und mit Palmblättern und Gras bedeckt; man hatte einen
hübschen Saal als Speisezimmer hergerichtet, Küchen, Ställe erbaut
und nach Kräften für unsere Bequemlichkeit gesorgt. Dies alles war
von den Eingeborenen in wenigen Tagen ausgeführt worden.

Zum Fang wählt man die Zeit des Jahres, die dem Anbau der Reis=
felder am wenigsten Eintrag tut, die Zeit zwischen der Aussaat und
der Ernte. Das Volk selbst hat, abgesehen von der Aufregung und
dem Genuß der Jagd, den Vorteil dabei, daß die Zahl der wilden Ele=
fanten vermindert wird, da diese den Gärten und Feldern erheblichen
Schaden zufügen. Die Priester ermuntern zu dieser Jagd, weil die
Elefanten einem heiligen Baum nachstellen, dessen Blätter sie sehr
schätzen, vor allem aber, weil man Elefanten zum Tempeldienst
braucht. Die Häuptlinge endlich suchten ihren Stolz darin, die Menge
ihrer Untergebenen im Feld zur Schau zu stellen und auch die Lei=
stungen der zahmen Elefanten zu zeigen, die sie für das Jagdgeschäft
herleihen. Eine große Zahl von Bauern findet willkommene Arbeit auf
viele Wochen; sie haben Pfähle einzuschlagen, Pfade auszuroden und
die Treiber abzulösen, von denen die Elefanten umringt und heran=
getrieben werden.

Zur Jagd selbst wählt man einen Platz, der an einer alten und viel
betretenen, zur Weide oder Tränke führenden Straße der Tiere liegt;
die Nähe eines Stromes ist erforderlich, um den Elefanten Trinkwas=
ser und Gelegenheit zum Baden zu bieten. Die Bäume und das Unter=
holz im Innern des umzäunten Raumes läßt man stehen, besonders
auf der Seite, von der die Elefanten kommen sollen; der Zaun soll
möglichst im dichten Laub verborgen bleiben.

Die zum Bau verwendeten Baumstämme rammt man etwa einen
Meter tief in die Erde, so daß sie noch 4—5 m über dem Boden bleiben.

Zwischen jedem Paar Pfähle bleibt so viel Raum, daß ein Mann hin=
durchschlüpfen kann. An diesen Säulen schnürt man mit Schling=
pflanzen und Rohr Querbalken fest, und das Ganze wird dann noch
durch Gabeln gestützt, die die Querbalken halten und verhindern,
daß das Pfahlwerk durch einen Anprall der wilden Elefanten nach
außen umgelegt werden kann. Der eingeschlossene Platz war unge=
fähr 150 m lang und halb so breit. Auf der Seite, von der die Elefan=
ten kommen sollten, hatte man einen Eingang offen gelassen, der
durch Schiebebalken verschlossen werden konnte, und von beiden
Ecken auf dieser Seite der Umzäunung zogen sich, im Gebüsch ver=
steckt, zwei Linien derselben starken Einzäunung nach entgegenge=
setzten Richtungen hin, die das Ausbrechen der Elefantenherde aus
der Richtung des Treibens verhindern sollten. Auf Bäumen waren für
die Gesellschaft des Statthalters Tribünen errichtet worden, von denen
aus man das ganze Schauspiel sicher und bequem beobachten konnte.

Das Pfahlwerk, so stark es ist, würde allerdings wenig nützen,
wenn ein Elefant sich mit aller Kraft darauf stürzen wollte, und es ist
auch schon vorgekommen, daß eine Herde durchbrach. Man verläßt
sich weniger auf den Widerstand der Einpfählung als auf die Furcht
der Gefangenen, die ihre eigene Kraft nicht kennen, und auf die Kühn=
heit und List der Fänger.

Wenn der Korral fertig ist, beginnen die Treiber ihr Werk. Sie
haben einen Umkreis von vielen Meilen zu umstellen, damit die An=
zahl der Elefanten ansehnlich genug wird, und die anzuwendende
Vorsicht erfordert viel Geduld. Die Tiere wünschen in Stille und
Sicherheit zu weiden und weichen vor der geringsten Störung zurück.
Dies muß man nun in der Weise ausnutzen, daß man sie gerade so
viel beunruhigt, daß sie langsam in der gewünschten Richtung vor=
gehen. Auf diese Weise werden verschiedene Herden zusammen und
Tag für Tag langsam immer weiter vorwärts dem Korral zu getrieben.
Wird ihr Argwohn rege, zeigen sie Unruhe, so ergreift man schärfere
Maßregeln, um ihr Entkommen zu verhindern. Alle zehn Schritte
werden rings um den Plan, in dem man sie versammelt hat, Feuer
angezündet und Tag und Nacht unterhalten. Die Treiber werden bis
auf 2000 — 3000 Mann vermehrt; es werden Fußwege durch die
Dschungeln hergestellt, um die ganze Linie in steter Verbindung zu
halten. Die Führer üben eine strenge Aufsicht, damit jeder Treiber

auf seinem Posten ist; Nachlässigkeit an irgendeiner Stelle der Linie könnte die ganze Herde entkommen lassen und in einer Stunde die mühevolle Arbeit von Wochen vernichten. Jeder Versuch der Elefan= ten, nach rückwärts durchzubrechen, wird sogleich abgewiesen; wo immer ein solcher droht, wird augenblicklich eine Menge Treiber ver= sammelt, um sie zurückzuscheuchen. Endlich werden die Tiere so dicht an die Einzäunung getrieben, daß der Treibergürtel an beiden Flügeln den Korral berührt. Das Ganze bildet nun einen Umkreis von etwa einer Wegstunde, und man wartet nun bloß noch auf das Zeichen zum Schlußtreiben.

Diese Vorbereitungen hatten zwei volle Monate in Anspruch ge= nommen und waren eben vollendet, als wir ankamen und unsern Platz auf der obenerwähnten Tribüne einnahmen. Unter uns, im Schatten, lagerte eine Gruppe zahmer Elefanten, die aus den Tempeln und von Fürsten gesandt worden waren, um beim Fang der wilden zu helfen. Drei verschiedene Herden, zusammen 40—50 Elefanten, waren um= zingelt und steckten im Dschungel unweit des Korrals. Jeder Laut wurde vermieden; man sprach nur flüsternd, und die ungeheure Menge der Treiber war so still, daß man hin und wieder die Zweige rascheln hörte, wenn einer der Elefanten die Blätter abstreifte.

184

Plötzlich wurde das Zeichen gegeben und die Stille des Waldes von den Rufen der Wachen, dem Rasseln der Trommeln und dem Knattern der Gewehre zerrissen. Man begann am entferntesten Punkt und trieb so die Elefanten immer näher, dem Eingang des Korrals zu. Die Trei= ber in der Linie verhielten sich still, bis die Herde an ihnen vorüber war: dann stimmten auch sie in das allgemeine Geschrei der andern hinter ihnen nach Herzenslust ein. So wuchs das Getöse mit jedem Schritt der Herde. Diese versuchte wiederholt, die Linie zu durch= brechen, wurde aber durch Kreischen, Trommeln und Gewehrfeuer immer wieder zurückgeschlagen.

Endlich zeigte das Knacken der Zweige und das Prasseln des Unter= holzes das Näherkommen der Elefanten an. Ihr Führer brach aus dem Dschungel heraus und stürzte vorwärts bis dicht vor den Eingang des Korrals. Die ganze Herde folgte ihm: noch einen Augenblick, und alle wären in die offene Tür hineingestürzt, als sie plötzlich rechtsum schwenkten und, trotz Jägern und Treibern, ihrem früheren Platz im Dschungel wieder zueilten. Der oberste Aufseher der Treiber kam hervor und erklärte ihren Durchbruch damit, daß ein wildes Schwein plötzlich von seinem Lager aufgestanden und dem Leittier der Herde über den Weg gelaufen sei. Er fügte hinzu, daß es bei dem aufgereg= ten Zustand der Herde ratsam wäre, die Fortsetzung des Treibens bis zum Abend zu verschieben, wo die Dunkelheit, die Feuer und die Fackeln um so mächtigere Gehilfen sein würden.

Nach Sonnenuntergang wurde das Drama außerordentlich fesselnd. Die niedrigen Feuer, die im Sonnenlicht nur geraucht hatten, glühten jetzt düsterrot durch die Dunkelheit und beleuchteten die malerischen Gruppen. Wirbelnd stieg der Rauch durch das Laubwerk der Bäume. Die Zuschauer verhielten sich in atemloser Stille. Kein Laut war hör= bar außer dem Summen der Insekten. Auf einmal brach wiederum das Rasseln einer Trommel und gleich darauf Gewehrfeuer durch die Stille. Es war das Zeichen zum erneuten Angriff. Rufend und lärmend betraten die Jäger den Kreis. Trockene Blätter und Reisig wurden auf die Wachtfeuer geworfen, bis sie hoch emporloderten und ringsum eine ununterbrochene Flammenlinie bildeten; nur nach dem Korral zu ließ man alles in Dunkelheit. Dorthin wandten sich nun die Ele= fanten. Sie näherten sich mit rasender Eile, traten das Unterholz nieder und zerknickten die dürren Zweige. Das leitende Tier erschien wieder dem Korral gegenüber, hielt einen Augenblick inne, starrte wild um sich, stürzte dann Hals über Kopf durch das offene Tor, und die ganze Herde folgte ihm nach. Der ganze Umfang des Korrals, der bis zu diesem Augenblick in tiefste Dunkelheit gehüllt gewesen war, strahlte da wie durch Zauberei plötzlich von tausend Lichtern wider. Denn in dem Augenblick, als die Elefanten eingetreten waren, rannte jeder Jäger mit einer Fackel herbei, die er am nächsten Wachtfeuer angezündet hatte.

Zuerst stürmten die Elefanten bis zum äußersten Ende der Einpfählung, stießen hier auf den Widerstand, prallten zurück, um das Tor zu erreichen, und fanden es verschlossen. Ihr Schrecken war entsetzlich. Sie rasten rings im Korral umher, sahen ihn aber überall von Feuer umringt. Sie versuchten, das Pfahlwerk zu durchbrechen, wurden jedoch mit Speeren und Fackeln zurückgetrieben: überall, wo sie sich näherten, drang ihnen Geschrei und Gewehrfeuer entgegen. Jetzt sammelten sie sich in eine einzige Gruppe, standen einen Augenblick in offenbarer Bestürzung still und stürmten dann in einer Richtung vor, als ob ihnen plötzlich eine Stelle eingefallen wäre, die sie vorher übersehen hatten. Immer wieder abgewiesen, kehrten sie langsam zu ihrem Platz in der Mitte des Korrals zurück.

Das wildromantische Schauspiel ergriff auch die außen aufgestellten zahmen Elefanten. Schon bei der ersten Annäherung der fliehenden Herde wurden sie unruhig; zwei besonders, die vorn angebunden waren, zeigten große Aufregung, und als endlich die Herde in den Korral hineingebraust war, riß einer von diesen beiden sich los und stürzte den wilden nach, wobei er einen ziemlich ansehnlichen Baum umbrach, der ihm im Weg stand.

Länger als eine Stunde tobten die Elefanten in dem Korral und griffen mit unermüdlicher Kraft die Pfähle an. Nach jedem fehlgeschlagenen Versuch trompeteten und kreischten sie vor Wut. Immer wieder strebten sie das Tor zu erstürmen, da es ja doch zum Eingang gedient hatte; aber betäubt und verwirrt wichen sie immer zurück. Nach und nach wurden ihre Anstrengungen matter; nur noch einzelne Tiere rannten umher, kehrten jedoch bald niedergeschlagen zu ihren Genossen zurück. Endlich bildete die ganze Herde eine einzige Gruppe mit den Jungen in der Mitte, und so standen sie regungslos unter den düsteren Schatten der Bäume, mitten in dem Korral.

Es wurden nun Anstalten getroffen, während der Nacht Wache zu halten. Die Anzahl der Wächter rund um die Einfriedigung wurde verstärkt und den Feuern frische Nahrung gegeben. Wir begaben uns nach Hause.

Bei Tagesanbruch fanden wir am Korral alles still und wachsam. Als die Sonne aufging, ließ man die Feuer ersterben. Die abgelösten Wächter schliefen nahe der großen Einzäunung; ringsum aber waren Männer und Knaben mit Speeren oder langen Ruten aufgestellt, während die Elefanten drinnen in einer dicht gedrängten Gruppe zusammenstanden, erschöpft vor Furcht und Erstaunen über alles, was um sie herum vorgegangen war. Nur neun waren bis jetzt gefangen worden, darunter zwei sehr große und zwei kleine, die höchstens ein paar Monate alt waren. Einer der großen war ein „Landstreicher", der in keiner Verbindung mit der übrigen Herde stand und daher auch nicht in deren Kreis aufgenommen wurde. Er stand allein abseits.

Draußen schickte man sich an, die zahmen Elefanten in den Korral zu führen: die Gefangenen sollten nun gefesselt werden. Die hierzu erforderlichen Schlingen waren bereit. Behutsam zog man die Stämme weg, die den Eingang verschlossen, und zwei abgerichtete Elefanten gingen leise hinein, jeder von seinem Führer und einem Diener geritten und mit einem starken Halsband versehen, von dem auf beiden Seiten Stricke aus Antilopenhaut mit einer Schlinge herabhingen. Zugleich mit ihnen und hinter ihnen verborgen, kam der Führer der Schlingenmänner hereingekrochen, begierig, sich die Ehre zu sichern, den ersten Elefanten festzumachen. Es war ein behender, kleiner Mann, ungefähr siebzig Jahre alt, der sich in solchen Diensten bereits zwei silberne Spangen als Ehrenzeichen erworben hatte. Er wurde von seinem wegen seines Mutes und seiner Geschicklichkeit gleich berühmten Sohn begleitet. Der eine der beiden zahmen Elefanten, namens Siribeddi, war etwa fünfzig Jahre alt und durch sanftes und gelehriges Wesen ausgezeichnet. Siribeddi war eine vollendete Sirene. Geräuschlos betrat sie den Korral und ging mit schlauem Blick, aber anscheinend sehr gleichgültig, langsam vorwärts. Gemütlich schlenderte sie in der Richtung nach den Gefangenen hin und blieb hin und wieder stehen, um ein wenig Gras oder einige Blätter im Vorbeigehen zu pflücken. Als sie sich den wilden Elefanten näherte, kamen diese ihr entgegen, ihr Anführer strich ihr sanft mit dem Rüssel über den

Kopf, wandte sich dann um und gang langsam zu seinen niederge=
schlagenen Gefährten zurück. Siribeddi folgte ihm mit demselben
gleichgültigen Schritt und stellte sich dicht hinter ihm auf, so daß der
alte Mann unter ihr durchkriechen und seine Schlinge um den Hinter=
fuß des wilden Elefanten gleiten lassen konnte. Dieser aber merkte
augenblicklich die Gefahr, schüttelte das Seil ab und wandte sich zum
Angriff gegen den Mann, der seine Keckheit schwer gebüßt haben
würde, hätte nicht Siribeddi ihn mit ihrem Rüssel beschützt und den
Angreifer in die Mitte der Herde getrieben. So kam der Alte mit einer
leichten Verwundung davon und verließ den Korral, während sein
Sohn Raughanie seine Stelle einnahm. Die Herde stellte sich wieder in
einen Kreis, die Köpfe nach innen. Zwei zahme Elefanten drängten
sich keck zwischen sie, und zwar so, daß sie das größte Männchen
zwischen sich nahmen. Dieses leistete keinen Widerstand, zeigte aber
doch sein Unbehagen dadurch an, daß es fortwährend einen Fuß um
den anderen hob. Raughanie kroch jetzt herbei, hielt die Schleife,
deren anderes Ende am Halsband Siribeddis befestigt war, mit bei=
den Händen offen und lauerte nun den Augenblick ab, in dem der
Elefant seinen Hinterfuß hob; endlich gelang es ihm, die Schlinge über
das Bein zu werfen, er zog sie an und sprang zurück. Die beiden zah=
men Elefanten wichen ebenfalls augenblicklich zurück. Siribeddi
spannte das Seil zur vollen Länge an, und während sie den Gefange=
nen von der Herde abzog, stellte sich der andere zahme Elefant zwi=
schen sie und die Herde, um jede Einmischung zu verhindern.

Nun war aber der Gefangene an einen Baum zu fesseln und mußte
deswegen 30 oder 40 m weit rückwärts gezogen werden, während er
wütend widerstand, voll Entsetzen brüllte, nach allen Seiten sprang
und die kleineren Bäume wie Schilf zertrat. Siribeddi zog ihn stetig
hinter sich her und wand das Seil, das sie fortwährend in voller Span=
nung erhielt, um den geeigneten Baum. Schließlich schritt sie behut=
sam über das Seil hinweg, um es ein zweites Mal um den Stamm zu
wickeln, wobei sie zwischen dem Baum und dem Elefanten durchzu=
gehen hatte. Es war ihr aber nicht gelungen, den Gefangenen dicht an
den Baum zu fesseln, was doch nötig war. Der zweite zahme Elefant
bemerkte die Schwierigkeit und kam ihr zu Hilfe; Schulter an Schulter,
Kopf an Kopf drängte er den Gefangenen rückwärts, während Siri=
beddi bei jedem seiner Schritte das schlaff gewordene Seil anzog, bis

der Überlistete am Fuß des Baumes machtlos stand. Jetzt wurde er von dem Fänger festgemacht, hierauf eine zweite Schlinge um das andere Hinterbein gelegt und so wie die erste am Baum befestigt. Endlich wurden beide Beine mit geschmeidigeren Stricken zusammen= gefesselt, um Wunden zu verhüten.

Wiederum stellten sich die beiden Fängerelefanten neben den Wild= ling, so daß Raughanie unter ihren Leibern geschützt seine Schlingen auch um dessen Vorderfüße legen konnte. Nachdem er dann auch diese Seile an einem Baum festgebunden hatte, war die Fesselung vollzogen, und die zahmen Elefanten wie die Wärter verließen ihr Opfer. Solange die beiden zahmen Elefanten neben ihm gestanden hatten, blieb der Gefangene ziemlich ruhig und widerstandslos stehen; als er aber allein gelassen wurde, machte er sofort die erstaunlichsten Anstrengungen, um sich zu befreien. Er befühlte die Stricke mit sei= nem Rüssel und versuchte die unzähligen Knoten aufzuknüpfen; er zog nach hinten, um seine Vorderfüße zu befreien; so daß jeder Ast des riesigen Baumes erzitterte; er kreischte in seiner Angst und hob den Rüssel hoch in die Luft; er legte sich seitwärts mit dem Kopf auf den Boden und preßte seinen zusammengebogenen Rüssel, als ob er ihn in die Erde stoßen wollte; er sprang plötzlich wieder auf und er= hob Kopf und Vorderbeine frei in die Höhe. Dieses traurige Schau= spiel währte mehrere Stunden. Mitunter hielt er inne und brütete vor sich hin, dann erneuerte er plötzlich die Anstrengungen. Zuletzt aber gab er sie auf und stand nun vollkommen regungslos, ein Bild der Erschöpfung und Verzweiflung. Unterdessen erschien Raughanie vor der Tribüne des Statthalters, um die gewohnte Belohnung für das Fesseln des ersten Elefanten in Empfang zu nehmen. Ein Platzregen von Rupien belohnte ihn, und aufs neue ging er an sein gefährliches Amt.

Die Herde stand in einer gedrängten Masse mürrisch und unruhig. Mitunter trieb einen die Ungeduld, er tat ein paar Schritte, um Umschau zu halten; dann folgten die anderen, erst langsam, dann schneller, und zuletzt stürmte die ganze Herde zu erneutem Angriff wütend auf das Pfahlwerk; doch waren alle ihre Anstrengungen erfolglos, denn plötzlich blieben sie, obgleich ein Schritt mehr das Pfahlwerk zu Trümmern zerschmettert haben würde, vor einigen weißen Stäbchen stehen, die ihnen durch das Gitter entgegengestreckt wurden. Das höhnende Geschrei der Menge draußen verwirrte sie noch mehr, sie flohen und landeten schließlich wieder an ihrem Standplatz im Schatten. Die Wächter, meistens Knaben und junge Männer, waren von unermüdlicher Ausdauer. Immer wieder stürzten sie dorthin, wo die Elefanten das Gitter bedrohten, hielten den Rüsseln ihre Stäbe entgegen, und ihr ununterbrochenes Geschrei „Huub, huub" trieb die Tiere in die Flucht.

Das zweite von der Herde getrennte Opfer war ein weiblicher Elefant und wurde auf dieselbe Weise festgemacht wie das erste. Als das Tier die Schlinge am Vorderfuß fühlte, packte es den Strick mit seinem Rüssel und versuchte ihn zu durchbeißen, aber ein zahmer Elefant setzte seinen Fuß auf das Seil und entriß die Schlinge den Kinnladen seines Gefangenen. Die Fänger wählten nun immer zunächst das Tier, das bei den folgenden Angriffen auf die Einpfählung die Führerschaft übernommen hatte. Der Fang eines jeden erforderte etwa eine Stunde.

Höchst merkwürdig war, daß die wilden Elefanten keinen Versuch machten, die Leute auf dem Rücken der zahmen Tiere anzugreifen oder herunterzuziehen. Diese ritten gerade mitten in die Herde hinein, aber kein Elefant machte auch nur Miene, sie zu belästigen.

Als der Herde alle ihre Führer nacheinander weggefangen wurden, wuchs die Aufregung der anderen immer mehr. Wie groß auch ihre Teilnahme für die verlorenen Gefährten sein mochte, sie wagten doch

nicht, ihnen zu den Bäumen zu folgen, an denen sie angebunden wa=
ren. Wenn sie an ihnen vorüberkamen, blieben sie manchmal stehen,
umschlangen einander mit dem Rüssel, leckten sich an Hals und Glie=
dern und zeigten die rührendste Trauer über ihre Gefangenschaft;
aber sie machten keinen Versuch, die Fesseln der Gefährten zu lösen.
Die Verschiedenheit des Wesens der einzelnen Tiere bekundete sich
deutlich in ihrem Benehmen. Einige ergaben sich mit verhältnismäßig
geringem Widerstand, andere warfen sich in ihrer Wut mit solcher
Gewalt zu Boden, daß jedes andere Tier dabei den Tod gefunden
haben würde. Sie ließen ihren Zorn an jedem Baum, an jeder Pflanze
aus, die sie erreichen konnten. Sie streiften mit ihrem Rüssel Blätter
und Zweige von den Bäumen und streuten sie wild über ihre Köpfe
hin. Einige Tiere gaben keinen Laut von sich, während andere wütend
trompeteten und brüllten, ein kurzes, krampfhaftes Gekreisch aus=
stießen und zuletzt erschöpft nur noch dumpf und kläglich stöhnten.
Manche blieben nach einigen Befreiungsversuchen regungslos am
Boden liegen, und nur ihre unaufhörlich fließenden Tränen zeigten,
was sie duldeten; andere machten in der Kraft ihrer Wut die erstaun=
lichsten Windungen und Verrenkungen.

Es war höchst wunderbar, daß ihre Rüssel, die sie doch gewaltig
nach allen Seiten schleuderten, nicht verletzt wurden. Sie konnten ihn
winden, daß er einem riesigen gekrümmten Wurm gleichsah, ihn mit
großer Schnelligkeit einziehen und ausstoßen, wie eine Uhrfeder zu=
sammenziehen und dann plötzlich wieder in voller Länge vorstoßen.
Einer schlug langsam den Boden mit der Spitze seines Rüssels, wie
ein Mann in der Verzweiflung wohl mit der flachen Hand auf seine
Knie schlägt.

Die Empfindlichkeit des Fußes war bei so plumpen Verhältnissen
und einer solchen Dicke der Haut äußerst auffallend. Die Fänger
konnten ihre Gefangenen jeden Augenblick dazu zwingen, den Fuß
zu heben, indem sie ihn nur mit einem Blatt oder Zweig berührten.
Die Anlegung der Schlinge bemerkte das Tier augenblicklich, und es
versuchte sofort, sie mit dem Rüssel oder mit dem freien Fuß abzu=
streifen.

Fast alle zertrampelten den Boden mit ihren Vorderfüßen, nahmen
mit einer Wendung des Rüssels die trockene Erde auf und bestreuten
sich damit geschickt über und über. Dann entnahmen sie mit dem

Rüssel ihrem Munde eine Menge Wasser und gossen es sich über den Rücken; dies wiederholten sie so oft, bis der Staub ganz durchnäßt war. Sie bekleideten sich förmlich mit einem dünnen Schlammantel. Ich wunderte mich über den großen Wasservorrat, den der Elefant in seinem dem Magen angefügten Behälter fassen kann, denn die Tiere hatten doch seit 24 Stunden keinen Zugang zur Tränke gehabt und waren außerdem von Kampf und Schrecken erschöpft.

Wirklich bewundernswert war das Benehmen der zahmen Elefan= ten. Sie bewiesen vollkommenes Verständnis für jede Bewegung, für das erstrebte Ziel und die Mittel, es zu erreichen. Offenbar machte ihnen der Fang Vergnügen. Es war keine böse Stimmung, kein Übel= wollen in ihnen; sie schienen die ganze Sache als einen angenehmen Zeitvertreib zu betrachten. Aber ihre Vorsicht war ebenso groß wie ihre Klugheit. Übereilung oder Verwirrung war nie zu bemerken. Nie verwickelten sie sich in die Seile, nie kamen sie den Gefesselten in den Weg, nie fügten sie ihnen das geringste Leid zu, vielmehr suchten sie jede Schwierigkeit und Gefahr für sie zu beseitigen. Wollte aber ein wilder Elefant das verhängnisvolle Seil mit dem Rüssel auffangen, schob Siribeddi den Rüssel schnell zur Seite, und listig schob sie ihr Bein unter das des wilden Elefanten, wenn er es zufällig erhob, und hielt es so lange in die Höhe, bis die Schlinge angelegt und zugezogen war. Nur der Fänger, vor dem sich die wilde Herde besonders zu fürchten schien, hatte Stoßzähne, er brauchte sie aber niemals zum Verwunden, sondern bahnte sich mit ihnen den Weg oder hob mit ihnen die Gefallenen auf. Ohne den Schutz der zahmen Elefanten würden wohl die kühnsten und geschicktesten Jäger in einem Korral nichts ausrichten können.

Von den zwei jungen Elefanten war einer etwa zwei Monate alt, der andere etwas älter. Der kleinere mit seinem kolbigen Kopf und

---

Wenn das Bild auch furchterregend aussieht, erreichen diese afrikani= schen Waldelefanten nicht die Größe der Steppenelefanten. Elefanten brauchen sehr große Nahrungsmengen. Sie sind den ganzen Tag und fast die ganze Nacht auf den Beinen.

den wolligen braunen Haaren war die lustigste Taschenausgabe eines Elefanten. Immer trabten die beiden Jungen hinter der Herde her. Stand sie ruhig, so liefen sie den älteren Tieren zwischen den Beinen herum. Als die Mutter des Jüngsten gefangen wurde, hielt sich das kleine Geschöpf dicht neben ihr. Es wollte nicht zugeben, daß seiner Mutter die Schlingen umgelegt wurden, es griff nach den Seilen, stieß und schlug die Männer mit seinem Rüssel. Man mußte es schließlich zur Herde zurücktreiben. Fortwährend brüllend und bei jedem Schritt nach der Mutter zurücksehend, ließ es sich nur langsam zu den ande= ren treiben, dann gesellte es sich zu dem größten Weibchen der zu= sammengeschmolzenen Herde, stellte sich zwischen dessen Vorder= füße und ließ sich von ihm liebkosen. Hier blieb es stöhnend und weh= klagend; als die Fänger seine Mutter sich selbst überlassen hatten, kehrte es sofort zu ihr zurück, da es aber jeden Vorübergehenden an= griff, mußte es mit dem anderen Jungen an einen nahen Baum ge= bunden werden. Das Geschrei der beiden nahm kein Ende, aber trotz ihrer Not und Betrübnis ergriffen sie doch alles Eßbare, das man ihnen zuwarf, und brüllten und fraßen dann zugleich.

Unter den letzten, die eingefangen wurden, befand sich der Land= streicher. Obgleich er viel wilder war als die anderen, verband er sich doch mit ihnen zum Angriff gegen die Einfriedigung, weil sie ihn in ihren Kreis nicht aufnahmen. Bei seiner Gefangennahme stürzte er sich auf einen seiner Unglücksgefährten und suchte ihn mit seinen Zähnen zu durchbohren. Als er überwältigt wurde, lärmte er erst un= gestüm, aber bald legte er sich ruhig nieder, ein Zeichen, daß sein Ende nahe war, wie die Jäger sagten. Etwa zwölf Stunden lang deckte er sich noch ununterbrochen mit Staub und spritzte Wasser darüber, dann starb er so ruhig, daß man den Eintritt des Todes nur an dem Heer von schwarzen Fliegen bemerkte, die seinen Körper sofort be=

Der indische Elefant ist in seiner Heimat ein wertvoller Helfer des Menschen und wird in den Wäldern Südasiens noch heute als sehr brauchbares Arbeitstier eingesetzt.

deckten. Der Leichnam wurde von zwei zahmen Elefanten hinaus=
gezogen.

Als endlich sämtliche Elefanten gefesselt waren, vernahm man aus
der Ferne die Töne einer Flöte. Sie wirkten wundersam auf die Tiere;
sie spannten ihre breiten Ohren und wandten den Kopf nach der
Richtung, aus der die Töne herüberklangen. Der süße Laut der Flöte
besänftigte sie. Nur die Jungen brüllten noch nach Freiheit, bliesen
Staubwolken über ihre Schultern, schwangen ihre kleinen Rüssel
hoch empor und griffen jeden an, den sie erreichen konnten.

Anfangs verschmähten die älteren Tiere jedes Futter, traten es unter
die Füße und wandten sich verächtlich ab. Nur bei einigen war der
Hunger stärker als der Schmerz um die verlorene Freiheit.

Die letzte Arbeit bestand darin, die Tiere zum Baden zu führen.
Jeder Gefangene bekam zwei zahme Elefanten zur Seite. Alle drei
trugen starke Halsbänder aus Kokosnußfäden, die untereinander ver=
bunden war. Jetzt endlich wurden die Beinfesseln entfernt und der
Gefangene zum Fluß geleitet, wo er sich baden durfte, ein Genuß, den
alle begierig ergriffen. Dann wurde jeder an einen Baum gebunden
und ihm ein Wärter zugewiesen, der ihn reichlich mit seinem Lieb=
lingsfutter versorgte.

Die Zähmung des Elefanten ist ziemlich einfach. Nach etwa drei
Tagen beginnt er ordentlich zu fressen und bekommt dann meist
einen zahmen Gesellschafter. Zwei Männer streicheln ihm den Rücken
und reden ihm in sanften Tönen zu. Anfangs ist er wütend und schlägt
mit seinem Rüssel nach allen Seiten; vorn aber stehen andere Männer,
die all seine Schläge mit der Spitze ihrer Eisenstangen auffangen, bis
das Tier endlich den wunden Rüssel einzieht. Es benutzt ihn dann
selten wieder zum Angriff. So lernt der Elefant zuerst die Macht des
Menschen fürchten. Später helfen dann die zahmen Elefanten bei
seiner Erziehung.

Nach drei bis vier Monaten läßt er sich zur Arbeit verwenden; nur
darf man ihn nicht zu zeitig dazu bringen, denn oft kommt es vor,
daß ein wertvolles Tier beim ersten Anschirren sich niederlegt und,
wie die Eingeborenen sagen, „an gebrochenem Herzen stirbt", jeden=
falls ohne erkennbare Ursache verendet. Gewöhnlich läßt man den
Elefanten Lasten tragen oder in Gemeinschaft mit einem zahmen
einen Wagen ziehen. Am schätzenswertesten wird er durch Herbei=

schleppen schwerer Baustoffe, Balken oder Steine, wobei er Einsicht und Geschick in hohem Grade beweist und stundenlang ohne jeden Wink seines Aufsehers arbeitet.

Der höfliche Elefant

Eines Abends, erzählt Tennent, ritt ich in der Nähe von Kandy durch den Wald. Plötzlich stutzte mein Pferd über ein Geräusch, das aus dem ziemlich dichten Wald herübertönte und in einer Wiederholung von dumpfen, wie „urmpf, urmpf" klingenden Lauten bestand. Dieses Geräusch erklärte sich beim Näherkommen. Es rührte von einem zahmen Elefanten her, der eben mit harter Arbeit beschäftigt und ganz auf sich selbst angewiesen, d. h. ohne Führer war. Er bemühte sich nach Kräften, einen schweren Balken wegzutragen, den er über seine Zähne gelegt hatte und wegen des engen Weges nicht gut fort= bringen konnte. Die Enge des Pfades zwang ihn, um überhaupt durch= zukommen, sein Haupt beständig bald nach dieser, bald nach jener

Seite zu kehren, und diese Anstrengung erpreßte ihm die beschriebe=
nen mißwilligen Töne. Als das kluge Tier uns erblickte, erhob es sein
Haupt, besah uns einen Augenblick, warf plötzlich den Balken weg
und schob sich rückwärts gegen das Unterholz, um uns den Weg frei
zu machen. Mein Pferd zögerte. Der Elefant bemerkte dies, drückte
sie noch tiefer in das Dickicht und wiederholte sein „Urmpf", aber
entschieden in viel milderem Tone, offenbar in der Absicht, uns zu
ermutigen. Noch zitterte mein Pferd. Ich war viel zu neugierig auf das
Beginnen der beiden klugen Geschöpfe, als daß ich mich eingemengt
hätte. Der Elefant wich weiter und weiter zurück und wartete unge=
duldig auf unseren Vorüberzug. Endlich betrat mein Pferd den Weg,
zitternd von Furcht. Wir kamen vorüber, und augenblicklich trat der
Elefant aus dem Dickicht hervor, erhob seine Last von neuem und
setzte seinen mühseligen Weg fort wie vorher.

Abenteuer mit einem Nashorn

Als ich mich einst auf der Rückkehr von einer Elefantenjagd befand,
erzählte Oswell, bemerkte ich ein großes Stumpfnashorn in kurzer
Entfernung vor mir. Ich ritt ein vortreffliches Jagdpferd, das beste
und flotteste, das ich jemals während meiner Jagdzüge besessen habe;
doch war es eine Gewohnheit von mir, niemals ein Nashorn zu Pferde
zu verfolgen, einfach deshalb, weil man sich dem stumpfsinnigen
Vieh weit leichter zu Fuß nähern kann. Bei dieser Gelegenheit jedoch
schien es, als ob das Schicksal dazwischentreten wolle. Meinen Nach=
reitern mich zuwendend, rief ich aus: „Beim Himmel, der Bursche hat
ein gutes, feines Horn; ich will ihm einen Schuß geben." Mit diesen
Worten gab ich meinem Pferde die Sporen, war in kurzer Zeit neben
dem ungeheuren Tiere und sandte ihm eine Kugel in seinen Leib,
doch, wie sich zeigte, nicht mit tödlicher Wirkung. Das Nashorn, an=
statt, wie gewöhnlich, die Flucht zu ergreifen, blieb zu meiner größten
Verwunderung sofort stehen, drehte sich rasch herum und kam, nach=
dem es mich ein oder zwei Augenblicke neugierig angesehen hatte,
langsam auf mich los. Ich dachte nicht an Flucht, versuchte aber doch,

mein Pferd wegzulenken. Aber dieses Geschöpf, sonst so gelehrig und lenksam, daß der kleinste Druck des Zügels genügte, verweigerte jetzt ganz entschieden, mir zu gehorchen. Als es endlich bereit war, zu folgen, war es zu spät; denn das Nashorn war bereits so nahe ge= kommen, daß ich wohl einsah, ein Zusammentreffen mußte unver= meidlich sein. Und in der Tat, einen Augenblick später bemerkte ich, wie das Scheusal seinen Kopf senkte, und indem es ihn rasch nach oben warf, stieß es sein Horn mit solcher Kraft zwischen die Rippen meines Pferdes, daß es durch den ganzen Leib, durch den Sattel selber hindurchfuhr und ich die scharfe Spitze in meinem Bein fühlte. Der Stoß war so furchtbar, daß mein Pferd einen richtigen Purzelbaum in der Luft schoß und nach rückwärts zurückfiel. Was mich anbelangt, so wurde ich mit Gewalt gegen den Boden geschleudert, und kaum lag ich hier, als ich auch schon das Horn des wütenden Tieres neben mir erblickte. Doch mochte es seine Wut gekühlt und seine Rache erfüllt haben. Es ging plötzlich mit leichtem Galopp von dem Schauplatz seiner Taten ab. Meine Nachreiter waren inzwischen näher gekom= men. Ich eilte zu einem hin, riß ihn vom Pferd herab, sprang selbst in den Sattel und eilte, ohne Hut, das Gesicht von Blut strömend, rasch dem sich zurückziehenden Tier nach, das ich zu meiner großen Ge= nugtuung wenige Minuten später leblos zu meinen Füßen hingestreckt sah.

Das erboste Nilpferd

Wir hatten unweit des linken Ufers des Asrak einen Regenteich auf=
gefunden, der vom Strom während seines Hochstandes gefüllt worden
und noch bei unserer Ankunft im Februar ziemlich wasserreich war.
Außer einer Menge von Vögeln lebten in ihm Krokodile und mehrere
Flußpferde mit ihren Jungen. Unsere Jagdlust erregten vor allem die
Schlangenhalsvögel, obgleich wir, um diese geschickten Taucher er=
legen zu können, oft bis an die Brust in das Wasser waten mußten —
trotz Krokodilen und Nilpferden, um die wir uns zunächst gar nicht
kümmerten. Mein Jäger Tomboldo, der die Jagd im Adamskostüm
ausübte, hatte eben den vierten Schlangenhalsvogel geschossen und
watete auf ihn zu, um ihn aufzufischen. Da schreit plötzlich am an=
dern Ufer ein Sudanneger laut auf und winkt und gebärdet sich wie
toll; Tomboldo blickt sich um und sieht ein wutschnaubendes Nil=
pferd auf sich losstürmen. Das Ungetüm hat bereits festen Grund
unter den Füßen und jagt wie ein angeschossener Eber durch die
Fluten; der Nubier ergreift in Todesangst die Flucht und erreicht, bis
ans Ufer von seinem furchtbaren Feind verfolgt, glücklich den Wald.
Ich war mit meiner leider nur für leichte Munition eingerichteten
Büchse dem Diener zu Hilfe geeilt und fand ihn im Gebet und stöh=
nend auf der Erde liegen: „La il laha il Allah, Mohammed rassuhl!
Allah! — Es gibt nur einen Gott, und Mohammed ist sein Prophet! —
Nur bei Allah, dem Starken, ist die Stärke; allein nur bei Gott, dem
Helfenden, ist die Hilfe! — Behüte, o Herr, deinen Gläubigen vor den
aus deinen Himmeln zur Hölle hinabgestürzten Teufeln! — Du Hund,
du Hundesohn, Hundeenkel und Hundeurenkel — du willst einen
Muslim fressen?! Verdamme dich der Allmächtige, werfe er dich in
das tiefste Loch der Hölle!" Diese und ähnliche Stoßseufzer und
Flüche entrangen sich seinen Lippen. Dann aber sprang er auf, lud
eine Kugel in sein Gewehr und sandte sie dem Nilpferd nach, das
noch immer vor uns tobte. Lustig tanzte die Kugel auf dem Wasser
hin und — am Ziel vorüber.

„Beim Bart des Propheten, bei dem Haupt deines Vaters, Effendi", bat er mich, „sende du dem nichtswürdigen Gottesleugner aus deiner Büchse eine Kugel zu. Ach, auch der schöne Tauchervogel ist nun verloren!"

Ich schoß und hörte die Kugel einschlagen. Das Nilpferd brüllte, tauchte einige Male unter und schwamm nach der Mitte des Sees, ohne wie es schien, durch den Schuß sonderlich gestört zu sein. Nur seine Wut nahm sichtlich zu.

Wenige Tage nach diesem Vorfall kamen wir wieder zu dem See. In das Wasser wagten wir uns allerdings nicht mehr, aber die Fluß= pferde ihrerseits schienen das Land zu achten, und so herrschte jeder Gegner in seinem eigenen Kreis, wir auf dem Land, die Nilpferde im Wasser. Nach ergiebiger Jagd kehrten wir nachmittags auf das Boot zurück, mit der Absicht, die Jagd am andern Morgen fortzusetzen. Da wurden wir gegen Sonnenuntergang benachrichtigt, daß soeben ein großer Trupp von Pelikanen im See eingefallen sei. Wir gingen deshalb nochmals aus und begannen unsre Jagd auf die Vögel, die im letzten Strahl der Sonne auf dem dunklen, stellenweise vergoldeten Wasserspiegel wie große weiße Seerosen leuchteten. In kurzer Zeit hatte ich zwei Pelikane erlegt; Tomboldo jagte auf der andern Seite. Ich wartete bis nach Sonnenuntergang auf ihn; als er jedoch nicht erschien, trat ich mit meinem nubischen Träger den Rückweg an.

Unser Pfad führte durch ein verwildertes Baumwollfeld, das bereits vom Urwald wieder in Besitz genommen worden und mit Dornen= ranken und andern Stachelgewächsen dicht verwuchert war. Froh unsrer Beute und der schönen lauen Nacht nach dem heißen Tag zogen wir dahin.

„Effendi, schau, was ist das?" rief der Nubier plötzlich. Er deutete dabei auf drei dunkle, hügelartige Haufen, die ich, soweit ich mich erinnerte, am Tage nicht gesehen hatte; ich blieb stehen und blickte scharf nach ihnen hin; da bekam einer der Hügel auf einmal Leben, setzte sich in Bewegung und – das nicht zu verkennende Wutgebrüll des Nilpferdes tönte uns entgegen und belehrte uns peinlich über den Irrtum, den Urheber für einen Erdhaufen gehalten zu haben. Und nun ging er geradeswegs auf uns los.

Weg warf der Nubier Büchse und Jagdbeute – „Hauen aleihna ja rabbi! – Hilf uns, o Herr des Himmels", rief er schaudernd, „flieh, Effendi, bei der Gnade des Allmächtigen – sonst sind wir verloren!"

Und verschwunden war die dunkle Gestalt im Gebüsch. Ich aber wurde mir bewußt, daß ich in meiner lichten Jagdkleidung notwen= digerweise die Augen des Ungetüms auf mich lenken mußte, und, waffenlos wie ich war — denn meine Waffen waren eben keine gegen den hautgepanzerten Riesen! — stürzte ich mich blindlings in das dornige Gestrüpp. Hinter mir her brüllte, tobte, stampfte das erboste Tier, rechts und links vor mir verflochten sich Dornen und Ranken zu einem fast undurchdringbaren Gestrüpp; die Stacheln der Nilmimose verwundeten mich überall, die krummen Dornen des Nabakh rissen lange Fetzen von meiner Kleidung. Und weiter floh ich, keuchend, schweißtriefend, blutend — immer geradeaus, ohne Ziel, ohne Rich= tung, gejagt von Tod und Verderben. Hindernisse gab es für mich nicht mehr. Wie sehr auch die Dornen mich verwundeten und die Wunden schmerzten, ich achtete nicht darauf, sondern hetzte weiter, weiter, weiter! Wie lange die wilde Jagd gedauert haben mag, weiß ich nicht; es schien mir eine Ewigkeit zu sein, aber sehr lange währte sie sicherlich nicht, denn sonst hätte mich das Ungetüm sicherlich ein= geholt. Vor mir Nacht, hinter mir der entsetzliche Feind — ich wußte nicht mehr, wo ich mich befand. Da — Himmel! — ich stürzte und stürzte tief. Aber ich fiel weich; nämlich ins Wasser. Ich lag im Fluß. Als ich wieder an die Oberfläche kam, sah ich oben am Ufer den Schatten des Nilpferds. Auf der andern Seite aber schimmerte mir das Feuer unsrer Barke tröstlich entgegen. Ich durchschwamm eine Bucht und war gerettet. Aber tagelang habe ich die Folgen dieser Flucht verspürt. Meine Büchse war dahin, und von meinem Anzug hatte ich nur noch Lumpen gerettet.

Tomboldo war auf seinem Heimweg in dieselbe Gefahr gekommen; auch er wurde von dem Nilpferd angenommen und bis zum Ufer verfolgt. In höchster Aufregung langte er bei uns an, und schon aus weiter Ferne hörten wir ihn: „Brüder, meine Brüder, preist den Pro= pheten! Betet für das Wohl meiner Seele! Der Sohn des Teufels war mir nahe, aber Gott der Erhabene ist barmherzig. Preiset den Pro= pheten, ihr Brüder. Ich aber will gewiß einen ganzen Sack Datteln zum Opfer bringen."

Wie ein Nilpferd geboren wird

Gegen Ende des Jahres 1870 — berichtet Bartlett aus dem Londoner Tiergarten — bemerkte der Wärter wie ich selbst eine auffallende Veränderung im Wesen und in der Erscheinung unsres alten weib= lichen Flußpferdes, und wir nahmen an, daß das Tier trächtig sein müßte. Bald darauf wurde diese Annahme zur festen Überzeugung, weil die Alte dem Wärter gegenüber in höchst unangenehmer Weise auftrat und ihn nicht selten aus ihrem Stall vertrieb. Wir begannen von da an das Tier genau zu beobachten.

Am 21. Februar bemerkten wir eine neue Veränderung im Gebaren der Alten. Sie war überaus unruhig und blickte wild um sich. Sofort ließ ich das Haus verschließen. Von dem kleinen Fenster eines Neben= raumes aus konnten wir ungesehen beobachten und jede Bewegung des Tieres verfolgen. Bis zum Nachmittag des nächsten Tages zeigte es Unruhe und Aufregung, lief im Haus umher, legte sich nieder, um sofort wieder aufzustehen, warf sich bald auf die eine, bald auf die andere Seite, ging rückwärts und vorwärts, starrte vor sich hin, erhob den Kopf, öffnete und schloß den Rachen, knirschte mit den Zähnen und strengte sich dabei so an, daß ihm die blutige Ausschwitzung der Haargefäße über Gesicht und Flanken herabrann. Der Anblick des leidenden angsterfüllten Ungetüms wurde zuletzt wahrhaft er= müdend. Das geringste Geräusch erregte seine Aufmerksamkeit, und als der Wärter notgedrungen in das Haus eintrat, stürzte es wütend auf ihn los. Um das Männchen bekümmerte es sich wenig und gab ihm nicht mehr Antwort auf seinen Anruf, wie es bis dahin zu tun pflegte. Aus allem ging hervor, daß der Augenblick der Geburt sehr nahe sein mußte. Zuletzt erwählte das Tier einen Lagerplatz, legte sich nieder, verweilte einige Minuten vollkommen ruhig, und plötz= lich, wie durch Zaubergewalt, war das junge Flußpferd, der Kopf voran, in die Welt geschleudert worden.

Unmittelbar nach der Geburt war die Mutter auf den Beinen, drehte sich herum, stürzte mit geöffneten Kinnladen auf das Junge und umschloß es teilweise mit ihrem Rachen. Hätte sie in diesem

bedenklichen und aufregenden Augenblick irgend jemand gesehen oder gehört, so würde sie ihr Kind unfehlbar getötet haben. Mit anhaltendem Atem erwarteten wir ihr ferneres Beginnen. Sie ließ das Kleine los, rollte die Augen, lauschte und schien im Zweifel zu sein, was sie tun sollte, als zu unserem Erstaunen das neugeborene Junge auf das laute Gebrüll des Männchens antwortete und dabei seine Ohren schüttelte. In demselben Augenblick drehte sich die Alte rückwärts und ließ ihre lange flache Zunge über den Körper des kleinen Wesens gleiten, das sich gleichzeitig zu bewegen begann und zu gehen versuchte. Die Mutter unterstützte diese Anstrengungen, und zwar mit Hilfe ihrer Schnauze, mit der sie das Junge vorwärts schob. Eine halbe Stunde nach der Geburt lief es bereits, wenn auch noch schwankend, im Stall umher, sorgfältig bewacht von der Mutter, die ihm dicht auf den Fersen folgte. Mit Eintritt der Dämmerung hatte es ein ihm behagliches Strohbett im Winkel des Stalls gefunden und sich niedergelegt, und die Mutter lagerte sich neben ihm. Am anderen Morgen war das Junge schon sehr zu Kräften gekommen, lief ein paarmal im Stall auf und nieder, antwortete, während die Alte auch heute noch schweigsam blieb, wiederholt auf das Gebrüll des alten Männchens, verschlief aber den größten Teil des Tages. Saugen sah man es nicht, wir nahmen an, daß es dies während der Nacht tun werde.

Zwei Tage später sahen wir das Junge anscheinend schlafend und die Mutter in schlechter Laune, bemerkten aber bald, daß das Junge vergebliche Anstrengungen machte, sich zu erheben. Dies schien mir

bedenklich: ich beschloß deshalb, es von der Mutter zu trennen, so
schwierig und gefährlich dieses Unterfangen auch war. Umsonst ver=
suchte der Wärter, die Alte in das Wasserbecken zu treiben und das
trennende Gitter hinter ihr zu schließen; das Tier stürzte sich wohl
ins Wasser, drehte sich aber augenblicklich wieder um und warf sich
dem Wärter wütend entgegen. Erst mit Hilfe der Feuerspritze gelang
die Absperrung und die Wegnahme des Jungen, das zu unserm
Erstaunen bereits 100 Pfund wog, so schlüpfrig und glatt wie ein
Aal war und in unsern Armen tüchtig strampelte. In einem warmen
Raum auf einem weichen Bett von Heu gelagert und mit einem
wollenen Tuch bedeckt, schien es wieder aufzuleben, nahm auch ohne
weiteres die mit lauer Ziegenmilch gefüllte Saugflasche an und gab
uns Hoffnung auf Erhaltung seines Lebens. Doch schon nach der
zweiten Mahlzeit wurde es von Krämpfen befallen und starb uns
unter den Händen. Es hatte nie an seiner Mutter getrunken und war
infolgedessen verkümmert. An der Mutter konnte die Schuld nicht
gelegen haben, denn sie würde nicht allein das Saugen willig ge=
stattet, sondern ihr Kind auch ausreichend ernährt haben.

Lecomte und die Mähnenrobbe

Lecomte war der erste, der eine lebendige Mähnen= oder Ohrenrobbe
nach Europa brachte. Der alte Seemann hatte als Robbenschläger die
Tiere kennen und lieben gelernt, und nun wollte er versuchen, sie
an die Gefangenschaft zu gewöhnen und womöglich zu zähmen. Zu
seiner eigenen Überraschung gelang ihm beides weit besser, als er
geglaubt hatte. Allerdings verlor er fast alle seine Pflegekinder; eine
Robbe aber blieb am Leben und wurde so zahm, daß sich bald ein
wirkliches Freundschaftsverhältnis zwischen dem Pfleger und seinem
Schutzbefohlenen heranbildete. Das Tier lernte seinen Herrn ver=
stehen, gehorchte ihm auf das Wort und ließ sich leicht zu verschie=
denen Kunststücken abrichten, die um so größere Bewunderung er=
regten, je weniger man dem anscheinend so plumpen Geschöpf Beweg=
lichkeit zutrauen mochte. Infolge der Teilnahme, die unser Schiffer

mit seiner gezähmten Mähnenrobbe überall erweckte, beschloß er sie in verschiedenen Städten zur Schau zu stellen, wurde aber dann bewogen, sie an den Tiergarten in London abzutreten und fernerhin hier zu pflegen. Man errichtete ein weites tiefes Becken mit einem inselähnlichen Gemäuer in der Mitte, verband beides mit einem Stall und gestattete Lecomte zur Unterhaltung der Besucher nach Art der Tierbudenbesitzer Schaustellungen zu geben. Mähnenrobbe und Pfleger fanden bald die verdiente Anerkennung und zogen Tau= sende von Besuchern nach dem Garten zu Regentpark.

Ich selbst, obwohl kein Freund derartiger Darstellungen, wurde durch Lecomte, wenn auch nicht bekehrt, so doch überrascht und gefesselt, denn ein ähnliches Verhältnis zwischen Mensch und Tier hatte ich bis dahin noch nicht gesehen.

Welcher von beiden als das anziehendere Schaustück gelten durfte, blieb mir zunächst fraglich; jedenfalls erkannte ich sofort, daß die Mähnenrobbe ohne Lecomte nicht halb soviel Anziehungskraft aus= üben würde. Beide verstanden sich vollkommen, beide schienen die gleiche Zuneigung zueinander zu hegen, wenn man auch nicht ver= kennen konnte, daß die Robbe es ernster meinte. Die Robbe tat, was Lecomte mit kluger Berücksichtigung der Eigentümlichkeiten des Tieres befahl; sie erinnerte in der Art, auf alle Wünsche ihres Freun= des einzugehen, lebhaft an einen wohlgezogenen Hund und verstand ohne Zweifel die einzelnen Worte und Befehle ganz genau und handelte danach: sie antwortete auf einen Anruf, näherte sich ihrem Gebieter, wenn sie gerufen wurde, kletterte auf Befehl dem Mann auf den Schoß, näherte ihre Schnauze seinem Gesicht, was einen Kuß bedeuten sollte, warf sich auf den Rücken, zeigte ihr Gebiß, ihre Vorder= und Hinterflossen und mißverstand nicht einen einzigen der Befehle, die Lecomte erteilte. Es handelte sich allerdings meist darum, einen leckeren Bissen zu ergattern; die Robbe mußte zum Beispiel über ein Brett rutschen und sich ins Wasser stürzen, um ein in das Becken geworfenes Fischchen heraufzuholen. Sie war aber so fett, daß sie unmöglich Hunger haben und aus Hunger handeln konnte, vielmehr schien sie die Leckerbissen als eine Belohnung anzusehen, die sich für geleistete Arbeit von selbst verstand. Alle diese „Arbeiten" führte sie unverdrossen zu jeder Tageszeit aus, obgleich sie zehnmal am Tage dasselbe tun und ihre behäbige Ruhe opfern mußte.

Bei dieser Gelegenheit war auch für den Naturforscher allerlei zu beobachten, z. B. daß die Bewegungsreise der Mähnenrobbe sich wesentlich von der eines Seehundes unterscheidet: die Mähnenrobbe kriecht nicht wie der Seehund mühselig am Boden fort, sondern geht auf ihre breiten Flossen gestützt in höchst absonderlicher Weise dahin. Auch im Klettern stellt sie sich viel geschickter an als ihr kleiner Verwandter: sie wirft sich springend über den Rand ihres Beckens weg und fällt dabei nicht wie der Seehund auf die Brust, sondern auf die Flossen, schreitet sodann, eine Flosse um die andere vorwärts setzend, aus, zieht den hinteren Teil des Leibes nach, hebt sich auch auf die Hinterbeine und watschelt nun schneller, als man erwarten konnte, vorwärts, hält sich auf schmalen Kanten mit Sicherheit fest, schmiegt ihre Flossen jeder Unebenheit des Bodens an und klettert so an ziemlich steilen Flächen empor, gelangt auf solche Weise auch auf den Schoß des Pflegers und ist imstande, ihren ganzen Leib derart auf die Hinterbeine zu stützen, daß der vordere Teil eine bedeutende Bewegungsfreiheit erlangt. Nur wenn sie auf ebenem Boden läuft, sieht sie wegen des bei dieser Bewegung stark gekrümmten Rückens unschön aus; bei allen übrigen Bewegungen bilden die Umrisse ihres Körpers reich bewegte, angenehm ins Auge fallende Linien. Auch der Ausdruck ihres Gesichtes ist ansprechend; das große lebhafte Auge, dessen Stern sich erweitert und verengt, deutet auf einen wohlentwickelten Verstand.

Lecomtes Begabung, mit dem Tier umzugehen, war wie gesagt ebenso überraschend wie die Leistungen der Mähnenrobbe selbst. Er kannte seinen Pflegling bis ins kleinste, sah ihm alles an den Augen ab, behandelte ihn liebevoll, täuschte ihn nie und war vor allem darauf bedacht, ihn nie zu übermüden. Die Mähnenrobbe wurde so zu einem Zugstück wie wenig andre Tiere des reich bevölkerten Tiergartens.

Als das wertvolle Tier nach einigen Jahren starb, hatte es sich die Gunst der Besucher in so hohem Grade erworben, daß die Gesellschaft es für nötig fand, Lecomte nach den Falklandinseln zu schicken, einzig zu dem Zweck, andre Ohrenrobben derselben Art zu erwerben.

Ein Seehundskind

Gelegentlich eines Besuches bei einem Tierhändler sah ich einen weib=
lichen Seehund, dessen Umfang zu frohen Hoffnungen berechtigte.
Obgleich nun dieses Tier durch zwei Wunden, die es beim Einfangen
erhalten hatte, entstellt und als Schaustück wertlos war, beschloß ich
doch, es zu kaufen, weil ich annehmen durfte, Gelegenheit zu wich=
tigen Beobachtungen zu finden. Soviel ich wußte, hatten trächtige
Seehunde schon wiederholt in der Gefangenschaft geboren; die Jun=
gen waren aber immer sofort nach ihrer Geburt gestorben. Ich sollte
glücklicher sein, vielleicht nur deshalb, weil ich der trächtigen See=
hündin einen kleinen Teich zum Aufenthaltsort anweisen konnte.

Die Geburt des wohlausgetragenen Jungen erfolgte am 30. Juni in
früher Morgenstunde; der Wärter, dem ich den Seehund in Pflege
gegeben hatte, sah bei seiner Ankunft am Morgen das Junge bereits
neben der Alten im Wasser spielen. An Land fand ich neben einer
ziemlichen Menge von Blut und dem Mutterkuchen auch das ganze
Jugendkleid des Neugeborenen, einen nicht unbedeutenden Haufen
seidenweicher, kurzer, aber gewellter Haare, welche sämtlich auf einer
Stelle von geringem Umfang lagen und bereits im Mutterleibe abge=
streift worden zu sein schienen. Das Junge hatte keine Spur des Woll=
kleides mehr an sich; seine Färbung ähnelte vollständig der seiner
Mutter; nur waren die einzelnen Farben frischer und glänzender. Die
Augen schauten klar und munter in die Welt. Selbst die Bewegungen
des jungen Weltbürgers waren schon ganz die seiner Eltern: im Was=
ser genau ebenso meisterhaft, an Land genau ebenso ungeschickt. Er
schien in den ersten Stunden seines Lebens bereits alle Fertigkeiten
seines Geschlechtes sich angeeignet zu haben, schwamm auf dem
Bauch wie auf dem Rücken, tauchte leicht und lange, nahm im Wasser
die verschiedensten Stellungen an, gebärdete sich mit einem Wort
durchaus wie ein Alter. Aber es war auch als ein merkwürdig ausge=
bildetes und auffallend großes Tier zur Welt gekommen. Noch am
Tag seiner Geburt gelang es uns, den kleinen, bereits wehrhaften
Gesellen zu wiegen und zu messen: das Gewicht betrug 8,75 kg.

Es war im höchsten Grad anziehend, die beiden Tiere zu beobach=
ten. Die Alte war sichtlich erfreut über ihren Sprößling und offen=
barte in jeder Hinsicht die größte Zärtlichkeit, wogegen das Junge,
altklug, seine Mutter zu verstehen schien. Bereits in den ersten Tagen
spielte diese in täppischer Weise mit ihm, zuerst im Wasser, später
an Land. Beide rutschten mehrmals das Land hinauf; die Alte lud
dazu das Junge durch ein heiseres Gebrüll ein oder berührte es sanft
mit ihren Vorderflossen. Beim Spielen wurde die gegenseitige An=
hänglichkeit jedermann ersichtlich. Von Zeit zu Zeit tauchten beide
Köpfe im Wasser auf, dicht nebeneinander; dann berührten sie sich
mit den Schnauzen, als wollten sie sich küssen. Die Alte ließ das Junge
stets vorausschwimmen und folgte ihm bei jeder Bewegung nach,
trieb es auch wohl ab und zu durch sanfte Schläge nach der von ihr
beabsichtigten Richtung hin. Nur wenn es an Land gehen sollte, gab
sie den zu nehmenden Weg an. Schon abends saugte das Junge unter
hörbarem Schmatzen kräftig an der Mutter, die sich zu diesem Zweck
auf die Seite legte und durch Knurren den Säugling herbeirief. Später
kam es, sechs= bis zehnmal täglich, zu der Alten gekrochen, um sich
Nahrung zu erbitten. Im Wasser saugte es nie, wenigstens habe ich
es nicht gesehen.

Überraschend schnell nahm das Junge an Größe und Umfang zu;
auch seine Bewegungen wurden mit jedem Tag freier und kühner,
seine Teilnahme und Verständnis für die Umgebung größer. Ungefähr
acht Tage nach der Geburt nahm es an Land alle Seehundsstellungen
an: die behagliche faule Lage auf den Seiten und auf dem Rücken, die
gekrümmte, wobei es die Hinterflossen gefaltet hoch emporhob und
mit ihnen spielte, und ähnliche mehr. In der dritten Woche war es

vollkommen zum Seehund geworden. Dem Wärter gegenüber zeigte es sich scheu und ängstlich, und so gelang es mir erst in der sechsten Woche, es zum zweitenmal auf die Waage zu bringen. Um diese Zeit hatte es gerade das Doppelte seines Geburtsgewichts erlangt, trotz= dem es bis dahin nur gesäugt und noch keine Fischkost zu sich ge= nommen hatte.

Zu meinem großen Bedauern verlor ich das muntere Tierchen in der achten Woche seines Lebens. Es war unmöglich, es an Fischkost zu gewöhnen, und der Alten ging nach und nach die Milch aus. Zwar versuchte sich jenes an den ihm vorgeworfenen Fischen, doch schien ihm die Nahrung schlecht zu bekommen. Es magerte mehr und mehr ab und lag eines Morgens tot auf seinem Ruheplatz.

Grindwalfang auf den Färöeinseln

Es sei hier eine ebenso eingehende wie anschauliche Schilderung von Graba mitgeteilt.

Am 2. Juli erscholl mit einem Male von allen Seiten her der laute Ruf „Grindabud". Dieser Ruf zeigt an, daß eine Schar Grindwale durch ein Boot entdeckt worden sei. In einem Augenblick war ganz Thorshaven in Bewegung; aus allen Kehlen erscholl es „Grindabud", und allgemeiner Jubel verkündete die Hoffnung, sich bald an einem Stück Walfleisch zu laben. Hier liefen die Leute zu den Booten, dort andere mit den Walfischmessern; dort wieder trabte eine Frau ihrem Mann nach mit einem Stück trockenen Fleisches, damit er nicht ver= hungere; Kinder wurden über den Haufen gerannt; und vor lauter

Wie alle Robben sind auch Seelöwen behende Schwimmer. Da sie auch sehr gelehrig sind, sieht man sie oft als Jonglierkünstler in der Zirkus= manege.

Eifer fiel einer aus dem Boote in die See. In Zeit von zehn Minuten stießen elf Achtmannsfahrer vom Lande; die Jacken wurden ausgezogen und die Ruder mit einem Eifer gebraucht, daß die Fahrzeuge wie Pfeile dahinschossen.

Wir begaben uns zum Amtmann, dessen Boote und Leute in Bereitschaft waren, und gingen mit ihm erst auf die Schanze, um von hier zu sehen, wo die Wale seien. Durch unser Fernrohr entdeckten wir zwei Boote, die Grindabud anzeigten. Jetzt stieg eine hohe Rauchsäule beim nächsten Dorf auf, gleich darauf eine beim benachbarten Berge; überall flammten Zeichen; Boten wurden zu allen benachbarten Ortschaften gesandt; der Fjord wimmelte von Fahrzeugen. Wir bestiegen die Jacht des Amtmanns und hatten bald alle übrigen eingeholt. Jetzt erblickten wir die Wale, um die von allen Booten ein weiter Halbkreis geschlossen wurde. Zwanzig bis dreißig Boote, denen wir uns angeschlossen hatten, umringten etwa hundert Schritte voneinander entfernt den Haufen und trieben ihn langsam vor sich her, der Bucht von Thorshaven zu. Ungefähr der vierte Teil der Wale war sichtbar; bald tauchte ein Kopf hervor und spie seinen Wasserstrahl aus, bald zeigte sich die hohe Rückenfinne, bald der ganze Oberkörper. Wollten sie den Versuch machen, unter den Fahrzeugen durchzuschwimmen, so wurden Steine und Stücke Blei, an Schnüren befestigt, in das Wasser geworfen; schossen sie rasch vorwärts, so wurde gerudert, daß die Ruder brachen. Wo Unordnung entstand, wo einige Boote sich zu weit vordrängten oder sonstige Fehler begingen, dahin ließ der Amtmann sich rudern, um schnell Ordnung zu schaffen. Als die Wale dem Eingang des Hafens nahe waren und nicht leicht mehr entrinnen konnten, eilten wir der Stadt zu. Der Strand wimmelte von Menschen, die dem Geschäft des Mordens zusehen wollten. Wir wählten uns einen guten Standpunkt aus, von wo wir alles in der Nähe betrachten konnten.

Eisbären lernen es in unseren Tierparks sehr schnell, stehend oder sitzend die Besucher um Leckerbissen anzubetteln.

Je näher die Wale dem Hafen und dem Lande kamen, desto un=
ruhiger wurden sie, drängten sich auf einen Haufen dicht zusammen
und achteten wenig mehr des Steinwerfens und Schlagens mit den
Rudern. Immer dichter zog sich der Kreis der Boote um die unglück=
lichen Schlachtopfer, immer langsamer zogen sie in den Hafen hinein,
die Gefahr ahnend; jetzt, als sie in den Westervaag gekommen waren,
welcher ungefähr nur zweihundertfünfzig Schritte breit und doppelt
so lang ist, wollten sie sich nicht länger wie eine Herde Schafe treiben
lassen und machten Miene, umzukehren. Das war der entscheidende
Augenblick. Unruhe, Besorgnis, Hoffnung, Mordlust zeigte sich in
den Gesichtern aller Fähringer. Sie erhoben ein wildes Geschrei, ru=
derten kräftig auf den Haufen zu und stachen mit ihren breiten Har=
punen diejenigen Wale, die dem Boot nicht so nahe waren, daß der
Schlag ihres Schwanzes dieses hätte zerschmettern können. Die ver=
wundeten Tiere stürzten mit fürchterlicher Schnelligkeit vorwärts, der
ganze Haufen folgte und rannte auf den Strand.

Nun begann ein fürchterliches Schauspiel. Alle Boote eilten den
Walen nach, fuhren blindlings unter sie und stachen tapfer darauf
los. Die Leute, die am Strande standen, gingen bis unter die Arme
ins Wasser zu den verwundeten Tieren, schlugen ihnen eiserne Ha=
ken, an die ein Strick gebunden war, in den Leib oder in die Blase=
löcher, und nun zogen drei bis vier Mann den Wal vollends auf das
Land und schnitten ihm die Gurgel bis auf den Rückenwirbel durch.
Im Todeskampf peitschte das sterbende Tier die See mit seinem
Schwanz, daß das Wasser weit umherstob; die kristallhelle Flut des
Hafens war blutrot gefärbt.

So wie der Soldat in der Schlacht alles menschliche Gefühl verliert
und zum reißenden Tier wird, so entflammte die Blutarbeit der Fäh=
ringer bis zur Wut und Tollkühnheit. An dreißig Boote, dreihundert
Menschen, achtzig getötete und noch lebende Wale befanden sich auf
einem Raume von wenigen Geviertruten. Geschrei und Toben über=
all. Kleider, Gesichter und Hände vom Blut gefärbt, glichen die sonst
so gutmütigen Fähringer den Kannibalen der Südsee; kein Zug des
Mitleidens äußerte sich bei dem gräßlichen Gemetzel. Als aber ein
Mann durch den Schlag des Schwanzes eines sterbenden Wales nie=
dergestreckt und ein Boot in Stücke zerschlagen war, wurde der letzte
Teil dieses Trauerspiels mit mehr Vorsicht zu Ende gespielt.

Achtzig getötete Wale bedeckten den Strand; nicht ein einziger war entkommen. Sobald das Wasser erst mit Blut gefärbt und durch das Schlagen mit dem Schwanz der sterbenden getrübt ist, erblinden die noch lebenden und taumeln im Kreise umher. Entrinnt auch einer zufällig in das klare Wasser, so kehrt er doch sogleich in das blutige zu seinen Gefährten zurück.

Zum großen Erstaunen der Fähringer ging der Fang leicht und glücklich von statten, obgleich der Pastor und mehrere schwangere Frauen zusahen. Man glaubt hier nämlich fest daran, daß die Wale sogleich umkehren, wenn sie einen Prediger vor sich haben; ist ein solcher in der Nähe, so bitten sie ihn, daß er hinter den Booten bleibe. Schwangere Frauen soll der Grind nun gar nicht leiden können; deshalb kamen mehrere Fähringer zum Amtmann und baten ihn, jenen zu befehlen, sich zu entfernen, was aber nicht geschah. Trotz Prediger und Frauen wurden alle Grinde erledigt. Sonst läßt man gern einen entwischen, damit dieser wieder andere herbeihole.

Oft trifft es sich, daß der Grind sich nicht gut treiben lassen will, besonders wenn es große Haufen von mehreren Hunderten sind. Dann kehrt er sich nicht an das Steinewerfen, geht unter den Booten hindurch und verursacht den Leuten tagelange, oft ganz vergebliche Arbeit. Oftmals entwischt er, wenn er schon in eine der wenigen ge= eigneten Buchten getrieben ist, durch den Übereifer und die Unvor= sichtigkeit der Leute. Wenn diese nämlich zu früh stechen, so daß der Grind nicht mit einer Fahrt auf den Strand läuft, so kehrt er wieder um und läßt sich nicht zum zweiten Male treiben; oder wenn sie zu= erst solche Grinde treffen, die nicht mit dem Kopf gegen den Strand gerichtet sind, so schießen die Verwundeten in die See hinaus, und der ganze Haufen folgt. Tritt die Nacht ein, bevor man zum Schlach= ten kommt, so schließen die Boote einen engen Halbkreis vor der Bucht, und die Leute zünden Feuer an; dann meint der Grind, es sei der Mond, zieht sich gegen diesen hin und hält sich ruhig bis zum Morgen, an dem dann die Blutarbeit beginnt. Oftmals sind sie ent= kommen, weil die Geräte nicht gehörig instand gewesen sind; deshalb wird jetzt im Juni von dem Amtmann und den Sysselmännern eine allgemeine Untersuchung vorgenommen und derjenige bestraft, des= sen Boot nicht zum Fang gut ausgerüstet befunden wird.

Nach einer Stunde Ruhe wurden die Körper nebeneinander gelegt,

geschätzt und ihre Größe mit römischen Zahlen in die Haut einge=
schnitten. Die Verteilung geschieht nach der Größe des Landbesitzes,
noch ebenso, wie sie seit undenklichen Zeiten vorgenommen wurde.
Nachdem nämlich der Beauftragte jeden Fisch gemessen und geschätzt
hat, wird von dem Haufen abgezogen der Zehnte, der Findlingswal,
der Madwal, der Schadenwal, der Wachtsold, die Verteilungsgebühren
und der Anteil der Armen. Der Zehnte zerfällt in drei Teile, von
denen die Kirche einen, der Prediger einen und der König oder dessen
Vertreter, der Sysselmann, einen empfängt. Der Findlingswal gebührt
demjenigen Boot, das den Grind entdeckt und kann nach Belieben
gewählt werden; der Bootsmann, der den Grind zuerst gesehen hat,
bekommt den Kopf. Der Mad= oder Speisewal ist ein kleiner Grind,
der von den Anwesenden sofort verzehrt wird. Aus dem Gewinn,
den der Schadenwal abwirft, werden die beschädigten Boote, Ruder
und Geräte vergütet. Der Wachtsold bezahlt die Leute, die des Nachts
oder solange die Fische nicht verteilt worden sind, bei diesen wachen.

Was nun noch bleibt, wird in zwei gleiche Hälften geteilt, von de=
nen die Leute des Kirchspiels, in dem der Fang geschehen ist, die eine
und das Land die andere bekommt. Jedes Dorf hat eine bestimmte
Anzahl Boote, und zu jedem Boot gehören bestimmte Leute. Die
Wale werden deshalb bootweise verteilt. Sobald „Grindabud" er=
schallt, werden Boten in alle Dörfer gesandt, die bei der Verteilung in
Frage kommen, und diese müssen dann sogleich ihre Boote abschicken,
um ihren Anteil zu holen. Kommen sie nicht innerhalb vierundzwan=
zig Stunden nach der allgemeinen Verteilung zu dem Walplatz, so
wird ihr Anteil den Meistbietenden verkauft, und das daraus erlöste
Geld fällt der Armenkasse zu. Der Grund ist der, daß nach zwei Tagen
die Wale verderben, ranzig und ungenießbar werden. Der Fähringer
sagt: die Leber brenne nach außen.

Nachdem jedem Boot sein Anteil zugewiesen war, wurden die
Fische zerlegt. Dies geschieht in folgender Weise. Sobald sie auf das
Land gezogen sind, werden zuerst die Finnen ab= und dann der Kör=
per in der Mitte durchgeschnitten. Nun wird der Speck in breiten
Streifen, darauf das Fleisch in Stücken abgelöst, Leber, Herz und
Niere, die schmackhaftesten Bissen für die Fähringer, herausgenom=
men und darauf der Rumpf umgekehrt und mit der anderen Seite
ebenso verfahren.

Der Nutzen der Wale für das Land ist sehr groß. Man rechnet im Durchschnitt auf jeden Wal eine Tonne Tran. Fleisch und Speck wer= den frisch gegessen und eingesalzen getrocknet. Je frischer das Fleisch zerschnitten wird, desto besser der Geschmack. Ich habe das frische Walfleisch gekocht recht gern gegessen: es hat Ähnlichkeit mit gro= bem eingepökeltem Rindfleisch. Der Speck hat fast gar keinen Ge= schmack, war mir aber widerlich. Wenn die Fähringer vierzehn Tage lang frisches Walfleisch gehabt haben, glänzen ihre Gesichter und Hände, sogar die Haare von Fett. Nach achtundvierzig Stunden ist das Fleisch nicht mehr zu genießen und wirkt als Brechmittel. Die Haut an den Finnen wird zu Riemen an den Rudern gebraucht, und von den Gerippen werden Einfriedigungen um das Land gemacht; der Magen wird aufgeblasen und zur Aufbewahrung von Tran verwen= det. Nur die Eingeweide bleiben unbenutzt und werden durch die Boote in die See hinausgeschleppt, damit sie nicht am Lande faulen.

Der gefährliche Pottwal

Die Jagd auf den Pottfisch ist mit weit größeren Gefahren verbunden als der Fang des Grönlandwales. Ausnahmsweise nur versucht ein Bartenwal seinem kühnen Feinde Schaden zuzufügen, während jener, wenn er angegriffen wird, sich verteidigt, mutig auf seinen Gegner losstürmt und beim Angriff nicht allein seines Schwanzes, sondern auch seines furchtbaren Gebisses sich bedient. Daß er so gut wie aus= schließlich mit den Zähnen sich verteidigt, geht aus verschiedenen Be= obachtungen hervor; so erlegt man zuweilen einzelne alte Männchen mit gänzlich verstümmeltem Unterkiefer, die offenbar vorher einen Kampf mit ihresgleichen oder einem anderen Ungeheuer der Tiefe ausgefochten haben mußten. Wie bestimmte Beobachtungen dargetan haben, ist er imstande, seinen zähnestarrenden Unterkiefer fast bis zum rechten Winkel aus der gewöhnlichen Lage zu biegen und mit einer Behendigkeit zu bewegen, die geradezu in Erstaunen setzt. Wenn er nahe der Oberfläche schwimmt, kann man beobachten, wie er den Kiefer innerhalb eines einzigen Augenblickes öffnet und schließt. Gelingt es ihm, einen größeren Gegenstand aus dem Wasser zu fischen, so rollt er diesen sofort nach dem Schlund zu oder zerfetzt ihn wenigstens bis zur Unkenntlichkeit. Wenn er angeworfen wird, bleibt er zuweilen einige Augenblicke wie gelähmt im Wasser liegen und gibt dann dem achtsamen Walfischfänger Gelegenheit, ihm noch eine oder mehrere Lanzen in den Leib zu schleudern und seinen Fang zu vollenden; in der Regel aber kämpft er verzweiflungsvoll um sein Leben und sucht keineswegs immer sein Heil in der Flucht, sondern erwidert die ihm angetane Unbill mit Wut und Ingrimm. Alle erfah= renen Seeleute wissen von Unglücksfällen zu erzählen, die durch ihn herbeigeführt wurden.

Die Mannschaft des Schiffes „Essex" hatte einen Pottfisch verwun= det, mußte aber zum Schiff zurückkehren, weil ihr Boot durch einen Schwanzschlag des harpunierten Tieres stark beschädigt wurde. Wäh= rend die Seeleute beschäftigt waren, das Boot auszubessern, erschien ein anderer Wal derselben Art in geringer Entfernung vom Schiff, betrachtete es eine halbe Minute lang aufmerksam und verschwand in der Tiefe. Nach wenigen Augenblicken kam er wieder an die Ober= fläche, eilte in voller Hast herbei und rannte mit dem Kopf so gewal= tig gegen das Schiff, daß die Seefahrer glaubten, ihr Fahrzeug wäre in vollem Laufe auf ein Riff gestoßen. Das wütende Tier ging unter dem Schiffe weg, streifte den Kiel, drehte sich um und schwamm von neuem herbei. Der zweite Stoß schlug den Bug ein und brachte das Fahrzeug zum Sinken. Von der Mannschaft wurden nur wenige gerettet.

Ein zweites amerikanisches Schiff, die „Ann Alexander", wurde ebenfalls durch einen Pottfisch vernichtet, ein drittes, die Barke „Cook", nur durch einen gutgezielten Kanonenschuß vom Untergang gerettet. Vier Monate nach dem Untergang der „Ann Alexander" fing die Mannschaft der „Rebekka" einen ungeheuren Pottfisch, der sich ohne jeden Widerstand einbringen ließ. Man fand zwei Harpunen in seinem Körper, gezeichnet „Ann Alexander". Der Kopf war stark beschädigt, und aus der fürchterlichen Wunde ragten große Stücke von Schiffsplanken hervor.

Man weiß selbst von Fällen zu berichten, daß Pottwale Schiffe ohne allen Grund herausforderten, angriffen und zerstörten. So geschah es mit der „Waterloo", einem mit Früchten beladenen britischen Fahr= zeug, das in der Nordsee durch einen Pottfisch zertrümmert wurde.

Wie viele andere Schiffe noch durch das gewaltige Tier vernichtet worden sind, ist schwer zu sagen; man zweifelt aber nicht, daß mehr als ein Schiff, das zum Walfang aussegelte und nicht zurückkehrte, durch Pottfische in den Grund gebohrt wurde.

Papageienherzen

Einzelne Papageienarten nehmen sich mit der gleichen Zärtlichkeit, die sie ihren eigenen Kindern widmen, auch verwaister, hilfloser Jungen an, und zwar auch solcher von fremden Arten. Der Arzt eines Schiffes zwischen Neuholland und England besaß einen blauen Bergpapagei und einen anderen von einer schönen, kleineren Art, den er so jung aus dem Nest gehoben hatte, daß er seine Nahrung noch nicht selbst aufraffen konnte. Der ältere übernahm es, ihn zu füttern, sorgte eifrig für seine Bedürfnisse und bewachte ihn mit der innigsten Zärtlichkeit. Die gegenseitige Freundschaft der Vögel schien mit der Zeit zuzunehmen; sie brachten den größten Teil des Tages mit Liebkosungen zu, schnäbelten sich, und der ältere breitete seine Flügel aufs zierlichste über den kleinen Schützling aus. Ihre Freund= schaftsbezeigungen wurden aber zuletzt so laut, daß man sie trennte, um den Reisenden keinen Anlaß zur Klage zu geben. Der jüngere wurde also zu mehreren anderen in eine entfernt gelegene Kajüte versetzt. Nach einer zweimonatigen Trennung gelang es dem blauen Bergpapagei zu entkommen, und siehe da, die Stimme seines jungen Freundes leitete ihn gerade in jene Kajüte, wo er sich an den Käfig anklammerte. Nunmehr wurden die beiden Freunde nicht wieder getrennt; aber vierzehn Tage später starb der jüngere an den Folgen einer Verletzung, die der Fall des Käfigs verursacht hatte. Sein Freund war seitdem stumm und folgte ihm bald nach.

Ebenso wie verschiedenartige Papageien solche Freundschaften schließen, treten sie miteinander auch in Liebesverhältnisse, die mit der Zeit derart sich befestigen, daß sie auch dann nicht gelöst werden, wenn beiden Verliebten Gelegenheit gegeben wird, mit ihresgleichen sich zu verbinden. „Von einem Pärchen Mohrenköpfe" schreibt mir

Linden, „verlor ich durch einen unglücklichen Zufall das Weibchen. Das überlebende Männchen gesellte sich hierauf zu einem Alexander= sittichweibchen, das sich alle Liebenswürdigkeiten des Fremdlings gefallen ließ. Viele Male konnte ich die Begattung beobachten; auch wurden viele Eier gelegt und, leider ohne Erfolg, bebrütet. Doch waren diese Eier keineswegs taub; denn viele, die ich öffnete, enthielten teilweise schon weit entwickelte Keimlinge. Keiner der anderen Sittiche, die den großen Raum mit dem ungleichen Pärchen teilten, durfte es wagen, in die Nähe jenes Weibchens zu kommen; denn sein Gespons bewachte ihn mit lebhafter Eifersucht, benahm sich selbst mir gegenüber feindlich, wenn seine Erwählte, ein voll= kommen zahmer und zutraulicher Vogel, mir, während ich fütterte, auf die Schulter flog und, wie üblich, um ein Stückchen Milchbrot bettelte, das sie dann mit dem Gemahl zu teilen pflegte. Wenn ich sie länger als gewöhnlich auf der Achsel sitzen ließ und liebkoste, wurde der Mohrenkopf sehr unwillig und kam mit gesträubten Federn und eigenartigen Lauten auf die untersten Sitzstangen herab.

An einem kalten Winternachmittag entkam mir das Sittichweib= chen, weil ich nicht daran gedacht hatte, daß es auf meiner Schulter saß, als ich ins Freie ging, und flog auf einen unersteigbaren Baum. Die Locktöne des Buhlen konnten die Entflohene nicht bestimmen, freiwillig herabzukommen; erst die Kälte des Abends trieb sie von hinnen und brachte sie wieder in meinen Besitz. Doch hatte sie sich bei ihrem Ausfluge eine Lungenentzündung zugezogen, an welcher sie bald darauf starb. Der Mohrenkopf suchte mit klagenden Lauten in allen Nistkästen und behielt ihr Angedenken in treuem Herzen. Während sie noch krankte, hatte ich ein Alexandersittichpaar er=

worben; dem Weibchen dieses Paares wandte sich der vereinsamte Mohrenkopf zu, nachdem er sich überzeugt hatte, daß alles Suchen nach der gestorbenen Geliebten vergeblich war. Das Paar befand sich in einem Käfige seines Flugraumes; dem Mohrenkopf gelang es aber, das ersehnte Weibchen durch Zerstören des Käfigs zu befreien, und ich gewährte seine Wünsche. Seitdem lebt er mit dem zweiten Alexandersittichweibchen ebenso vertraut wie mit jenem ersten, während der wirkliche Gatte das Nachsehen hat. Öfters versuchte ich ihn in demselben Raume wie den Mohrenkopf fliegen zu lassen, allein der letztere, der den ganzen Raum beherrscht, empfängt ihn stets höchst unfreundlich und zwingt ihn, schleunigst in seinen Käfig zurückzukehren."

Ein Tierfreund besaß einen weiblichen Jako aus der Sippe der Grau= papageien, der die zierlichste und liebenswürdigste Pflegemutter anderer kleiner hilflosen Geschöpfe war. Im Garten seines Besitzers gab es ein Beet von Rosenbüschen, die von einem Drahtgehege umwoben und von Schlingpflanzen dicht umsponnen waren. Hier nistete ein Finkenpaar, das beständig von den Hausbewohnern ge= füttert wurde. Die vielen Besuche des Rosenhaines fielen Polly, der Papageienfrau, bald auf; sie sah, wie dort Futter gestreut wurde, und beschloß dem guten Beispiele zu folgen, da sie sich frei bewegen konnte, verließ sie ihren Käfig, ahmte den Lockton der alten Finken täuschend nach und schleppte den Jungen einen Schnabel voll nach dem andern von ihrem Futter zu. Ihre Beweise von Zuneigung gegen die Pflegekinder waren aber den Alten etwas zu stürmisch; unbekannt mit dem großen Vogel entflohen sie erschreckt, und Polly sah jetzt die Jungen gänzlich verwaist und für ihre Pflegebestrebungen den weitesten Spielraum. Von Stund an weigerte sie sich, in ihren Käfig zurückzukehren, blieb vielmehr Tag und Nacht bei ihren Pflege= kindern, fütterte sie sehr sorgfältig und hatte die Freude, sie groß= zuziehen. Als die Kleinen flügge waren, saßen sie auf Kopf und Nacken ihrer Pflegemutter, und dann kam es vor, daß Polly sehr ernsthaft mit ihrer Last umherging. Doch erntete sie wenig Dank; als den Pflegekindern die Schwingen gewachsen waren, flogen sie auf und davon.
Einen noch auffallenderen Zug aus dem Gemütsleben des Jako teilt

Buxton mit. Der Elterntrieb eines Pärchens grauer Papageien, die zu den frei fliegenden Ausländern des Parkes gehörten, nahm eine sehr närrische Form an. Eine Katze richtete sich in einem der Nist=kästen ein und nährte dort ihre Jungen. Unsere Papageien, welche nicht unternehmend genug sein mochten, um es zu einer eigenen Familie zu bringen, schienen diese Kätzchen als ihre Kinder zu betrachten. Sie lebten auf beständigem Kriegsfuße mit der alten Katze, und sobald diese den Kasten verließ, schlüpfte einer der Papageien hinein und setzte sich neben die Kätzchen. Ja, sie achteten auf letztere selbst dann mit Aufmerksamkeit und Spannung, wenn die Mutterkatze zu Hause war.

Mein Molukkenkakadu, erzählt Linden, ist ein ebenso prachtvoller wie anmutiger, ebenso stolzer wie zärtlicher Vogel und unzweifel=haft seiner Schönheit sich bewußt. Seine Begabung zum Sprechen ist nicht geringer als bei jeder anderen Art. Sehr herzlich weiß er eine Anrede zu erwidern, und wenn ich ihm die Türe öffne und ihm seinen Kopf und Flügel streichele, legt er sein Gesicht an das meinige und spricht in sanftestem Tone: „Kakadu guter Papagei, gelt ein guter, guter." Gegen andere Kakadus ist er niemals abstoßend, aber auch nicht zu freundlich. Dagegen sitzt er auf seiner geöffneten Käfigtüre gern einige Zeit neben einem blaustirnigen Amazonen=papagei, den er zwar oft liebkost und schnäbelt, aber noch öfter in verschiedenster Weise zu necken sucht, ohne jemals seine Überlegen=heit geltend zu machen. Es ist Mutwillen, den er an dem Verwandten auslassen will, nichts weiter, und er läßt davon sogleich ab, wenn es dem Spielkameraden zu bunt wird und dieser ihn beißt. Gern würde ich ihm den Amazonenpapagei als immerwährenden Spiel=genossen lassen. Aber die Amazone lebt in einem sehr innigen Ver=hältnis mit einer kleinen Arara, die so eifersüchtig ist, daß ich beide unmöglich trennen kann.

Amazonenpapageien

Einer meiner Amazonenpapageien, schreibt mir Linden, singt an= mutige, melodienreiche Lieder ohne Worte und geht dazu im Takt und mit halbgeöffneten Flügeln auf seiner Stange hin und her. Erfahrene Leute, die ihn singen hörten, sagten mir, daß er Neger= lieder vorträgt, wie man sie in Brasilien hört. Über ein halbes Jahr hatte der Vogel gänzlich geschwiegen, und erst nach Ablauf dieser Frist trat er mit seiner Kunstfertigkeit hervor.

Wie dieser Amazonenpapagei einen glänzenden Beweis seines Gedächtnisses erbrachte, lieferten andere mir Belege ihrer außer= ordentlichen Begabung im Nachahmen von gehörten Lauten und Worten. Einer meiner Gefangenen singt ein hübsches, deutsches Liedchen, spricht außerordentlich vieles und stets genau in derselben Betonung wie sein, nicht selten nur zufälliger, Lehrmeister. So plau= dert er jedem anderen Vogel nach, was und wie dieser spricht. Einige Tage nachdem mein Helmkakadu gestorben war, sprach er, voll= ständig mit dessen Betonung, aber mit auffallend sanfter Stimme: „Kakadu, Kakadu, lieber Kakadu", äffte gleichzeitig aber auch dessen Bewegungen nach, als wolle er keinen Zweifel aufkommen lassen, wen er meine. Jetzt steht er neben einem Molukkenkakadu und ahmt dessen Worte und Gebärden aufs getreueste nach. Wenn angeklopft wird, ruft er „Herein!"; tut dies aber niemals, wenn auf Eisen oder Blech geklopft wurde.

Ein Amazonenpapagei, der Buxton entflogen war und sich drei Monate lang im Garten umhertrieb, bis der herannahende Winter ihn veranlaßte, das gastliche Dach des Hauses wieder aufzusuchen, ergötzte nach seiner Rückkehr allgemein durch genaueste Wieder= holung der von verschiedenen Stubenmädchen in ängstlichem Tone an ihn ergangenen Einladungen, doch zurückkehren zu wollen, schien also offenbar zu wissen, daß jene Einladungen ihm gegolten hatten, und sich darüber lustig zu machen.

Ein Amazonenpapagei, den mein Vater sah, hing mit inniger Liebe an der Tochter des Hauses, während er nicht nur gegen Fremde, sondern selbst gegen die anderen Glieder der Familie sich bösartig zeigte. Diese mochten noch so freundlich mit ihm reden, er antwortete ihnen nicht und bekümmerte sich nicht um sie. Ganz anders aber benahm er sich, wenn seine Gönnerin erschien. Er kannte ihren Schritt und gebärdete sich höchst erfreut, wenn er sie auf der Treppe kommen hörte. Sobald sie in das Zimmer trat, eilte er ihr entgegen, setzte sich auf ihre Schultern und gab durch verschiedene Bewegungen und Laute seine Zufriedenheit zu erkennen oder schwatzte, als ob er sich mit seiner Herrin unterhalten wolle. Liebkosungen erwiderte er, indem er sanft seine Wange an die seiner Gebieterin drückte, und immer ließ er dabei zärtliche Laute vernehmen. Das Fräulein durfte unbesorgt mit ihm spielen; er nahm ihre Finger in den Schnabel, ergriff selbst die Oberlippe, ohne solches Vertrauen jemals zu miß= brauchen. Wenn seine Herrin abwesend war, gebärdete er sich traurig, saß still auf ein und derselben Stelle, fraß gewöhnlich nicht und war mit einem Worte ein ganz anderer geworden als sonst.

Vom Nest der Rosenpapageien

Fesseln die Rosenpapageien schon, wenn man sie einzeln oder in größeren Gesellschaften hält, jeden achtsamen Pfleger, so entfalten sie ihre ganze Eigenartigkeit doch erst, wenn sie sich zum Brüten anschicken. Meine Pfleglinge waren gepaart, die Pärchen überhäuften sich auch gegenseitig mit Zärtlichkeiten, schritten aber nicht zum Brüten. In den für sie bestimmten Nistkästchen schlüpften sie aus und ein, schienen sie aber mehr als Verstecke denn als Nistplätze zu betrachten. Sie waren unzweifelhaft brütlustig; es fehlte ihnen aber offenbar an etwas. Da sie bisher nur Körnerfutter, Hirse, Hanf und Hafer angenommen, Mischfutter aber verschmäht hatten, kam ich auf den Gedanken, daß sie vielleicht Knospenfresser sein möchten und ließ ihnen grüne, beblätterte Weidenzweige reichen. Wenige Minuten später saßen sie auf den Zweigen, entblätterten sie rasch und benagten Knospen und Rinde. Anfänglich wollte mir scheinen, als ob diese Arbeit nur aus Zerstörungslust unternommen werde;

als ich jedoch aufmerksam weiter beobachtete, bemerkte ich, daß meine Vögel nunmehr endlich gewünschte Baustoffe gefunden hatten. Geschickt spleißten sie ein Schalenstück von 6—10 cm Länge ab, faßten es hierauf so mit dem Schnabel, daß das eine Ende etwa 3 cm weit hervorragte, drehten sich um, sträubten die Bürzelfedern, nestelten mit dem Schnabel in ihnen, und der Splitter blieb zwischen den wieder geglätteten Federn haften. Ein zweiter, dritter, sechster, achter wurde in derselben Weise abgelöst und befestigt; manch einer fiel dabei zum Boden herab, ohne weitere Beachtung zu finden, manch einer wurde von dem allzu eifrigen Gatten wieder zwischen den Federn hervorgezogen, schließlich aber blieben doch einige haften; der Papagei erhob sich, schwirrte langsam und vorsichtig zum Nist= kästchen auf, schlüpfte mit voller Ladung ein und kehrte leer zurück. Bis jetzt steht meine Beobachtung durchaus vereinzelt da. Die ge= samte Lebensgeschichte der Vögel bietet nichts Ähnliches dar; kein einziger aller Vögel, über dessen Fortpflanzung wir unterrichtet sind, trägt in gleicher Weise zu Neste. Meine Beobachtung oder Entdeckung erfüllte mich daher mit hoher Freude und erregte die Verwunderung aller Kundigen.

Wenige Tage nach Beginn des Eintragens der Niststoffe erfolgte die erste Begattung des einen Pärchens, einige Tage später die eines zweiten. Man kann schwerlich etwas Ansprechenderes sehen als die tiefsinnige, langwährende Vereinigung der Geschlechter, das Kosen vorher, die geschickte Stellung während des Paarens selbst, das glühende Be= gehren des Männchens, das hingebende Sichselbstvergessen des Weibchens, die Freudigkeit nach vollzogener Begattung, die zärtliche Dankbarkeit des einen Gatten gegen den anderen! Wann das erste Ei gelegt wurde, wie lange die Brütezeit, wie lange die Wiegenzeit der Jungen währt — dies alles vermag ich nicht zu sagen, weil ich den Vögeln durch Untersuchen ihres Nestes nicht hinderlich oder lästig werden wollte. Ich habe bloß erfahren, daß das Nest aus den abgespleißten Splittern sauber hergestellt wird und ungefähr zwei Dritteln einer hohlen Halbkugel gleicht, daß das weiße Ei sehr rund= lich und verhältnismäßig groß ist, und daß die zwei bis fünf Jungen zehn oder elf Wochen nach der ersten Paarung ausschlüpfen.

Sprechende Araras

Araras lernen selten so gut sprechen wie andere Papageien, entbehren jedoch durchaus nicht aller Begabung hierzu. Meine Arara, schreibt Siedhof meinem Vater, hat eine große Befähigung zum Sprechen entwickelt, und zwar unter der alleinigen Leitung meiner zahmen Elster, die sehr gut spricht. Mehr als vier Monate nach dem Empfang war die Arara bis auf das entsetzliche Schreien vollständig stumm. Da mußte ich sie einst an eine andere Stelle bringen, wo sie meiner unaufhörlich schwatzenden Elster gegenüberhing. Sie hatte dort gerade zehn Tage gehangen, als sie begann, der Elster alles nachzusprechen. Jetzt ruft sie meine Kinder mit Namen und lernt sogleich, was man ihr vorsagt; nur hat sie die Eigenheit, daß sie regelmäßig bloß dann spricht, wenn sie allein ist.

Von einer anderen Arara, die gleichfalls sprechen gelernt hat, ohne von ihrem Pfleger unterrichtet worden zu sein, berichtet mir Linden: „Guten Tag, Aras", ist jetzt das erste des Morgens, wenn der Vogel mich sieht. Früher kam es ihm nicht darauf an, zu jeder Tagesstunde so zu grüßen; gegenwärtig bringt er seinen Gruß mit der Zeit vollständig in Einklang. „Jakob ist ein Kakadu, nein, ein Papagei, ein Spitzbub. — Polly, guter Polly, komm zu mir." Gebe ich ihm eine Feige, ein Stückchen Apfel, so verzehrt er es mit dem Ausspruch: „Das ist gut, gelt Jakob." Bei einem Stückchen Zucker dagegen sagt er: „Das ist ganz gut" und bekräftigt den Ausspruch noch mit verschiedenen Kopfbewegungen. Für Darreichen seines gewöhnlichen Futters gibt es keinen Dank, im Gegenteil oft einen Hieb, wogegen er bei Leckereien solchen niemals austeilt. Das auf dem Boden seines Kastenkäfigs stehende Futtergeschirr wurde von ihm oft umgeworfen und hin= und hergeschleppt, was ich ihm mit den Worten „Keine Dummheiten machen" verwies. Jetzt sagt er, wenn er in die alte Gewohnheit verfällt, selbst: „Das sind Dummheiten", und wenn ich ihm das Geschirr wegnehme, tröstet er sich, indem er mit dem Schnabel im Sand hin= und herstreicht, und sagt dazu mitunter:

„Gelt Dummheiten." Einem Amazonenpapagei, der sehr deutlich und mit vielem Ausdruck spricht, „Laura, du hast ja Augen wie Perlen; mein Schätzchen, was willst du noch mehr", hat er dieses abgelauscht, verwechselt jedoch noch oft Worte und Satzstellung.

Karolinasittiche als Hausgenossen

Schon seit längeren Jahren, so berichtet ein Vogelfreund, halte ich neben anderen Papageien auch Karolinasittiche, die sich trotz ihres allerdings nicht gerade angenehmen Geschreies und trotz ihres unersättlichen Appetits auf Fensterkreuze meine Zuneigung durch andere, höchst liebenswürdige Eigenschaften in dem Grade erworben haben, daß ich mich niemals entschließen konnte, sie abzuschaffen. Schon nach kurzer Zeit hatten sich diese Vögel so an mich gewöhnt, daß sie mir beispielsweise ohne weiteres auf die Hand oder den Kopf flogen, wenn ich ihnen eine Walnuß, die sie besonders gern fressen, vorhielt. Nahm ich dabei die Nuß so, daß sie von der Hand völlig bedeckt wurde, so blieben die Vögel ruhig auf ihrem Beobachtungsposten. Zerbrach ich aber die Nuß in der Hand, ohne sie dabei sehen zu lassen, so rief sie das dadurch entstandene Knacken sofort herbei.

Später, als ich diese Papageien in ihr Gebauer brachte, gaben sie mir noch mehr Gelegenheit, ihre hohe geistige Begabung näher kennenzulernen. Eine ihrer gewöhnlichsten Untugenden bestand darin, das Wassergefäß, nachdem ihr Durst gestillt war, sofort um oder zur Tür des Bauers hinaus auf die Erde zu werfen, wobei sie auf die unzweideutige Weise ihre Freude an den Tag legten, wenn ihre Schelmereien den gewünschten Erfolg hatten, d. h. wenn das Wassergefäß dabei zerbrach. Alle Versuche, letzteres zu befestigen oder die Tür des Käfigs zuzuhalten, scheiterten an dem Scharfsinn der Vögel, so daß jede darauf bezügliche Vorrichtung nur sehr kurze Zeit ihrem Zweck entsprach, weil die Papageien nur zu bald begriffen, wie der Widerstand zu beseitigen sei. Es gewährte einen unbeschreiblich komischen Anblick, wenn sie sich verstohlenerweise über die vorzunehmende Untat zu verständigen suchten und gemeinschaftlich vorsichtig die Schiebetüre des Käfigs öffneten, indem der eine unten den Schnabel als Hebebaum einsetzte und der andere an der Decke des Käfigs hängt und die Tür mit aller Anstrengung festhält, bis sein Gefährte diese von unten wiederum ein neues Stück gehoben hat. Ist dann nach kurzer Zeit die entstandene Öffnung groß genug, um den unten beschäftigten herauszulassen, so lugt er erst mit weit vorgestrecktem Hals hervor, bis er mich an meinem Schreibtisch sitzen sieht. Hat er sich nun überzeugt, daß ich nichts bemerkte, so holt er ganz vorsichtig den Wassernapf herbei, und dieser geht dann, wenn ich nicht schnell einschreite, demselben Schicksal entgegen wie so mancher seiner Vorgänger. Habe ich sie ruhig gewähren lassen oder war ich während der Ausführung nicht zugegen, so bekunden sie durch ihr ganzes Wesen das deutliche Bewußtsein ihres begangenen Unrechtes, sobald ich mich zeige.

Was mir jedoch vor allem anderen diese Papageien lieb und wert macht, ist der Umstand, daß es mir geglückt ist, sie ohne Schwierigkeit an Aus= und Einfliegen zu gewöhnen. Sie treiben sich manchmal von morgens neun Uhr bis gegen Abend im Freien umher und kommen nur dann und wann, um auszuruhen oder um Nahrung zu sich zu nehmen, in ein Fenster meines Arbeitszimmers, in dem ich ihnen

---

Südamerikanische Großpapageien wie diese Ararauna leben in europäischen oder nordamerikanischen zoologischen Gärten oder in Privatbesitz jahrzehntelang, aber es ist noch nicht gelungen, sie in unserem Klima zur Fortpflanzung zu bringen.

eine Sitzstange angebracht habe. Frühmorgens unternehmen sie die weitesten Ausflüge, und des Abends, wenn sie schlafen wollen, kommen sie an ein anderes Fenster, am entgegengesetzten Ende meiner Wohnung, in dessen Nähe ihr Käfig seit längerer Zeit steht. Finden sie dieses Fenster verschlossen, so erheben sie ein wahrhaft fürchterliches Geschrei oder suchen sich durch Klopfen an die Scheiben Einlaß zu verschaffen. Ist jedoch zufällig niemand in jenem Zimmer anwesend, so nehmen sie auch wohl ihren Weg durch das ersterwähnte Zimmer und durch mehrere andere, um an ihren Schlafplatz zu gelangen.

Der Flug selbst ist leicht und schön. Oft stürzen sie sich fast senkrecht von ihrem Sitz im Fenster auf die Straße hinab, oder sie erheben sich auch wohl über die höchsten Häuser, weite Kreise beschreibend. Fliegen sie nur kurze Strecken, so ist der Flug meist flatternd, bei größeren Ausflügen, die oft 20—25 Minuten dauern, mehr schwebend und pfeilschnell. Wenn sie so mit rasender Schnelligkeit am Fenster vorbeifahren und blitzschnell hart um eine Hausecke biegen oder senkrecht an einer Wand herauf= und herabfliegen, wird man sehr an den Flug unserer Edelfalken erinnert. Werden sie von anderen Vögeln verfolgt, so wissen sie diese gewöhnlich durch raubvogelartige Stöße zu verscheuchen. Besonders mit dem Turmsegler waren sie fast immer in Neckereien verwickelt. Ein Sperling war einmal so verblüfft über die bunten Fremdlinge, daß er längere Zeit wie gebannt den einen Papagei verfolgte, sich neben ihn setzte und die seltene Erscheinung anstarrte, als dieser zum Fenster zurückgekehrt war, auch solches Spiel mehrmals wiederholte, ohne mich, der ich mit einem anderen Herrn am geöffneten Fenster stand, zu bemerken.

Selbstverständlich erregte jedoch das Umherfliegen von Papageien

Der aus Indien kommende Pfau hat sich so gut an unser europäisches Klima angepaßt, daß er ohne Schaden auch in kältesten Wintern bei uns im Freien, auf Bäumen, übernachten kann.

nicht nur die gerechte Verwunderung unserer Vögel, sondern auch der menschlichen Bevölkerung. Obgleich die liebe Jugend die Straße vor meinem Haus förmlich belagert und es dabei natürlich nicht an dem üblichen Lärm fehlen läßt, so lassen sich doch meine Vögel durchaus nicht stören, sondern setzen ihre Flugübungen fort, ohne sich um die tobende Menge zu bekümmern.

Der Ausflug meines Wellensittichs

Das erste Pärchen Wellensittiche, das ich besaß, liebte sich sehr zärt= lich, dachte aber nicht an die Fortpflanzung, weil die rechte Zeit hierzu noch nicht gekommen war. Es bewohnte einen großen Käfig und schien sich darin sehr wohl zu fühlen; die goldene Sonne aber, die oft freundlich durch das Fenster hereinlachte, mochte doch in ihm Sehnsucht nach der Freiheit erweckt haben. Eines Tages hatte sich das Weibchen geschickt einen Ausgang zu verschaffen gewußt, und ehe wir es uns versahen, war es durch das Fenster hinaus ins Freie entflohen.

Ich lernte es jetzt von einer ganz anderen Seite kennen als bisher; denn ich hatte Gelegenheit, den prachtvollen Flug zu beobachten. Und ich muß gestehen, dieser Flug entzückte mich so, daß mein Ärger über den wahrscheinlichen Verlust des Vogels mit jedem Augenblick mehr zu schwinden begann. Das entflohene Weibchen stieg hoch in die Luft und schwirrte und schwebte mit unvergleich= licher Schnelligkeit über den benachbarten Garten dahin. Bald hatte es sich meinen Blicken gänzlich entzogen; aber siehe da, nach einigen Minuten war es wieder im Garten erschienen, wahrscheinlich infolge des eifrigen Rufens seines Gatten, denn diesen hatte ich selbstver= ständlich sofort ans Fenster gebracht. Jetzt antwortete es dem Ge= nossen im Käfig und ließ sich dicht unter dem Fenster auf einem Baum nieder, eifrig rufend, lockend und zwitschernd.

Dies hatte noch etwas anderes zur Folge, woran ich nicht gedacht. Jeder Liebhaber von Wellensittichen wird erfahren haben, daß deren Lockton zuweilen täuschend dem unserer Sperlinge gleicht. Ich hatte

früher darauf wenig geachtet, mußte dies aber jetzt wohl tun, weil mich neben dem Entflohenen bald auch die Sperlinge beschäftigten. Es war im Hochsommer, und alle Dächer waren bedeckt mit jungen Spatzen. Unter ihnen nun zeigte sich sofort, nachdem der schöne Fremdling erschienen war, lebhafteste Bewegung. Der Wellensittich hatte sich auf einem Pflaumenbaum unter dem Fenster niedergelassen und unterhielt sich von dort aus mit seinem Gatten. Die jungen Spatzen aber mochten meinen, daß ein lockendes „Tschilp" wohl ihnen gelten könne, und kamen in Scharen herbei, ungeachtet des warnenden und bedenklichen „Zerr" der älteren Weisen ihres Ge= schlechtes. Diese schienen allerdings auch verwundert zu sein, ließen sich jedoch als erfahrene Vögel nicht täuschen, sondern sahen sich zunächst den grünen Australier vorsichtig an; die jungen Sperlinge hingegen umringten ihn bald in Menge. Er beachtete sie nicht im geringsten; sie aber ließen sich deshalb nicht zurückhalten, wurden förmlich zudringlich, hüpften dicht an ihn heran, beschauten ihn scheinbar höchst erfreut und erwiderten sein „Tschilp" nach Kräften.

Wenn er, ärgerlich darüber, sich erhob und einem anderen Baum zuflog, folgte die ganze Rotte, und nur, wenn er einige seiner präch=tigen Flugbewegungen ausführte, blieben die schwerfälligen Spatzen verdutzt sitzen. Dieses Schauspiel mochte wohl eine halbe Stunde währen, und der Garten war schließlich erfüllt von allen Sperlingen weit und breit, bis die Sehnsucht nach dem Gatten den Wellensittich bewog, ins Zimmer zurückzufliegen. Hier wurde er eingefangen, wieder in den Käfig gesperrt, höchst zärtlich von seinem Männchen begrüßt, und damit löste sich von selbst die Volksversammlung draußen im Garten.

Unduldsame Pfefferfresser

Vom brasilianischen Pfefferfresser, dem Tukan, erzählt Schomburgk folgende hübsche Geschichte.

Besonderes Vergnügen bereitet mir unter den vielen zahmen Tie=ren, die ich in Watu=Ticaba fand, ein Pfefferfresser, der sich zum unbeschränkten Herrscher nicht allein des gesamten Geflügels, son=dern selbst der größeren Vierfüßler emporgeschwungen hatte, und unter dessen Zepter sich groß und klein willig beugte. Wollte sich Streit unter den zahmen Trompetenvögeln, Hokos, Jakos und Hüh=nern entspinnen, ohne Zögern eilte alles auseinander, sowie sich der kräftige Tyrann nur sehen ließ. War er in der Hitze des Zankes nicht bemerkt worden, so belehrten einige schmerzhafte Bisse mit dem unförmigen Schnabel die erhitzten Zankenden, daß ihr Herrscher keinen Streit unter seinem Volk duldete. Warfen wir Brot oder Knochen unter den dichten Haufen, keiner der zwei und vierfüßigen Untertanen wagte auch nur das kleinste Stück aufzuheben, bevor sich jener nicht soviel ausgesucht, als er für nötig hielt. Ja, seine Herrschsucht und Tyrannei ging soweit, daß er alles Völkerrecht aus den Augen setzte und jeden fremden Hund, der vielleicht mit den aus der Nachbarschaft herbeieilenden Indianern herankam, unbarm=herzig fühlen ließ, was in seinem Reiche Rechtens sei, indem er diesen biß und im ganzen Dorf umherjagte.

Die gequälten Untertanen sollten noch am Tage meiner Abreise
von diesem Tukan befreit werden. Ein großer Hund, der am Morgen
mit seinem Herrn angekommen war und zu mehreren hingeworfenen
Knochen ebensoviel Recht wie der hab= und herrschsüchtige Pfeffer=
fresser zu haben glaubte, setzte sich ruhig in Besitz derselben, ohne
erst abzuwarten, ob sie dem in der Nähe sitzenden Vogel gefällig
sein könnten. Kaum war dies aber von letzterem bemerkt worden,
als er zornig auf den Hund sprang und ihn einige Male in den Kopf
biß. Der Gezüchtigte fing an zu knurren. Der Vogel ließ sich dadurch
nicht abschrecken und hackte ohne Erbarmen mit seinem ungeschick=
ten Schnabel auf den Frevler, bis dieser sich plötzlich herumwandte,
nach dem erzürnten Vogel schnappte und ihn so in den Kopf biß,
daß er nach kurzer Zeit starb. Das Tier dauerte uns ungemein, da
es wirklich mehr als komisch aussah, wenn es sich selbst vor dem
größten Hund nicht fürchtete oder einen anderen kleineren ungehor=
samen Untertanen nachdrücklich zur Ruhe verwies. Zu dieser letz=
teren Klasse gehörte auch ein Nasenbär.

Meine Tukane, so schreibt mir Dr. Bodinus, sind höchst liebens=
würdige Vögel, aber sie haben auch ihre Eigenheiten, die in unseren
Augen förmlich zu Unarten werden können. Ganz abgesehen von
ihrer Raub= und Mordlust, die alle schwächeren Geschöpfe aus ihrer
Nähe verbannt, vertragen sie sich nicht einmal immer untereinander,
beginnen im Gegenteil nicht selten mit ihresgleichen Streit, bilden
Parteien und verfolgen und quälen einen Artgenossen, der ihr Miß=
fallen erregte, auf das äußerste. Diejenigen, die gleichzeitig in einen
noch leeren Käfig gebracht werden, vertragen sich in der Regel gut.
Einer erwirbt die Oberherrschaft, die anderen fügen sich, und alle
leben in gutem Einverständnis. Sobald aber zu solcher Gesellschaft
ein neuer Ankömmling gebracht wird, ändern sich die Verhältnisse
in oft höchst unerquicklicher Weise.

Der Neuling wird zunächst mit unverhüllter Neugier und Auf=
merksamkeit betrachtet; einer nach dem anderen von den Älteren
hüpft herbei und mustert ihn auf das genaueste, als habe er noch
niemals einen zweiten seinesgleichen gesehen. Dicht neben ihn sit=
zend, dreht er langsam den Kopf mit dem unförmlichen Schnabel
und beschaut sich den Fremdling buchstäblich von vorn und hinten,
von oben und unten. Dieser gerät dadurch nach und nach in sicht=
liche Verlegenheit, bleibt zunächst aber ruhig sitzen und verläßt den
Platz oft auch dann nicht, wenn jener bereits wiederum sich entfernt
hat. Dem einen Neugierigen folgen alle übrigen; der Neuangekom=
mene muß förmlich Spießruten laufen. Eine Zeitlang geht alles gut,
irgendwelches Unterfangen des Fremdlings aber erregt allgemeine
Entrüstung. Der reichlich gefüllte Futternapf, dem er sich naht, ver=
kleinert und entleert sich in den Augen der neidischen Gesellen; alle
hüpfen herbei, um jenem im buchstäblichen Sinne des Wortes den
Bissen vor dem Mund wegzunehmen; alle sind augenscheinlich bereit,
sich gemeinschaftlich auf ihn zu stürzen, sobald er weiterfrißt, und
noch mehr, sobald er vor den drohenden Gebärden sich flüchtet. Ver=
mag er seinen Platz unter der Gesellschaft sich nicht zu erkämpfen
und ist er zu kräftigem Widerstand zu schwach, so ergeht es ihm
übel. Alle fallen über ihn her und suchen ihm einen Schnabelhieb
auf den Rücken beizubringen. Erkämpft er sich in wackerer Gegen=
wehr seinen Platz, so erwirbt er sich wenigstens Duldung; flüchtet
er, so stürmen alle übrigen hinter ihm drein, wiederholen, sowie er

sich regt oder überhaupt irgend etwas tut, den Angriff und steigern mit der Zeit seine Ängstlichkeit so, daß der arme Schelm nur dicht über den Boden hinzufliegen wagt und die Nähe der Genossen vor= sichtig meidet. Nicht allzu selten verliert ein so gehetzter Pfeffer= fresser infolge der ewigen Angriffe alle Lust zum Leben, wenn dieses nicht selbst. Erst wenn es ihm gelingt, unter seinesgleichen sich einen Freund, vielleicht gar einen Liebhaber zu erwerben, endet der Zwie= spalt. Weibliche Pfefferfresser sind daher in der Regel ungleich besser daran als männliche, die nicht allein vom Neid, sondern auch von der Eifersucht der übrigen zu leiden haben.

Die Fetthöhle von Caripe

In tiefen Felshöhlen oder Felsschluchten der Gebirge Mittelamerikas lebt ein wunderbarer Vogel, der in Gestalt und Wesen die haupt= sächlichen Merkmale der Nachtschwalben und zumal der Riesen dieser Familie zeigt, sich jedoch ein durchaus selbständiges Gepräge bewahrt. Es ist der Fettschwalk oder Guacharo der Venezuelaner. Unter der Haut dieses Vogels breitet sich eine Fettschicht aus und umgibt die Eingeweide in solcher Stärke, daß man sagen kann, sie seien in Fett eingebettet.

Alexander von Humboldt entdeckte den Guacharo im Jahre 1799 in der großen Felsenhöhle von Caripe. Diese Höhle, berichtet der berühmte Forscher, welche die Einwohner eine Fettgrube nennen, liegt drei Meilen vom Kloster Caripe. Sie mündet in einem Seitental aus, das der Sierra de Guacharo zuläuft. Am 18. September brachen wir nach der Sierra auf, begleitet von den indianischen Alkalden und den meisten Ordensmännern des Klosters. Ein schmaler Pfad führte zuerst eineinhalb Stunden lang südwärts, über lachende, schöne Rasenebenen; dann wandten wir uns westwärts an einem kleinen Flusse hinauf, der aus der Höhle hervorkommt. Man geht dreiviertel Stunden lang aufwärts, bald im Wasser, das nicht tief ist, bald zwischen dem Fluß und einer Felswand auf sehr schlüpfrigem, mo= rastigem Boden. Zahlreiche Erdfälle, umherliegende Baumstämme, über welche die Maultiere nur schwer hinüberkommen, machen dieses Stück des Weges sehr ermüdend.

Wenn man am Fuß des hohen Guacharo=Berges nur noch 400 Schritte von der Höhle entfernt ist, sieht man den Eingang noch nicht. Der Bach läuft durch eine Schlucht, die das Wasser eingegraben, und man geht unter einem Felsenüberhang, so daß man den Himmel gar nicht sieht. Der Weg schlängelt sich mit dem Fluß, und bei der letzten Biegung steht man auf einmal vor der ungeheuren Mündung der Höhle. Der Anblick hat etwas Großartiges selbst für Augen, die mit der malerischen Szenerie der Hochalpen vertraut sind; denn der gewaltige tropische Pflanzenwuchs verleiht der Mündung eines solchen Erdlochs ein ganz eigenes Gepräge. Die Guacharohöhle öffnet sich an einer senkrechten Felsenwand. Der Eingang ist nach Süden gekehrt; es ist eine Wölbung 25 m breit und 22 m hoch. Auf dem Felsen über der Grotte stehen riesenhafte Bäume; der Mamei und der Genipabaum mit breiten, glänzenden Blättern strecken ihre Äste gerade gen Himmel, während die des Courbaril und der Erythrina sich ausbreiten und ein dichtes, grünes Gewölbe bilden. Pothos mit saftigen Stengeln, Oxalis und Orchideen von seltsamen Bau wachsen in den dürrsten Felsspalten, während vom Winde geschaukelte Ran= kengewächse sich vor dem Eingang der Höhle zu Gewinden ver= schlingen. Welch ein Gegensatz zwischen dieser Höhle und jenen im Norden, die von Eichen und düsteren Lärchen beschattet sind!

Aber diese Pflanzenpracht schmückt nicht allein die Außenseite des Gewölbes; sie dringt sogar in den Vorhof der Höhle ein. Mit Er= staunen sahen wir, daß 6 m hohe, prächtige Helikonien mit Pisang= blättern, Pragapalmen und baumartige Arumaten die Ufer des Baches bis unter die Erde säumten. Die Pflanzenwelt zieht sich in die Höhle von Caripe hinein wie in die tiefen Felsspalten in den Andes, in denen nur ein Dämmerlicht herrscht, und sie hört erst 30 bis 40 Schritte vom Eingang auf. Wir maßen den Berg mittels eines Strickes und waren 150 m weit gegangen, ehe wir nötig hatten, die Fackeln an= zuzünden. Das Tageslicht dringt so weit ein, weil die Höhle nur einen Gang bildet, der sich in derselben Richtung von Südost nach Nord= west hineinzieht. Da, wo das Licht zu verschwinden anfängt, hört man das heisere Geschrei der Nachtvögel, welche, wie die Eingebo= renen glauben, nur in diesen unterirdischen Räumen zu Hause sind.

Schwer macht man sich einen Begriff von dem furchtbaren Lärm, den Tausende dieser Vögel im dunklen Innern der Höhle verursachen. Er läßt sich nur mit dem Geschrei unserer Krähen vergleichen, die in den nordischen Tannenwäldern gesellig auf den Bäumen nisten, deren Wipfel einander berühren. Das gellende durchdringende Ge= schrei der Guacharos hallt wider vom Felsgewölbe, und aus der Tiefe der Höhle kommt es als Echo zurück. Die Indianer zeigten uns die Nester der Vögel, indem sie Fackeln an eine lange Stange banden. Sie befanden sich 20 bis 23 m hoch über uns in trichterförmigen Löchern, von denen die Decke übersät war. Je tiefer man in die Höhle eindringt, je mehr Vögel das Licht der Kopalfackeln aufscheucht, desto stärker wird der Lärm. Wurde es ein paar Minuten ruhiger um uns her, so erschallte von weither das Klagegeschrei der Vögel, die in anderen Zweigen der Höhle nisteten. Die Banden lösten sich im Schreien ordentlich ab.

Der Guacharo verläßt die Höhle bei Einbruch der Nacht, besonders beim Mondschein. Er frißt sehr harte Samen, und die Indianer be= haupten, daß er weder Käfer noch Nachtschmetterlinge verzehre;

auch darf man nur die Schnäbel des Guacharo und des Ziegenmelkers vergleichen, um zu sehen, daß beider Lebensweise ganz verschieden sein muß.

Jedes Jahr um Johannistag gehen die Indianer mit Stangen in die Cueva del Guacharo und zerstören die meisten Nester. Man schlägt jedesmal mehrere tausend Vögel tot, wobei die alten, als wollten sie ihre Brut verteidigen, mit furchtbarem Geschrei den Indianern um die Köpfe fliegen. Die Jungen, die zu Boden fallen, werden auf der Stelle ausgeweidet. Ihr Bauchfell ist stark mit Fett durchwachsen, und eine Fettschicht läuft vom Unterleibe zum After und bildet zwischen den Beinen des Vogels eine Art Knopf. Daß körnerfressende Vögel, die dem Tageslicht nicht ausgesetzt sind und ihre Muskeln wenig brauchen, so fett werden, erinnert an die uralten Erfahrungen beim Mästen der Gänse und des Viehes: man weiß, wie sehr das durch Dunkelheit und Ruhe gefördert wird. Die europäischen Nacht= vögel sind mager, weil sie nicht, wie der Guacharo, von Früchten, sondern vom dürftigen Ertrage ihrer Jagd leben. Zur Zeit der Fett= ernte, wie man in Caripe sagt, bauen sich die Indianer aus Palm= blättern Hütten am Eingang oder im Vorhof der Höhle. Wir sahen noch Überbleibsel davon. Hier läßt man das Fett der jungen, frisch getöteten Vögel am Feuer aus und gießt es in Tongefäße. Dieses Fett ist unter dem Namen Guacharoschmalz oder =öl bekannt. Es ist halb= flüssig, hell und geruchlos und so rein, daß man es länger als ein Jahr aufbewahren kann, ohne daß es ranzig wird. In der Klosterküche zu Caripe wurde kein anderes Fett gebraucht als das aus der Höhle, und wir haben nicht bemerkt, daß die Speisen irgendeinen un= angenehmen Geruch oder Geschmack davon bekämen.

Die Menge des gewonnenen Öls steht mit dem Gemetzel, das die Indianer alle Jahre in der Höhle anrichten, in keinem Verhältnis. Man bekommt, scheint es, nicht mehr als 150 bis 160 Flaschen ganz reines Fett; das übrige weniger helle wird in großen irdenen Gefäßen auf= bewahrt. Dieser Erwerbszweig der Eingeborenen erinnert an das Sam= meln des Taubenfettes in Carolina, von dem früher mehrere 1000 Fässer gewonnen wurden. Der Gebrauch des Guacharofettes ist in Caripe uralt, und die Missionare haben nur die Gewinnungsart ge= regelt. Die Mitglieder einer indianischen Familie behaupten, von den ersten Ansiedlern im Tale abzustammen und als solche rechtmäßige

Eigentümer der Höhle zu sein; sie beanspruchen das Alleinrecht auf das Fett; aber infolge der Klosterzucht sind ihre Rechte gegenwärtig nur noch Ehrenrechte. Nach dem System der Missionare haben die Indianer Guacharoöl für das ewige Kirchenlicht zu liefern; das übrige, so behauptet man, wird ihnen abgekauft.

Das Geschlecht der Guacharos wäre längst ausgerottet, wenn nicht mehrere Umstände zur Erhaltung desselben zusammenwirkten. Aus Aberglauben wagen sich die Indianer selten weit in die Höhle hinein. Auch scheint derselbe Vogel in benachbarten, aber dem Menschen unzugänglichen Höhlen zu nisten. Vielleicht bevölkert sich die große Höhle immer wieder mit Siedlern, die aus jenen kleineren Erdlöchern ausziehen; denn die Missionare versicherten uns, bis jetzt habe die Menge der Vögel nicht merklich abgenommen.

Man hat junge Guacharos in den Hafen von Cumana gebracht; sie lebten da mehrere Tage, ohne zu fressen, da die Körner, die man ihnen gab, ihnen nicht zusagten. Wenn man in der Höhle den jungen Vögeln Kropf und Magen aufschneidet, findet man mancherlei harte, trockene Samen darin, die unter dem seltsamen Namen „Guacharo= samen" ein vielberufenes Mittel gegen Wechselfieber sind. Die Alten bringen diese Samen den Jungen zu. Man sammelt sie sorgfältig und läßt sie den Kranken in Cariaco und anderen tief gelegenen Fieber= strichen zukommen.

Die Höhle von Caripe behält auf 462 m dieselbe Richtung, dieselbe Breite und die anfängliche Höhe. Wir hatten viele Mühe, die Indianer zu bewegen, daß sie über das vordere Stück hinausgingen, das allein sie jährlich zum Fettsammeln besuchen. Es bedurfte des ganzen Ansehens der Geistlichen, um sie bis zu der Stelle zu bringen, wo der Boden rasch unter einem Winkel von 60 Grad steigt und der Bach einen unterirdischen Fall bildet. Je mehr die Decke sich senkte, um so gellender wurde das Geschrei der Guacharos, und endlich konnte kein Zureden die Indianer bewegen, noch weiter in die Höhle hineinzugehen. Wir mußten uns der Feigheit unserer Führer fügen und umkehren. Auch sah man überall so ziemlich das nämliche.

Diese von Nachtvögeln bewohnte Höhle ist für Indianer ein schauerlich geheimnisvoller Ort; sie glauben, tief hinten wohnen die Seelen ihrer Vorfahren. Der Mensch, sagen sie, soll Scheu tragen vor Orten, welche weder von der Sonne, Zis, noch vom Monde, Nuna, beschienen werden. Zu den Guacharos gehen, heißt soviel, als zu den Vätern versammelt werden, sterben. Daher nahmen auch die Zau= berer, Piaches, und die Giftmischer, Imarons, ihre nächtlichen Gauke= leien am Eingange der Höhle vor, um den obersten der bösen Geister, Ivorokiamo, zu beschwören. So gleichen sich unter allen Himmels= strichen die ältesten Mythen der Völker, vor allem solche, die sich auf zwei die Welt regierende Kräfte, auf den Aufenthalt der Seelen nach dem Tode, auf den Lohn der Gerechten und die Strafe der Bösen beziehen. Die Höhle von Caripe ist der Tartarus der Griechen, und die Guacharos, die unter kläglichem Geschrei über dem Wasser flattern, mahnen an die stygischen Vögel.

Der Kampf um den Starenkasten

Seinen Nistort wählt unser Turm= oder Mauersegler gewöhnlich zwar in den Mauerspalten von Türmen und anderen hohen Ge= bäuden, auch in Baumhöhlungen der verschiedensten Art, doch ver= treibt er oft auch Stare oder Sperlinge aus den für sie auf Bäume gehängten Nistkasten und ist dabei so rücksichtslos, daß er sich selbst von den brütenden Staren= oder Sperlingsweibchen nicht abhalten läßt, sondern ihnen oder ihrer Brut sein weniges Geniste auf den Rücken wirft und sie so lange quält, bis sie das Nest verlassen. Findet er ernsteren Widerstand, so greift auch er zu seinen natür= lichen Waffen und kämpft verzweifelt um eine Stätte für seine Brut. Ein Star, so schreibt mir Liebe, welcher bei Verteidigung seiner Burg gegen einen Mauersegler von diesem arg verletzt und schließlich verendet in dem Kasten gefunden worden war, zeigte tiefe Risse in der Haut der Flügelbeuge und des Rückens, namentlich aber auch am Kopf, wo sogar die Haut teilweise abgelöst war. Solche Wunden konnte der Segler unmöglich mit seinem weichen, biegsamen Schna= bel beibringen; sie lassen sich nur erklären, wenn man annimmt, daß sie mit ihren zwar kleinen, aber scharf bekrallten Füßen kämpfen, falls Schnabel und Flügel nicht mehr ausreichen wollen. Kein Wun= der, daß vor einem so ungestümen und gefährlichen Gegner selbst

der kräftige Star seine Brut im Stich und dem Mauersegler überlassen muß. Dieser kümmert sich nicht im geringsten um die Klagen der betrübten Eltern, wirft aus der Luft gefangene Federn, Läppchen und anderen Kram auf die Eier oder bereits erbrüteten Jungen, zerdrückt teilweise die ersteren, erstickt die letzteren, überkleistert mit seinem Speichel Eier, Junge und Genist. Ausführlich schildert Herr Daumer=lang in einem an mich gerichteten Brief nach mehrjährigen Beobach=tungen die Kämpfe des Seglers mit Staren wie folgt.

Am Bodenfenster über meiner Arbeitsstube befindet sich ein Sta=renkasten, der seiner günstigen Lage halber regelmäßig bewohnt wird, wenn nicht von Staren, so doch von Sperlingen und während des Sommers von Mauerseglern. Den Sperlingen gegenüber bleiben die Stare immer Sieger, nicht so aber in ihren Kämpfen mit den Seg=lern. Letztere lassen sich durch nichts abschrecken, von dem Kasten, in dem bei ihrer Ankunft das Starenweibchen brütet, Besitz zu ergrei=fen. Ohne mein Dazwischentreten werden die brütenden Stare nach langen heftigen Kämpfen jedesmal vertrieben, die Eier zerstört oder die Jungen mittels der außerordentlich scharfen Krallen getötet.

Da ich den Mauerseglern, ihrer unermüdlich regen Lebenskraft hal=ber, sehr zugetan bin, brachte ich für sie neben dem Starenhaus einen besonderen Nistkasten an, der aber nicht angenommen wurde, und zwar einzig und allein deshalb, weil er kein Nest enthielt. Denn nur um letzteres ist es ihnen zu tun.

Um nun die Segler zu verscheuchen, fing ich sie einzeln vom Staren=
kasten weg. Ich stellte mich dabei frei an das Fenster und nahm sie,
wenn sie angeflogen waren, einfach mit der Hand vom Flugloch weg;
denn diese stolzen Flieger kennen keine Gefahr und scheuen den
Menschen nicht im geringsten. Manchmal fing ich im Laufe weniger
Stunden vier bis sechs Stück; aber ebenso viele entgingen, weil sie sich
nicht niederließen, meinen Nachstellungen. Um zu sehen, ob sie den
Verlust ihrer Freiheit sich zur Warnung dienen ließen, sperrte ich sie
einige Zeit ein und bestrich ihnen dann den Kopf oder die Flügel mit
weißer Ölfarbe. Sie kümmerten sich deshalb nicht; solange die jungen
Stare nicht herangewachsen waren, wiederholten sie ihre Versuche,
des Nestes sich zu bemächtigen.

Um das zu verhindern, fertigte ich, nachdem mir die Geduld aus=
gegangen war, einen Kragen aus Pappe und stülpte ihn einem hart=
näckig wiederkehrenden Weibchen über den Kopf. Bald aber war der
Kragen abgestreift, und von neuem drang der Mauersegler in den
Nistkasten ein. Daß das Starenmännchen ihm tapferen Widerstand
leistete, behelligte ihn nicht. Zweimal stürzte es sich mit solcher Wut
auf den Angreifer, daß beide sich aneinander festkrallten und zum
Boden herabwirbelten. Auch ich unterstützte den tapferen Verteidiger
seiner Familie, indem ich mit Sand nach den ankommenden Mauer=
seglern warf, allein unsere gemeinschaftlichen Anstrengungen blieben
fruchtlos. Der Star hatte meine wohlwollende Absicht bald erkannt
und ließ sich durch den Sandhagel nicht verscheuchen; der Mauer=
segler aber achtete desselben ebensowenig wie der Angriffe des Nest=
eigentümers. Sobald dieser oder ich nicht auf der Hut waren, drang
er, immer derselbe, unverkennbar gezeichnete, in das Innere des Nist=
kastens ein, während andere seiner Art sich begnügten, anzufliegen,
an dem Flugloch sich anzuklammern, in den Nistraum zu schauen
und, wenn sie hier Junge erblickten, von weiteren Übergriffen abzu=
stehen. Da die jungen Stare beinah erwachsen waren, tötete das zu=
dringliche Seglerweibchen sie zwar nicht, suchte sie aber aus dem
Nest zu drängen, und wenn dann die alten Stare herzu kamen, gab
es neue Kämpfe.

Zuletzt war ich zum Äußersten entschlossen, fertigte einen neuen,
noch größeren und wasserdichten Kragen an und stülpte ihn dem
zudringlichen Geschöpf zum zweiten Male über den Kopf. Was ich

hätte voraussehen können, geschah: die Last war zu schwer und zog den Segler in die unmittelbar an meinem Hause vorüberfließende Pegnitz. Von mir so schnell als möglich aus dem Wasser gezogen, erholte sich der dem Ertrinken nahe Vogel bald und vollständig, wurde in Freiheit gesetzt und kehrte nunmehr nicht wieder zurück.

Die ungewöhnliche Hartnäckigkeit dieses einen Seglers erkläre ich mir dadurch, daß derselbe, nachdem er in früheren Jahren die Stare von Nest und Brut vertrieben und, von mir ungestört, seine Brut großgezogen hatte, ein gewohntes Anrecht auf das Nest zu haben glaubte. Andere ließen sich leicht von mir verscheuchen, dieser eine erst nach tagelanger Gegenwehr. Ihm darf ich es wohl auch wohl zur Last legen, daß seit elf Jahren kein Starenpärchen zur zweiten Brut gelangte.

Erfahrungen eines Kolibrifreundes

Der Forschungsreisende Gosse, ein großer Kolibrifreund, hatte sich vorgenommen, einige der zarten Vögelchen lebend nach Europa zu bringen. Das gelang ihm zwar nicht, doch haben ihn seine Bemühungen mit den Lebensgewohnheiten der kleinen Geschöpfe sehr bekannt gemacht. Er gibt darüber folgenden Bericht.

Viele dieser Vögel sind von mir und meinen Dienern mit Hilfe eines gewöhnlichen Schmetterlingsnetzes gefangen worden. Oft überwog ihre Neugier alle Furcht. Wenn wir ein Netz zum Fang zurechtmachten, flogen sie nicht von der Stelle, sondern kamen im Gegenteil näher herbei und streckten ihren Hals aus, um das Werkzeug zu betrachten, so daß es uns leicht wurde, sie wegzufangen. Nicht selten kehrte einer, nach dem wir vergeblich gehascht hatten, zurück, schwebte gerade über unseren Köpfen und sah uns mit unerschütterlicher Zutraulichkeit ins Gesicht. Aber es war sehr schwierig, diese so leicht zu fangenden Vögel bis nach Hause zu bringen; gewöhnlich waren sie, auch wenn sie nicht im geringsten verletzt waren, verendet, ehe wir unsere Wohnung erreichten, und diejenigen, welche anscheinend gesund hier ankamen, starben regelmäßig schon am nächsten

Tag. Anfangs brachte ich die frisch gefangenen baldmöglichst in Kä=
fige, sie aber gingen, obgleich sie sich hier nicht beschädigten, regel=
mäßig zugrunde. Plötzlich fielen sie auf den Boden herab und lagen
bewegungslos mit geschlossenen Augen. Nahm man sie in die Hand,
so schien es, als ob sie noch auf einige Augenblicke zum Leben zurück=
kehrten; sie drehten das schöne Haupt hinterwärts oder schüttelten es,
wie unter großen Schmerzen, breiteten die Flügel aus, öffneten die
Augen, sträubten das Gefieder der Brust und starben regelmäßig ohne
jedes krampfhafte Zucken. Dies war das Schicksal meiner ersten
Versuche.

Im Herbst fing ich zwei junge Männchen und brachte sie nicht in
einen Käfig, sondern in meinen Arbeitsraum, dessen Türen und Fen=
ster ich geschlossen hatte. Sie waren lebhaft aber nicht scheu, zeigten
sich spiellustig und mir gegenüber zutraulich, setzten sich z. B. ohne
jegliche Zurückhaltung zeitweilig auf einen meiner Finger. Blumen,
die ich herbeigebracht hatte, wurden augenblicklich von ihnen be=
sucht; aber ich sah auch sofort, daß sich einzelne mit Aufmerksamkeit
betrachteten, andere hingegen vernachlässigten. Deshalb holte ich die
ersteren in größerer Menge herbei, und als ich mit einem Strauße von
ihnen in das Zimmer trat, hatte ich die Freude, zu sehen, daß sie die
Blumen durchsuchten, während ich sie noch in der Hand hielt. Die
liebenswürdigen Geschöpfe schwirrten jetzt dicht vor meinem Gesicht
herum und untersuchten alle Blumen auf das genaueste. Als ich auch
diese Blumen in einem Gefäß untergebracht hatte, besuchten sie bald
den einen, bald den anderen Strauß, und dazwischen unterhielten sie
sich durch Spielereien im Zimmer oder setzten sich auf verschiedenen
Gegenständen nieder.

Obwohl sie gelegentlich den Fenstern sich näherten, flatterten sie
doch nie dagegen. Wenn sie flogen, hörte ich oft das Schnappen ihres

*Eine graziöse Begegnung. Diese Großohr= oder Maultierhirsche be=
wohnen Nordamerika westlich des Missouri bis in den Norden Bri=
tisch=Columbias hinauf.*

Schnabels, sie hatten dann unzweifelhaft ein kleines Kerbtier gefangen. Nach einiger Zeit fiel einer plötzlich in einem Winkel zu Boden und starb. Der andere behielt seine Lebendigkeit bei. Da ich fürchtete, daß die Blumen geleert sein möchten, füllte ich ein kleines Glas mit Zuckersaft an, verschloß es durch einen Kork und steckte durch diesen eine Gänsespule, auf welche ich eine große, abgeschnittene Blüte setzte. Der Vogel kam augenblicklich herbeigeschwirrt, hing sich an den Rand der Flasche und steckte seinen Schnabel in die Röhre. Es war augenscheinlich, daß ihm die Labung behagte; denn er leckte geraume Zeit, und als er aufgeflogen war, fand ich die Spule leer. Sehr bald kam er auch zu der nicht durch Blumen verzierten Spule, und noch im Verlaufe des Tages kannte er seine neue Nahrungsquelle genau. Gegen Sonnenuntergang suchte er sich eine Leine zum Schlafen aus; am nächsten Morgen vor Sonnenaufgang war er aber schon wieder munter, hatte auch seinen Siruptopf bereits geleert. Einige Stunden später flog er durch eine Türe, die ich unvorsichtigerweise offen gelassen hatte, und entkam zu meinem nicht geringen Ärger.

Drei Männchen, welche im April gefangen worden waren, machten sich augenblicklich vertraut mit ihrem neuen Wohnraum. Der eine von ihnen fand auch sofort ein Glas mit Zuckersaft auf und saugte wiederholt. Einer starb, die anderen wurden so zahm, daß der eine, noch ehe der Tag vorübergegangen war, mir ins Gesicht geflogen kam, sich auf meine Lippen oder mein Kinn setzte, seinen Schnabel mir in den Mund steckte und meinen Speichel leckte. Er wurde so kühn und wiederholte seine Besuche so oft, daß er schließlich geradezu belästigte; denn er war so eigensinnig, daß er seine vorschnellbare Zunge in alle Teile meines Mundes steckte, so zwischen Kinnlade und Wange, unter die Zunge usw. Wenn ich ihn belohnen wollte, nahm ich ein wenig Sirup in den Mund und lud ihn durch einen schwachen

Junge Rehe wie dieses sind niemals verlassen oder allein in der Natur. Man soll sie deshalb ihrer Mutter lassen und nicht mit nach Hause nehmen, wie es leider alljährlich immer wieder geschieht.

Laut, den er sehr bald verstehen lernte, zu mir ein. Frische Blumen schienen ihm nicht besonders zuzusagen, und auch, als ich die Blüten der Moringa, die von ihm im Freileben sonst beständig aufgesucht werden, ins Zimmer brachte, vernachlässigte er sich nach einer kurzen Prüfung. Jeder einzelne erwählte sich seinen besonderen Platz auf den Leinen, die quer durch das Zimmer gezogen waren. Ebenso suchte sich jeder noch einen oder zwei Plätze zur zeitweiligen Ruhe aus und benutzte sie regelmäßig, ohne den Nachbar zu verdrängen. Selbst wenn er gewaltsam vertrieben wurde, kehrte er immer wieder zu dem einmal erwählten Sitzort zurück, der Gewohnheit aus der Freiheit durchaus entsprechend. Deshalb konnten wir auch, wenn wir einen beliebten Sitzplatz im Wald erkundet hatten, mit Bestimmtheit darauf rechnen, den betreffenden Inhaber innerhalb weniger Minuten vermittels Vogelleim zu fangen.

Der kühnste meiner Pfleglinge war sehr kampflustig und griff gelegentlich seinen friedlicheren Gefährten an, der stets zurückwich. In solchem Fall setzte sich jener und stieß ein vergnügtes „Skrip" aus. Nach ein oder zwei Tagen aber bekam der Verfolgte das Spiel satt und wurde nun seinerseits zum Tyrannen, indem er zunächst den Gefährten vom Sirupglas vertrieb. Zwanzigmal nacheinander versuchte der durstige Vogel diesem Glas sich zu nähern; aber sobald er vor demselben schwebte und seine Zunge ausstreckte, stürzte sich der andere mit unvergleichlicher Schnelligkeit auf ihn herab und jagte ihn von hinnen. Er durfte zu jeder anderen Stelle des Raumes fliegen, sobald er sich aber dem Gefäß näherte, gab er das Zeichen zum Kampf. Der Neider hingegen nahm sich nach Belieben seinen Trunk. Mit dem Zurückkehren seines Mutes hatte er auch seine Stimme wiedererlangt, und nunmehr schrien beide laut und schrill ihr „Skrip" fast ohne Unterbrechung.

Nachdem die Gefangenen einmal in dem Zimmer eingewöhnt waren, zeigten sie eine Lebhaftigkeit ohnegleichen. Sie nahmen die verschiedensten Stellungen an, drehten sich auch im Sitzen hin und her, so daß ihr reiches Gefieder bei der verschiedenen Beleuchtung wundervoll flimmerte. Hierhin und dahin flogen sie, schwenkten und bewegten sich auf das anmutigste in der Luft, und dies alles geschah so rasch und jählings, daß das Auge ihren Bewegungen oft nicht folgen konnte. Jetzt war das glänzende Geschöpf in der einen Ecke, unmittel=

bar darauf hörte man das Schwirren der unsichtbaren Schwingen in einer anderen hinter uns oder nahm es dicht vor dem Gesicht wahr, ohne daß man es kommen gesehen hatte.

Bis zum Ende des Mai erhielt ich weitere fünfundzwanzig Kolibris, fast nur Männchen. Einige von ihnen waren mit dem Netz, andere mit Vogelleim gefangen worden; aber nicht wenige von ihnen star= ben, obgleich sie sofort nach dem Fang in einen Korb gesteckt worden waren. Dieses plötzliche Verenden konnte ich mir nie vollständig erklären. Die Gefangenen beschädigten sich nicht an den Seiten des Korbes, obgleich sie sich hier oft aufhingen, es schien mir vielmehr, als ob es das Entsetzen über ihre Gefangenschaft wäre, das so großen Einfluß auf sie ausübt. Viele von denen, die noch lebend in das Haus kamen, lagen doch schon im Sterben, und von denen, die glücklich in den Raum gebracht wurden, starben die meisten in den ersten 24 Stunden, gewöhnlich weil sie die Leinen, auf denen ihre bereits ein= gewohnten Gefährten saßen, nicht beachteten, sondern gegen die Wände flogen. Hier erhielten sie sich flatternd lange Zeit; dann san= ken sie langsam niederwärts, die Schwingen bewegend, entschieden kraftlos, bis sie niederfielen. Zwar erhoben sie sich wieder, aber nur, um von neuem gegen die Wände zu fliegen. Oft geschah es, daß sie hinter den verschiedenen Kästen und Büchern niederfielen, die im Zimmer standen; dann hatten sie nicht mehr Raum genug, um sich zu erheben, und starben unbeachtet. Dies war das Geschick von vie= len, so daß von 25 nur 7 sich eingewöhnten.

Ihr Wesen war sehr verschieden. Einige zeigten sich mürrisch, ver= drießlich und trotzig, andere sehr furchtsam, andere wieder liebens= würdig, fromm, zahm und zutraulich vom ersten Augenblick an.

Mein gewöhnlicher Plan, um sie an den Raum und an das Zucker= gefäß zu gewöhnen, war sehr einfach. Wenn das Körbchen, in wel= chem man die Neulinge mir brachte, geöffnet wurde, flogen sie aus und gewöhnlich gegen die Decke, seltener gegen die Fenster. Nach einem Weilchen schwebten sie in der angegebenen Weise an den Wänden, ab und zu diese mit der Spitze ihres Schnabels oder mit der Brust berührend. Bei scharfer Beobachtung konnte man wahrnehmen, wenn sie erschöpft waren und zu sinken begannen. Dann ließen sie es sich in der Regel gefallen, daß man sie aufnahm und auf den Finger setzte. Hatte ich sie hier, so nahm ich ein wenig Zucker in den Mund

und brachte ihre Schnäbel zwischen meine Lippen. Zuweilen begannen sie sofort zu saugen, manchmal war es notwendig, sie wiederholt dazu einzuladen; doch lernten sie es schließlich regelmäßig, und wenn einer von ihnen einmal aus meinem Munde genommen hatte, war er zu späterem Saugen immer bereit.

Nach dieser ersten Lehre setzte ich den Gefangenen vorsichtig auf eine der Leinen, und wenn das Wesen des Vogels ein sanftes war, blieb er hier auch sitzen. Später reichte ich ihm anstatt meiner Lippen ein Glas mit Sirup, und hatte er von diesem ein= oder zweimal geleckt, so fand er es auch auf, wenn es auf dem Tisch stand, und nunmehr konnte ich ihn als gezähmt ansehen. Seine Zeit wurde jetzt geteilt zwischen kurzen Flügen im Raum und zeitweiligen Ruhepausen auf der Leine. Dabei kam es oft vor, daß zwei einander im Fluge ver= folgten. Es schien mir, als ob diese Begegnungen freundschaftlicher Art seien. Nach genauerer Beobachtung wurde ich überzeugt, daß dieses beständige Abfliegen von der Leine nur den Zweck hatte, kleine, dem menschlichen Auge unsichtbare Kerbtiere zu fangen. Sehr häufig hörte ich das Schnappen mit dem Schnabel, und ein= oder zweimal sah ich auch, wie eine Fliege gefangen wurde, die für die Sehkraft des menschlichen Auges eben noch groß genug war. Ge= wöhnlich waren diese Ausflüge sehr kurz. Der Vogel durchmaß höch= stens einen halben oder vollen Meter Entfernung und kehrte dann nach seinem Sitz zurück, ganz wie es die echten Fliegenfänger tun; denn Fliegenfänger, und zwar sehr vollkommene, sind auch die Ko= libris. Einer niedrigen Schätzung nach darf ich annehmen, daß jeder, mit wenig Unterbrechung, in der Zeit vom frühen Morgen bis zum Abend wenigstens drei Kerbtiere in der Minute fing. In der Freiheit werden sie wahrscheinlich nicht so viel Beute auf diese Weise erwer= ben, weil sie hier hauptsächlich den kleinen Kerfen nachstreben, die das Innere der Blumen bewohnen; aber auch hier sieht man sie be= ständig in der angegebenen Weise ausfliegen. Meine Gefangenen flogen gelegentlich auch gegen die Wände und nahmen Fliegen aus den Spinnetzen.

Eigentümlich war die Art und Weise ihres Herabkommens, wenn sie trinken wollten. Anstatt nämlich auf das Gefäß loszufliegen, führ= ten sie unabänderlich 12 bis 20 Schraubengänge aus, von denen sie ein jeder ein wenig tiefer brachte. Sie kamen sehr häufig, um zu sau=

gen, nahmen aber niemals viel auf einmal. Doch leerten ihrer fünf immerhin ein Weinglas täglich. Ihr Kot war stets flüssig und gleich dem Sirup, den sie eingenommen hatten.

Alle gingen erst spät zur Ruhe, und oft sah man sie noch bis zur Dämmerung jagen und umherschweifen. Sie waren auch während der Nacht sehr unruhig und konnten leicht aufgeregt werden.

Trat man mit einem Licht in das Zimmer, so setzte man jederzeit ein oder zwei von ihnen in Bewegung. Sie schienen dann denselben Schrecken zu empfinden, wie im Anfang ihrer Gefangenschaft, flogen auch wie früher gegen die Wände und starben sogar vor Angst, wenn man nicht besonders auf sie achtete.

Nachdem meine gefangenen Kolibris das erwähnte Zimmer einige Zeit bewohnt hatten, setzte ich sie, fünf an der Zahl, in einen großen Käfig, dessen eine Seite mit Draht vergittert war. Ich hatte diesen Wechsel sehr gefürchtet und brachte sie deshalb des Abends in den Käfig, in der Hoffnung, daß die Nacht sie beruhigen werde. Schon früher waren sie durch das Sirupgefäß nach und nach in das Innere des Käfigs gewöhnt worden, und so war dieser ihnen wenigstens kein unbekannter Raum mehr. Nachdem die Türe geschlossen war, flatterten sie ein Weilchen; aber am nächsten Tage sah ich zu meinem Vergnügen, daß alle ruhig auf den Springhölzern saßen und auch von dem Sirup nahmen. Bald darauf brachte ich noch zwei Männchen mehr zu ihnen und später auch ein Weibchen. Das letztere hatte sich schon am nächsten Tage zu einem langschwänzigen Männchen gesellt, welches bis dahin einen Sitzplatz allein innegehabt, und bemühte sich augenscheinlich, Liebe zu erwerben. Es hüpfte seitwärts auf der Sitzstange gegen ihn hin, bis es ihn berührte, spielte ihm zart in seinem Gesichte, schlug mit den Flügeln, erhob sich fliegend über ihn und tat, als ob es sich auf seinen Rücken setzen wollte. Er aber schien, wie ich zu meinem Bedauern sagen muß, höchst unhöflich oder gleichgültig gegen derartige Liebkosungen zu sein.

Ich hegte nun die größte Hoffnung, sie lebend nach England zu bringen, da ich meinte, daß die größten Schwierigkeiten jetzt vorüber seien. Aber alle meine Hoffnungen wurden bald zerstört. Schon eine Woche, nachdem ich sie in den Käfig gebracht hatte, begann das Verderben. Zuweilen starben zwei an einem Tage. In der nächsten Woche hatte ich bloß noch einen einzigen, welcher den anderen auch bald nachfolgte. Ich versuchte vergeblich, sie durch neue zu ersetzen; die ergiebigsten Jagdgründe waren aber jetzt verödet. Die Todesursache war unzweifelhaft der Mangel an Kerbtiernahrung; denn wenn sie auch fortwährend Sirup nahmen, so konnte dieser doch nicht genü= gen. Alle, die starben, waren ausnehmend mager und ihr Magen so zusammengeschrumpft, daß man ihn kaum erkennen konnte. Im größeren Raum hatten sie noch Kerbtiere fangen können, im Bauer war ihnen dies unmöglich gewesen.

Der Wintervorrat des Kupferspechtes

Nachdem ich, erzählte Saussure, ein als trefflicher Beobachter aus Mexiko bekannter Reisender, von dem Coffre de Perote herabgestie= gen war, besuchte ich den früheren Vulkan, welcher den Namen Pi= zarro trägt. Dieser eigentümliche, zuckerhutförmige Berg, der über der Ebene von Perote wie eine Insel aus dem Meeresgrund empor= steigt, erweckt das Staunen aller Reisenden durch die Regelmäßigkeit und Schönheit seiner Umrisse. Aber wenn man sich ihm nähert und die steilen Seiten dieses Lavakegels zu erklimmen anfängt, so wird man auf das unerwartetste überrascht durch den Anblick der selt=

samen Pflanzenwelt, die seinen Schlackenboden bedeckt. Jenes bleiche Grün, das man von weitem für Wälder gehalten hatte, verdankt seinen Ursprung nichts anderem als einer Anzahl kleiner Agaven, deren Blattrosetten etwa 1 m Breite haben, während der Durchmesser ihrer Blütenschäfte 5 bis 8 cm beträgt. Zwischen den Artischocken= arten, die dem weißen Sand außerdem noch entsprießen, wirft eine große Yucca ihren spärlichen Schatten auf blaugraue Trachytmassen, und sie allein vertritt hier, wo Bäume für eine wunderbare Erschei= nung gelten können, deren Stelle.

Diese dürre Einöde, welche, wie es schien, durch kein lebendes We= sen erheitert wurde, begann einen tiefen Eindruck auf mich auszu= üben. Da ward meine Aufmerksamkeit plötzlich durch eine große Menge von Spechten, den einzigen Bewohnern dieser öden Striche, in Anspruch genommen. Nie stößt man ohne eine gewisse Freude, nachdem man tote Wüsten durchwandert hat, wieder auf Leben, und mir war es in dieser Hinsicht seit langem nicht so wohl gewesen. Ich ward bald inne, daß der Kupferspecht der König dieser Örtlichkeit sei; denn obwohl noch andere Arten sich daselbst versammelt hatten, so behauptete er doch unbestreitbar das Übergewicht. Alle diese Vögel, groß wie klein, waren in außerordentlich lebhafter Bewegung, und in dem ganzem Aloewald herrschte eine fast unnatürliche Reg= samkeit, eine ungewohnte Tätigkeit. Dazu hatte die Vereinigung so vieler Spechte an einer und derselben Stelle schon für sich allein etwas Auffallendes, weil die Natur diesen Vögeln weit eher Liebe zur Ein= samkeit und eine Lebensweise zum Erbteil gegeben hat, welche ihnen bei Strafe des Mangels geselliges Beisammenwohnen untersagt. Weit entfernt daher, die Bewohner der Steppe durch unzeitiges Schießen zu erschrecken, verbarg ich mich in dem wenig gastlichen Schatten einer Yucca und versuchte zu beobachten, was hier vor sich gehen würde.

Es dauerte nicht lange, so löste sich vor meinen Augen das Rätsel. Die Spechte flogen hin und her, klammerten sich an jede Pflanze und entfernten sich darauf fast augenblicklich. Am häufigsten sah man sie an den Blütenschäften der Aloen. An diesen hämmerten sie einen Augenblick, indem sie mit ihren spitzigen Schnäbeln wiederholt an das Holz klopften; gleich darauf flogen sie an Yuccastämme, wo sie dieselbe Arbeit aufs neue vornahmen; dann kehrten sie schnell wieder zu den Aloen zurück und so fort. Ich näherte mich daher den Agaven, betrachtete ihre Stengel und fand sie siebförmig durchbohrt, und zwar so, daß die Löcher unregelmäßig eins über dem anderen sich befanden. Diese Öffnungen standen offenbar mit Höhlungen im Innern in Verbindung; ich beeilte mich daher, einen Blütenschaft ab= zuhauen und ihn auseinanderzuschneiden, um seinen Mittelraum zu betrachten. Wie groß war mein Erstaunen, als ich darin ein wahres Vorratshaus von Nahrungsstoffen entdeckte! Die weise Vorsicht, welche der kunstfertige Vogel durch die Wahl dieser Vorratskammer an den Tag legt, und die Geschicklichkeit, mit der er sie zu füllen ver= steht, verdienen beide in gleichem Maße beschrieben zu werden.

Die Agavepflanze stirbt, nachdem sie geblüht hat, ab und vertrock= net; aber noch lange nachher bleibt sie aufrecht stehen, und ihr Schaft bildet gleichsam einen senkrechten Pfahl, dessen äußere Schicht beim Abtrocknen erhärtet, während das Mark des Innern nach und nach verschwindet und so im Mittelpunkt des Stengels eine Röhre frei läßt, welche dessen ganze Länge einnimmt. Diese Röhre hat der Specht dazu ersehen, seine Lebensmittel darin aufzuspeichern. Die Lebensmittel aber sind Eicheln, welche von den Vögeln für den Winter in jenen natürlichen Speichern aufgehäuft werden. Die Mittelröhre des Schaftes der Agaven hat einen Durchmesser, der gerade groß genug ist, Eicheln einzeln durchzulassen, so daß sie der Reihe nach, eine über der anderen, wie die Kügelchen eines Rosenkranzes zu liegen kommen; wenn man die Röhre der Länge nach spaltet, so findet man sie gleichsam mit einer Säule von Eicheln angefüllt. Indes ist ihr Aufeinanderliegen nicht immer so regelmäßig. In den stärksten Agaven ist die Mittelröhre weiter, und in einer solchen häufen sich dann die Eicheln unregelmäßiger an. Aber wie stellt es der Vogel an, um seine Vorratskammer, welche die Natur ringsum verschlossen hat, zu füllen?

Mit Schnabelhieben bohrt er am unteren Teil des Schaftes ein kleines rundes Loch durch das Holz. Dieses Loch erstreckt sich bis zur mittleren Röhre. Er benutzt dann diese Öffnung, um Eicheln hinein= zustopfen, bis er damit den Teil der Röhre gefüllt hat, der unterhalb des Loches liegt. Hierauf bohrt er ein zweites Loch an einem höher gelegenen Punkt des Schaftes, durch welches er den inneren Raum der Mittelröhre, zwischen den beiden Öffnungen anfüllt. Gleich dar=

auf bringt er ein drittes Loch noch höher hinauf an, und so fährt er fort, bis er so hoch hinaufgestiegen ist, daß er den Punkt des Schaftes erreicht, wo die Röhre so eng wird, daß sie keine Eicheln mehr durch= läßt. Man beachte jedoch, daß diese Schaftröhre weder so weit noch so rein ist, daß die Eicheln, vermöge ihrer Schwere, nach unten gezogen würden; der Vogel ist im Gegenteil gezwungen, sie hineinzustoßen, und trotz seines großen Geschickes bei dieser Arbeit gelingt es ihm doch meist nur, sie 2 bis 5 cm tief in die Röhre hinabzuschieben; er ist daher in die Notwendigkeit versetzt, die Löcher sehr nahe über= einander zu stellen, wenn er vom Grunde bis zum Gipfel ein voll= ständiges Füllen des Schaftes bewerkstelligen will.

Auch diese Arbeit verrichtet er nicht immer mit gleicher Regel= mäßigkeit. Es gibt viele Agavenschafte, deren Mark noch so unver= sehrt ist, daß sie noch kaum eine Röhre bilden konnte. In diesem Falle muß der Specht andere Kunstgriffe anwenden, um seine Eichelvor= räte niederzulegen. Wo er keine Höhlungen findet, muß er selbst mei= ßeln. Zu diesem Behufe bohrt er für jede Eichel, die er verstecken will, ein besonderes Loch und legt dieselbe dann in dem Mark selbst nieder, indem er hier ein Loch bohrt, weit genug, um eine Eichel aufzunehmen. So findet man viele Stengel, in denen die Eicheln nicht in einer Röhre angehäuft sind, sondern jede für sich am Ende eines der Löcher liegt, mit welchem die Oberfläche des Schaftes übersät ist. Das ist eine harte Arbeit und verursacht dem Vogel viel Schweiß. Er muß sehr fleißig sein, um eine solche Vorratskammer anzulegen. Um so leichter wird es ihm nachher, sie zu benutzen. Er hat dann nicht mehr nötig, seine Nahrung unter einer mühsam zu durchbrechenden Holzschicht zu suchen; er braucht nur seinen spitzen Schnabel in eine jener schon fertigen Öffnungen zu stecken, um eine Mahlzeit daraus hervorzu= langen.

Die Geduld, welche die Spechte beim Füllen ihrer Vorratskammern zeigen, ist nicht das einzige Bemerkenswerte an ihnen: die Beharrlich= keit, welche sie anwenden müssen, sich die Eicheln zu verschaffen, ist noch staunenswerter. Der Pizarro erhebt sich inmitten einer Wüste von Sand und Laven, auf denen kein Eichbaum wächst. Es ist mir un= begreiflich, von woher sie Lebensmittel geholt hatten. Sie müssen viele Kilometer weit danach geflogen sein, vielleicht bis zum Abhange der Cordillera.

Durch ein so kunstvolles Verfahren schützt die Natur diese Spechte gegen die Schrecken des Hungers in einem öden Lande während eines sechsmonatigen Winters, wo ein stets heiterer Himmel alles aufs höchste ausdorrt. Die Trockenheit verursacht dann den Tod des Pflan= zenlebens, wie bei uns die Kälte, und die allein ihr widerstehenden, überaus dürren, lederartigen Gewächs der Savanne ernähren keine von den Kerbtieren mehr, welche der Specht zu seinem Unterhalt be= darf. Ohne die geschilderte Hilfsquelle bliebe unseren Vögeln nur übrig, entweder fortzuziehen oder Hungers zu sterben.

Hier haben wir also einen Vogel, der Wintervorrat sammelt. Aus weiter Ferne holt er eine Nahrung, die seiner Gattung sonst nicht eigen ist, und trägt sie in andere Gegenden, dahin, wo die Pflanze wächst, die ihm zur Vorratskammer dient. Er verbirgt sie nicht in hohlen Bäumen, nicht in Felsenspalten oder Erdhöhlen, kurz an kei= nem jener Orte, die sich naturgemäß seinem Suchen dazubieten schei= nen, vielmehr in schmalen, im Mittelpunkte eines Pflanzenstengels verborgenen Röhren, von deren Vorhandensein er weiß. Zu diesen Röhren bahnt er sich einen Weg, indem er das sie rings umschließende Holz zertrümmert; in ihnen häuft er seinen Vorrat in strengster Ord= nung auf und bewahrt ihn so, sicher vor der Feuchtigkeit, in einem Zustande, der höchst günstig auf seine Erhaltung einwirkt, geschützt zugleich vor Ratten und samenfressenden Vögeln, die nicht imstande sind, durch das ihn schützende Holz zu dringen. Wahrscheinlich ist es, daß diese Spechte sich beim Beginn der Regengüsse in den Ebenen zerstreuen, um dann den Kerbtieren nachzugehen, welche die Natur ihnen nun im Überfluß bietet.

Der Buntspecht in Käfig und Stube

Einem bekannten Vogelfreund verdanke ich die folgende köstliche Schilderung seiner Beobachtungen an gefangenen Spechten. Der Buntspecht ist ein prächtiger Geselle, der sich dem Menschen ebenso anschließt wie die Singvögel. Hatte doch mein Großvater einen frei lebenden allmählich bei Gelegenheit der Meisenfütterung so an sein Fenster gewöhnt, daß er herbeiflog, wenn dieses geöffnet wurde, um Nüsse und dergleichen, wenn auch nicht aus der Hand, so doch aus einem vorgehaltenen Löffel wegzunehmen.

Seinen Herrn lernt der jung aufgezogene Buntspecht schnell ken= nen, ja, er erkennt ihn an seinem Tritt; mir ruft der, den ich gerade jetzt besitze, schon wenn ich die Treppe zu meinem Zimmer empor= steige, ein wiederholtes frohes „Kick" zu und kommt mir dann ent= gegen, soweit es der Käfig gestattet, indem er dabei seine prächtig gefärbten Teile an das Gitter drückt und, sobald ich näher trete, einen leisen, kichernden Ton vernehmen läßt. Groß ist die Freude, wenn ich ihm eine an der Spitze mit dem Messer etwas aufgeschnittene Haselnuß bringe. Ich halte letztere mit den Fingern fest, und er mei= ßelt sie, ohne irgend dem Finger wehe zu tun, mit wenigen Schlägen auf und verarbeitet den Kern zu Kleie. Komme ich ihm aber mit mei= nem Gebiß zu Hilfe, so drückt er seine Dankbarkeit öfter dadurch aus, daß er auf dem Blechkasten unten im Käfig einige schnurrige Strophen abtrommelt. Sein Betragen dabei beweist, daß er mir damit besonders gefallen will.

Überhaupt sind die Buntspechte kluge Tiere, deren glänzende Au= gen und deren ganzes Benehmen Überlegung und Neugierde, Mut= willen und Leckerhaftigkeit auf das bestimmteste ausdrücken. Ihr Wesen hat dabei etwas anziehend Drolliges. Sie hüpfen zwar auch sehr ungeschickt, aber nicht bäuerisch plump wie die Sperlinge, son= dern sie benehmen sich dabei wie zierliche, vornehme Mädchen, die in Holzschuhen gehen und deshalb verlegen bei ihrem ungeschickten Gang lachen müssen. Sogar wenn man sie vorsichtig im Schlaf stört, zeigen sie sich nicht unliebenswürdig, sondern klettern im Lampen=

schein herbei, um zu sehen, was es gibt. Sie müssen alles genau unter=
suchen, und zwar zunächst mit der Zunge und dann mit immer stärker
werdenden Schnabelhieben. Dies ist insofern eine willkommene Ei=
genschaft, als sie dadurch zur rechten Zeit noch auf ihre zuletzt
schmerzhaft werdende Untersuchungsweise aufmerksam machen,
wenn man dem Käfig mit dem Gesicht oder der Hand zu nahe kommt.
Man hält nun beide in der rechten Entfernung und belustigt sich an
der Art, wie sie mit der langen Zunge die Nasenspitze befühlen oder
den Bart durchstöbern.

In der Stube frei gelassen, machen sie sich durch ihre Neugierde in
unbewachten Augenblicken freilich recht überflüssig; ihre Possen
gewähren aber auch wieder viel Vergnügen. Sehr komisch sieht es aus,
wenn sie ein aufgeschlagenes Buch erwischen, zuerst mit der Zunge
einige Blätter vorsichtig umwenden und dann, als ob der Inhalt nicht
nach ihrem Geschmack wäre, mit einigen Schnabelhieben das Buch
auf die Seite schieben. Wie gescheit die Tiere trotz der beständigen
ungeheuerlichen Gehirnerschütterung sind, geht aus folgendem her=
vor. In den engen Windungen des Drahtes, mit dem die groben Drähte
des Netzes gehalten werden, bleiben sie zwar nicht häufig, aber doch
bisweilen mit einer Zehe hängen. Sie flattern dann nicht ängstlich
oder kopflos mit tollem Ungestüm, sondern sehen sich die betreffende
Stelle ganz bedächtig an und ziehen mit Beihilfe des Schnabels die
Klaue vorsichtig heraus.

Bei allen anziehenden Eigenschaften des Buntspechts darf ich doch
nicht verschweigen, daß er auch unangenehme haben kann. Läßt man
ihn aus dem Käfig heraus, um seine Neugier und Beweglichkeit in
ihrer ganzen Größe zu bewundern, so fliegt er einem oft genug an die
Beine und klettert an diesen empor, ohne danach zu fragen, ob seine
Fänge wehe tun, und wenn man mit ihm spielt, muß man immer vor=
sichtig sein, da er nicht weiß, wie sehr seine Schnabelhiebe schmerzen
können. Wenn er letztere seinem Herrn zuteil werden läßt, so ist dies
sicherlich nur Spielerei, etwa derart, wie solche zahmen Raubvögel
und zumal dann ausüben, wenn sie die Finger mit dem Schnabel be=
knabbern, aber durchaus nicht Zorn oder Ärger; denn diese sind der
Gemütsart meines Freundes fremd. Setzt sich ein anderer Vogel auf
seinen Käfig, so äußert er nur Freude, daß er sich einmal mit einem
anderen Gegenstand unterhalten kann, aber sicher nicht Neid oder

Ärger. Er ist überhaupt sehr unterhaltungsbedürftig, so wenig er dies auf die erste Vermutung zu sein scheint, wenn man die frei lebenden einsam durch Wald und Garten streifen sieht. Er ist sichtlich dankbar, wenn man sich mit ihm unterhält, und er trägt sein Verlangen nach Unterhaltung seinem Pfleger auf das unzweideutigste zur Schau.

Der Turmfalke und der Spiegel

Eine bemerkenswerte Beobachtung über einen gefangenen Turm= falken veröffentlicht Wüstnei. Der aus dem Nest gefallene, fast er= wachsene Falke verlor fast jegliche Scheu, nahm das dargebotene Futter aus der Hand, liebte es aber nicht, wenn jemand seinen Mahl= zeiten zusah, und gab seine Besorgnis dadurch zu erkennen, daß er mit ausgebreiteten Flügeln und vorgebeugtem Körper das Fleisch= stück zu bedecken suchte und dabei fortwährend Töne des Unwillens ausstieß. Dieses Mißtrauen, welches seinen Grund in Neckereien ge= habt haben mochte, steigerte sich sofort zur größten Erbitterung, wenn ihm ein Spiegel vorgehalten wurde und er darin einen seines= gleichen erblickte, welcher ihm wohl gefährlich erschien. Er ging dann sofort angreifend vor, bekämpfte sein eigenes Ich mit Schnabel und Fängen und wiederholte die Angriffe immerfort, so ohnmächtig die Hiebe von der glatten Spiegelfläche auch abprallten.

Als er wieder einmal seine Kräfte vergeblich erschöpft hatte und zur Einsicht gelangt war, daß er das Hindernis, welches ihn von sei= nem Feind trennte, nicht durchdringen konnte, kam ihm der Gedanke, den vermeintlichen Feind an seinem eigentlichen Platz anzugreifen, und er begab sich plötzlich hinter den Spiegel. Vergnüglich war es, seine deutlich ausgedrückte Verwunderung zu beobachten. Seine Auf= regung verwandelte sich plötzlich in starre Ruhe, das Geschrei ver= stummte, und unbeweglich mit vorgestrecktem Kopf betrachtete er das leere Nichts. Geraume Zeit verharrte er in dieser Stellung, dann stieß er wiederum ein heftiges Geschrei aus, gleichsam um den irgend= wo vermuteten Gegner herauszufordern. Eine Drehung des Spiegels

belehrte ihn, daß dieser noch nicht ganz verschwunden sein könnte, und erregte seine Erbitterung von neuem.

Da ihm durch den Spiegel seine Mahlzeit mehrmals etwas verleidet worden war, so blieb dieser für ihn stets ein so verdächtiger Gegen= stand, daß er sofort in die größte Aufregung geriet und ein lautes Geschrei ausstieß, wenn man Miene machte, den Spiegel von der Wand zu holen, oder sich auch nur in dessen Nähe begab.

Sperbergeschichten

Der Sperber ist ebenso scheu wie dreist und ohne Furcht vor größeren Vögeln. Freilich hat das Weibchen mehr Stärke und kann einen Kampf mit Glück bestehen, in welchem das Männchen unterliegen müßte. So sah ich ein merkwürdiges Schauspiel vor meinem Fenster. Ein Sperberweibchen hatte einen Sperling gefangen und ihn hinter den Zaun meines Gartens getragen, um ihn hier zu verzehren. Ich be= merkte dies aus meinem Fenster und ließ es ruhig geschehen. Als es

noch nicht halb fertig war, kam eine Krähe, um ihm die Beute abzu=
nehmen. Sogleich breitete der Sperber seine Flügel aus und bedeckte
damit seinen Raub. Als aber die Krähe zu wiederholten Malen auf
ihn stieß, flog er auf, hielt den Sperling in dem einen Fang, wendete
sich im Fluge so geschickt, daß der Rücken fast der Erde zugekehrt
war, und griff mit dem freien Fang der Krähe so heftig in die Brust,
daß diese abziehen mußte.

Aber auch das Männchen zeigt gleiche Dreistigkeit wie das Weib=
chen und kommt wie dieses in die Dörfer. Mit der Dreistigkeit ver=
bindet der Sperber bemerkenswerte Geistesgegenwart, List und Ver=
schlagenheit. Er ist das treue Bild eines strolchenden Diebes oder
Wegelagerers. Mehr als irgendein anderer Raubvogel übt er auch die
Kunst der Verstellung. Schon Naumann erzählt, daß er zuweilen, um
Kleingeflügel zu täuschen, den Flug des Hähers annehme; Eugen von
Homeyer hat dasselbe beobachtet. Ein Vogel erschien am unteren
Ende einer langen, wohl aus zwanzig Eichen bestehenden Baumreihe
und flog, nach Häherart, langsam von Baum zu Baum, auf jedem kurze
Zeit verweilend. Dies Gebaren glich so täuschend dem des Hähers,
daß Homeyer dem Vogel nur deshalb weiter mit dem Auge folgte,
weil die Eichen noch nicht reife Früchte trugen, für Häher daher keine
Veranlassung vorlag, ihre Wipfel zu durchstreifen. Mit einiger Über=
raschung erkannte er schließlich einen Sperber. Mehr und mehr nä=
herte sich der verschlagene Strauchdieb der letzten Eiche, auf der ein
Schwarm kleiner Vögel saß, entpuppte sich dort plötzlich als Räuber,
schoß wie ein Blitz unter die arglose Schar und flog einen Augenblick
später mit einem blutenden Opfer in seinen Klauen davon.

Ist die Raubgier des Sperbers einmal erregt worden, so vergißt er
alles um sich her, achtet weder des Menschen, noch der Hunde und
Katzen, nimmt vielmehr die ins Auge gefaßte Beute in unmittelbarster
Nähe des Beobachters weg, stürzt sich sausenden Fluges dicht über
den ruhig sitzenden hinweg, daß seine Fittiche beinahe dessen Haupt
berühren, packt das Opfer mit fast unfehlbarem Griff und ist mit ihm
entflogen und verschwunden, bevor man recht zur Besinnung gelangt.
Im Innern von Häusern oder selbst von fahrenden Wagen sind Sper=
ber sehr oft gefangen worden; sie hatten ihre Beute bis dahin so
gierig verfolgt, daß sie alles übrige vergaßen. Noch neuerdings wurde
erzählt, daß ein Sperber bei Verfolgung eines Vogels in einen in voller

Fahrt begriffenen Eisenbahnwagen flog und hier gefangen wurde. Gefangene Vögel im Bauer vor und hinter den Fenstern sind vor seinem Angriff ebensowenig gesichert wie die frei lebenden. Der Glas= scheiben nicht achtend, stürzt er sich auf die Gebauer, zerbricht, nicht immer ohne Lebensgefahr, in jähem Anprall das Glas und greift im Zimmer, unbekümmert um die aufschreienden Bewohner, nach dem Vogel. „Einst", so erzählt Schacht, „hatte ich einen Käfig mit einem Lockstieglitz im Hausgarten dicht neben einer Hecke ausgesetzt. Als ich mittags herzutrat, um den Vogel wieder heimzutragen, und eben dabei war, eine Leimrute abzunehmen, stürzte sich plötzlich auf den mir zu Füßen stehenden Vogel ein Sperber herab und umflatterte in wilder Hast einige Male den Käfig. Solche Kühnheit war mir noch nicht vorgekommen. In meiner Bestürzung schleuderte ich, da mir keine andere Waffe zur Hand war, die Leimrute auf den frechen Räu= ber herab. Leider verfehlte sie ihr Ziel, und der Sperber entkam."

Selbst wenn auf ihn gefeuert wird, läßt er sich nicht immer vom Rauben abhalten. Rohweder schoß mit groben Schroten auf einen fliegenden Sperber, welcher auf den Schuß mit ausgebreiteten Flügeln, sich um sich selber drehend, abwärts stürzte, aber in einer Entfernung von etwa 5 m über dem Boden auf den schirmartig ausgebreiteten Zweig einer Buche fiel, hier sich mit dem Fuß anklammerte und den Kopf nach unten, die Flügel wie im Krampf halb ausgebreitet, etwa zwei Minuten lang ohne alle Bewegung hängenblieb. „Als er darauf den Kopf etwas hob und mit den Flügeln zuckte", sagt der Bericht= erstatter, „hielt ich dies für den Beginn des Todeskampfes, hing die Flinte über und nahm den Hut in die Hand, um darin den Sterbenden aufzufangen. Jetzt läßt er sich los, statt aber herunterzufallen, breitet er die Schwingen aus, fliegt davon und hat, noch ehe ich schußfertig werden kann, einen schreienden Star in seinen Klauen, mit dem er,

Der Jagdfalke wurde schon früh gezähmt. Mit seinen scharfen Augen kann er die Beutetiere aus großer Höhe und auf weite Entfernung ausmachen.

als ob nichts vorgefallen, triumphierend davonzieht. Vermutlich hatte eine der Posten, welche ich für den Rehbock geladen, ihn am Schnabel getroffen und, ohne ihn weiter zu verletzen, für kurze Zeit betäubt."

Der Sperber ist der fürchterlichste Feind aller kleinen Vögel; er wagt sich aber auch gar nicht selten an größere. „Mein Vater", schreibt mir von Reichenau, „gelangte auf einem seiner Jagdgänge einmal ohne Anwendung von Hund, Pulver und Blei in den Besitz eines Reb= huhnes. In einer Entfernung von etwa hundert Schritten ging ein Volk Rebhühner auf, und fast gleichzeitig stieß ein Sperberweibchen mit= ten durch den gedrängten Schwarm. Ein Rebhuhn in den Fängen be= gab sich der Sperber auf einen unfern gelegenen Rain und gab hier seiner Beute den Rest. Mein Vater wartete ruhig ab, bis das Huhn verendet war, und schlich sich, gedeckt durch die Böschung des Rains, bis in die Nähe des Ortes heran, wo der Sperber sitzen mußte, ergriff einen Stein, schleuderte ihn, gleichzeitig schreiend, nach dem Raub= vogel und erschreckte diesen so, daß er das Huhn liegenließ und davonflog.

An Mut und Raubgier fehlt es dem Sperber gewiß nicht, jedes Wild zu schlagen, welches er irgendwie bewältigen zu können glaubt: er wagt sich selbst anscheinend zwecklos an wehrhafte Tiere. „Ich ging einst", sagt Naumann, „in meinem Wäldchen umher und sah einem Reiher nach, welcher ruhig und dicht über den Bäumen hin davon= fliegen wollte. Plötzlich stürzte sich aus den dichten Zweigen eines der letzten Bäume ein Sperber hervor, packte den erschrockenen Reiher augenblicklich am Halse, und beide kamen nun mit gräßlichem Ge= schrei aus der Höhe herab. Ich lief sogleich hinzu, wurde aber zu früh von dem Sperber bemerkt; er erschrak darüber und ließ den Reiher los, worauf dann jeder ruhig seine Straße zog. Wohl möchte ich wis= sen, was aus diesem ungleichen Kampfe geworden wäre, wenn ich

Der Seeadler lebt auch in Europa an Meeresküsten, großen Flüssen und Binnenseen. Er brütet auf hohen Bäumen und füttert seine Jungen mit Fischen und Wassergeflügel.

257

beide nicht gestört hätte. Ob wohl der kleine tollkühne Räuber den Reiher überwältigt und wirklich getötet haben würde?"

Junge Nestvögel, namentlich solche, welche am Boden ausgebrütet werden, gehören zum Lieblingsfutter des Sperbers; er verschont aber auch die Eier nicht. „Eines Tages", erzählt Hintz, „kam mein Hirt und sagte, daß er gestern ein Rebhuhnnest mit zweiundzwanzig Eiern gefunden; heute seien jedoch nur noch zwanzig darin gewesen, und er habe einen kleinen Sperber gesehen, welcher nicht weit vom Nest aufgeflogen wäre. Ich ging sogleich zur Stelle und fand noch neunzehn Eier im Nest. Nach Verlauf einer Stunde kam er wieder und flog abermals mit einem Ei davon. Ungeachtet aller Aufmerksamkeit aber konnte ich nicht beobachten, auf welche Weise er die Eier fortschaffte, ob mit den Fängen oder mit dem Schnabel."

Bei vielen Völkern Asiens ist der Sperber heutigentags noch ein hochgeachteter Beizvogel und hat sich als solcher viele Freunde erworben. Er wird auf Rebhühner, Wachteln, Schnepfen, Tauben, besonders aber auf Meinas abgerichtet und leistet namentlich im Dschungel gute Dienste. Eine erheiternde Geschichte erzählt Radde. Im Süden des Kaukasus, und zwar im Quellgebiete des Euphrat, hauste in den Bergen ein Stamm der Kurden, deren Häuptling besonders gut abgerichtete Habichte, Sperber und Schreiadler als Beizvögel verwendete. Bei diesem Häuptling sah Radde einen Raubvogel, der in seiner Färbung und in seinem Körperbau den Sperber nicht verhehlen konnte, aber unverkennbar den Schwanz des Turmfalken trug. Da an eine Bastardart nicht zu denken war, mußte die Entstehung einer so sonderbaren Form auf eine natürliche Erklärung zurückzuführen sein, welches sich dann auch folgendermaßen ergab. Der Sperber hatte sich den Schwanz derartig zerstoßen, daß er nicht mehr imstande war, ihn bei der Jagd zu gebrauchen. Da kam der alte Häuptling auf den klugen Gedanken, seinem Beizvogel einen Schwanz des Turmfalken künstlich einzusetzen. Die alten zerstoßenen Schwanzfedern wurden an den Spulen abgeschnitten, die neuen Federn in die so entstandenen Hülsen gesteckt und mit sehr klebrigem, bald hart werdendem Zuckersirup beschmiert. Der künstliche Schwanz leistete dem Sperber später bei der Jagd durchaus die notwendigen Dienste.

Wer selbst Sperber gefangengehalten hat, muß die Geschicklichkeit der asiatischen Falkner anerkennen. Angenehme Gefangene sind diese

Raubvögel nicht, ihre Scheu, Wildheit und Gefräßigkeit wirken geradezu abstoßend. Von letzterer erzählt Lenz ein Beispiel, welches ich noch anführen will, weil es das Wesen des Vogels kennzeichnen hilft. „Vor einigen Jahren erhielt ich ein Sperberweibchen, welches einen Goldammer so wütend in einen Dornbusch verfolgte, daß es sich darin verwickelte und gefangen wurde. Sogleich band ich ihm die Flügelspitzen zusammen und setzte es in eine Stube, darinnen sich elf Menschen versammelten, die es mit funkelndem Blick betrachtete; nun holte ich sechs junge Sperlinge, ließ einen davon laufen, der Sperber fuhr sogleich zu, packte und erwürgte ihn mit seinen Krallen und blieb, unverwandt nach der Gesellschaft blickend, auf seiner Beute, welche er kräftig zusammendrückte, sitzen. Wir gingen, da er nicht fressen wollte, weg, und als wir nach zehn Minuten wiederkamen, war der Sperling verzehrt. Ebenso ging es mit den zwei folgenden Sperlingen, den vierten aber hatte er, nachdem er ihn ebenso wütend wie die vorigen erwürgt hatte, bei unserem Wiederkommen nur halb verzehrt; dennoch packte er ebenso gierig jetzt auch den fünften, und wieder nach zehn Minuten den sechsten, ohne daß er sie, da sein Kropf schon gefüllt war, verzehren konnte."

Ganz ähnlich verfuhr auch ein anderer frisch gefangener Sperber. „Einst", schreibt mir Liebe, „wurde mir ein Sperber gebracht, der beim Stoß auf einen Vogel an den Leimruten hängengeblieben und so in Gefangenschaft geraten war. Meine Frau, die den Sperber vom Vogelfänger in Empfang genommen hatte, war unvorsichtig, ließ sich von dem grimmen Wicht hauen und ihn erschrocken fahren. Der Räuber aber nahm, anstatt das Fenster und das Weite zu suchen, einen meiner Vogelbauer an und stieß nach den darin befindlichen Vögeln, und zwar mit einer so blinden Wut, daß ich ihn am Bauer, an den er sich geklammert hatte, wieder einfangen konnte."

Opfer des Adlers

Der in hoher Luft kreisende Adler, welcher eine Beute erspäht, senkt sich gewöhnlich erst in Schraubenlinien hernieder, um den Gegenstand genauer ins Auge zu fassen, legt, wenn dies geschehen, plötzlich seine Flügel an, stürzt mit weit vorgestreckten geöffneten Fängen, vernehmlich sausend, schief zum Boden herab, auf das betreffende Tier los und schlägt ihm beide Fänge in den Leib. Ist das Opfer wehrlos, so greift er ohne weiteres zu; ist es fähig, ihn zu gefährden, verfehlt er nie, einen Fang um den Kopf zu schlagen, um so gleichzeitig zu blenden und zu entwaffnen.

Mein Vater hat an seinem gefangenen Goldadler die Art und Weise des Angriffs oft gesehen und ausgezeichnet beschrieben; seine Schilderung will ich daher, wenn auch nur im Auszug, wiedergeben. „Bei Ergreifen der Beute", sagte er, „schlägt er die Nägel so heftig ein, daß man es deutlich hört und die Zehen wie krampfhaft zusammengezogen aussehen. Katzen schlägt er den einen Fang um den Hals, benimmt ihnen so alle Luft und frißt sie an, noch ehe sie tot sind. Gewöhnlich greift er so, daß die Zehen des einen Fanges den Kopf einschließen. Bei einer Katze, welche ich ihm bot, hatte er mit einem Nagel das Auge durchbohrt, und die Vorderzehen lagen so um die untere Kinnlade, daß die Katze den Rachen keine Linie breit öffnen konnte. Die Nägel des anderen Fußes waren tief in die Brust eingedrückt. Um sich im Gleichgewicht zu halten, breitete der Adler die Flügel weit aus und gebrauchte sie und den Schwanz als Stützen; dabei waren seine Augen blutrot und größer als gewöhnlich, alle Federn am ganzen Körper glatt angelegt, der Rachen geöffnet und die Zunge vorgestreckt. Man bemerkte bei ihm aber nicht nur auffallende Wut, sondern auch ungewöhnliche Kraftanstrengung, bei der Katze das ohnmächtige Streben, ihren überlegenen Feind loszuwerden. Sie wand sich wie ein Wurm, streckte aber alle vier Füße von sich und konnte weder die Nägel noch die Zähne gebrauchen. Wenn sie zu schreien anfing, faßte der Adler mit dem einen Fange weiter und schlug ihn an einer anderen Stelle der Brust ein, den zweiten Fang hielt er beinahe unbeweglich

um den Rachen geschlagen. Den Schnabel gebrauchte er gar nicht, und so kam es, daß die Katze erst nach Verlauf von dreiviertel Stunden tot war. So lange hatte der Adler mit eingeschlagenen Nägeln und ausgebreiteten Flügeln auf ihr gestanden. Jetzt ließ er sie liegen und schwang sich auf die Sitzstange. Dieses lange Leiden der Katze machte auf mich einen solchen Eindruck, daß ich ihm nie wieder eine lebende gab."

Andere Opfer hauchen unter der gewaltigen Kralle des Räubers viel eher ihr Leben aus, weil sie weit weniger als die Katze fähig sind, Widerstand zu leisten. Aber der Adler wagt sich auch an noch stärkere Tiere; man hat beobachtet, daß er selbst den bissigen Fuchs nicht verschont. „Wehe dem armen Meister Reineke", schildert Girtanner, wohl durchaus richtig, „welchem seine Nachtjagd schlecht ausgefallen, und der, noch auf Brotreisen begriffen, in Sicht eines über ihm krei= senden Adlerpaares ein unbesorgt spielendes Steinhühnervolk auf dem Bauche kriechend überfallen wollte und dabei seine Aufmerksam= keit zu sehr auf seine erhoffte Beute richtete, wenn plötzlich mit ein= gezogenen Schwingen, aber weit geöffneten Fängen, der König der Lüfte pfeilschnell seitwärts heransaust. Den einen Fang schlägt er dem unvorsichtigen Schelm im nächsten Augenblick in die fletschende Schnauze und macht so auch die schärfsten Zähne unschädlich, den andern begräbt er im Leib seines Opfers, drückt dasselbe, durch Flügelschläge im Gleichgewicht sich haltend, mit aller Gewalt nieder und beginnt nun, grausam genug, seinen Raub zu zerfleischen, noch eher dieser sein Leben ausgehaucht."

Solcher Kampf endet nicht immer siegreich; daß er überhaupt statt= findet, dürfte zweifellos sein und beweist schlagend den Mut, das Selbstbewußtsein des mächtigen Vogels. Man übertreibt nicht, wenn man behauptet, daß sich letzteres deutlich ausdrückt, wenn der Adler mit kühn blitzendem Auge, gesträubten Nackenfedern und halb ge= lüfteten Schwingen auf seiner Beute steht und, wie gewöhnlich, ein förmliches Siegesgeschrei ausstößt. Er ist in solcher Stellung ein über= wältigendes Bild stolzer Schönheit und markiger Kraft, dessen Ein= druck sich niemand entziehen kann.

Vollbewußtsein seiner Stärke verleitet ihn zuweilen, sogar an dem Herrn der Erde sich zu vergreifen. Es ist keine Fabel, wenn erzählt wird, daß er auf kleine Kinder gestoßen und sie, falls er es vermochte, davongetragen hat; man kennt sogar verbürgte Fälle, daß er, ohne durch gerechtfertigte Abwehr oder Verteidigung seines Horstes ge= zwungen zu sein, erwachsene Menschen anfiel. Nordmann erzählt hierfür ein ergötzliches Beispiel. „Ich erhielt", sagt er, „einen Stein= adler, dessen Gefangennahme mit folgenden ungewöhnlichen Um= ständen verknüpft war. Der hungrige und tollkühne Vogel stürzte mitten in einem Dorfe auf ein großes umhergehendes Schwein, dessen lautes Schreien die Dorfbewohner in Bewegung setzte. Ein herbei= eilender Bauer verjagte den Adler, welcher seine schwere Beute nur ungern fahren ließ, von dem fetten Schweinerücken sich erhebend, sogleich auf einen Kater stieß und sich, mit ihm beladen, auf einen Zaun setzte. Das verwundete Schwein und der blutende Kater stimm= ten einen herzzerreißenden Zweisang an. Der Bauer wollte nun zwar auch die Katze retten, getraute sich aber nicht, dem grimmigen Vogel unbewaffnet nahezutreten, und eilte in seine Wohnung nach einem geladenen Gewehr. Als aber der Adler seinen Mahlzeitstörer zum dritten Male erblickte, ließ er die Katze fallen und klammerte sich mit seinen Fängen an den Bauer, und nun schrien alle drei, der überrum= pelte Jäger, das fette Schwein und der alte Kater um Hilfe. Andere Bauern eilten herbei, packten den Adler und nahmen den Missetäter gefangen."

Zahme Wespenbussarde

In der Gefangenschaft ist der Wespenbussard, laut Behrends, höchst unterhaltend. Er erzählte darüber das Folgende:

Ein flugbares Männchen, welches ich eingefangen, wurde schon nach wenigen Wochen gegen ihm bekannte Leute wie auch gegen meine Hunde in hohem Grad zutraulich, ja anhänglich, nahm aber jedem fremden Hund gegenüber eine Angriffsstellung an, sträubte die Federn und ging auf ihn los. Besondere Zuneigung hatte er zu einem kleinen Hund gewonnen. Lag dieser, so setzte der Vogel sich zwischen seine Füße, spielte mit ihm oder zauste mit dem Schnabel seine Haare, was er sich denn auch gutwillig gefallen ließ. Nur beim Fressen war der Bussard zuweilen tückisch, jagte die Hunde, die sich ihm nicht widersetzten, vom Futter und bewachte letzteres oft längere Zeit, ohne selbst davon zu fressen. Er lief in und außer dem Haus umher und schrie, wenn er eine Tür verschlossen fand, aus Leibeskräften so lange, bis sie geöffnet wurde. Einen öffentlichen Garten in der Nähe meiner Wohnung, wo er ein beliebter Gast war und immer etwas zugeworfen erhielt, besuchte er im Sommer täglich; im Spätsommer und Herbst lief er oft halbe Tage lang nahrungsuchend auf den Stoppelfeldern herum. Er hörte auf den Ruf Hans, kam aber nur, wenn er gelaunt oder hungrig war. In Zeiten guter Laune sprang er Frauen auf den Schoß, hob oft einen Flügel auf, um sich darunter kraulen zu lassen, wobei er unter sichtlichem Wohlbehagen die Augen zudrückte, oder setzte sich auf deren Schultern und spielte in den Haaren. Tat ihm jemand etwas zuleide, so merkte er es sich für lange Zeit und mied diese Person. Hatte er Hunger, so lief er der Magd, die ihn gewöhnlich fütterte, schreiend im ganzen Haus nach und zupfte dabei an ihren Kleidern; wollte sie ihn abwehren, so schrie er entsetzlich und stellte sich zur Wehr. Seine liebste Nahrung war Semmel und Milch; doch fraß er auch alles andere, wie Fleisch, Mehlspeisen, Kartoffeln, zuweilen auch einen kleinen Vogel. Ein Wespennest, das in einem Garten an einem Busch hing, fesselte ihn nicht im mindesten. Wespen, die ihm um den Kopf flogen, suchte er durch Kopfschütteln abzuwehren; hielt man sie ihm vor den Schnabel, so biß er sie tot, fraß aber nie eine. Gegen Kälte war er sehr empfindlich. Im Winter versteckte er sich häufig unter dem Ofen und verhielt sich, da er nicht gern im Zimmer geduldet wurde, ganz ruhig, um seine Anwesenheit nicht zu verraten. Im allgemeinen hatte er mehr das Betragen einer Krähe als eines Raubvogels; nur waren seine Bewegungen gemessener und bedächtiger, sein Gang schreitend, nie hüpfend, nur wenn er gejagt wurde, machte er einige Sätze. Er starb nach drei Jahren.

Ein alt eingefangenes Weibchen liebte Wespenbrut leidenschaftlich. Hielt man ihr ein Wespennest vor, so wurde es sichtlich aufgeregt, stieß mit Begierde danach und verschluckte ganze Stücke davon. Leere Wespennester riß es, nach Brut suchend, in Fetzen. Sonst war, wie bei dem vorigen, Semmel und Milch ihre Lieblingsspeise. Tote Vögel ließ es oft unberührt, lieber waren ihr Frösche; auch Maikäfer fraß es, doch nicht besonders gern. Gegen meine übrigen Haustiere war der Wespenbussard im hohen Grad verträglich. Ergötzlich war es anzusehen, wenn er mit denselben, nämlich mit zwei Meerschwein= chen, einem Star, einem Goldregenpfeifer und zwei Wachteln aus einer Schüssel fraß. Keines der genannten Tiere zeigte die geringste Furcht vor ihm, ja, der naseweise Star biß oft aus Futterneid nach ihm oder spritzte ihm Milch ins Gesicht, was er ganz ruhig hinnahm. Zuweilen erhob er sich dabei sehr würdevoll und überschaute mit stolzem Blick den bunten Kreis seiner Tischgenossen. Einmal erhielt ich eine Taube, setzte sie neben den Wespenbussard und erstaunte nicht wenig, als sie, statt Furcht zu zeigen, sich so innig an den Bus= sard schmiegte. Sie zeigte überhaupt bald eine solche Anhänglichkeit an ihn, daß sie nicht mehr von seiner Seite wich. War sie von der Stange, auf der sie neben ihm saß, zum Futter herabgehüpft, so lief sie, da sie nicht fliegen konnte, so lange hinter ihrem Freund hin und her, bis man sie wieder hinaufsetzte; verhielt sich der Bussard nicht ruhig, so hackte sie oft nach ihm, was ihn aber gar nicht zu beleidigen schien. So gutmütig der Wespenbussard gegen Menschen und die genannten Tiere war, so bösartig war er, wenn ein Hund in seine Nähe kam; pfeilschnell und mit größter Wut schoß er nach dem Kopf des Hundes, schlug seine Fänge ein, biß und schlug ihn mit den Flü= geln; dabei sträubte er die Federn und fauchte wie eine Katze. Die Hunde, auch die stärksten und bösartigsten, gerieten in die größte

Angst und suchten das Weite. Auch wenn der Hund entronnen war, beruhigte er sich nicht gleich, sondern biß eine Zeitlang in blinder Wut nach allem, was sich ihm näherte.

Er liebte sehr den Sonnenschein, setzte sich daher oft mit ausge=breiteten Flügeln und geöffnetem Schnabel an ein offenes Fenster und flog auch auf die benachbarten Dächer. Regen scheute er sehr; wurde er von einem solchen überrascht, so verkroch er sich schnell in die nächste Ecke. Gegen Kälte war er auch sehr empfindlich und mußte deshalb im Winter in der Arbeitsstube gehalten werden.

Vom König der Nacht

Ein Oberförster in Pommern hielt längere Zeit einen gezähmten Uhu auf dem Hof in einem dunklen Verschlag. In einem Frühjahr ließ sich nun zur Paarungszeit auf dem Hof der Oberförsterei, welche inmitten des Kiefernwaldes ganz allein liegt, ein wilder Uhu hören. Der Ober=förster setzte in den ersten Tagen des April den Uhu, an beiden Fän=gen gefesselt, aus. Der wilde Uhu, ein Männchen, gesellte sich sehr bald zum zahmen, und was geschieht: er fütterte den gefesselten regelmäßig in jeder Nacht, was einmal aus den Überbleibseln, aus dem Gewölle ersichtlich und dann dadurch bewiesen ist, daß der Uhu in beinahe vier Wochen vom Eigentümer nicht gefüttert wurde. Nä=herte man sich bei Tag dem zahmen Uhu, so ließ der wilde in dem gegenüberliegenden Kiefernbestande sofort sein „Uhu" oder „Buhu" erschallen und verstummte erst dann, wenn man sich längere Zeit entfernt hatte. Innerhalb vier Wochen lieferte der wilde Uhu drei Hasen, eine Wasserratte, unzählige andere Ratten und Mäuse, eine Elster, zwei Drosseln, einen Wiedehopf, zwei Rebhühner, einen Kie=bitz, zwei Wasserhühner und eine Wildente.

Im Tiergarten zu Karlsruhe legte ein Uhuweibchen sechs Jahre nacheinander je vier Eier, begann, sowie das erste gelegt war, mit dem Brüten und blieb fortan, eifrig brütend, auf ihnen sitzen. Man gönnte sich im ersten Jahre den Spaß, ihm statt seiner eigenen Eier vier Eier der Hausente unterzuschieben. Mit gewohntem Eifer brütete es volle 28 Tage und hatte das Glück, vier Entchen ausschlüpfen zu sehen; sowie aber diese sich zu rühren begannen, nahm es eines nach dem anderen, um sie zu erwürgen und zu verzehren.

Ich selbst habe einen jungen Uhu durch liebevolle Behandlung so weit gebracht, daß ich ihn auf der Hand herumtragen, streicheln, am Schnabel fassen und sonst mit ihm verkehren durfte, ohne mich irgendwelcher Mißhandlung auszusetzen. In Stockholm sah ich einen anderen, welcher sich nicht bloß anfassen und streicheln ließ, sondern auch auf seinen Namen hörte, antwortete und herbeikam, wenn er gerufen wurde, ja sogar freigelassen werden konnte, weil er zwar kleine Ausflüge unternahm, aber doch nie entfloh, sondern regelmäßig aus freien Stücken zu seinem Gebieter zurückkehrte.

Die Waldohreule und das Licht

Wenn man die Waldohreule bei Tag im dichtesten Schatten des Wal= des, hart an den Stamm gelehnt, auf einem Ast sitzen sieht, hoch auf= gerichtet wie ein stehender Mann alle Federn knapp an den Leib gelegt und beide oder nur ein einziges Auge ein wenig geöffnet, um blinzelnd auf den verdächtigen Eindringling herabzuschauen, und sodann durch Beobachtung erfährt, daß sie immer erst nach Eintritt der Dämmerung auf ihre Jagd auszieht, ist man geneigt zu glauben, daß sie das Tageslicht scheue, durch die Sonne geblendet und am richtigen Sehen verhindert werde. Eine solche Auffassung entspricht der Tatsächlichkeit aber keineswegs. So lichtscheu sie sich gebärdet, so sehr bedarf sie des Sonnenscheins: sie geht zugrunde, wenn man ihr in der Gefangenschaft die Sonne gänzlich entzieht.

Sobald nachmittags die Sonnenstrahlen ihren Käfig treffen, schreibt mir Walter über eine Gefangene, blickt sie mit weitgeöffneten Augen, gehobenem Kopf, die Brust herausgekehrt und der Sonne zugewandt, gerade in das Tagesgestirn und breitet Flügel und Schwanz, um ja allen Teilen die Wohltat der Sonnenwärme zu verschaffen. War meh=

rere Tage nacheinander trübes Wetter und die Sonne verhüllt, dann springt sie herab in den Sand und hockt in derselben Stellung wie sonst lange Zeit auf der früher beschienenen Stelle. Ergötzlich war es anzusehen, wie diese Eule beim Anzünden des Weihnachtsbaumes von ihrer Sitzstange herab in den Sand sprang und dort in gleicher Weise sich niederhockte, regungslos verharrend, den Kopf unbeweg= lich in die Schultern zurückgelegt und das volle Gesicht dem strahlen= den Baum zugekehrt. Sie hielt den ungewöhnlich starken Lichterglanz offenbar für Sonnenschein. Wenn ich abends arbeite, steht meine Lampe hart am Käfig der Eule, und sie rückt dann gewöhnlich so dicht an das Gitter, daß zwischen ihr und der Flamme kaum 15 cm Zwi= schenraum bleibt. Auf dieser Stelle verweilt sie oft stundenlang.

Wie trefflich sie bei Tag sieht, berichtet mir Walter weiter, erfuhr ich bei folgender Gelegenheit. Eines Mittags, als die Sonne bei mir durchs Fenster schien, bemerkte ich, daß die Ohreule sehr scharf zu einem Punkte an der Decke senkrecht über mir aufblickte und durch Drehen des Kopfes ihre Teilnahme für diesen Punkt aus= drückte. Der Richtung folgend, sah ich von meinem Platze aus über mir eine Spinne, kleiner als eine Fliege, an der Decke sitzen. Da die

Eule bald gleichgültig nach einer anderen Richtung hinblickte, bald
aber wieder mit der regsten Aufmerksamkeit jene Spinne betrachtete,
stieg ich auf einen Stuhl, um letztere zu beobachten, und bemerkte
nun, daß diese, ohne ihre Lage zu verändern, bald mit den Beinen
am Gewebe arbeitete, bald wieder untätig in ihrem Netz saß. Ruhte
sie bei ihrer Arbeit, so wandte die Eule sich gleichgültig ab; begann
sie zu haspeln, ohne den Körper dabei zu verrücken, dann beobach=
tete die Eule sie auf das schärfste. Obgleich ich sehr gut sehe, war
es mir doch unmöglich, die Bewegungen der Spinne von meinem
Sitzplatz aus zu erkennen, wogegen die Eule trotz des viel weiteren
Abstandes alle Bewegungen auf das genaueste wahrnahm.

Gutherzige Rotkehlchen

Zwei Rotkehlchenmännchen, welche in meinem Heimatsort gepflegt
wurden und denselben Käfig bewohnten, lebten beständig in Hader
und Streit, mißgönnten einander jeden Bissen, anscheinend selbst die
Luft, welche sie atmeten, und bissen sich aufs heftigste, jagten sich
wenigstens wütend in dem ihnen gegönnten Raum umher. Da geschah
es, daß eins durch einen unglücklichen Zufall das Bein brach. Von
Stund an war aller Kampf beendet. Das gesunde Männchen hatte
seinen Groll vergessen, nahm sich mitleidig des schmerzgepeinigten
Kranken an, trug ihm Nahrung zu und pflegte ihn aufs sorgfältigste.
Der zerbrochene Fuß heilte, das krank gewesene Männchen war
wieder kräftig wie vorher; aber der Streit zwischen ihm und seinem
Wohltäter war für immer beendet.

Ein anderes männliches Rotkehlchen wurde am Nest seiner Jungen
gefangen, mit diesen in das Zimmer gebracht, widmete sich nach wie
vor deren Pflege, fütterte und wärmte sie und zog sie glücklich groß.
Etwa acht Tage später brachte der Vogelsteller ein anderes Nest mit
jungen Rotkehlchen in das Zimmer zu dem alten Männchen, welches
er zurückbehalten hatte. Und siehe da: als die Jungen hungrig wur=
den und laut zu werden anfingen, kam jener Vogel heran, betrachtete

sie lange, eilte dann zu dem Näpfchen mit Ameisenpuppen, begann das Pflegevatergeschäft mit der größten Emsigkeit und erzog auch diese Jungen, als ob es seine eigenen gewesen wären.

Naumann erfuhr ähnliches, als er einen jungen Hänfling auffüttern wollte. Der ewig hungrige Vogel schrie fortwährend und erregte dadurch die Teilnahme eines im Zimmer umherfliegenden Rotkehl=chens. Es begab sich zu dem Käfig des Schreihalses und wurde von diesem um Futter gebeten. Sogleich flog es zum Tisch, holte Brot=krümchen, stopfte ihm damit das Maul und tat dies so oft, als sich das Waisenkind meldete.

Auch im Freien schließt das Rotkehlchen zuweilen innige Freund=schaft mit anderen Vögeln. In einem Gehölz unweit Köthen ist der merkwürdige Fall vorgekommen, daß ein Rotkehlchen mit dem Fitis=laubvogel in ein Nest gelegt hat. Letzterer hat das Nest gebaut, beide haben je sechs Eier gelegt, beide haben in Eintracht zu gleicher Zeit auf den zwölf Eiern gebrütet.

Die Kunst des Spottvogels

Ihre große Berühmtheit, sagt Gerhard, hat die Spottdrossel erlangt infolge ihrer Fertigkeit, fremde Gesänge nachzuahmen. Ich beobach=tete einmal ein singendes Männchen in unserer Nachbarschaft. Wie gewöhnlich bildete der Lockton und Gesang des amerikanischen Zaunkönigs fast den vierten Teil seines Liedes. Es begann mit dem Gesang des erwähnten Vogels, ging in den Lockruf der Purpur=schwalbe über, schrie plötzlich wie ein Sperlingsfalk, flog dann von dem dürren Ast, auf welchem es bisher gesessen hatte, und ahmte während des Fluges den Lockruf der zweifarbigen Meise und der Wanderdrossel nach. Auf einer Umzäunung lief es mit hängenden Flügeln und emporgehobenem Schwanz umher und sang dabei wie ein Fliegenfänger, ein Gilbvogel und eine Tangara, lockte wie die schwarzköpfige Spechtmeise, flog hierauf in ein Brombeergebüsch, zupfte da ein paar Beeren ab und rief sodann wie der Goldspecht und wie die virginische Wachtel, gewahrte eine Katze, welche am Fuß eines Baumstummels herumschlich, stieß sofort mit großem Geschrei nach ihr, schwang sich, nachdem die Katze die Flucht ergriffen hatte, unter Gesang auf jenen abgebrochenen Ast des Baumes und begann ihr Lied von neuem.

Nach Wilson ist die Stimme des Spottvogels voll und stark und fast jeder Abänderung fähig. Sie durchläuft von den hellen und weichen Tönen der Walddrossel an alle denkbaren Laute bis zu dem wilden Kreischen des Geiers. Der Spottvogel folgt im Zeitmaß und in der Betonung treu dem Sänger, dessen Lied er stahl, während er letzteres hinsichtlich der Lieblichkeit und Kraft des Ausdrucks gewöhnlich noch überbietet. In den Wäldern seiner Heimat kann kein anderer Vogel mit ihm wetteifern. Seine Lieder sind fast grenzenlos mannigfaltig. Sie bestehen aus kurzen Takten von zwei bis sechs Tönen, welche mit großer Kraft und Geschwindigkeit hervorquellen und zuweilen mit unvermindertem Feuer eine Stunde nacheinander ertönen. Oft glaubt der Zuhörer, daß er eine Menge Vögel höre, welche sich zum gemeinschaftlichen Gesang vereinigt hätten. Der eine Sänger täuscht den Jäger und sogar andere Vögel.

Die Lieder wechseln je nach der Örtlichkeit. Im freien Wald ahmt die Spottdrossel die Waldvögel nach, in der Nähe des Menschen webt sie dem Gesange alle diejenigen Klänge ein, welche man nahe dem Gehöft vernimmt. Dann werden nicht bloß das Krähen des Hahnes, das Gackern der Hennen, das Schnattern der Gänse, das Quaken der Enten, das Miauen der Katze, das Bellen des Hundes und das Grunzen des Schweines nachgeahmt, sondern auch das Kreischen einer Türe, das Quieken einer Wetterfahne, das Schnarren einer Säge, das Klappern einer Mühle und hundert andere Geräusche mit möglichster Treue wiedergegeben. Zuweilen bringt sie die Haustiere in förmlichen Aufruhr. Sie pfeift dem schlafenden Hund so täuschend nach Art des Herrn, daß jener eiligst aufspringt, um den Gebieter zu suchen, bringt Gluckhennen zur Verzweiflung, indem sie das Gekreisch eines geängstigten Küchleins bis zur Vollendung nachahmt, entsetzt das furchtsame Geflügel durch den Schrei des Raubvogels und täuscht den verliebten Kater, indem sie die zärtliche Einladung weiblicher Katzen getreulich wiederholt. Gefangene Spottdrosseln verlieren nichts von ihren Begabungen, eignen sich im Gegenteil noch allerlei andere Töne, Klänge und Geräusche an und mischen sie oft in der drolligsten Weise unter ihre wohltönenden Weisen.

Freundliche Nachbarn

In einem Holzstall, erzählt Päßler, legte das Rotschwänzchen in ein Schwalbennest. Als dessen Erbauer von ihrer Winterreise zurück= kamen und ihr Nest besetzt fanden, bauten sie ein anderes dicht neben dem alten. Während die Rauchschwalben noch mit dem Bau beschäftigt waren, fing das Rotschwänzchen an zu brüten und wurde von den emsigen Schwalben oft mit dem Schwanz bedeckt und über das Gesicht gestrichen, ließ sich aber nicht stören. Später fing auch die Schwalbe an zu brüten, und beide Mütter in Hoffnung taten es in frommer Eintracht. Wenn das Schwalbenmännchen sein Weibchen besuchte und ihm schöne Geschichten von dem blauen Himmel und den fetten Mücken erzählte, wandte es seine Rede zuweilen auch zur Nachbarin. Diese brachte ihre Kinder aus, und nun duldete ihrerseits die Schwalbe die Berührung des Futter herzutragenden Rötlings= männchens. Als die Jungen groß gepflegt waren, wählte das Rot= schwänzchen den gegenüberliegenden Wagenschuppen für ein neues Nest. Und siehe! Die Schwalben folgten später nach, besserten ein altes Nest aus, und beide Pärchen hielten auch hier gute Nachbar= schaft.

Die Alpendohle als Hausgenossin

Dieser Vogel, sagt Savi von der Alpendohle, ist einer von denen, die sich am leichtesten zähmen lassen und die innigste Anhänglichkeit an ihren Pfleger zeigen. Man kann ihn jahrelang halten, frei herum= laufen und fliegen lassen. Er springt auf den Tisch und ißt Fleisch, Früchte, besonders Trauben, Feigen, Kirschen, Schwarzbrot, trockenen Käse und Dotter. Er liebt die Milch und zieht bisweilen Wein dem

Wasser vor. Wie die Raben hält er die Speisen, die er zerreißen will, mit den Klauen, versteckt das übrige und deckt es mit Papier, Split= tern und dergleichen zu, setzt sich auch wohl daneben und verteidigt den Vorrat gegen Hunde und Menschen. Er hat ein seltsames Gelüste zum Feuer, zieht oft den brennenden Docht aus den Lampen und verschluckt denselben, holt ebenso im Winter kleine Kohlen aus dem Kamin, ohne daß es ihm im geringsten schadet. Er hat eine be= sondere Freude, den Rauch aufsteigen zu sehen, und sooft er ein Kohlenbecken wahrnimmt, sucht er ein Stück Papier, einen Lumpen oder einen Splitter, wirft es hinein und stellt sich davor, um den Rauch anzusehen. Sollte man daher nicht vermuten, daß dieser der „brandstiftende Vogel" (Avis incendiaria) der Alten sei?

Vor einer Schlange oder einem Krebs und dergleichen schlägt er die Flügel und den Schwanz und krächzt ganz wie die Raben; kommt ein Fremder ins Zimmer, so schreit er, daß man fast taub wird; ruft ihn aber ein Bekannter, so gackert er ganz freundlich. In der Ruhe singt er bisweilen, und ist er ausgeschlossen, so pfeift er fast wie eine Amsel; er lernt selbst einen kleinen Marsch pfeifen. War jemand lange abwesend und kommt zurück, so geht er ihm mit halbgeöff= neten Flügeln entgegen, begrüßt ihn mit der Stimme, fliegt ihm auf den Arm und besieht ihn von allen Seiten. Findet er nach Sonnen= aufgang die Tür geschlossen, so läuft er in ein Schlafzimmer, ruft einige Male, setzt sich unbeweglich aufs Kopfkissen und wartet, bis sein Freund aufwacht. Dann hat er keine Ruhe mehr, schreit aus allen Kräften, läuft von einem Ort zum anderen und bezeigt auf alle Art sein Vergnügen an der Gesellschaft seines Herrn. Seine Zuneigung setzt wirklich in Erstaunen; aber dennoch macht er sich nicht zum Sklaven, läßt sich nicht gern in die Hand nehmen, und hat immer einige Personen, die er nicht leiden mag und nach denen er pickt.

Flamingos brüten in großen Kolonien von mehreren Tausend an den zentral= und ostafrikanischen Seen, in Mittel= und Südamerika, aber auch in Indien und Innerasien. In Europa gibt es nur noch eine Fla= mingobrutkolonie an der Rhonemündung.

Kolkraben auf Hasenjagd

Die Rolle, welche der Fuchs unter den Säugetieren spielt, sagt ein trefflicher Forscher, der Graf Wodzicki, ist unter den Vögeln dem Kolkraben zuerteilt. Er bekundet einen hohen Grad von List, Aus= dauer und Vorsicht. Je nachdem er es braucht, jagt er allein oder nimmt sich Gehilfen. Einmal ging ich bei hohem Schnee mit einem Gefährten auf die Hasenjagd. Obgleich wir schon einige Male ge= schossen hatten, erblickten wir doch an einer Schlucht des gegenüber= liegenden Berges zwei Raben. Der eine saß ruhig auf dem Rande und blickte hinunter, der andere, welcher etwas niedriger stand, langte mit dem Schnabel vorwärts und sprang behend zurück. Dies wiederholte er mehrere Male. Beide waren so eifrig beschäftigt, daß sie unser Kommen nicht zu bemerken schienen. Erst als wir uns bis auf einige Schritte genähert hatten, flogen die Räuber auf, setzten sich aber in einer Entfernung von wenigen hundert Schritten wieder nieder, wie er schien, in der Hoffnung, daß auch wir, wie sonst die Bauern, vorbeigehen würden, ohne ihnen Schaden zu tun. An der Stelle nun, wo wir sie beobachtet hatten, saß in der Schneewand, etwa 60 cm tief, ein großer alter Hase. Der eine Rabe hatte diesen von vorn angegriffen, um ihn zum Aufstehen zu zwingen, der andere hatte mit Schnabel und Krallen von oben ein Loch in die Schnee= wand gebohrt, augenscheinlich in der Absicht, den Hasen von oben herauszujagen. Dieser aber war so klug gewesen, sitzenzubleiben, und hatte durch Brummen und Fauchen den Raben zurückgescheucht.

Ein andermal sah ich im Feld zwei Raben, welche in einer Ver=

Leider werden Storchennester mit Jungen bei uns immer seltener. Durch die Anwendung von Insektengiften in Afrika wurden Tausende von Störchen getötet. Immer weniger kehren von dort nach Europa zurück.

tiefung beschäftigt waren. Als ich an die Stelle kam, lag dort ein Hase mit blutendem Kopfe in den letzten Zügen. Ich folgte der Spur etwa zwanzig Schritte und fand hier sein Lager mit den deutlichen Anzeichen, daß die Raben ihn herausgetrieben hatten. Wie kurz war seine Flucht gewesen!

An einem Dezembertag sah ich drei Raben, zwei auf dem Boden, den dritten in der Luft. Ein Hase sprang auf und lief, was er laufen konnte. Die Raben verfolgten ihn laut krächzend und stießen, Raub= vögeln vergleichbar, bis auf die Erde herab. Der Hase setzte sich einmal, lief darauf weiter, setzte sich zum zweiten Male und duckte sich endlich zu Boden. Sofort stürzte der eine Rabe sich auf das Opfer, schlug die Krallen in des Hasen Rücken und hieb auf dessen Kopf los. Der andere Rabe kam bald zu Hilfe, und der dritte traf Anstalten, der Beute den Bauch aufzubrechen. Obgleich ich schnell aus dem Schlitten sprang und eiligst auf den Hasen zulief, kam er doch nur halb lebendig in meine Hände.

Später einmal traf ich wiederum Raben an, welche bereits mit dem Säubern eines Hasengerippes beschäftigt waren. Ich ging der Hasen= spur nach und gelangte in einer Entfernung von etwa 200 Schritt zum Lager, welches zweidrittel Meter tief unter dem Schnee und sehr merkwürdig angelegt war; denn ein unterirdischer Gang von etwa dritthalb Meter Länge, welcher sehr rein ausgetreten war, führte zu dem eigentlichen Lager und ein ähnlicher auf der entgegengesetzten Seite wieder ins Freie. Die Spur der Raben zeigte mir deutlich, daß sich der eine der Räuber in den Gang gewagt hatte, um den Hasen dem anderen zuzutreiben.

Gleich Jagdhunden folgen sie der Spur eines Hasen oft 15 bis 20 Schritt weit zu Fuß, ängstigen ihn durch Krächzen und Stoßen und bringen ihn dahin, daß er sich niederdrückt, schließlich die Besinnung verliert und ihnen dann leicht zur Beute wird.

Ein Diebesgenie

Einer Krähe hat mein Vater in folgendem ein Denkmal gesetzt.

Es gibt unter den Vögeln wie unter den Menschen Genies, welche sich sehr auszeichnen. Ein solches Genie war eine weibliche Raben= krähe, die unweit meiner Wohnung und des Rittergutes in Ober= renthendorf in einem kleinen Wald nistete. Wenn diese Krähe Hun= ger hatte, zeigte sie eine Klugheit und Frechheit, die allgemeines Staunen und lauten Unwillen erregte.

Einst hatte eine Magd, die im Garten arbeitete, sich ein fettes Butterbrot — ein mageres verzehrte sie zuerst — aufgespart und aufs Gras gelegt. Als sie sich ein wenig davon entfernt hatte, stürzte sich die Krähe aus hoher Luft herab, ergriff das Butterbrot und trug es trotz allem Schreien der Eigentümerin in ihr Nest.

Die Knechte des Gutes nahmen ihr Frühstücksbrot in den Taschen ihrer kurzen Jacken mit aufs Feld. Wenn die Sonne höher stieg, pflegten sie sich dieses Kleidungsstückes zu entledigen und es auf den Grenzrain des Feldes zu legen, um bequemer pflügen zu können. Erst als sie hinreichend entfernt waren, kam die Krähe, zog das Frühstücksbrot aus der Jacke des einen heraus und trug es fort. Die Kameraden lachten den Bestohlenen aus und äußerten, ihnen solle es nicht ebenso ergehen. Sie legten am folgenden Tage die

Jacke so, daß die Taschen eingewickelt und unten, also von dem größten Teile des Kleidungsstückes bedeckt lagen. Jetzt ließ die Krähe auf dem hügeligen Feld die Pflüger so weit weggehen, daß sie nicht mehr auf den Rain zurücksehen konnten, wendete die Jacken um, fraß sich satt und trug ihren Jungen wieder ein reichliches Futter zu. Die Knechte mußten schließlich ihre Jacken, um ihr Frühstück zu behalten, mit so großen Steinen beschweren, daß die Krähe sie nicht in die Höhe heben konnte.

Aber das kluge Tier war nun einmal auf die Kleidungsstücke der Menschen aufmerksam geworden und untersuchte solche jetzt auch in den Höfen und Gebäuden. Wenn die Schäfer beim Frühstück etwas Brot übriggelassen hatten, steckten sie es in einen am Eingang des offenen Stalles hängenden alten Stallrock. Die Krähe durchstöberte auch dessen Taschen, wenn sie sich ungesehen nähern konnte; ja, sie flog sogar weit in den Stall hinein, um ihre Diebereien auszuführen.

Der allgemein gehaßte Vogel machte mir durch seine Geniestreiche die größte Freude, und man kann sich leicht denken, daß die an mich gerichteten Bitten, ihn zu schießen, ganz taube Ohren fanden. Wie hätte ich es übers Herz bringen können, solch einem geistreichen Gesellen das Lebenslicht auszublasen! Ich dachte an das leider immer noch nicht ganz außer Anwendung gekommene Sprichwort: „Kleine Diebe hängt man und große läßt man laufen" — und ließ den argen Spitzbuben zehn Jahre lang fliegen und laufen.

Jakob und seine Brüder

Ein dem Nest entnommener junger Kolkrabe kann mit leichter Mühe aufgefüttert werden, da er alles Genießbare verzehrt; auch dauert er in der Gefangenschaft gut aus: er soll in ihr bis hundert Jahre alt werden. Er gewöhnt sich leicht an seinen Herrn und lernt ihn in kurzer Zeit nicht nur an der Stimme, sondern auch am Gang er= kennen. Auf einen ihm gegebenen Namen hört er und antwortet, wenn er gerufen wird. Gewöhnlich lernt er ohne Lösung der Zunge und jegliche Bemühung des Menschen sprechen, zuerst fast immer seinen eigenen Namen, dann auch andere Worte.

Mein Vater besaß einen namens Jakob, der zuletzt frei im ganzen Haus und Hof herumlief und bald nach seiner Gefangennahme seine Sprachstudien begann. Er lernte alle Worte nach meines Vaters Stimme und sprach sie so täuschend nach, daß mehrmals Leute ins Haus kamen, um „den Herrn Pastor aufzusuchen, den sie sprechen gehört hätten".

Zuerst wurde ihm „Jakob" geläufig; dann setzte er seinem Namen auch die gewöhnlich ihm werdende Aufforderung hinzu und rief: „Jakob, komm her! Na, da komm doch, Jakob." Hierauf studierte er „Rudolf" und rief den Träger dieses Namens, sooft er ihn sah, ins Haus hinein oder zu sich hin.

Seine erste Wärterin hieß Wilhelmine und bewillkommnete ihn mit „Guten Morgen, Jakob", wenn sie ihm das erste Futter brachte. Er lernte diese Worte, später aber auch noch andere zu Wilhelminens großem Verdruß nicht nur auswendig, sondern wandte sie auch prak= tisch an, nämlich: „Mine, steh auf!"

Eine andere Magd hieß Christel. Dieser schwere Name verursachte ihm viel Mühe; gleichwohl ruhte er nicht, bis er ihn nachsprechen und auch sie wecken konnte. Niemand gab sich Mühe mit ihm; er lernte alles von selbst und er war unermüdlich, bis der Erfolg seine Arbeit krönte. Er sprach nicht bloß, sondern ahmte auch das Bellen und Knurren des von ihm oft geneckten Hundes, das Rucksen der Tauben, das Gackern der Hühner und das Lachen der Kinder nach.

Auf dem Hof spielte er den Alleinherrscher. Hühner und Gänse waren bald zu Paaren getrieben; dann ging's an den Hund, der seinen Zorn über die Unverschämtheit des Vogels zwar nicht verhehlte, gleichwohl aber schließlich den kürzeren zog oder den Verständigen zu spielen vorgab. Jakob neckte sich zum Zeitvertreib mit sämtlichem übrigen Vieh oder spielte mit allerlei Sächelchen, die er zuweilen verbarg, wie regelmäßig die übriggebliebenen Speisen. Mit dem Haushahn führte er prachtvolle Zweikämpfe auf.

Ein anderer seiner Art, den mein Vater besaß, griff sogar kleine Kinder an, tötete Hühner und verzehrte sie. Er mußte deshalb getötet werden. —

Der Engländer Hall erzählt von einem in einem Wirtshaus lebenden Raben, der gelehrt worden war, die Hühner zum Futter zu rufen oder zu treiben. Eines schönen Tages holte er für seine Tischbefohlenen auch die sämtlichen silbernen Löffel aus dem Wirtszimmer herbei, legte sie vor ihnen auf einen Schutthaufen aus, gleichsam für jede Henne ein Besteck, und spielte der Gesellschaft gegenüber den Wirt.

Dieser Anekdote ähnelt eine andere, etwas natürlichere, die Naumann erlebte. Ein Knabe hatte einen jungen Raben aus dem Nest genommen und aufgefüttert. Etwa nach zehn Tagen, als dieser allein fressen konnte, bekam der Knabe auch ein paar junge Saatkrähen, welche er, wie den Raben, mit dem Fleisch anderer Saatkrähen auffütterte. Die Krähen empfingen ihr Futter, wie gewöhnlich, jedesmal unter unsäglichem Schreien aus den Händen ihres Wärters; dies schien das Gefühl des Raben zu ergreifen, und er übernahm nun das Geschäft der Fütterung. Sobald die Krähen Nahrung begehrten, atzte er sie. Der Knabe hatte nun bloß für Futter zu sorgen, das Füttern besorgte der junge Rabe, und er wurde nicht müde, selbst als er nicht allein jene beiden, sondern noch andere Saatkrähen, die man seiner Pflege übergab, aufzufüttern hatte.

Auch alte Raben bekommen zuweilen ähnliche Gelüste nach Pfleglingen; nur werden diese leider bei aller Freundschaft nicht selten empfindlich gequält. So besaß ein Tierfreund in Galizien einen Kolkraben, der sich schließlich seine Gesellschafter selbst wählte. Man hatte ihm einst eine Elster in seinen Käfig gegeben, deren Gesellschaft ihm behagt haben mochte; denn schon im nächsten Winter,

als sich andere Elstern in der Nähe seiner Wohnung einstellten, begann er Jagd auf sie zu machen, sobald er einmal aus seinem Käfig herausgelassen wurde. Er fing sich, sooft er Langeweile hatte, eine Elster, hielt sie mit den Klauen am Boden fest und schrie so lange, bis der Wärter erschien, um sie auszulösen. Der durfte sie aber nicht freilassen, sondern mußte sie ihm in sein Gefängnis geben; unterließ er dies, so fing der Rabe so lange Elstern ein, bis ihm sein Wille getan wurde. Dann begab er sich sogleich selbst in den Käfig und quälte dort in aller Liebe und Freundschaft seine Gesellschafterin so sehr, wie manche Damen die ihrigen zu quälen pflegen.

Der Eichelhäher als Stimmenimitator

Höchst belustigend ist die wirklich großartige Nachahmungsgabe des Hähers, unter unseren Spottvögeln unzweifelhaft einer der begab= testen und unterhaltendsten. Sein gewöhnliches Geschrei ist ein krei= schendes, abscheuliches „Rätsch" oder „Räh", der Angstruf ein kaum wohllautenderes „Käh" oder „Kräh". Auch schreit er zuweilen wie eine Katze „Miau" und gar nicht selten spricht er, etwas bauch= rednerisch zwar, aber doch recht deutlich das Wort „Margolf" aus.

Außer diesen Naturlauten stiehlt er alle Töne und Laute zusam= men, die er in seinem Gebiet hören kann. Den miauenden Ruf des Bussards gibt er auf das täuschendste und so regelmäßig wieder, daß man im Zweifel bleibt, ob er damit fremdes oder eigenes Gut zu Markt bringt. Für ersteres sprechen andere Beobachtungen. Man weiß, daß er die Laute hören ließ, welche das Schärfen einer Säge hervorbringt. Das Wiehern eines Füllens kann er bis zur völligen Täuschung nachahmen; andere haben sich im Krähen des Haushahnes und im Gackern des Huhnes mit Erfolg versucht. Die verschiedenen, hier und da aufgeschnappten Töne werden unter Umständen auch zu einem sonderbar schwatzenden Gesang verbunden, der bald mehr, bald minder wohllautend sein kann.

„Einst im Herbst", erzählt Rosenheyn, „setzte ich mich, von der Jagd ermüdet, im Wald unter einer hohen Birke nieder und hing in Gedanken den Erlebnissen des Tages nach. Darin störte mich in nicht unangenehmer Weise das Gezwitscher eines Vogels. So spät im Jahr, dachte ich, und noch Gesang in dem schon ersterbenden Wald? Aber wer und wo ist der Sänger? Alle nahestehenden Bäume wurden durchmustert, ohne daß ich ihn entdecken konnte, und den= noch klangen immer kräftiger seine Töne. Ihre große Ähnlichkeit mit der Singweise einer Drossel führte mich auf den Gedanken, sie müsse es sein. Bald erschallten jedoch in kurz abgerissenen Sätzen auch minder volltönende Laute als die ihrigen; es schien, als hätte sich ein unsichtbarer Sängerkreis in meiner Nähe gebildet. Ich ver= nahm z. B. ganz deutlich sowohl den pickenden Ton der Spechte als den krächzenden der Elster; bald wiederum ließ der Würger sich hören, die Drossel, der Star, ja selbst die Rake: alles mir wohl= bekannte Laute. Endlich erblickte ich in bedeutender Höhe einen — Häher! Er war es, welcher sich in diesen Nachahmungen versuchte."

Neunmalneuntöter

Leider besitzt der Häher auch Eigenschaften, wodurch er sich die Gunst des Menschen verscherzt. Er ist der abscheulichste Nestzerstö= rer, den unsere Wälder aufzuweisen haben.

„Was treibt dieser fahrende Ritter", fragt Trinthammer, „dieser verschmitzte Bursche, der schmucke Vertreter der Galgenvögelgesell= schaft, die ganze Brutzeit hindurch? Von Baum zu Baum, von Busch zu Busch schweifend, ergattert er die Nester, säuft die Eier aus, ver= schlingt die nackten Jungen mit Haut und Haar und hascht und zerfleischt die ausgeflogenen Gelbschnäbel, die noch unbeholfen und ungewitzigt ihn zu nahe kommen lassen. Der Sperber und die drei Würger unserer Wälder sind zwar ebenfalls schlimme Gesellen; aber sie alle zusammen hausen lange nicht so arg unter den Sängern des Waldes wie der Häher. Er ist der ‚Neunmalneuntöter', der Würger in des Wortes eigentlicher Bedeutung und als solcher geschmückt mit Federbusch und Achselbändern. Wo dieser Strauchmörder überhand nimmt, ist an ein Aufkommen der Brut nicht mehr zu denken. Meine Beschuldigung ist gewiß nicht zu hart; zum Beweis sei hier ein schla= gendes Beispiel seiner Frechheit angeführt.

Seit einer Reihe von Jahren kam während der Brutzeit fast jeden Morgen ein Häher in meinen Hausgarten, stöberte dort wie in den anstoßenden Gärten Baumgruppen und Strauchwerk durch und zer= störte sofort die ausgekundeten Nester. Auf einem meiner Bäume hatte von lange her ein Edelfink und im Stachelbeergebüsch eine Klappergrasmücke genistet. Sie konnten beide kein Gehecke mehr aufbringen und zogen sich schließlich ganz hinweg. Endlich machte der Räuber, dessen unwillkommenes Erscheinen mir jedesmal durch das Gebaren aller gefiederten Insassen verraten war, sein aus=

gezeichnetes Meisterstück. Er verfolgte junge Rotschwänzchen und kaperte eines nach dem anderen weg, so daß in kurzem keine Spur der niedlichen Vögelchen mehr zu sehen war. Ein anderes Mal zerrte er aus einem Loch in der Brandmauer meines Nachbars einen halbflüggen Spatz hervor und zerlegte ihn ganz gemütlich auf dem nächsten Baum, bei welchem Frevel die Alten nebst ihrer Sippschaft ein gewaltiges Zetermordio erhoben, ja sogar kühn auf den Räuber los= pickten. Dies brachte ihn jedoch ebensowenig wie mein Schelten und Hutschwenken außer Fassung; denn nach gehaltenem Fleischschmaus fraß er noch zum Nachtisch einige Kirschen und flog dann hohn= schreiend in sein Leibgehege zurück."

Die Fliegenfängerfamilie

Von der Kindesliebe des Fliegenfängers teilt Naumann eine rüh= rende Geschichte mit.

Einst fing ein loser Bube ein altes Weibchen beim Nest, in welchem vier kaum halbflügge Junge saßen, und trug alle zusammen in die Stube. Kaum hatte der Vogel ohne einen Ausweg zur Flucht zu fin= den, die Fenster untersucht, als er sich schon in sein Schicksal fügte, Fliegen fing, die Jungen damit fütterte und dies so eifrig trieb, daß er in kurzer Zeit die Stube gänzlich davon reinigte. Um nun die Vogelfamilie nicht verhungern zu lassen, trug der Knabe sie zum Nachbar; hier war die Stube ebenfalls bald gereinigt. Jetzt trug er sie wieder zu einem anderen Nachbar, mit dessen Fliegen der Vogel ebenfalls bald fertig wurde. Er trug ihn abermals weiter, und so ging die Fliegenfängerfamilie im Dörfchen von Stube zu Stube und be= freite die Bewohner von ihrer lästigen Gesellschaft, den verhaßten Stubenfliegen. Auch mich traf die Reihe, und aus Dankbarkeit er= wirkte ich nachher der ganzen Familie die Freiheit. Die Jungen wuchsen bei dem niemals fehlenden Futter sehr schnell und lernten auch bald selbst Fliegen fangen.

Tanzfest der Klippenvögel

Viele Reisende haben über die Lebensweise des sonderbaren tauben=
großen Klippenvogels berichtet. Humboldt beobachtete ihn an den
Ufern des Orinoko, die Gebrüder Schomburgk fanden ihn an zwei
Örtlichkeiten von Britisch=Guayana, auf dem felsenreichen Kanuku=
gebirge und an den Sandsteinfelsen des Wenamu, an beiden Orten
häufig und gesellschaftlich lebend. „Nachdem wir abermals eine steile
Anhöhe erstiegen hatten", sagte Richard Schomburgk, „welche durch
die riesigen, mit Moos und Farnkräutern überwachsenen Granit=
blöcke fast unwegsam gemacht wurde, trafen wir auf einen kleinen,
fast ganz ebenen, von Gras und Gebüsch leeren Platz. Ein Zeichen
der Indianer hieß mich schweigen und mich in das angrenzende
Gebüsch verstecken, wie auch sie sich vollkommen geräuschlos dort
verbargen. Kaum hatten wir einige Minuten hier ruhig gelegen, als
ich aus ziemlicher Entfernung her eine Stimme vernahm, welche
dem Geschrei einer jungen Katze ähnelte, was mich auch zu der
Annahme verleitete, daß es hier auf den Fang eines Vierfüßlers
abgesehen sei. Eben war der Ton verklungen, als ich ihn unmittelbar
neben mir von einem meiner Indianer täuschend wiederholen hörte.
Der aus der Ferne Antwortende kam immer näher, bis endlich der
Ruf von allen Seiten her erwidert wurde. Obgleich mir die Indianer
bemerklich gemacht, daß ich im Anschlag liegenbleiben möchte, über=
raschte mich der erste Klippenvogel doch so unerwartet, daß ich
wirklich zu schießen vergaß. Mit der Schnelligkeit unserer Wald=
schnepfe kamen die reizenden Vögel durch das Gebüsch herbei=
geflogen, setzten sich einen Augenblick nieder, um sich nach dem
lockenden Genossen umzusehen, und verschwanden ebenso schnell
wieder, als sie ihren Irrtum erkannt. Wir waren so glücklich gewesen,
sieben Stück zu erlegen. Aber hatte ich auch die Vögel in meinen
Besitz bekommen, noch war ich nicht Augenzeuge ihrer Tänze ge=
wesen, von denen mir sowohl mein Bruder wie auch die mich beglei=
tenden Indianer so viel erzählt hatten.

Nach mehreren mühevollen Tagereisen erreichten wir endlich eine

Gegend, in welcher uns dieses Schauspiel werden sollte. Während einer Pause zum Atemschöpfen hörten wir seitwärts von uns Töne mehrerer lockender Klippenvögel, denen augenblicklich zwei der Indianer mit den Gewehren zuschlichen. Bald darauf kehrte einer zurück und gab mir durch Zeichen zu verstehen, daß ich ihm folgen möchte. Nachdem wir etwa einige tausend Schritte mit der größten Vorsicht und von meiner Seite zugleich unter der gespanntesten Neugier durch das Gebüsch gekrochen, sah ich den anderen platt auf dem Boden liegen und zugleich das glänzend orangene Gefieder des Klippenvogels durch das Gebüsch leuchten. Vorsichtig legte ich mich neben dem Indianer nieder und wurde nun Zeuge eines der anziehendsten Schauspiele.

Eine ganze Gesellschaft jener herrlichen Vögel hielt eben auf der glatten und platten Oberfläche eines gewaltigen Felsblockes ihren Tanz. Auf dem den Block umgebenden Gebüsch saßen offenbar einige zwanzig bewundernde Zuschauer, Männchen und Weibchen, während die ebene Platte des Blockes von einem der Männchen unter den sonderbarsten Schritten und Bewegungen nach allen Seiten hin überschritten wurde. Bald breitete der neckische Vogel seine Flügel halb aus, warf dabei den Kopf nach allen Seiten hin, kratzte mit den Füßen den harten Stein, hüpfte mit größerer oder minderer Geschwin= digkeit immer von einem Punkt aus in die Höhe, um bald darauf mit seinem Schwanz ein Rad zu schlagen und in gefallsüchtiger Haltung wieder auf der Platte herumzuschreiten, bis er endlich er= müdet zu sein schien, einen von der gewöhnlichen Stimme abweichen= den Ton ausstieß und auf den nächsten Zweig flog, worauf sofort ein anderes Männchen seine Stelle einnahm, welches ebenfalls seine Tanzfertigkeit und Anmut zeigte, um ermüdet nach einiger Zeit einem neuen Tänzer Platz zu machen.

Die Weibchen sahen diesem Schauspiel zu und stießen bei der Rückkehr des ermatteten Männchens ein Beifall bezeugendes Geschrei aus. Hingerissen von dem eigentümlichen Zauber hatte ich die stö= renden Absichten der neben mir liegenden Indianer nicht bemerkt, bis mich plötzlich zwei Schüsse aufschreckten. In verwirrter Flucht zerstob die harmlose Gesellschaft nach allen Seiten hin und ließ vier getötete Genossen auf dem Platz ihres Vergnügens zurück."

Straußenjagd der Beduinen

Die Straußenjagd wird in ganz Afrika mit Leidenschaft betrieben. Den Beduinen gilt sie als eines der edelsten Vergnügen; denn gerade in der Schwierigkeit, welche sie verursacht, liegt für Menschen dieses Schla= ges ein besonderer Reiz. Die Araber Nordostafrikas unterscheiden den Strauß nach seinem verschiedenen Geschlecht und Alter genau. Der erwachsene männliche Vogel heißt „Edlim" (der Tiefschwarze), das Weibchen „Ribéda" (die Graue), der junge Vogel „Ermud" (der Bräunliche). Da Erbeutung der Federn das hauptsächlichste Ziel der Jagd ist, verfolgt man vorzugsweise, ja fast ausschließlich den „Ed= lim". Auf flüchtigen Pferden oder ausgezeichneten Dromedaren reiten die Jäger in die Wüste oder Steppe hinaus und suchen eine Straußen= herde auf. Einige mit Wasserschläuchen belastete Kamele folgen in gewisser Entfernung; ihre Treiber halten sich auch während der Jagd stets in möglichster Nähe der Verfolger.

Wenn diese ihr Wild entdeckt haben, reiten sie so lange auf den Trupp der Vögel zu, bis ein vorsichtiger „Edlim" durch sein Beispiel das Zeichen zur Flucht gibt. Je zwei oder vier Jäger wählen sich jetzt ein Männchen aus und reiten in gestrecktem Galopp hinter ihm her; während einer von ihnen dem Vogel auf allen Krümmungen seines Laufes folgt, sucht der andere dieselben abzuschneiden, übernimmt, wenn es ihm gelang, die Rolle des ersteren und läßt diesen die kürzere Strecke durchreiten. So wechseln sie miteinander ab, bis sie den mit aller ihm möglichen Schnelligkeit dahineilenden Strauß ermüdet haben. Gewöhnlich sind sie schon nach Verlauf einer Stunde dicht

hinter ihm her, zwingen ihre Pferde zu einer letzten Anstrengung und versetzen dem Vogel schließlich einen heftigen Streich über den Hals oder auf den Kopf, welcher ihn sofort zu Boden wirft. Nun springt der eine Jäger vom Pferd, schneidet dem Vogel unter Her= sagen des üblichen Spruches: „Im Namen Gottes des Allbarmherzi= gen, Gott ist größer" die Halsschlagader durch und steckt, um Be= schmutzung der Federn durch das Blut zu verhüten, den Nagel der langen Zehe eines Fußes in die Wunde. Nachdem sich der Strauß verblutet hat, zieht ihm der Jäger das Fell ab, dreht es um und benutzt es gleich als Sack, um in ihm die Schmuckfedern aufzubewah= ren. Von dem Fleisch schneidet er so viel ab, wie er braucht; das übrigbleibende hängt er an einen Baum zum Trocknen und für etwa vorüberziehende Wanderer auf.

Mittlerweile sind die Kamele nachgekommen; der Jäger erquickt sich und sein Pferd nach der anstrengenden heißen Jagd, ruht einige Stunden aus und kehrt mit seiner Beute beladen nach Hause zurück. Hier sucht er die Federn je nach ihrer Güte aus, bindet die kostbaren weißen, deren ein vollkommen ausgebildeter Strauß höchstens vier= zehn Stück besitzt, in einzelne Bündel zusammen und bewahrt sie zu gelegentlichem Verkauf in seinem Zelt auf.

Vom Vogel Frack

Während meines Aufenthalts im Sudan habe ich sehr oft, in Chartum tagtäglich, den dort lebenden Marabu beobachtet, den „Abu Sëin", d. h. Vater des Schlauches, Schlauchträger, der Araber. Ganz abge= sehen von seiner Größe, fällt er auch durch seine sonderbare Haltung auf. In den Tiergärten erwirbt er sich regelmäßig einen Spitznamen, man nennt ihn den „Geheimen Rat". Er erinnert, wie Vierthaler sagt, aber auch wirklich an einen durch vieljährige Dienste krumm gebück= ten, in schwarzblauen Frack und enge weiße Beinkleider einge= zwängten Hofmann mit feuerroter Perücke, der sich scheu und ängst= lich fortwährend nach dem strengen Gebieter umschaut, der gnädig= sten Befehle harrend. Er erinnert, füge ich hinzu, an einen ungeschickten

Menschen, der zum erstenmal in einen Frack gesteckt wird und dieses Kleidungsstück nicht mit dem nötigen Anstand trägt. Wir nannten ihn in Afrika scherzhafterweise nur den „Vogel Frack"; denn der Vergleich mit einem befrackten Menschen drängt sich immer wieder auf.

Das Benehmen des Marabu steht mit seiner Gestalt und Haltung, die unwillkürlich zum Lachen herausfordern, im Einklang. In jeder seiner Bewegungen spricht sich unverwüstliche Ruhe aus. Sein Gang, ja jeder Schritt, jeder Blick scheint berechnet, genau abgemessen zu sein. Wenn er sich verfolgt wähnt, schaut er sich ernsthaft um, mißt die Entfernung zwischen sich und seinem Feinde und regelt nach ihr seine Schritte. Geht der Jäger langsam, so tut er es ebenfalls, beschleunigt jener seine Schritte, so schreitet auch er weiter aus, bleibt jener stehen, so tut dies auch er. Auf einer weiten Ebene, die ihm gestattet, jede beliebige Entfernung zwischen sich und seinem Feinde zu behaupten, läßt er es selten zum Schuß kommen, fliegt aber auch nicht auf, sondern bewegt sich in immer gleichbleibender Entfernung von 300—400 Schritten vor dem Jäger dahin. Er ist erstaunlich klug und lernt nach den ersten Schüssen, die auf ihn oder andere seiner Art abgefeuert wurden, auf das genaueste abschätzen, wie weit das Jagdgewehr des Schützen trägt; er unterscheidet diesen aber auch sofort von anderen Menschen, da ihn alles Auffallende zur Vorsicht mahnt.

Bei meiner Ankunft in Chartum lebte der Marabu dort mit den Metzgern, die in einem vor der Stadt liegenden Schlachthaus ihr Handwerk trieben, im besten Einvernehmen, fand sich ohne Furcht vor dem Haus oder in ihm selbst ein, erbettelte sich die Abfälle oder belästigte die Leute so lange, bis sie ihm etwas zuwarfen. Keiner der Schlächter dachte daran, ihn zu verfolgen; man ließ sich möglichst viel von ihm gefallen und erlaubte sich höchstens, ihm durch einen Steinwurf anzuzeigen, wenn er zu unverschämt wurde. Auch die damals in Chartum lebenden Europäer ließen ihn unbehelligt. Bei unserem ersten Jagdausflug fiel ein Marabu dem Forschungseifer zum Opfer, und von der Stunde an änderten die Genossen ihr Benehmen. Zwar kamen sie nach wie vor noch zum Schlachthaus, doch stellten sie fortan regelmäßig Wachen aus und entflohen, sobald ein weißes Gesicht oder ein weißgekleideter Mensch nur von weitem sich sehen ließ. Es wurde uns schwer, so viele zu erlegen, wie wir für unsere Sammlungen notwendig brauchten, und an ein Sammeln von Marabu= federn war nicht zu denken.

Nach gehaltener Mahlzeit entfernten sich die Marabus von dem Schlachthausplatz, flogen zum Nil hin, fischten dort noch ein wenig und erhoben sich dann gewöhnlich, um während der heißesten Stun= den des Tages in ungemessener Höhe zu kreisen, vielleicht auch, um sicheren Ruheplätzen zuzufliegen, von denen sie gegen Abend wie= derum zurückzukehren pflegten.

Pelikane sind Fischfresser. Mit den scharfen Fanghaken ihrer Schna= belspitze können sie ihre glatte Beute mühelos festhalten.

Wahrscheinlich gibt es keinen Vogel, der an Gefräßigkeit dem Marabu gleichkäme. Seine natürliche Nahrung besteht in jeglichen Wirbeltieren, von der Größe einer Ratte oder eines jungen Krokodils an bis zur kleinsten Maus herab; er frißt jedoch auch Muscheln, Spinnentiere, Kerfe und mit Vorliebe Aas. Wir zogen aus seinem Kropf ganze Rinderohren und ganze Rinderbeine samt den Hufen hervor, auch Knochen von einer Größe, daß sie ein anderer Vogel gar nicht hätte verschlingen können, beobachteten, daß er blut= getränkte Erde oder blutbefleckte Fetzen hinunterschlang, und be= merkten wiederholt, daß flügellahm geschossene im Laufen gleich noch einen guten Bissen aufnahmen.

Einmal sah ich zehn bis zwölf Marabus im Weißen Fluß Fische fangen. Sie besitzen darin viel Geschicklichkeit, schließen einen Kreis und treiben sich Fische gegenseitig zu. Einer von ihnen hatte das Glück, einen großen Fisch zu erhaschen, der alsbald hinabgewürgt, einstweilen aber noch im Kropfsack aufbewahrt wurde. Der Fisch zappelte in dem Kropf herum und dehnte ihn fußlang aus. Sofort stürzten sich alle Marabus auf den glücklichen Fänger los und schnappten so ernstlich nach dessen Kropf, daß er sich genötigt sah, die Flucht zu ergreifen, um den Fangversuchen ein Ziel zu setzen.

Mit Geiern und Hunden liegt der Marabu stets im Streit. Er fällt mit den Geiern regelmäßig über das Aas und weiß seinen Platz zu behaupten. Ein Ohrengeier, der die Speise zerreißen, namentlich die Höhlen aufbrechen muß, steht seinen Mann, aber den Marabu ver= treibt er nicht; denn dieser weiß sich zu verteidigen und teilt mit seinem Keilschnabel nach rechts und links so kräftige Hiebe aus, daß er sich unter allen Umständen seinen Anteil sichert.

Von seiner Gefräßigkeit gab mir ein Marabu einen Beweis, der mich mit Entsetzen erfüllte. Mein brauner Diener hatte dem Vogel

Mit seinem goldenen Helmputz ist der Kronenkranich Afrikas einer der schönsten Kranichvögel und deshalb eine Zierde aller Tierparks.

durch einen Schuß beide Flügelknochen und einen Fuß zerschmettert, aber versäumt, das verstümmelte Tier sogleich zu töten; er brachte es noch lebend in unsere Wohnung, wo gerade Geier abgebalgt wurden, deren Fleisch von den Beinen und Flügeln, Hälse usw. in Haufen umherlagen. Der Jäger warf den Vogel einem der Abbälger zu. Natürlich brach der Marabu sofort zusammen und lag kläglich da, begann aber dennoch sofort Massen des Fleisches zu verschlingen, bis er getötet wurde.

Leichter als die schwierige Jagd gelingt übrigens der Fang, wenn auch bloß den Eingeborenen, an welche die Marabus gewöhnt sind. Man bindet ein Schafbein an einen dünnen, aber festen langen Faden und wirft es unter die Abfälle. Der Marabu schlingt es hinab und wird wie an einer Angel gefangen, noch ehe er Zeit hat, den eingewürgten Knochen wieder von sich zu geben.

Auf diese Weise gelangten mehrere Marabus in meinen Besitz, und ich habe sie, trotz ihrer Gefräßigkeit, stets gern gehalten, weil sie bald ungemein zahm und zutraulich wurden. Wenn wir Vögel abbalgten, standen sie ernsthaft zuschauend nebenan und lauerten auf jeden Bissen, der ihnen zugeworfen wurde, fingen ihn höchst geschickt, beinahe unfehlbar aus der Luft und zeigten sich gegen den Pfleger sehr dankbar. Der erste, den ich besaß, kam mir entgegen, nickte mit dem Kopf, klapperte wie ein Storch laut mit dem Schnabel, um mir seine Freude auszudrücken, und umtanzte mich unter den lustigsten Gebärden. Seine Anhänglichkeit verlor sich übrigens zum Teil, nachdem er einen Gefährten erhalten hatte, und als ich ihn nach einer zweimonatigen Reise wiedersah, kannte er mich nicht mehr.

In unseren Tiergärten fehlt der Marabu nicht, weil er mehr als jeder andere Vogel seiner Größe als Schaustück gilt. Man darf ihn unter allerlei Geflügel halten, ohne für dieses besorgt sein zu müssen; er erwirbt sich nämlich schon in den ersten Tagen eine so unbedingte Oberherrschaft auf dem Futterplatz, daß groß und klein sich vorsichtig vor ihm zurückzieht und ihn seinen Hunger zuerst stillen läßt. Hat er jedoch einmal gefressen, dann ist er das gutmütigste Vieh unter der Sonne und fängt, ungereizt, mit keinem anderen Geschöpf Händel an.

Aber man darf den kräftigen Vogel auch mit anderen, gefährlicheren Tieren zusammenbringen, ohne für ihn fürchten zu müssen.

Ein zahmer Marabu, der auf unserem Hofe in Chartum umherlief, hatte sich in kürzester Zeit die Achtung aller übrigen Tiere zu er= ringen gewußt und überzeugte sogar unsere junge, necklustige Löwin Bachida, die aus reinem Übermut einen Angriff auf ihn versuchte, daß mit ihm nicht zu spaßen sei. Er wendete sich gegen die Löwin, schritt mutig auf sie zu und versetzte ihr mit dem gewaltigen Keil= schnabel so fühlbare Hiebe, daß Bachida es für gut fand, eiligst den Rückzug anzutreten, und schließlich, verfolgt von dem kühnen Vogel, an einer Wand emporkletterte, um sich zu retten.

Die klugen Enten

Mein Vater erzählt eine Beobachtung des Freiherrn von Seyffertitz, die einen trefflichen Beweis dafür liefert, daß sich auch wehrlose Vögel bei drohender Gefahr klug zu verteidigen wissen.

Ein großer wasserreicher Bruch war zu gewissen Zeiten oft von Tausenden von Wildenten bedeckt, die nun wieder verschiedene Raubvögel herbeizogen. Eines Tages kam ein Seeadler langsam her= beigeflogen, um sich eine der fischenden Enten zum Frühstück aus= zubitten. Kaum aber hatten die ihn bemerkt, so flogen sie auf und strichen über dem Bruch herum, weil sie wohl wußten, daß dieser tölpelhafte Vogel nicht imstande ist, eine Ente im Fluge zu erhaschen. Er flog hinter ihnen her; allein nach einem viertelstündigen unnützen Bemühen gab er die Jagd auf und zog ab. Sobald er aus dem Gesichts= kreis verschwunden war, fielen die Enten wieder ein, schwammen auseinander und suchten ihre Nahrung wie vorher.

Bald darauf zeigte sich der gefährliche und geschickte Wanderfalke, der sehr ungern auf einen sitzenden Vogel stößt, einen fliegenden aber mit Leichtigkeit fängt. Die Enten wußten das, flogen nicht auf, sondern tauchten fortwährend, um sich den Fängen des Räubers zu entziehen, und dies gelang ihnen auch vollkommen. Der Falke flog dicht über ihnen weg, ohne auf eine Ente zu stoßen; denn er hatte offenbar die Absicht, sie zum Auffliegen zu bewegen. Nach langer Bemühung gab auch er seine Jagd auf und flog davon.

Noch an demselben Tag erschien nun aber der furchtbarste aller
Feinde dieser Tiere, der Taubenhabicht, der den sitzenden Vogel
ebenso geschickt zu fangen versteht wie den fliegenden. Jetzt schien
guter Rat teuer. Der Beobachter wußte keinen und sah mit Teilnahme
und Spannung dem Ausgang entgegen. Eine von den Enten schien
ohne Rettung verloren. Aber auch diesmal half der Instinkt den
Tieren aus der Not. Sobald sie den Habicht gewahrten, zogen sie
sich eng zusammen und warfen mit den Flügeln ohne Unterlaß
Wasser in die Höhe. Dieses zerteilte sich in zahllose Tropfen und
bildete einen ganz undurchsichtigen Staubregen. Der Habicht ließ
sich dadurch zunächst zwar nicht abschrecken; er durchflog, niedrig
über dem Wasser hinstreichend, mehrmals diesen Regen. Allein auch
er mußte schließlich von seiner Jagd ablassen, denn da er keine Ente
sah, konnte er auch auf keine stoßen. Sobald die Enten seines Ab=
zuges gewiß waren, endigten sie ihre Verteidigung und zogen von
neuem auf Nahrung aus.

Blaukrönchens Fledermausschlaf

Zu meiner Freude gelang es mir mehrmals, gefangene Blaukrönchen,
sperlingsgroße Ziersittiche von den Sundainseln, zu erwerben. Ein
Pärchen habe ich jahrelang gepflegt. Sie sind allerliebste Geschöpfe,
bekunden harmlose Zutunlichkeit, sind regsam und schwatzen sin=
gend oder singen schwatzend, ohne durch lautes, gellendes Geschrei
oder Gekreisch abzustoßen. Das Merkwürdigste an ihnen ist ihre
Schlafstellung. Um auszuruhen, verweilen sie bloß ausnahmsweise
in der üblichen Stellung, nehmen vielmehr regelmäßig, beim Schlafen
stets, die Lage der rastenden Fledermaus an, indem sie mit den Beinen
an der Decke des Käfigs oder einem dürren Sitzzweig sich anklam=
mern und nicht allein den Leib, sondern auch den Kopf gerade herab=
hängen lassen, so daß der Rücken, der eingezogene Hals, der Scheitel
und der Schnabel eine gerade Linie bilden, während der Schwanz,
wohl um nicht anzustoßen, schief nach hinten und oben gerichtet
und das Gefieder lässig gesträubt wird. Die schmucken Tierchen

erhalten in dieser Lage ein gänzlich anderes Aussehen als sonst: sie erscheinen doppelt so dick als während des Sitzens, geradezu kugelig. Oft hängt sich der eine oder der andere nur an einem Beine auf und zieht das andere so weit ein, daß die geschlossene Klaue eben noch sichtbar ist, wechselt auch wohl ab, um das eine Bein zeitweilig zu entlasten. Erschreckt, flüchten sie stets zur Decke empor, gleichsam, als ob sie sich am sichersten fühlten, wenn sie sich aufgehängt haben.

In dieser Lage werden auch unbedeutende Geschäfte erledigt, beispielsweise die Federn ein wenig geordnet, ebenso einige Behaglichheit ausdrückende Laute hergeplaudert, obschon das eine wie das andere regelmäßiger im Sitzen geschieht. Fühlt das Blaukrönchen das Bedürfnis, sich zu entleeren, so wird der Schwanz ein wenig mehr als sonst gestelzt, der Leib etwas gebogen und hierauf der meist in einem umhäuteten Klümpchen bestehende Unratballen gegen 30 cm weggeschleudert. Im Zustande tieferer Ruhe oder während des Schlafes bläht sich die kleine Gestalt noch mehr als sonst und schließen sich die Lider bis auf einen kleinen Spalt. Daß diese Zwergpapageien auch alle übrigen Stellungen, die Sittichen möglich sind, und zwar mit spielender Leichtigkeit annehmen, bedarf kaum besonderer Erwähnung: kopfober und kopfunterst gilt ihnen vollständig gleich. Die beschriebene Fledermausstellung ist jedoch diejenige, die man am häufigsten sieht, und sie ist so bezeichnend, daß ich vorschlagen würde, die Vögel „Hänge= oder Fledermauspapageien" zu nennen, mir erschiene dieser Name ebenso ansprechend wie sie selber.

Der entflohene Kakadu

Daß selbst lange Zeit in Gefangenschaft gehaltene Papageien, die anscheinend nur klettern und hüpfen können, im Augenblick ihres Freiwerdens aus dem Käfig von ihrer Flugkraft ungeschwächt Gebrauch zu machen wissen, sollte ich — schrieb mir ein Vogelkenner — an einem Gelbwangenkakadu erfahren. Ich hatte die Unklugheit, den Bauer, in dem der Kakadu und noch ein anderer sich befanden, ins Freie zu stellen. Die beiden waren ein richtiges Liebespaar, wenn

auch ein ungleiches, denn die Genossin des großen Gelbwangen=
kakadus war ein kleines Duncorpkakaduweibchen. Den ganzen Tag
saßen sie unzertrennlich und eng aneinandergeschmiegt wie Zwerg=
papageien und waren sehr zärtlich zueinander. Eines schönen Mor=
gens nun beim Füttern entschlüpfte mir der Gelbwangenkakadu
unter dem Arm weg. Im nächsten Augenblick saß er schon auf dem
höchsten Baum des Gartens, entfaltete seine Flügel, richtete die gelbe
Haube empor und nahm sich da droben im frühen Sonnenschein
unbestritten prächtig aus. Ich rief ihn nun mit zartesten Tönen,
streckte ihm sein Lieblingsfutter empor; er hatte aber keinen Sinn
mehr dafür, und nachdem er einige Zeit in den Zweigen umher=
geklettert war, schwang er sich plötzlich mit Geschrei in die Höhe,
floh höher und immer höher, so daß ich ihn kaum mehr mit den
Augen verfolgen konnte und nahm dann die Richtung nicht über
den nahen Bodensee, wie ich befürchtet hatte, sondern nach der Land=
zunge, die sich von hier aus eine Wegstunde weit in den See erstreckt.
Ich machte mich sofort auf die Suche, aber umsonst, obwohl ich jeden
Obstbaum, das Weidengestrüpp und die Pappeln an den Ufern ent=
lang genau durchforschte. Am Abend hatte ich die Hoffnung auf=
gegeben und konnte mir nicht anders denken, als daß er dennoch
über den See in die Waldungen am andern Ufer entkommen sei. Am
nächsten Morgen aber ging ich noch vor Tagesanbruch nochmals aus
und glaubte plötzlich — ich war noch keine Viertelstunde unterwegs
— seine Stimme zu hören. Ich folgte dem verdächtigen Laut und
entdeckte den Ausreißer auch wirklich in einem Obstgarten, wo er
sich damit vergnügte, kleine Zweige von den Bäumen abzureißen.
Auf meinen Zuruf gab er Antwort, als ich jedoch Hilfe und eine
Leiter geholt hatte, auf der einer den Baum erkletterte, flog er auf
den nächsten, beschrieb plötzlich wieder eine weite Schraubenlinie,
stieg höher und höher auf und ließ schließlich sich endlich ganz oben
auf der höchsten Pappel hart am Ufer nieder. Ihn aus solcher Höhe
herabzuholen, war unmöglich. Nun hatte ich aber seine geliebte
kleine Genossin in einem Käfig mitgebracht und stellte diesen nun
unter der Pappel auf den Boden und einen anderen leeren Käfig
daneben. Beide Kakadus riefen sich, gaben sich Antwort, und endlich
kam der Gelbe aus seiner Höhe, zuletzt auch auf den Boden herab.
Ein zufällig vorübergehender Mann verscheuchte ihn zum zweiten

Male und im Nu saß er wieder ganz oben auf der Pappel. Die Geduld ging mir aus.

Ich stellte daher eine Wache in der Nähe auf und begab mich ohne Hoffnung nach Hause. Eine Viertelstunde später wurde mir der Flüchtling überbracht. Seine Genossin hatte ihn an sich gelockt, und er hatte nicht zu widerstehen vermocht. Seit diesem Ausflug lebt er unter gutem Verschluß und nach wie vor mit seiner kleinen Kameradin in bester treuer Freundschaft.

Der Honiganzeiger

In Südafrika lebt ein kleiner Kuckucksvogel, nicht viel größer und farbiger als ein gemeiner grauer Sperling; er wird Honiganzeiger genannt, und der Naturforscher Sparmann, der ihn Ende des 18. Jahrhunderts erstmals genau beschrieben hat, erzählt des Vogels merkwürdige Eigenart, die ihm jenen Namen eingebracht hat und die auch von den späteren Beobachtern bestätigt wird. Natürlich, sagt er, ist es nichts als Eigennutz, um dessentwillen der Honiganzeiger dem Menschen die Bienennester entdeckt; denn Honig und Bienenmaden sind sein liebster Fraß, und er weiß, daß beim Plündern der Bienennester allezeit etwas verlorengeht, das auf seinen Anteil fällt, oder daß man absichtlich etwas als eine Belohnung seines geleisteten Dienstes übrigläßt, doch setzt die Art, wie dieser Vogel seine Ver= räterei bewerkstelligt, viel Überlegung voraus und ist bewunderungs= würdig. Der Morgen und Abend scheinen die ihm am besten pas= sende Zeit zu sein, wenigstens zeigt er dann den meisten Eifer, mit seinem schnarrenden „cherr=cherr" die Aufmerksamkeit der Hotten= totten zu erregen. Man nähert sich dann dem Vogel, der unter fort= gesetztem Rufen dem Striche des nächsten Bienenschwarmes allmäh= lich nachfliegt. Man folgt und hütet sich, durch Geräusch oder zahl= reiche Gesellschaft den Wegweiser scheu zu machen, antwortet ihm lieber, wie es einer meiner schlauen Buschmänner tat, dann und wann mit leisem Pfeifen, zum Zeichen, daß man mitgehe. Ich habe bemerkt, daß bei noch weiter Entfernung des Bienennestes der Vogel jedesmal erst nach einem langen Fluge haltmachte, um den ihm folgenden Bienenjäger zu erwarten, in eben dem Verhältnis aber, wie er dem Nest näher kam, eine immer kürzere Strecke voranflog und sein Geschrei eifriger und öfter erneuerte. Wenn er endlich beim Nest angekommen ist, es mag nun in der Kluft eines Berges oder in einem hohlen Baum oder in einem unterirdischen Gang gebaut sein, so schwebt er einige Augenblicke über dem Ort, setzt sich hierauf, und zwar gewöhnlich in einem benachbarten Busch, so daß er nicht gesehen werden kann, ganz still nieder und sieht zu, was geschieht und von der Beute für ihn abfällt.

Denn wenn man nun das Bienennest gefunden und ausgeplündert hat, pflegt man ihm zum Dank einen ansehnlichen Teil der schlech= teren Scheiben, worin die junge Brut sitzt, zu überlassen, die für ihn wohl gerade die leckersten sein mögen, wie übrigens auch die Hotten= totten sie keineswegs für die schlechtesten halten. Meine Waldhotten= totten wie auch die Ansiedler sagten mir, wenn man absichtlich auf den Bienenfang ausgehe, müsse man das erstemal nicht zu freigebig gegen diesen diensteifrigen Vogel sein, sondern nur so viel übrig= lassen, als erforderlich sei, um seinen Appetit zu reizen; denn dann werde er in Erwartung einer reichlicheren Vergeltung noch ein Nest verraten, wenn ein solches etwa in der Nachbarschaft noch vorhanden sein sollte.

Sooft ich auch in der Wüste diese Vögel sah und die Früchte ihrer Verräterei erntete, hatte ich doch nur Gelegenheit, zwei davon zu schießen. Dies nahmen mir meine Buschmänner aber sehr übel, und obgleich ich ihnen eine große Belohnung an Tabak und Glaskorallen versprochen hatte, wenn sie mir behilflich sein wollten, einen Honig= kuckuck zu fangen oder zu schießen, so waren sie doch zu große Freunde des Vogels und hatten wenig Lust, ihn zu verraten.

Die Wochenstube des Nashornvogels

Je nach Beschaffenheit des Nestes kann man von einer Kinderwiege oder einem Kinderzimmer der Vögel sprechen; das leichte, an einem schwanken Zweig befestigte Nest läßt sich mit einer schaukelnden Wiege, die von vielen Arten benutzte Höhlung mit einem Zimmer vergleichen. Eine Wochenstube aber, wie ich sie hier schildern werde, ist eine absonderliche Ausnahme. Selbst Vögel, die in tiefen Höh= lungen ihr Nest anlegen und brüten, können Höhlung und Nest nach Belieben verlassen und dahin zurückkehren, ohne durch ihr Brutgeschäft behindert zu sein, tun dies auch regelmäßig, sei es um Nahrung zu sich zu nehmen oder um sich zu entleeren und zu rei= nigen. Ein und das andere Männchen treibt das Weibchen zum Nest oder ruft es, wenn die Vaterpflicht von ihm erfüllt werden muß, ungeduldig nach Freiheit verlangend herbei; kein einziges aber ver= fährt wie der männliche Nashornvogel, der seine Gattin, und zwar mit ihrer Zustimmung und Beihilfe, zwingen soll, die ganze Brutzeit in einem geschlossenen Raum zu verbringen.

Die Nashornvögel sind über Indien und die Nachbarländer, die Sunda=Inseln, Philippinen, Neu=Guinea und verschiedene Nachbar= eilande sowie über Mittel=Afrika verbreitet, bilden eine besondere Familie und kennzeichnen sich durch den außerordentlich großen, bei einigen Arten durch sonderbare Auswüchse verzierten Schnabel. Sie bewohnen Waldungen, nähren sich von Baumfrüchten, Samen und verschiedenem Kleingetier und leben meist paarweise oder in kleinen Trupps zusammen. Nur selten kommen sie zum Boden herab, im Gezweig dagegen wissen sie sich mit mächtigen und sicheren Sprün= gen geschickt zu bewegen, verstehen auch trotz der verhältnismäßig

kurzen Flügel vortrefflich zu fliegen. Die Aufmerksamkeit des acht=
samen Reisenden oder Forschers erregen sie unter allen Umständen.
Ihr Auftreten ist stets eigentümlich, ihr Gebaren auch außer der
Brutzeit auffallend. Kein Wunder daher, wenn die Einbildungskraft
der Eingeborenen sich vielfach mit ihnen beschäftigt, wenn man sie
hier und da heiligspricht und Geschichten über sie in Umlauf setzt,
die teilweise keine Bestätigung gefunden haben.

Im Urwald spielen sie eine hervorragende Rolle, und zwar nicht
allein wegen ihrer Größe, der ungewöhnlichen Stellungen, die sie im
Sitzen annehmen, oder des von dem anderer Vögel merklich abwei=
chenden Flugbildes, sondern auch wegen eigentümlicher Stimmlaute,
die zumeist vor und während der Paarungszeit vernehmbar werden
und durch absonderliche Gebärden eine ausdrucksvolle Begleitung
erhalten. So setzt sich das liebeglühende Männchen des Tok, eines
von mir häufig beobachteten afrikanischen Nashornvogels, auf die
Spitze eines Hochbaumes, ruft seinen Namen schallend durch den
Wald und begleitet den Laut mit einem Neigen seines des gewichtigen
Schnabels halber groß erscheinenden Kopfes. Der Ruf wird anfangs
langsam, später immer schneller und zuletzt so schnell wiederholt,
daß der jedesmal nickende Kopf schließlich kaum folgen kann.
Andere Arten brüllen wie zornige Schweine; wieder andere unter=
halten sich viertelstundenlang durch ein dumpfes „Bu"; andere end=
lich kreischen und krächzen abscheulich.

Diese Laute sind der Paarungsruf der Nashornvögel. Durch sie
drückt der Gatte alle Gefühle der Zärtlichkeit aus, die in seinem
Herzen wach werden, und sie klingen der Gattin wahrscheinlich
ebenso beglückend in die Seele wie dem Weibchen des Singvogels
die köstlichen Lieder des Männchens. Ob noch andere Spiele der
Liebe, wie sie bei so vielen Vögeln beobachtet werden, das Herz der
geliebten Hälfte bestürmen und rühren, wissen wir nicht; denn die
Beobachtung der scheuen Geschöpfe ist nicht immer leicht. Unruhiger
als sonst gebärden sie sich vor der Paarung jedenfalls. Zunächst
haben sie dafür zu sorgen, eine Baumhöhlung, die zur Brutkammer
dienen soll, im Wald aufzusuchen. Jedes Paar bewohnt ein verhältnis=
mäßig sehr ausgedehntes Gebiet; aber auch in einem solchen gibt
es nicht viele Bäume, die Höhlungen von einem Fuß Durchmesser
und darüber aufzuweisen haben. In den meisten Fällen muß nach=

gearbeitet werden. So ungefüge der mächtige Schnabel aussieht und so gebrechlich er zu sein scheint, zum Abspleißen beträchtlicher Späne eignet er sich vortrefflich. Ein gefangener Nashornvogel auf Java hackte selbst in einen aus Bambus verfertigten Behälter Löcher und später von einem halbzölligen Brett große Späne ab, obgleich bekanntlich gerade der Bambus ungemein hart ist und auch ein Brett den Arbeiten sehr fester Schnäbel lange widersteht. Mühe genug mag es den Vögeln bereiten, die Brutkammer zurechtzuzimmern. Alle Arbeiten werden mit großer Vorsicht ausgeführt, weil es den mißtrauischen Geschöpfen ganz besonders darauf anzukommen scheint, das Nest nicht zu verraten.

Ist der Raum endlich fertig, so beginnt das Weibchen seine Eier zu legen, bald darauf auch zu brüten. Und nun wird es unter eigener Beteiligung vom Männchen eingemauert. Erde, faules Holz, Lehm und Kuhdünger werden herbeigeholt und unter Beigabe des klebrigen Speichels vermengt; der auf solche Weise gewonnene zementartige Baustoff wird aufgeschichtet, bis vom Eingang der Höhle nur eine kleine Öffnung bleibt, durch die das Weibchen eben noch einen Teil seines Schnabels stecken kann.

Wie bei der Einmauerung verfahren wird, erzählt Horne, der Gelegenheit hatte, ein in der Nähe seines Wohnhauses brütendes „Homrai=Paar" mit dem Fernglas zu beobachten. In einem mächtigen Sissu=baum befand sich eine Höhlung, die bisher von Papageien und Raken bewohnt worden war, nun aber dem Nashornvogelpaar ins Auge fiel und von ihm, unbekümmert um das Kreischen der Papageien und das Krächzen der Raken, gewaltsam in Besitz genommen wurde. Sie befand sich zwar nur 3 m über dem Boden, war aber groß genug, dem Weibchen Arbeiten im Innern zu gestatten, und wurde deshalb auch trotz der Nähe des Hauses gewählt. Das Weibchen machte sich oft in ihr zu schaffen, und das Männchen fütterte es unterdessen mit kleinen Pipulfeigen. Eines Tages begann das Weibchen mit dem Verkleben der Öffnung. Es nahm die dazu erforderlichen Stoffe von dem Boden der Höhlung auf und klebte sie rechts und links mit der Breitseite des Schnabels fest. Nach zwei oder drei Tagen war die Öffnung bis auf eine fingerbreite Spalte verschlossen. Horne sah das Männchen niemals etwas anderes als Futter zutragen, sagt auch nicht, daß das Männchen beim Einmauern geholfen habe, während alle übrigen Beobachter und Berichterstatter angeben, daß dieses das Verkleben der Öffnung besorge.

In diesem abgeschlossenen Raum verweilt das Weibchen während der ganzen Brutzeit, mindestens zwei, vielleicht drei Monate lang, wird häßlich und schmutzig, verliert, vielleicht infolge der im Innern des Brutraums herrschenden Hitze, einen großen Teil seiner Federn, mausert und kommt endlich mit seinen inzwischen aufgewachsenen Jungen wieder zum Vorschein. Das Männchen fliegt weit und breit nach Nahrung umher, erscheint vor der Öffnung, hängt sich am Stamm immer wieder fest, knackt mit dem Schnabel, um seine Ankunft anzuzeigen, und atzt sodann das Weibchen, das die Schnabelspitze durch die Spalte steckt. Während dieses samt den Jungen, die anfänglich mehr einem Gallertklumpen als einem Vogel gleichen, dick und fett wird, magert jenes infolge der aufreibenden Tätigkeit zugunsten seiner gefräßigen Familie zu einer Jammergestalt ab und verkümmert förmlich. Es gönnt sich weder Rast noch Ruhe, denkt kaum an seine eigene Ernährung und scheint einzig und allein das Wohlsein von Gattin und Kindern im Sinn zu haben. Die Futtermittel in der Umgebung der Bruthöhle sind nach einiger Zeit verbraucht; die Ausflüge müssen immer weiter, selbst bis in bewohnte Gegenden, ausgedehnt werden, und mit der zunehmenden Anstrengung wächst auch die Gefahr für das eigene Leben. All dem unterzieht es sich willig und bekundet damit ein Pflichtgefühl, das ihm zur höchsten Ehre gereicht.

Aus welchem Grund der brütende Nashornvogel sich in solcher Weise gegen die Außenwelt abschließt oder abgeschlossen wird, ist rätselhaft. Ob es zum Schutz gegen die Affen geschieht, die wie unsere Eichhörnchen abscheuliche Nestplünderer sind, oder aus Vorsorge, daß das fluglos werdende Weibchen nicht aus dem Nest falle? Weder der einen noch der anderen Erklärung vermag ich beizustimmen. Gegen Affen weiß sich ein Nashornvogel sehr wohl zu verteidigen; muß doch selbst der Mensch, der ein brütendes Weibchen ausheben will, durch besondere Vorkehrungen, z. B. durch Umwickeln der Hand und des Arms mit Tuchlappen sich vor dem kräftigen Schnabel sorgfältig schützen, wenn er nicht ernstlich beschädigt werden will. Auch würde dem bedrohten Weibchen unzweifelhaft das Männchen zu Hilfe eilen; wenigstens fürchten dieses die Eingeborenen als einen nicht ungefährlichen Verteidiger seiner Gattin und Brut. Ein Mann, der ein brütendes Homrai=Weibchen aus dem Nest holen wollte, wurde, als er den Arm in die von ihm in die Wand vor dem Baumloch gebrochene Öffnung steckte, so heftig von dem innen sit= zenden Vogel gebissen, daß er fast vom Baum herabgestürzt wäre, und wurde überdies von dem Männchen, das unter röchelnden Lauten herankam, mit Schnabelhieben bedacht; wie sollte es also einem Affen oder anderen Feind anders ergehen? Ebensowenig dürfte das Weibchen in Gefahr sein, aus der Bruthöhle zu stürzen, und wenn es wirklich der Fall wäre, würde eine einfache Schutzmauer genügen. Es muß sich also um etwas anderes handeln bei dieser sonderbaren Brutkammer, und ich meine, die einfachste Erklärung dürfte in dem Bedürfnis nach anhaltender Wärme für Mutter und Kind zu finden sein.

Scharlachspinte im Steppenbrand

Der Scharlachspint ist ein schwalbenartig gewandter Flieger aus der Familie der Bienenfresser und in seinem scharlachroten Federkleid mit schwarzem Schwanz wohl die schönste der afrikanischen Arten. Er nährt sich hauptsächlich von Heuschrecken und anderen Kerb= tieren und verzehrt seine Beute im Flug. Besonders reizvoll ist seine Jagd bei Steppenbränden.

Die brennende Steppe gewährt auch dem, der nicht auf das Ver= halten der Tiere achtet, ein großartiges Schauspiel, das aber für den Tierforscher noch einen besonderen Reiz bietet, und gerade der Schar= lachspint spielt dabei eine bedeutende Rolle.

Wenn die vernichtende Dürre bereits alles Pflanzenleben ertötet und namentlich die während der Regenzeit paradiesische Steppe in eine traurige Einöde verwandelt hat, zündet der Nomade bei heftigem Winde den Graswald in geeigneter Richtung an. Augenblicklich und fast gewaltig greift das Feuer um sich. Mit der Schnelle des Sturmes selbst jagen die Flammen über die Ebene dahin. Meilenweit breitet das Feuermeer sich aus, eine Wolke von Qualm und Rauch oder

dunkle Glut an das Himmelsgewölbe heftend. Mit stets sich ver=
mehrender Gefräßigkeit verschlingt es die dürr gewordenen Gräser;
gierig züngelt es selbst an den Bäumen empor, die blattdürren
Schlingpflanzen, die ihnen neue Nahrung geben, vernichtend. Nicht
selten erreicht es den Urwald und verkohlt hier die Baumstämme,
deren Laubdach es verwüstete; nicht selten kommt es an das Dorf
heran und schleudert seine zündenden Pfeile auf die aus Stroh er=
bauten Hütten.

Wenn nun auch der Steppenbrand, ungeachtet der Menge des
Brennstoffes und dessen leichter Entzündlichkeit, niemals zum Ver=
derben der schnellfüßigen Tiere werden kann, erregt er doch die
ganze Tierwelt aufs äußerste; denn er treibt alles Lebende, welches
die hohen Gräser verdeckten, wenigstens in die Flucht und steigert
diese zuweilen infolge seiner schnellen Verbreitung zur förmlichen
Raserei. Alle Steppentiere fliehen schreckerfüllt, wenn ihnen das Feuer
sich nähert. Die Antilopen jagen mit dem Sturm um die Wette;
Leoparden und andere Raubtiere mischen sich unter sie und ver=
gessen der Feindschaft, des Würgens; unmutig erhebt sich der Löwe,
aufbrüllend vor Zorn und Angst, und flüchtet mit den Flüchtenden.
Alle Höhlentiere bergen sich im sicheren Bau und lassen das Flam=
menmeer über sich wegfluten. Auch sie werden nicht von ihm er=
reicht; die Vernichtung gilt nur dem kriechenden und fliegenden
Gewürm. Die Schlangen vermögen sich dem eilenden Feuer nicht zu
entwinden, die Skorpione, Taranteln und Tausendfüßler werden
sicher von ihm eingeholt.

Aber nicht bloß die Flammen sind es, die ihnen verderblich werden:
denn gerade das Feuer lockt neue Feinde herbei. Scharenweise fliegen
Raubvögel herbei, um laufend oder fliegend vor der Feuerlinie ihrer
Jagd obzuliegen, und neben ihnen treiben auch Segler, insbesondere
aber die Scharlachspinte, ihr Wesen. Sie alle wissen es, daß ihnen die
Glut des Brandes Beute auftreibt, und sie alle benutzen das günstige
Ereignis auf das beste. Man erstaunt über die Kühnheit dieser Tiere
und namentlich über den Mut der kleineren, gerade unserer Bienen=
fresser. Sie stürzen sich aus hoher Luft herab ohne Bedenken durch
den dichtesten Rauch, streichen hart über den Spitzen der Flammen=
linie dahin, erheben sich wieder, verzehren die erfaßte Beute und ver=
schwinden von neuem in den Rauchwolken. Heuglin sagt, daß einer

oder der andere gar nicht selten sich die Schwingen oder Steuerfedern versenge. Ich habe das nie gesehen, kann aber, ihm in gewissem Sinne beistimmend, versichern, daß die Vögel in äußerster Nähe über den Flammen selbst auf und nieder streichen, und daß man sich jedesmal wundert, wenn man sie nach einer ihrer kühnen Schwenkungen wieder heil und unversehrt emporkommen sieht.

Am Nest des Ziegenmelkers

Es scheint, daß alle Ziegenmelker (Nachtschwalben, Nachtschatten) nur einmal im Jahr brüten. Diese Zeit ist verschieden je nach der Heimatgegend der verschiedenen Arten, fällt aber regelmäßig in den Frühling der betreffenden Länder. Das Männchen wirbt sehr eifrig um die Liebe seiner Gattin und bietet alle Künste des Fluges auf, um ihr zu gefallen. Auch das Schnurren oder laute Rufen ist nichts anderes als Liebeswerbung, der Gesang des verliebten Männchens.

Nachdem sich die Paare gefunden und jeder einzelne das Wohngebiet erkoren, legt das Weibchen an einer möglichst geschützten Stelle, am liebsten unter Büschen, deren Zweige bis tief auf den Boden herabreichen, sonst aber auch auf einem bemoosten Baumstrunk, in einem Grasbusch und an ähnlichen Örtlichkeiten seine zwei Eier auf den Boden ab. Unser einheimischer Ziegenmelker scheint mit besonderer Vorliebe Stellen zu wählen, auf denen feine Späne eines abgehauenen Baumes oder Rindenstückchen, abgefallene Nadeln und dergleichen liegen. Ein Nest wird niemals gebaut, ja die Niststelle nicht einmal von den auf ihr liegenden Stoffen gereinigt.

Wahrscheinlich brüten beide Geschlechter abwechselnd und zeigen innige Liebe zur Brut. Bei herannahender Gefahr gebraucht der brütende Ziegenmelker die gewöhnliche List schwacher Vögel, flattert, als ob er gelähmt wäre, über dem Boden dahin, bietet sich dem Feind zur Zielscheibe, lockt ihn weiter und weiter vom Nest ab und erhebt sich dann plötzlich, um raschen Fluges davon= und wieder zurückzueilen. Bleibt man ruhig und möglichst unbeweglich in der Nähe der gefundenen Eier sitzen, so bemerkt man, daß der weibliche Nacht=

schatten nach geraumer Zeit zurückkommt, in einiger Entfernung von den Eiern sich niedersetzt und vorsorglich und mißtrauisch in die Runde schaut. Endlich entdeckt oder erkennt er den lauschenden Beobachter, sieht sich ihn nochmals genau an, überlegt und setzt sich schließlich in Bewegung. Trippelnd watschelnden Ganges nähert er sich mehr und mehr, kommt endlich dicht heran, bläht sich auf und faucht, in der Absicht, den Störenfried zu schrecken und zu verscheuchen. Dieses Gebaren ist so außerordentlich belustigend, so überwältigend, daß Homeyer, dem ich die Mitteilung dieser Tatsache verdanke, nie versäumte, tierfreundliche Gäste zum Nest eines in seinem Garten brütenden, von ihm geschützten Nachtschattens zu führen, um sie des entzückenden Schauspiels teilhaftig werden zu lassen. Wie groß muß die Mutterliebe sein, welche einen so kleinen Wicht ermutigt, in dieser Weise dem furchtbaren und fast immer grausamen Menschen entgegenzutreten!

Nähert man sich nachts der Brutstätte, so ist das Weibchen äußerst ängstlich und schreit, um das Männchen herbeizurufen. Aber es trifft auch noch andere Vorsichtsmaßregeln, um die aufgespürte Beute der Gewalt des Feindes zu entrücken. Audubon hat von einer Art beobachtet, daß die Eltern ihre Eier und selbst ihre kleinen Jungen, wenn das Nest entdeckt wurde, einer anderen Stelle des Waldes zutrugen. Ich habe, erzählt er, es mich viele Zeit kosten lassen, um mich zu überzeugen, wie der Ziegenmelker dabei verfährt, um Eier und Junge wegzuschaffen, zumal nachdem ich, dank der Hilfe eines ausgezeichneten Hundes, gefunden hatte, daß der Vogel die zarten Pfänder seiner Liebe niemals weit wegträgt. Die Neger, welche die Sitten der Tiere gut zu beobachten pflegen, versicherten mir, daß der Nachtschatten die Eier oder Jungen mit dem Schnabel auf dem Boden fortschöbe oder stoße. Bauern, mit denen ich mich über den Gegenstand

Mit seinen großen Augen nimmt der Grasfrosch auch auf weitere Entfernungen kleine Insekten wahr, die er mit seiner Schleuderzunge erbeutet.

unterhielt, glaubten, daß die Eltern ihre Brut wohl unter die Flügel nehmen und so fortschaffen möchten. Mir erschien die Angabe der Neger glaubwürdiger als die der Bauern, und ich machte es mir zur Aufgabe, das Wahre zu erforschen. Das Ergebnis ist folgendes. Wenn der Nachtschatten, gleichviel ob das Männchen oder Weibchen eines Paares, entdeckt hat, daß seine Eier berührt worden sind, sträubt er sein Gefieder und zeigt eine oder zwei Minuten lang die größte Nie=dergeschlagenheit. Dann stößt er ein leises, murmelndes Geschrei aus, auf welches der Gatte herbeigeflogen kommt und so niedrig über den Boden dahinstreicht, daß ich glauben mochte, seine kurzen Füße müß=ten die Erde berühren. Nach einigen leisen Tönen und Gebärden, welche Zeichen der größten Bedrängnis auszudrücken scheinen, nimmt eines ein Ei in sein weites Maul, der andere Vogel tut dasselbe, und dann streichen beide langsam und vorsichtig über den Boden dahin und verschwinden zwischen den Zweigen und Bäumen. Das Weg=schleppen der Eier soll übrigens nur geschehen, wenn ein Mensch sie berührt hat, während der Vogel ruhig sitzen bleibt, wenn der Mensch, der das Nest entdeckte, sich wieder zurückzog, ohne die Eier zu be=rühren.

Bläßhühner sind keine guten Flieger und müssen wassertretend einen langen Anlauf nehmen, bevor sie sich aus dem feuchten Element in die Luft erheben können.

Die Höhle der Königin Loro

Salanganen nennt man die in der indischen Inselwelt sehr gesellig
lebenden kleinen Segler, die aus den Absonderungen ihrer stark ent=
wickelten Speicheldrüsen die berühmten „eßbaren Schwalbennester"
an die Felswände kleben. Wir verdanken Junghuhn die folgende ein=
gehende Beschreibung eines Siedelplatzes auf Java.

Die schroff gesenkten Mauern der Südküste von Java bieten einen
malerischen Anblick dar. Das üppigste Waldgebüsch hat sich bis zur
äußersten Grenze des Landes vorgedrängt, ja, Pandanen wurzeln noch
an den schroffen Wänden selbst oder blicken zu Tausenden vom
Rande der Felsmauern in geneigter Stellung hinab. Unten am Fuß
der Mauer ist die Brandung des dort sehr tiefen Meeres tätig und hat
im Verlauf von Jahrtausenden weit überhängende Buchten im Kalk=
felsen gebildet. Hier ist es, wo die Salangane gefunden wird. Dort,
wo die Brandung am stärksten tobt, wo das Meer Höhlen ausge=
waschen hat, sieht man ganze Schwärme dieser kleinen Vögel hin und
her schwirren. Sie fliegen absichtlich durch den dichtesten Wellen=
schaum, der an den Felsen zerschellt, und finden in dieser zerstieben=
den Brandung offenbar ihre Nahrung, wahrscheinlich ganz kleine
Seetiere oder Reste von solchen, welche die Brandung an den Klippen
zerstückelt hat und emporschleudert. Begibt man sich auf das hervor=
ragende Felsenvorgebirge östlich von Rongkap und setzt sich am
Rande der Felsenmauer hin, so erblickt man am Fuß der diesseitigen
Wand den Eingang zur Höhle. Folgt man dann mit seinen Blicken
dem Spiele des Meeres, das unaufhörlich auf und nieder wogt, so
gewahrt man, wie die Öffnung der Höhle bald ganz unter Wasser
verborgen ist, bald wieder offen steht, und wie im letzteren Fall die
Schwalben mit Blitzesschnelle aus= und einziehen. Ihre Nester kleben
an dem Felsen tief im Innern, an der hochgewölbten, finsteren Decke
der Höhle. Sie wissen den rechten Augenblick, an welchem der enge
Eingang zur Höhle gerade offen steht, geschickt zu benutzen, ehe ein
neuer Berg von Wasser ihn verschließt. So oft eine größere Woge sich
heranwälzt, tritt das Meer mit dumpfem Donner in die Höhle. Die

Öffnung ist dann ganz geschlossen; die Luft im Innern der Höhle wird zusammengepreßt, durch das hineingedrungene Wasser auf einen kleinen Raum zusammengedrängt und übt nun einen Gegendruck aus. Sobald also die Woge hineintritt und die Oberfläche des Meeres am Fuß der Wand wieder anfängt, sich zu einem Tal hinabzusenken, offenbart sich die Ausdehnungsfähigkeit der eingeschlossenen Luft; das hineingedrungene Wasser wird, größtenteils zerstäubt, wieder herausgespritzt, herausgeblasen, kann die noch nicht ganz abgezogene Brandung in waagerechter Richtung bis 100 m weit mit Gewalt durch= brechen: ähnlich wie aus einem losgebrannten Geschütz der Dampf hervorschießt, fährt eine Säule von Wasserstaub laut pfeifend aus der Höhle heraus, welche bald wieder von einer neuen Woge geschlossen wird. Während draußen in einiger Entfernung von der Küste der tief indigoblaue Spiegel des Meeres ruhig und hell glänzend daliegt, hört es hier am Fuß der Felsenmauern nicht auf, zu kochen und zu toben. Hier bricht sich das Sonnenlicht in jeder Welle, die zu Staub gepeitscht wird, mit wunderbarer Klarheit; hier sieht man in jeder Säule, die aus der Höhle geblasen wird, die glänzendsten Regenbogen hinge= zaubert.

Eine solche großartige Natur, welche uns merkwürdige Erscheinun= gen zur Schau gibt, wie zeitweilig fauchende, blasende Höhlen und farbige, verschwindende und wiederkehrende Bogen über der Bran= dung, eine solche Natur muß notwendig von überirdischen Wesen belebt sein. Ganz gewiß wohnen hier unsichtbare Geister. Erkundigt man sich bei den Javanen, so vernimmt man, daß es die Königin Loro ist, die in dieser Höhle wohnt, der Brandung gebietet, ja über die ganze Küste herrscht. Diese Göttin wird von der Bevölkerung in hohen Ehren gehalten. In Rongkap steht oben auf der Küstenmauer in einem Palmenhaine ein schönes, aus Palmen gebautes Haus, worin kein Sterblicher wohnt, an welchem niemand vorübergeht, ohne seine Hände zu ehrerbietigem Gruß an das Haupt zu bringen. Man würde des Todes sein, wenn man es wagen wollte, dieses Haus zu betreten. Es gehört der Königin, der es zuweilen behagt, dem Busen des Meeres zu entsteigen oder ihre Felsenhöhle zu verlassen und unsichtbar ihren Einzug zu halten in dieses Haus, wo ihr das fromme Volk Hausgeräte, Betten und schöne Kleider hingelegt hat, deren sie sich nach Belieben bedienen kann. Nur zuweilen begibt sich ein Häuptling der Vogel=

nestsammler, eine Art Priester, in die Wohnung des Geistes, um sie vom Staub zu reinigen, während Weihrauch als frommes Opfer an der Pforte des Hauses emporsteigt. Kein Laut darf während dieser Zeit seinen Lippen entfallen, ebensowenig auch denen der übrigen Java= nen, die vor der Wohnung geschart in banger Ehrfurcht knien. Wird zur Zeit der Nesterernte eine Festmahlzeit gehalten, hat man zwischen den Gebüschen vor dem Haus reinliche Matten auf dem Grasboden ausgebreitet und mit Speisen besetzt, so wird erst die Göttin ange= rufen, damit sie Platz an der Tafel nehme. Ist das Gebet gesprochen, so werfen sich alle Anwesenden nieder, um der Königin Zeit zu lassen, nach Gefallen von den Speisen zu kosten, und sei es auch nur die nährende Kraft, die sie aus ihnen saugt. Nachher aber tun an dem übriggebliebenen, größeren Mahle die Javanen sich gütlich, während im Hintergrund der Gamelan seine harmonischen Töne erklingen läßt und gutherzige Fröhlichkeit das Fest belebt.

Die Sammler der Vogelnester können natürlich nur zu Ebbezeit und bei sehr stillem, niedrigem Wasser in das Innere der Höhle gelangen. Aber auch dann noch würde dies unmöglich sein, wäre der Felsen am Gewölbe der Höhle nicht von einer Menge von Löchern durchbohrt, zernagt und zerfressen. In diesen Löchern, an den hervorragendsten Zacken, hält sich der stärkste und kühnste der Nestersammler oder, wie man auf Java sagt, der Nesterpflücker, welcher zuerst hinein= klettert, fest und bindet Rotanstränge an ihnen an, so daß sie von der Decke 1,5–2 m herabhängen. An ihrem Ende werden andere lange Rotanstränge festgeknüpft, die in einer mehr waagerechten Richtung unter der Decke hinlaufen, deren Unebenheiten auf= und absteigend folgen und sich wie eine hängende Brücke durch die ganze, über 50 m breite Höhle hinziehen.

Ehe man zum Pflücken der Vogelnester die Leitern aushängt und auf ihnen hinaussteigt in die grausende Nachbarschaft der See, richtet man ein feierliches Gebet zu der erwähnten Göttin, die an verschie= denen Teilen der Insel verschiedene Namen führt, demungeachtet aber keine andere ist als die Göttin Durga, die Gemahlin des Gottes Schiwa, in den Augen der heutigen Javanen das Sinnbild der Zeu= gungskraft, Fruchtbarkeit und unerschöpflichen Lebensfülle. Obwohl die heutigen Javanen sich zum Islam bekennen, hat sich die Verehrung dieser Göttin und die Anschauung über sie doch nicht geändert.

Kampflustige Liliputaner

In den Monaten März, April und Mai, teilt uns Gosse von der Insel Jamaika mit, sieht man die Kolibris außerordentlich häufig. Ich habe manchmal nicht weniger als 100 nach und nach auf einem geringen Raum und im Lauf eines Vormittags gesehen. Sie sind aber durchaus nicht gesellig. Jeder einzelne beschäftigt sich nur mit seinen eigenen Geschäften. Zuweilen sieht man fast lauter Männchen, zuweilen beide Geschlechter in ziemlich gleicher Menge erscheinen; eine eigentliche Vereinigung derselben findet aber bloß in der Nähe des Nestes statt. Zwei Männchen einer und derselben Art halten niemals Frieden, sondern geraten augenblicklich in Kampf und Streit miteinander; ja einzelne zanken sich mit jedem Kolibri überhaupt, der in ihre Nähe kommt, und ebenso mit vielen anderen Vögeln. Der Mango, eine der verbreitetsten Arten, verjagt außerdem alle übrigen Kolibris, die in seiner Nähe sich zeigen. Einst war ich Zeuge eines Zweikampfes zwischen diesen Vögeln, der mit größter Heftigkeit ausgeführt wurde.

Es war in einem Garten, in dem zwei Bäume in Blüte standen. Einen dieser Bäume hatte ein Mango seit mehreren Tagen regelmäßig besucht. Eines Morgens nun erschien ein anderer, und nun begann ein Schauspiel, das mich auf das höchste anzog. Die beiden jagten sich durch das Wirrsal von Zweigen und Blüten, und der eine stieß ab und zu mit Wut auf den anderen. Dann vernahm man ein lautes Rauschen von ihren Flügeln, und beide drehten sich wirbelnd um und um, bis sie fast zum Boden herabkamen. Dies geschah so schnell, daß man den Kampf kaum verfolgen konnte. Schließlich packte einer in meiner unmittelbaren Nähe den anderen beim Schnabel, und beide wirbelten nun senkrecht hernieder. Hier ließen sie voneinander ab, der eine jagte den anderen ungefähr 100 Schritte weit weg und kehrte dann siegesfreudig zu seinem alten Platze zurück, setzte sich auf einen hervorragenden Zweig und ließ seine Stimme erschallen. Nach wenigen Minuten kehrte der Verfolgte zurück, schrie herausfordernd, und augenblicklich begann der Kampf von neuem. Ich war überzeugt, daß dieses Zusammentreffen durchaus feindlich war; denn der eine schien sich entschieden vor dem anderen zu fürchten und floh, während dieser ihn verfolgte, obwohl er eine neue Herausforderung nicht unterlassen konnte. Wenn ein Gang des Kampfes vorüber war und der eine ausruhte, sah ich, daß er seinen Schnabel geöffnet hatte, als ob er nach Luft schnappe. Zuweilen wurden die Feindseligkeiten unterbrochen und einige Blüten untersucht, aber eine Annäherung brachte beide wieder aneinander, und der Zank begann von neuem. Der Krieg — denn es war ein wirklicher Feldzug — dauerte eine volle Stunde.

Salvin versicherte, daß einzelne Kolibris durch ihre Kampflust dem Jäger oft die Jagd vereiteln, weil sie alle anderen Kolibris, die sich ihrem Aufenthaltsorte nähern, überfallen. Es schien mir, berichtet er, daß Kampf und Streit ihr Hauptgeschäft sei. Kaum hatte einer von ihnen seinen langen Schnabel in eine Blume gesteckt, so gefiel dieselbe Blume einem anderen auch, und der Zweikampf begann auf der Stelle. Zuweilen flogen sie dabei, wie zwei umeinander herumwirbelnde Funken einer Feueresse, so hoch in die Luft, daß sie meinen Blicken entschwanden.

Im Vergleich zu ihrer liliputanischen Größe sind sie überhaupt äußerst heftige und reizbare Geschöpfe. Sie fühlen sich keineswegs schwach, sondern sind so selbstbewußt, dreist und angriffslustig, daß sie, wenn ihnen dies nötig scheint, jedes andere Tier anfallen. Wütend stoßen sie auf kleine Eulen und selbst auf große Falken herab; angriffslustig nahen sie sich sogar dem Menschen bis auf wenige Zentimeter. In der Nähe ihres Nestes schwingen sie sich bis zu bedeutender Höhe empor und stürzen sich von hier aus unter eigentümlich pfeifendem, durch die schnelle Bewegung ihrer Flügelschläge bewirktem Geräusch ihrer Flügel wieder auf den Gegenstand ihres Zorns hernieder, offenbar mit der Absicht, ihn zu schrecken, gehen aber auch zu tätlichen Angriffen über und gebrauchen ihren feinen Schnabel mit Kraft und Nachdruck. Bullock, der ebenfalls von ihren Angriffen auf Falken erzählt, glaubt, daß sie den nadelscharfen Schnabel gegen die Augen der anderen Vögel richten und diese dadurch in eilige Flucht treiben. Das Wahre an der Sache wird wohl sein, daß sie selbst einem Falken den Mut rauben, weil dieser nicht imstande ist, sie zu sehen, und trotz seiner gewaltigen Waffen seine Machtlosigkeit ihnen gegenüber erkennen muß. Es mag ein reizender Anblick sein, solchen Riesen vor so zwerghaften Feinden flüchten zu sehen.

Am Adlerhorst

Der Adler horstet frühzeitig im Jahr, gewöhnlich schon Mitte oder Ende März. Sein Horst steht im Gebirge, wenn auch nicht ausnahms= los, so doch vorzugsweise in großen, oben gedeckten Nischen oder auf breiten Gesimsen an möglichst unersteiglichen Felswänden, in aus= gedehnten Waldungen dagegen auf den Wipfelzweigen der höchsten Bäume, ist daher je nach dem Standort verschieden. Wenn er auf einem Baum angelegt wurde, besteht er regelmäßig aus einem mas= sigen Unterbau von starken Knüppeln, welche der Adler entweder vom Boden aufhebt oder, indem er sich aus großer Höhe herab auf dürre Äste stürzt und sie im rechten Augenblick mit den Fängen packt, von den Bäumen abbricht. Dünnere Zweige bilden den Oberbau, fei= nere Reiser und Flechten die Ausfütterung der sehr flachen Mulde. Ein solcher Horst hat 1,30 bis 2 m, die Mulde 70 bis 80 cm im Durch= messer, wächst aber, da er lange Zeit nacheinander benutzt wird, von Jahr zu Jahr, wenn auch nicht an Umfang, so doch an Höhe, und stellt so bisweilen ein wahrhaft riesiges Bauwerk dar.

Auf einer sicheren Unterlage, wie sie Felsnischen darbieten, macht der Adler weniger Umstände. Zwar trägt er auch hier in der Regel große Knüppel zusammen, um aus ihnen den Unterbau zu bilden, und stellt dann den Oberbau in ähnlicher Weise her; unter Umstän= den aber genügen ihm auch schwache Reiser. So untersuchte Girtanner in Graubünden einen Adlerhorst, der aus nichts anderem als einem un= geheuren Haufen dünner Föhren= und Lärchenreiser bestand und eine Höhe von 1 m, eine Länge von 3 m und eine Breite von 2 m zeigte. Die betreffende Felsnische, offenbar entstanden durch das Herausstürzen eines großen Blockes, war von oben und von den Seiten so geschützt, daß der Horst kaum einer Kugel, geschweige denn einem menschlichen Fuß nahbar gewesen wäre; denn vorn hatte der Adler nur zu beiden Seiten eine Stelle freigelassen, auf welcher er fußen konnte; der vor= dere Rand des Horsthaufens überragte denjenigen des Bodens der Nische, und es blieb für das Gelege, den brütenden Adler und die Brut nur im hinteren Winkel der Horststätte eine sehr vertiefte Stelle frei. Mit dem gewaltigen Reiserhaufen hat der junge Adler eigentlich nichts zu schaffen, wohl aber schützt derselbe in erster Linie das Ge= lege, welches hinter ihm liegt, einigermaßen vor Sturm und Wetter, gegen Kälte und vor Schaden durch Windstöße, erweist dieselbe Wohltat auch dem brütenden Adler, der wohl trotzdem bei der frühen Brutzeit der Kälte, dem Schnee und allem Unwetter ausgesetzt sein mag, und bewahrt später die Jungen in Abwesenheit ihrer Eltern vor dem Sturz in die Tiefe, da sie den hohen stacheligen Wall wohl nicht so bald zu überschreiten versuchen dürften.

Die Eier sind verhältnismäßig klein, sehr rundlich, rauhschalig und auf weißlichem oder grünlichgrauem Grund unregelmäßig mit grö= ßeren und kleineren graulichen und bräunlichen Flecken und Punkten, welche oft zusammenlaufen, gezeichnet. Man findet ihrer zwei bis drei im Horst, selten aber mehr als zwei Junge, oft nur ein einziges. Das Weibchen brütet ungefähr fünf Wochen. Die ausgeschlüpften Jungen sind wie andere Raubvögel dicht mit graulichweißem Woll= flaum bedeckt, wachsen ziemlich langsam heran und werden kaum vor der Mitte, meist erst zu Ende des Juli flugfähig. Anfänglich sitzen sie fast regungslos auf ihren Fußwurzeln, und nur der manchmal sich bewegende Kopf verrät, daß sie leben; später erheben sie sich dann und wann, nesteln sehr viel im Gefieder, das beim Heranwachsen un= behagliches Jucken zu verursachen scheint, breiten von Zeit zu Zeit die noch stummelhaften Fittige, stellen, indem sie letztere bewegen, gewissermaßen Flugversuche an, erheben sich endlich auf die Zehen, trippeln ab und zu nach dem vorderen Rand und schauen neugierig in die ungeheure Tiefe hinab oder nach den ersehnten Eltern in die blaue Luft hinauf, bis sie endlich das Nest verlassen und sich selbst zu letz= terem aufschwingen können. Beide Eltern widmen sich ihnen mit hin= gebender Zärtlichkeit, und namentlich die Mutter zeigt sich treu be= sorgt, ihre Bedürfnisse zu befriedigen. Solange sie noch klein sind, verläßt sie kaum das Nest, hudert sie, um sie zu erwärmen, trägt tag= täglich frische Lärchenzweige in das Nest, um die vom Kot der Jun= gen beschmutzten und benetzten zu ersetzen und so den Kleinen stets ein trockenes Lager zu bereiten, und schleppt endlich mit dem Männ= chen im Übermaß Beute herbei, um sie vor jedem Mangel zu schützen.

In der frühesten Jugend erhalten sie nur solche Atzung, welche be= reits im Kropf der Mutter vorverdaut ist; später zerlegt ihnen diese die gefangene Beute, endlich tragen beide Eltern den unzerfleischten Raub in den Horst und überlassen es den Jungen, ihre Mahlzeit zu halten, so gut sie vermögen, um sie allgemach an Selbständigkeit zu gewöhnen. Damit hängt zusammen, daß beide Eltern eines Adler= paares, mindestens das Weibchen, anfänglich sehr viel im Horst sich aufhalten, wogegen sie später, im Einklang mit der zunehmenden Entwicklung ihrer Jungen, länger und auf weiterhin sich entfernen und zuletzt, wenn sie die Brut mit Nahrung versorgt wissen, sich oft tagelang nicht mehr zu Hause sehen lassen.

Gegen das Ende der Brutzeit hin ähnelt der Adlerhorst einer Schlachtbank oder einer förmlichen Luderstätte. Denn so sorgfältig die Alten auch auf Erneuerung der Niststoffe bedacht sind, so gleich= gültig lassen sie die Nestvögel zwischen den faulenden, im Horst lie= genden Fleischüberresten und dem in Masse herbeigezogenen und dort entstehenden Ungeziefer sitzen. Wie groß die Anzahl der Opfer ist, die ihr Leben lassen müssen, um das zweier junger Adler zu er= halten, geht aus einer Angabe Bechsteins hervor, laut welcher man in der Nähe eines Horstes die Überbleibsel von 40 Hasen und 300 Enten gefunden haben soll. Diese Schätzung ist vielleicht übertrieben: schlimm genug aber haust das Adlerpaar unter den Tieren der Um= gegend, und zwar einer Umgegend im weiteren Sinn des Wortes, denn man hat beobachtet, daß es Reiher 20 bis 30 km weit dem Horst zuschleppte. In einem Horst, zu welchem sich der Jäger Ragg im Juli 1877 hinabseilen ließ, lagen ein noch unberührtes und ein zu drei Vierteilen verzehrtes Gemskitz, die Reste eines Fuchses, eines Mur= meltieres und von nicht weniger als fünf Alpenhasen. Dem kleineren Herdenvieh wird der Adler während der Brutzeit zu einer wahren Geißel, dem Hirten zur schlimmsten Plage; kein Wunder daher, daß der Herdenbesitzer alles aufbietet, des so furchtbaren Räubers sich zu erwehren.

Luftkampf des Kaiseradlers

Während der ganzen Brutzeit befindet sich der männliche Kaiseradler beständig auf der Wacht, entweder anmutige Kreise über dem Horst beschreibend, oder in dessen Nähe auf einem benachbarten Baum sitzend; beim geringsten Anschein von Gefahr fliegt er auf und warnt das Weibchen durch einen rauhen krächzenden Laut, worauf dieses den Horst verläßt und mit seinem Gatten zu kreisen beginnt. Naht sich ein anderer Kaiseradler oder Raubvogel überhaupt, so tritt ihm das Männchen augenblicklich entgegen und kämpft mit ihm auf Tod und Leben.

Die Aufmerksamkeit eines Beobachters wurde einmal durch das laute Krächzen und heisere Schreien auf zwei Adler dieser Art gelenkt, welche eben einen ernsten Zweikampf in einer Höhe von etwa 100 m über dem Grunde ausfochten. Mindestens zwanzig Minuten währte das Kampfspiel. Es begann damit, daß beide Kämpen in einer gewissen Entfernung umeinander kreisten; hierauf ging bald der eine, bald der andere zum Angriff über, indem er mit aller Kraft auf den Gegner herabstieß. Dieser wich in der gewandtesten Weise dem Stoß aus und wurde nun seinerseits zum Angreifer. So währte der Kampf geraume Zeit fort. Beide trennten sich hierauf bis zu einer gewissen Entfernung; einer kehrte plötzlich zurück und stieß wiederum in vollster Wut auf den verhaßten Feind, welcher jetzt unter lautem Geschrei auch seinerseits die Waffen gebrauchte. Schnabel, Fänge und Schwingen waren in gleicher Weise in Tätigkeit, und beide Adler bewegten sich so rasch und heftig, daß der Beobachter nichts weiter als eine durch die Luft rollende, verwirrte, jeder Beschreibung spottende Federmasse zu sehen vermochte. Zuletzt schlugen beide ihre Fänge gegenseitig so fest ineinander, daß sie die Flügel nicht mehr gebrauchen konnten und taumelnd um 30 oder 40 m tief herabstürzten, worauf sie die Waffen lösten und wiederum für kurze Zeit sich trennten. Damit hatte der erste Gang sein Ende erreicht.

Der zweite begann in ähnlicher Weise wie jener, indem dann und wann einer der Vögel einen Scheinangriff auf den anderen versuchte.

Bald aber änderten sie die Kampfweise, und jeder bestrebte sich, in= dem beide in engen Ringen umeinander kreisten, den Gegner zu über= steigen, bis dies dem einen wirklich gelungen war und er nun mit voller Wucht sich herabstürzen konnte. Der Angegriffene warf sich augenblicklich auf den Rücken und empfing seinen Feind mit ausge= streckten Fängen. Beide verkrallten sich wiederum ineinander, tau= melten über 100 m tief herab und trennten sich, nahe über dem Boden angekommen, von neuem. So wütete der Kampf weiter, bis es endlich dem einen glückte, seinen tapferen Gegner nach einem mächtigen Stoß in einer Höhe von etwa 100 m über dem Boden zu packen. Dieser empfing seinen Feind mannhaft, schlug ihm seine Fänge ebenfalls in den Leib, und nunmehr stürzten beide in schwerem Fall wirklich zu Boden, kaum 10 m von dem Beobachter entfernt. Dieser sprang schnell hinzu, um die edlen Kämpen zu fangen; sie aber ließen, als jener bereits die Hand nach ihnen streckte, von einander ab und entflohen nach verschiedenen Seiten hin. Blutlachen auf dem Boden bewiesen zur Genüge, wie ernsthaft gekämpft worden war.

Ein lebenszäher Invalide

Ein Kaiseradler, welchen mein verstorbener Freund Herklotz pflegte, war durch einen Jagdliebhaber mittels eines Schrotschusses erlegt worden und gelangte als vermeintliche Leiche in den Besitz eines Arztes, um ausgestopft zu werden. Länger als zwei Tage lag der durch den Kopf geschossene Vogel unter einem Kasten; erst als hier ein Ge= räusch hörbar wurde, lenkte sich die Aufmerksamkeit des Arztes ihm wieder zu. Man bemerkte nun, daß der Totgeglaubte sich aufgerafft hatte und die unzweideutigsten Beweise seiner Lust äußerte, noch länger im irdischen Jammertale zu verweilen. Der tierfreundliche Arzt erbarmte sich als Gerechter seines Viehes, und der Vogel blieb leben. Infolge der Kopfverletzung war er auf beiden Augen erblindet und vollkommen gleichgültig gegen äußere Einflüsse, bewegte sich aus eigenem Antriebe nicht, nahm durchaus kein Futter zu sich, glich mit einem Worte in seinem ganzen Wesen auf ein Haar solchen Vögeln,

denen auf künstliche Weise das Gehirn genommen wurde. Regungs=
los saß er auf einem Baumstock, und weder Sonne, Licht, Regen noch
Sturm schienen irgendwelche Wirkung auf ihn zu äußern. Willenlos
nur trat er mit den Füßen auf einen anderen Platz, wenn er durch
äußere Gewalt hierzu gezwungen wurde.

Um zu beobachten, wie lange der so schwer verwundete Vogel am
Leben bleiben würde, gab sich mein Freund die Mühe, ihn mit Fleisch=
stückchen zu stopfen. Über ein volles Jahr lang lebte der Vogel in die=
ser Weise fort; nach Ablauf angegebener Frist aber bemerkte Her=
klotz, daß er doch einigermaßen anfing, auf die Umgebung zu achten.
Anscheinend begann der Sinn des Gehörs zuerst wieder sich zu ent=
wickeln, denn er bemerkte an dem Geräusch der Schritte die Ankunft
seines Pflegers und fing an, aus eigenem Antrieb sich zu bewegen,
wenn jener sich nahte, spreizte die Flügel und schüttelte die Federn,
kurz, gebärdete sich, wie ein aus tiefem Schlaf Erwachter. Nach und
nach wurden seine Bewegungen freier und kräftiger; aber noch immer
mußte er künstlich ernährt werden. Da endlich, nach Ablauf von vier
Jahren, begann er selbst wieder zu fressen, und nunmehr ließ er auch
zu nicht geringer Überraschung seines treuen Pflegers, das diesem
wohlbekannte „Kau, kau", die gewöhnliche Stimme unseres Adlers,
vernehmen. Nach Ablauf von sechs weiteren Monaten glich er bis auf
die erblindeten Augen vollkommen einem anderen seines Geschlechtes.

Der Kampf ums Weib

Im März schreitet der Seeadler zur Fortpflanzung. Es ist wahrschein=
lich, daß auch er mit seinem Weibchen in treuer Ehe auf Lebenszeit
lebt; demungeachtet hat er mit jedem vorüberziehenden Männchen
schwere Kämpfe zu bestehen, und ein ungünstiger Ausgang desselben
kann ihn möglicherweise die Gattin kosten.

„Zwei männliche Seeadler", erzählt Graf Wodzicki, „welche ich
längere Zeit beobachten konnte, kämpften fortwährend miteinander.
Sie stießen mit Schnabel und Krallen gegeneinander, gerieten dabei
öfters bis auf den Boden herunter und setzten hier ihren Kampf fort,
nach Art der Hähne, nur mit dem Unterschied, daß sie keinen Anlauf
nahmen. Jeder Kampf hinterließ Federn, auch wohl Blut auf dem Bo=
den. Das Weibchen, welches entweder um die Kämpfer kreiste oder
sich in deren Nähe niedergelassen hatte, liebkoste den Sieger jedes=
mal, sooft er zu ihm kam, und dabei konnte man die merkwürdige
Beobachtung machen, daß die beiden Männchen von dem Weibchen
gleich gut aufgenommen wurden, sobald sich eines im Kampf ausge=
zeichnet hatte. Da der eine männliche Adler jünger als der andere war,
konnte man die Kämpfer nicht verwechseln. Das mörderische Spiel
währte etwa zwei Wochen lang, und die Adler schienen dabei so auf=
geregt zu sein, daß sie während des Tages gar nicht nach Nahrung
suchten. Nachts schliefen sie unweit des Gewässers auf zwei hohen
Eichen, ein Paar, anscheinend der Sieger mit dem Weibchen, auf der
einen, der Besiegte auf der anderen.

Nach einem vollen Monat wurde in Erfahrung gebracht, daß man
einen Seeadlerhorst in den benachbarten Waldungen entdeckt hatte.
Das Junge wurde einige Wochen später ausgehoben, und die Alten
kamen nun auf den Frühlingsplatz zurück. Da gesellte sich wiederum
ein dritter zu ihnen, und der Kampf fing von neuem an. Eines Tages
rauften sich die Adler wieder in der Luft lange Zeit und stürzten hier=
auf zur Erde. Der eine überrumpelte den anderen, hieb ihn tüchtig
mit dem Schnabel, sprang endlich auf seinen Todfeind, ergriff mit der
einen Kralle den Hals desselben und stemmte sich mit der anderen

auf den Bauch. In dieser Stellung überraschte sie ein Heger mit einem
tüchtigen Knittel. Der besiegte Adler klammerte sich krampfhaft an
den Lauf des Siegers und an dessen einen Flügel. Beide kollerten sich
einigemal auf dem Boden herum und richteten sich wieder empor. Der
Heger näherte sich indes bis auf wenige Schritte; die Adler aber rauf=
ten sich weiter, und so konnte der Mann den einen dermaßen auf den
Kopf schlagen, daß er zusammenstürzte. Der andere, obgleich ganz
blutig, ließ aber den toten dennoch nicht los, sondern richtete sich em=
por und sah den Heger so starr an, daß dieser erschrak und ein paar
Schritte zurücksprang. Erst nach einiger Zeit schien der Adler seine
gefährliche Lage begriffen zu haben, ließ seinen Feind los und erhob
sich langsam in die Luft. Wäre der Heger nicht so erschrocken gewe=
sen, so hätte er unbedingt beide Adler mit dem Stock erschlagen kön=
nen. Es ist wohl mit Sicherheit anzunehmen, daß der dritte Adler den
Frühling einsam verlebt und gleich dem Korsikaner seine Rache ge=
nährt hatte, welche er nunmehr auch bei der ersten Gelegenheit so
grausam betätigte."

Der Königsweih in Gefangenschaft

Unter geeigneter Pflege wird der Königsweih in der Gefangenschaft bald zahm. Ist er beim Einfangen bereits erwachsen, so pflegt er sich, wie Stölker erfuhr, angesichts des Menschen in höchst absonderlicher Weise zu gebaren, indem er sich tot stellt, sich platt auf den Boden legt und sich regungslos verhält, sich wohl auch von einer Sitzstange herabfallen und Flügel und Schwanz schlaff hängen läßt, selbst den Schnabel öffnet und die Zunge hervorstreckt, gestattet, ohne ein Lebenszeichen zu geben, daß man ihn an einem Fange aufhebt, und, wenn man ihn wieder auf den Boden bringt, genau ebenso liegenbleibt, wie man ihn hinlegte. Solch heuchlerisches Spiel treibt er geraume Zeit, verstellt sich aber bald immer seltener, spielt nicht mehr den vollständig, höchstens Halbtoten, sieht endlich ein, daß alle Täuschung nichts fruchtet, gibt fernere Versuche auf, vertraut mehr und mehr und betätigt endlich größte Hingebung an den fütternden Gebieter.

Von mir gepflegte Vögel dieser Art verfehlten nie, mich zu begrüßen, sobald ich mich von weitem sehen ließ, gleichviel ob ich ihnen Futter brachte oder nicht, unterschieden mich auf das bestimmteste von anderen Leuten und erkannten mich in jeder Entfernung, selbst im dichtesten Menschenstrom. Genügsam sind die Königsweihen im hohen Grad, mit ihresgleichen und mit anderen Tieren höchst verträglich, daher wohl als liebenswürdige Raubvögel zu bezeichnen. Hinsichtlich ihrer Verträglichkeit kommen jedoch Ausnahmen vor. „Ich hielt", erzählte Berge, „längere Zeit einen Milan auf einer geräumigen Bühne. Diese mußten später zwei halb erwachsene Katzen mit ihm teilen. Sie erhielten täglich Brot in Milch aufgeweicht zur Nahrung. Anfangs schien der Vogel seine Gesellschafter nicht zu beachten; bald aber verjagte er sie stets von ihrem Futtergeschirr, wenn sie fressen wollten, und binnen kurzem steigerten sich die Äußerungen des Neides so weit, daß der Königsweih alles Fleisch, welches er erhielt, unberührt ließ und täglich zweimal den mit Brot und Milch gefüllten Katzenteller leerte. Schließlich mußte man die Katzen entfernen, weil man befürchtete, daß sie verhungern würden. Während der ganzen Zeit genoß der Vogel kein Fleisch, duldete aber auch nicht, daß die Katzen dieses zu sich nahmen."

Andere Gefangene zeigten sich liebenswürdiger. „Einer meiner Be= kannten", sagt Lenz, „besaß einen flügellahmen Königsweih und ließ ihn im Garten frei gehen. Dort baute er ein Nest, legte zwei Eier und brütete fleißig. Dies wiederholte der Vogel im nächsten Jahr, und nun wurden ihm drei Hühnereier untergelegt. Er brütete drei Küchlein aus, holte sie, sooft sie aus dem Nest liefen, mit dem Schnabel zurück, stopfte sie unter sich und versuchte sie mit Fleischstückchen zu füttern. Die Tierchen gingen aber leider durch das viele Unterstopfen zu= grunde."

Es ist dies nicht das einzige Beispiel dieser Art. Bezirksförster von Girardi pflegte 23 Jahre lang einen Königsweih, welchen er vor dem Flüggewerden aus dem Horst genommen und vom Anfang an wie andere Raubvögel gehalten hatte. Hamatz kam auf den Ruf seines Herrn wie ein Huhn zur Mahlzeit, oft auch ungerufen in das Zimmer und nahm das ihm Gereichte aus der Hand der Hausbewohner, be= nahm sich aber auch in anderer Hinsicht wie ein Huhn, indem er eine lange Reihe von Jahren hindurch die ihm jedes Jahr untergelegten Hühnereier ausbrütete und die entschlüpften Küchlein mit wahrhaft bewunderungswürdiger Sorgfalt und Treue pflegte. Ein eigener An= blick war es, wenn die jungen Hühnchen ihm das Fleisch aus den Fän= gen oder aus dem Schnabel wegnahmen und verzehrten. Leider verlor Hamatz, der auch als Wetterprophet in hohem Ansehen stand, durch einen Jagdhund auf gewaltsame Weise sein Leben.

Wie alle Spechte zieht auch der besonders farbige Mittelbuntspecht seine Brut in selbstgezimmerten, sicheren Baumhöhlen auf.

Ein großer Schmarotzer

Der Schmarotzermilan, der häufigste aller Raubvögel Nordostafrikas in Ägypten, ist der frechste, zudringlichste Vogel, den ich kenne. Kein Tier kann seinen Namen besser verdienen als er. Sein Handwerk ist das Betteln; daher hat er sich die Ortschaften selbst zu seinem beliebs testen Aufenthalt erwählt, ist im Hof der tägliche Gast und siedelt sich auf der Palme im Garten wie auf der Spitze des Minaretts an. Gerade seine Allgegenwart ist es, welche ihn lästig und sogar verhaßt macht. Seinem scharfen Auge entgeht nichts. Sorgfältig achtet er auf das Treiben und Handeln des Menschen, und dank seinem innigen Umgang mit diesem hat er eine Übersicht, ein Verständnis der menschs lichen Geschäfte erhalten wie wenige andere Vögel oder Tiere übers haupt. Dem Schaf, welches zur Schlachtbank geführt wird, folgt er gewiß, wogegen er sich um den Hirten nicht kümmert, dem ankoms menden Fischer fliegt er entgegen, den zum Fischfang ausziehenden berücksichtigt er nicht. Er erscheint über oder sogar auf dem Boot, wenn dort irgendein Tier geschlachtet wird, umkreist den Koch der feststehenden oder schwimmenden Behausung des Reisenden, sobald jener sich zeigt, ist er der erste Besucher im Lagerplatz, der erste Gast auf dem Aas. Vor ihm ist kein Fleischstück sicher. Mit seiner Falkens gewandtheit paart sich die Frechheit, mit seiner Gier die Kenntnis der menschlichen Gewohnheiten. Scheinbar teilnahmslos sitzt er auf einem der Bäume in der Nähe des Schlachtplatzes oder auf dem First des nächsten Hauses am Fleischladen; kaum scheint er die leckere Speise zu beachten; da aber kommt der Käufer, und augenblicklich verläßt

———

Knapp vor dem Nest stoppt der Graue Fliegenschnäpper seinen Ans flug. Unermüdlich ist er in der Brutzeit unterwegs, die unersättlichen Schnäbel seiner Jungen mit Insekten zu stopfen.

er seine Warte und schwebt kreisend über ihm dahin. Wehe dem Un=
vorsichtigen, wenn er nach gewohnter Art das Fleisch im Körbchen
oder in der Holzschale auf dem Kopf heimträgt; er wird wahrschein=
lich sein Geld umsonst ausgegeben haben. Ich selbst habe zu meinem
Ergötzen gesehen, daß ein Schmarotzermilan aus solchem Körbchen
das ganze, mehr als 1 kg schwere Fleischstück herauszog und trotz
allen Scheltens des Geschädigten davontrug. In Habasch zerschnitt
unser Koch auf einer im Hof stehenden Kiste einen Hasen in mehrere
Stücke, wandte, gerufen, den Kopf nach rückwärts und sah in dem=
selben Augenblick eines dieser Stücke bereits in den Fängen des
Strolches, der die günstige Gelegenheit nicht unbenutzt hatte vorüber=
gehen lassen. Aus den Fischerbarken habe ich ihn Fische aufnehmen
sehen, obwohl der Eigner sich bemühte, den unverschämten Gesel=
len zu verscheuchen. Er stiehlt buchstäblich aus der Hand der Leute weg.

Der Mensch ist nicht der einzige Brotherr unseres Vogels, denn
dieser achtet nicht nur auf dessen Treiben, sondern auch auf das Tun
seiner Mitgeschöpfe. Sobald ein Falke oder Adler Beute erobert hat,
wird er umringt von der zudringlichen Schar. Schreiend, mit Heftigkeit
auf ihn stoßend, verfolgen ihn die Schmarotzermilane, und je stür=
mischer die Jagd dahinrauscht, je größer wird die Zahl der Bettler.
Die schwere Last in den Fängen hindert den Edelfalken, so schnell als
sonst zu fliegen, und so kann er es nicht vermeiden, daß die trägeren
Milane ihm immer im Nacken sitzen. Viel zu stolz, solche schnöde
Bettelei längere Zeit zu ertragen, wirft er den erbärmlichen Lungerern
gewöhnlich bald seine Beute zu, läßt sie unter sich balgen, eilt zum
Jagdplatz zurück und sucht anderes Wild zu gewinnen. Auch den
Geiern ist der Schmarotzermilan verhaßt. Beständig umkreist er die
Schmausenden, kühn schwebt er zwischen ihnen hindurch, und ge=
schickt fängt er jedes Fleischstück auf, welches die großen Raubvögel
bei ihrer hastigen Mahlzeit losreißen und wegschleudern. Die Hunde
knurren ihn an und beißen nach ihm, sobald er sich zeigt; denn auch
sie wissen genau, daß er die eigennützige Absicht trägt, jeden Fleisch=
bissen, den sie sich sauer genug erworben, zu stehlen, mindestens mit
ihnen zu teilen. Zu eigener Jagd entschließt er sich selten, obgleich er
keineswegs ungeschickt ist und kleineres Hofgeflügel, selbst junge
Tauben, außerdem Mäuse, Kriechtiere und Fische, seine bevorzugte
Beute, geschickt zu fangen weiß.

Angriff des Bartgeiers auf einen Knaben

Unbedenklich würde ich alle Geschichten über Angriffe des Bartgeiers (Lämmergeiers) auf Kinder und Halbwüchsige in die Rumpelkammer der Fabel geworfen haben, wenn nicht auch ein so gewissenhafter Forscher wie Girtanner über einen solchen Fall berichtete. Im Juni 1870, so teilt dieser von mir hochgeachtete Kenner der Alpentierwelt mit, war in mehreren schweizerischen Zeitungen zu lesen, daß bei Reichenbach im Kanton Bern ein Knabe von einem Lämmergeier überfallen worden sei und dem Angriff sicher erlegen wäre, wenn der Vogel nicht noch rechtzeitig hätte verscheucht werden können. Zuerst schenkte ich der Mitteilung wenig Aufmerksamkeit und erwartete, der Lämmergeier werde sich wohl baldigst in einen Adler, wo nicht gar in einen Habicht, und der überfallene Knabe in ein Hühnchen verwandeln; doch der Widerruf blieb diesmal aus, und da die Sache für mich Teilnahme genug darbot, um verfolgt zu wer= den, so wandte ich mich an Herrn Pfarrer Haller in Kandergrund, dessen Freundlichkeit mir von früher her schon bekannt war, und erhielt folgende Nachricht:

Es war am 2. Juni 1870, nachmittags 4 Uhr, da ging jener Knabe, Johann Betschen, ein munterer, aufgeweckter Bursche von vierzehn Jahren, noch klein, aber kräftig gebaut, von Kien hinauf nach Aris. Der Weg führte ziemlich steil über frischgemähte Wiesen hinauf, und wie der Knabe oben auf einer kleinen Bergweide noch ungefähr 1000 Schritte von den Häusern entfernt, ganz nahe bei einem kleinen Heu= schober, angelangt war, erfolgte der Angriff. Plötzlich und ganz un= vermutet stürzte der Vogel mit furchtbarer Gewalt von hinten auf den Knaben nieder, schlug ihm beide Flügel um den Kopf, so daß ihm, nach seiner Bezeichnung, gerade war, als ob man zwei Sensen zusam= menschlüge, und warf ihn sogleich beim ersten Hieb taumelnd über den Boden hin. Wie er im Stürzen sich drehte, um sehen zu können, wer ihm auf so unliebsame Weise einen Sack um den Kopf geschlagen, erfolgte auch schon der zweite Angriff und Schlag mit beiden Flügeln, welche links und rechts ihm um den Kopf sausten und ihm beinahe

die Besinnung raubten, so „sturm" sei er davon geworden. Jetzt er=
kannte der Knabe einen ungeheuren Vogel, welcher eben zum dritten
Male auf ihn herniederfuhr, ihn, der etwas seitwärts auf dem Rücken
lag, mit den Krallen in der Seite und auf der Brust packte, nochmals
mit den Flügeln auf ihn einhieb, ihn beinahe des Atems beraubte und
sogleich mit dem Schnabel auf seinen Kopf einzuhauen begann. Trotz
allen Strampelns mit den Beinen und Wendens des Körpers vermochte
er nicht, den Vogel zu vertreiben. Um so kräftiger benutzte der Junge
seine Fäuste, mit deren einer er die Hiebe abzuwehren suchte, wäh=
rend er mit der anderen auf den Feind losschlug. Dies muß gewirkt
haben. Der Vogel erhob sich plötzlich etwas über den Knaben, viel=
leicht um den Angriff zu wiederholen. Da erst fing dieser mörderisch
zu schreien an. Ob dies Geschrei den Vogel abgehalten hat, den An=
griff wirklich zu erneuern, oder ob er bei seinem Auffliegen eine auf
das Geschrei herbeieilende Frau gesehen und er ihn deshalb unterließ,
bleibt unausgemacht. Anstatt wieder sich niederzustürzen, verlor er
sich rasch hinter dem Abhang. Der Knabe war jetzt so schwach, von
Angst und Schreck gelähmt, daß er sich kaum vom Boden zu erheben
vermochte. Die erwähnte Frau fand ihn, als er sich eben taumelnd
und blutend vom Boden aufraffte. Gesehen hat die Frau den Vogel
nicht mehr. Ich selbst bezweifle die Sache aber nicht im geringsten.
Johann Betschen, welcher von solchen Vögeln vorher nie gehört hatte,
konnte auch einen solchen Vogelkampf nicht sofort erfinden und so
eingehend beschreiben, wie er es seiner Retterin und nachher anderen
Leuten gegenüber tat, als man ihn bei den Häusern wusch und ver=
band. Ich kenne zudem ihn und seine Familie als wahrheitsliebend.
Die Wunden, welche ich selbst nachher besichtigte, bestanden in drei
bedeutenden, bis auf den Schädel gehenden Aufschürfungen am Hin=
terkopf. Auf Brust und Seiten sah man deutlich die Krallengriffe als
blaue Flecken, zum Teil blutig, und der Blutverlust war bedeutend.
Der Knabe blieb acht Tag lang sehr schwach. An seinen Aussagen
also und an der Tatsache ist nach meiner Ansicht kein Zweifel zu
hegen. Wie sollte ich nun aber von dem Jungen, welcher nie sonst
solche Vögel gesehen, nach der Angst eines solchen Kampfes erfah=
ren, ob er es mit einem Steinadler oder mit einem Bartgeier zu tun
gehabt habe? Ich nahm ihn ins Verhör, und er berichtete mir, so gut
er konnte. Namentlich war ihm der fürchterlich gekrümmte Schnabel,

an welchem er beim Aufsteigen des Vogels noch seine Haare und Blut sah, im Gedächtnis geblieben, ferner ein Ring um den Hals und die „weiß grieseten Flecken" (mit weißen Tupfen besprengten Fittiche) und endlich, was mich am meisten stutzig machte, daß er unter dem Schnabel „so was wüstes G'strüpp" gehabt habe.

Der Pfarrer berichtet nun ausführlicher über die mit dem geschä= digten Knaben unter Vorlegung verschiedener Abbildungen vorge= nommene, sehr geschickt und sorgfältig geleitete Prüfung, beschließt, mit ihm nach Bern zu reisen, und erzählt, daß der Bursche, im Museum zuerst zum Steinadler geführt, von diesem als von seinem Gegner durchaus nichts wissen wollte, daß er beim Anblick eines Bartgeiers im dunklen Jugendkleid in die größte Verlegenheit geriet, weil ihm der Vogel zwar in bezug auf die Form und Größe des Schnabels und das Gestrüpp unter demselben seinem Feind ähnlich, im Gefieder aber durchaus unähnlich vorkam, und daß er, als er endlich vor einem alten, gelben Bartgeier stand, bei dessen Anblick plötzlich ausrief: „Der isch's jitzt, das isch jitzt dä Schnabel, grad däwäg sy d'Flecke grieset gsi und so dä Ring um e Hals, und das isch jitzt s'Gstrüpp." Immer wieder kehrte der Knabe zu diesem Bartgeier mit hellgelbem Hals, Brust und Bauch zurück und erkannte ihn bestimmt als seinen Gegner. Immer wieder gab er erregt die Erklärung: „Das isch e, grad so isch er gsi!"

Gefangenleben eines Bartgeiers

Mein Bruder in Spanien erhielt einen jungen Bartgeier im Jugend=
kleid, welcher von zwei Hirten aus dem Horst genommen und zu=
nächst einem Fleischer zum Auffüttern übergeben, von diesem aber
seinem späteren Herrn abgetreten worden war.

Als ich den jungen Geieradler zum ersten Male sah, erzählt mein
Bruder, war er sehr unbeholfen und ungeschickt. Ich ließ ihn noch
längere Zeit bei seinem ersten Besitzer und von diesem verpflegen,
besuchte ihn aber öfters, da mich mein Beruf als Arzt wöchentlich
einmal nach dem Dorf führte. Bei Tage wurde er in die Sonne gesetzt
und breitete dann sogleich Flügel und Schwanz aus, legte sich wohl
auch auf den Bauch und streckte die Beine weit von sich; in dieser
Stellung blieb er mit allen Anzeichen der höchsten Behaglichkeit
stundenlang liegen, ohne sich zu rühren.

Nach ungefähr einem Monat konnte er aufrecht stehen und begann
nun auch zu trinken. Dabei hielt er das ihm vorgesetzte Gefäß mit
einem Fuß fest, tauchte den Unterschnabel tief ein und warf mit
rascher Kopfbewegung nach oben und hinten eine ziemliche Menge
Wasser in den weitgeöffneten Rachen hinab, worauf er den Schnabel
wieder schloß. Jetzt hackte er auch bereits nach den Händen und
Füßen der Umstehenden, verschonte aber immer die seines Herrn.
Ich ließ ihn noch einen Monat bei diesem, dann nahm ich ihn zu mir
nach Murcia. Er wurde in einen geräumigen Käfig gebracht und
gewöhnte sich bald ein, nahm jedoch in den ersten beiden Tagen
seines Aufenthaltes in dem neuen Raum keine Nahrung zu sich und
trank nur Wasser. Nach Ablauf dieser Frist bekam er Hunger. Fri=
sches Rind= und Schöpsenfleisch verschlang er mit Gier. Nachdem er
das erstemal in seinem Käfig gefressen hatte, legte er sich wieder
platt auf den Sand, um auszuruhen und sich zu sonnen.

Schon nach wenigen Tagen kannte er mich und achtete mich als
seinen Herrn. Er antwortete mir und kam, sobald ich ihn rief, zu
mir heran, ließ sich streicheln und ruhig wegnehmen, während er
augenblicklich die Nackenfedern sträubte, wenn ein Fremder nahte.

Auf Bauern in der Tracht der Vega schien er besondere Wut zu haben. So stürzte er mit heftigem Geschrei auf einen Knaben los, welcher seinen Käfig reinigen sollte, und zwang ihn mit Schnabel= hieben, denselben zu verlassen. Einem Bauern, welcher ebenfalls in den Käfig ging, zerriß er Weste und Beinkleider. Nahte sich ein Hund oder eine Katze seinem Käfig, so sträubte er die Federn und stieß ein kurzes, zorniges „grik, grik, grik" aus, dagegen kam er regelmäßig an sein Gitter, wenn er meine Stimme vernahm, ließ erfreut und leise seinen einzigen Laut hören und gab auf jede Weise sein Ver= gnügen zu erkennen. So steckte er den Schnabel durch das Gitter und spielte mit meinen Fingern, welche ich ihm dreist in den Schnabel stecken durfte, ohne befürchten zu müssen, daß er mich beißen werde. Wenn ich ihn aus seinem Käfig herausließ, war er sehr vergnügt, spazierte lange im Hof herum, breitete die Schwingen, putzte seine Federn und machte Flugversuche.

Ich wusch ihm von Zeit zu Zeit die Spitzen seiner Schwung= und Schwanzfedern rein, weil er dieselben stets beschmutzte. Dabei wurde er in einen Wassertrog gesetzt und tüchtig eingenäßt. Diese Wäsche schien ihm entschieden das Unangenehmste zu sein, was ihm ge= schehen konnte; er gebärdete sich jedesmal, wenn er gewaschen wurde, geradezu unsinnig und lernte den Tag sehr bald fürchten. Wenn er dann aber wieder trocken war, schien er sich höchst be= haglich zu fühlen und es sehr gern zu sehen, daß ich ihm seine Federn wieder mitordnen half.

In dieser Weise lebte er bis Ende Mai gleichmäßig fort. Er fraß allein, auch Knochen mit, niemals aber Geflügel. Ich versuchte es mit allerlei Vögeln: er erhielt Tauben, Haus= und Rothühner, Enten, Blaudrosseln, Alpenkrähen, Blauröcke. Doch selbst wenn er sehr hungrig war, ließ er die Vögel liegen; stopfte ich ihm Vogelfleisch mit oder ohne Federn ein, so spie er es regelmäßig aus. Dagegen ver= schlang er Säugetiere jeder Art ohne Widerstreben. Ich habe diesen Versuch unzählige Male wiederholt: das Ergebnis blieb immer das= selbe.

Ende Mai erhielt mein Liebling — denn das war er geworden — seiner würdige Gesellschaft. Ein Bauer meldete mir, daß er eine „Aguila real" flügellahm geschossen habe und sie verkaufen wollte. Ich wies ihn ab, weil ich an einem Fleischfresser genug hatte. Der

Mann kam aber doch wieder und brachte — die Mutter des jungen Geieradlers. Der verwundete Vogel lag auf seiner gesunden Seite regungslos vor mir und gab sein Unbehagen nur durch Öffnen des Schnabels und Sträuben der Nackenfedern zu erkennen. Wenn sich ihm jemand nahte, verfolgte er dessen Bewegungen mit seinen Blik= ken und hackte mit dem Schnabel nach ihm. Ich löste ihm zunächst der verwundeten Flügel ab. Der durch die Wundhilfe verursachte Schmerz machte ihn wütend; er biß heftig um sich und gebrauchte auch seine Klauen mit Geschick und Nachdruck.

Hierauf steckte ich ihn zu dem jungen Vogel. Er legte sich auch im Käfig sofort nieder und gab lautlos dieselben Zeichen seines Unwillens wie vorher. Der junge betrachtete ihn neugierig von allen Seiten und saß viertelstundenlang neben ihm, ohne seine Aufmerk= samkeit zu erregen. Das ihm vorgeworfene Fleisch rührte er nicht an. Am andern Tag saß er auf seinen Füßen; am dritten Tag ließ ich beide in den Hof heraus. Der alte ging mit gemessenen Schritten, mit lang herabhängenden Federhosen, erhobenem Schwanz und ge= öffnetem Schnabel auf und ab, scheinbar, ohne sich um seine Um= gebung zu kümmern. Ich setzte ihnen Wasser vor; der junge lief eilig darauf los und begann zu trinken. Als dies der alte sah, ging er ebenfalls nach dem Gefäß hin und trank das langentbehrte Naß mit ersichtlichem Wohlbehagen. Gleich darauf wurde er munterer und würgte zunächst das ihm eingestopfte Fleisch, das er bisher immer ausgespien hatte, in den Kropf hinab. Das Fleisch von Geflügel ver= schmähte er ebenso, wie der junge es getan hatte, und war niemals dazu zu bringen, auch das kleinste Stückchen davon zu verschlingen.

In sehr kurzer Zeit verlor der alte allen Trotz. Er wählte sich im Käfig einen Mauervorsprung zu seinem Sitz und ließ, dort fußend, alles Erdenkliche um sich geschehen, ohne es zu beachten. Wenn er in den Hof gebracht wurde, lief er stets schleunigst wieder in seinen Käfig. Nach wenigen Tagen durfte ich ihn streicheln.

Geraume Zeit später erhielten beide neue Gesellschaft, und zwar eine Dohle. Sie wurde nicht beachtet und war bald so dreist, daß sie die durstigen Geieradler so lange vor dem gefüllten Trinkgeschirr mit Schnabelhieben zurückscheuchte, als sie nicht selbst ihren Durst gestillt hatte, holte sich auch mit der größten Frechheit Brocken von dem Fleisch, an welchem die Geieradler gerade fraßen. Beide ließen die kecke Genossin gewähren, warteten mit dumm erstaunten Blicken, bis sie getrunken hatte, und nahten sich dann schüchtern, um eben= falls ihren Durst zu löschen. Überhaupt schien größte Gutmütigkeit ein Hauptzug ihres Wesens zu sein. Wenn ich sie des Abends neben= einander auf eine erhöhte Sitzstange setzte, konnte ich ruhig unter dieser weggehen, ohne daß einer von beiden jemals den Versuch gemacht hätte, mich zu beschädigen; vielmehr bog sich der junge zu mir herab, um sich streicheln zu lassen. Einen bereits flüggen Stein= adler und zwei junge Schmutzgeier, welche ich wenige Tage später erhielt, schienen die Bartgeier erstaunt zu betrachten, taten ihnen jedoch ebenfalls nichts zuleide; ja, der junge gab sogar zu, daß einer der Schmutzgeier sich auf seinen Rücken setzte, wenn er sich im Sande ausstreckte. Als ich noch einen Habichtsadler zu dieser bunten Gesellschaft brachte, war die Ruhe für immer gestört. Aber auch dieser Vogel erhielt einen seiner würdigen Genossen. Man brachte mir einen dritten Aasgeier und einen Uhu. Der lichtscheue Finster= ling suchte sich sofort einen stillen Winkel aus und schien sich katzen= jämmerlich zu fühlen. Alle Insassen des Käfigs betrachteten den neuen Ankömmling mit deutlich ausgesprochener Neugier; sogar der junge Geieradler schien Teilnahme für ihn zu zeigen, ging zu ihm hin, besah ihn sorgfältig von allen Seiten und begann schließlich das Gefieder des mürrischen Gastes mit dem Schnabel zu untersuchen. Augenblicklich fuhr der Nachtkönig auf und versetzte dem arglosen Bartgeier einige scharfe Klauenhiebe, fiel jedoch bald wieder grollend in seine Stellung zurück. Der Geieradler sah ihn nach diesem Wut= ausbruch mit allen Zeichen des höchsten Erstaunens an und wandte ihm fernerhin den Rücken.

Leider war der Käfig den Strahlen der spanischen Mittagssonne ausgesetzt, woher es wohl auch kommen mochte, daß der alte Bart= geier nach und nach erkrankte, und schließlich an einer Lungen= entzündung sanft und ruhig verschied. Der junge blieb jedoch trotz der Hitze gesund und konnte nach Deutschland gesandt werden. Bei der Überfahrt nach Frankreich wußte er sich bald die Liebe aller Matrosen des Schiffes zu erwerben und wurde von ihnen reichlich mit Nahrung bedacht. Er saß oft ganz frei auf dem Deck, ohne den Versuch zu machen, seine gewaltigen Schwingen zu erproben.

Geiergeschichten

Auf einer meiner Jagden in der Sierra de Guadarrama in Spanien, schreibt mein Bruder, beobachtete ich, daß zwei Gänsegeier plötzlich in hoher Luft übereinander herfielen, sich ineinander verkrallten und nunmehr, einen Klumpen bildend, zum Fliegen selbstverständlich unfähig, wirbelnd zur Erde herabsausten. Nicht einmal der Sturz auf den Boden minderte ihre Wut; sie setzten auch hier den Kampf fort und schienen die Außenwelt so vollständig vergessen zu haben, daß sich ein in ihrer Nähe befindlicher Schäfer verleiten ließ, sie fangen zu wollen. Wirklich brachten sie erst mehrere wohlgezielte Hiebe mittels eines langen Stockes zur Besinnung und zur Überzeugung, daß es doch wohl besser sei, für jetzt den Zweikampf aufzuschieben.

Lazar, welcher den Gänsegeier einen tückischen, traurigen Gesellen nennt, der mit heimtückischen Blödsinnigen eine gewisse Ähnlichkeit habe, kannte zwei ausnahmsweise zahme Vögel dieser Art. Der eine, welcher verwundet worden war, folgte seinem Herrn fliegend bis auf das Feld hinaus, unternahm selbständig kleine Ausflüge und blieb zuweilen ein oder zwei Tage aus, kam aber immer wieder zu seinem Pfleger zurück. Ein Fleischer hielt einen anderen Gänsegeier mehrere Jahre lang lebend auf seinem Hof. Dieser Geier lebte in größter Freundschaft mit einem alten Fleischerhund. Als letzterer starb, wurde der Kadaver dem Geier vorgeworfen; dieser aber rührte seinen alten Freund, obgleich er hungrig war, nicht an, wurde traurig, verschmähte fortan alle Nahrung und lag einige Tage später verendet neben dem toten Hund.

In Südungarn wurden von uns in der Fruschkagora sechs bis acht Horste des Kuttengeiers besucht. Von der innigen Zuneigung der Männchen zu ihren Weibchen lieferte mir eines der ersteren einen rührenden Beweis. Ich hatte lange Zeit lauernd unter einem Horst gesessen und bereits mit der Büchse einen Schuß abgegeben, welcher aus dem Grund nicht traf, weil ich das durch die Äste verdeckte

Weibchen nicht deutlich sehen konnte. Beide Gatten des Paares waren durch meinen tückischen Angriff selbstverständlich sehr erschreckt und vorsichtig geworden; der herannahende Abend trieb jedoch das Weibchen endlich auf den Horst zurück, und als es diesmal, gleich= zeitig mit dem Männchen, erschien, empfing es die tödliche Kugel, so daß es, ohne sich weiter zu regen, in den Horst fiel und dort liegen= blieb. Erschreckt hob sich das Männchen zum zweiten Male, beschrieb einige Kreise, kehrte aber, wohl weil es das Weibchen liegen sah, schon nach wenigen Minuten zurück und bäumte abermals. Mein auf den Schuß herbeigekommener Führer verscheuchte es, und wie= derum begann es zu kreisen. Jetzt ließ ich den Horst erklettern; bevor jedoch der Steiger die Krone des Baumes erreicht hatte, war das Männchen, welches den kletternden Mann und uns offenbar sehen konnte, wiederum erschienen und bezahlte nunmehr seine Anhänglichkeit an die Gattin mit dem Leben.

Als Knabe, erzählte mir Graf Rudolf Chotek, erhielt ich einen Kutten= geier, welcher mit durchnäßtem Gefieder aus den Fluten der Donau gezogen und durch zwölf Jahre im Pfarrhaus gepflegt worden war. Ich nahm ihn mit nach Korompa, woselbst er weitere dreißig Jahre lebte. Dann erhielt ihn Fürst Lamberg, brachte ihn nach Steyr und wies ihm im dortigen Schloßgraben seinen Aufenthalt an. Dieser Geier, ein Weibchen, welches wiederholt Eier legte, hatte absonder= liche Freundschaft mit einem jungen, mutterlosen Haushuhn ge= schlossen, welches zwischen den Latten seines großen Käfigs durch= geschlüpft war und sich ihm zugesellt hatte. Des Abends oder bei Regen sah man es stets mit seiner großen Freundin, welche es zärt= lich bewachte und huderte. Was aus dem Huhn später geworden ist, ist mir nicht mehr erinnerlich; wohl aber weiß ich, daß der Geier es nicht getötet hat.

Die Indianer fangen viele Kondore, weil es ihnen Vergnügen ge= währte, sie zu peinigen. Man füllt den Leib eines Aases mit betäu= benden Kräutern an, welche den Kondor nach dem Genuß des Fleisches wie betrunken umhertaumeln machen; oder man legt in den Ebenen Fleisch inmitten eines Geheges nieder, wartet, bis sie sich vollgefressen haben, sprengt, so schnell die Pferde laufen wollen,

herbei und schleudert die Wurfkugeln unter die schmausende Gesell=
schaft. Man wendet auch folgende absonderliche Fangweise an, welche
schon von Molina geschildert und von Tschudi und anderen bestätigt
wird. Ein frisches Kuhfell, an welchem noch Fleischstücke hängen,
wird auf den Boden gebreitet, so daß es einen unter ihm liegenden
Indianer verdeckt. Dieser schiebt, nachdem die Aasvögel herbeige=
kommen sind, das Stück des Felles, auf welchem ein Kondor sitzt,
an dessen Füßen wie einen Beutel in die Höhe und legt um letztere
eine Schnur. Sind einige so gefesselt, so kriecht er hervor, andere
Indianer springen herbei, werfen Mäntel über die Vögel und tragen
sie ins Dorf, woselbst sie für Stierhetzen aufgespart werden. Eine
Woche vor Beginn dieses grausamen Vergnügens erhalten die Kon=
dore nichts zu fressen. Am bestimmten Tag wird je ein Kondor einem
Stier auf den Rücken gebunden, nachdem dieser mit Lanzen blutig
gestochen worden. Der hungrige Vogel zerfleischt nun mit seinem
Schnabel das gequälte Tier, welches zur großen Freude der Indianer
wütend auf dem Kampfplatz herumtobt.

An gefangenen Kondoren sind sehr verschiedene Wahrnehmungen
gemacht worden. Einzelne werden überaus zahm, andere bleiben wild
und bissig. Haeckel pflegte längere Zeit ihrer zwei, welche höchst
liebenswürdig waren. Ihren Besitzer, schreibt Gourci, haben sie sehr
liebgewonnen. Das Männchen schwingt sich auf seinen Befehl von
der Erde auf die Sitzstange, von dieser auf seinen Arm, läßt sich
von ihm herumtragen und liebkost sein Gesicht mit dem Schnabel
aufs zärtlichste. Dieser steckt ihm den Finger in den Schnabel, setzt
sich ihm fast frei auf den Rücken, zieht ihm die Halskrause über den
Kopf und treibt mit ihm allerlei Spielereien, wie mit einem Hund.
Dabei wird das Weibchen über das verlängerte Fasten ungeduldig
und zieht ihn am Rock, bis es Futter bekommt. Überhaupt sind sie
auf Liebkosungen ihres Herrn so eifersüchtig, daß ihm oft einer die
Kleider zerreißt, um ihn von dem anderen, mit dem er spielt, weg=
zubringen.

Mein peruanischer Hauswirt, berichtet Tschudi, klagte mir, daß die
Rabengeier seinen Esel sehr häufig dursten ließen, und ich überzeugte
mich am Morgen von der Richtigkeit dieser Angabe. Als nämlich

für den Esel, welcher zum Herbeischleppen des für den Hausbedarf bestimmten Wassers benutzt wurde, ein im Hof stehender Trog mit dem für ihn bestimmten Wasser angefüllt wurde, ließen sich unver= züglich gegen zwanzig Rabengeier auf dem Trog nieder, um ihren Durst zu löschen, und kaum entfernte sich einer, so nahm ein anderer seine Stelle ein. Der arme Esel sah anfangs mit stummem Entsetzen dem kecken Raub zu, ermannte sich sodann, drängte sich zum Trog und stieß einige der ungeladenen Gäste mit dem Kopf weg. Diese aber hackten mit ihren scharfen Schnäbeln gegen das graue Haupt ihres Gegners und zwangen ihn zum Rückzug. Nach kurzem Nach= denken drehte er sich plötzlich um und schlug mit seinen Hinter= beinen gegen die gierigen Vögel aus. Das wirkte für einen Augen= blick. Einige hüpften vom Trog weg, und der Esel rannte wutent= brannt und racheschnaubend hinter ihnen drein, bis er sie zum Wegfliegen nötigte. Triumphierend eilte er nun an den Trog zurück, fand ihn aber wieder dicht besetzt. Nun begann das nämliche Spiel und dauerte so lange, als die Rabengeier noch dursteten oder bis der Trog leer war. Der arme Teufel mußte nun wieder bis zum fol= genden Tag warten, ehe er wenigstens den Anblick des Wassers genießen konnte. Nur wenn der Knecht mit einer Stange neben dem Trog stand und die Geier abwehrte, war es dem Esel möglich, un= gestört seinen Durst zu stillen. Da die einzelnen Süßwasserquellen der Gegend fast Tag und Nacht von wasserschöpfenden Leuten besetzt sind, so müssen die Geier oft Durst leiden und suchen den= selben darum durch List oder Gewalt zu löschen, wo sie eben können.

Der Kuhvogel des Kardinals

Wilson erzählt folgende allerliebste Geschichte von einem Sprößling des amerikanischen Kuhvogels, der seine Eier in fremde Nester legt wie unser Kuckuck.

Im Monat Juni hob ich einen jungen Kuhvogel aus dem Nest seiner Pflegeeltern, nahm ihn mit mir nach Hause und steckte ihn mit einem Rotvogel in einen Käfig zusammen. Der Kardinal betrachtete den neuen Ankömmling einige Minuten lang mit reger Neugier, bis dieser kläglich nach Futter schrie. Von diesem Augenblick an nahm sich der Rotvogel seiner an und fütterte ihn mit aller Emsigkeit und Zärt= lichkeit einer liebevollen Pflegemutter. Als er fand, daß ein Heimchen, welches er seinem Pflegling gebracht, zu groß war und von diesem nicht verschlungen werden konnte, zerriß er es in kleine Stücke, kaute diese ein wenig, um sie zu erweichen, und steckte sie ihm mit der möglichsten Schonung und Zartheit einzeln in den Mund. Öfters betrachtete und untersuchte er ihn mehrere Minuten lang von allen Seiten und pickte kleine Schmutzklümpchen weg, welche er am Ge= fieder seines Lieblings bemerkte. Er lockte und ermunterte ihn zum Fressen, suchte ihn überhaupt auf jede Weise selbständig zu machen.

Als der Kuhvogel sechs Wochen alt war, vergalt er die liebevollen Dienste seines Pflegers durch seinen Gesang. Dieser war zwar nichts weniger als bezaubernd, verdient jedoch wegen seiner Sonderbar= keit erwähnt zu werden. Der Sänger spreizte seine Flügel aus, schwellte seinen Körper zu einer Kugelgestalt an, richtete jede Feder wie ein Truthahn auf und stieß anscheinend mit großer Anstrengung einige tiefe und holperige Töne aus, trat auch dabei jedesmal mit großer Bedeutsamkeit vor den Rotvogel hin, welcher ihm aufmerk= sam zuzuhören schien, obgleich er selbst ein ausgezeichneter Sänger ist und an diesen gurgelnden Kehltönen gewiß nur das Wohlgefallen finden konnte, welches Darlegung der Liebe und Dankbarkeit dem Herzen bereitet.

Der eitle Paradiesvogel

Über das Betragen gefangener Paradiesvögel berichtet Bennett, dessen Mitteilungen ich hier wiedergebe.

Der Paradiesvogel bewegt sich in einer leichten, spielenden und anmutigen Weise. Er blickt schelmisch und herausfordernd um sich und bewegt sich tänzelnd, wenn ein Besucher seinem Käfig naht; denn er ist entschieden gefallsüchtig und scheint bewundert werden zu wollen.

Auf seinem Gefieder duldet er nicht den geringsten Schmutz, badet sich täglich zweimal und breitet oft Flügel und Schwanz aus, in der Absicht, das Prachtkleid zu überschauen. Es ist wahrscheinlich, daß er sich nur aus Eitelkeit, um sein Gefieder zu schonen, so selten auf den Boden herabläßt. Namentlich am Morgen versucht er, seine volle Pracht zu entfalten; er ist dann beschäftigt, sein Gefieder in Ordnung zu bringen. Die schönen Seitenfedern werden ausgebreitet und sanft durch den Schnabel gezogen, die kurzen Flügel so weit als möglich entfaltet und zitternd bewegt. Dann erhebt er wohl auch die prächtigen, langen Federn, die wie Flaum in der Luft zu schweben scheinen, über den Rücken, breitet sie aber ebenfalls dabei aus.

Dieses Gebaren währt einige Zeit; dann bewegt er sich mit raschen Sprüngen und Wendungen auf und nieder. Eitelkeit und Entzücken über die eigene Schönheit drücken sich währenddem in unverkennbarer Weise durch sein Benehmen aus. Er betrachtet sich abwechselnd von oben und unten und gibt seinen Gefühlen oft durch Laute Ausdruck, welche freilich nur krächzend sind. Nach jeder einzelnen Prachtentfaltung erscheint ihm eine Ordnung des Gefieders notwendig; er läßt sich diese Arbeit aber nicht verdrießen und spreizt sich immer und immer wieder von neuem wie ein eitles Frauenzimmer.

Ein Chinese malte Bennetts Pflegling. Als diesem das Bild vorgehalten wurde, erkannte er es sofort, nahte sich rasch, begrüßte den vermeintlichen Gefährten mit krächzenden Lauten, betastete aber das Bild doch nur vorsichtig, sprang hierauf nach seiner Sitzstange zurück und klappte den Schnabel wiederholt rasch zusammen. Dies schien ein Zeichen der Begrüßung zu sein. Nach diesem Besuch hielt man ihm einen Spiegel vor. Sein Benehmen war fast dasselbe wie früher. Er besah sein Abbild sehr aufmerksam und wich nicht von der Stelle, solange er sich betrachten konnte. Als der Spiegel von der oberen auf die untere Stange gesetzte wurde, folgte er sofort nach; dagegen weigerte er sich, als der Spiegel auf den Boden ge= bracht worden war, auch da hinabzusteigen. Übrigens schien er sein Abbild freundschaftlich zu betrachten und sich nur zu wundern, daß dasselbe alle Bewegungen, welche er ausführte, getreulich nachahmte. Sobald der Spiegel entfernt worden war, sprang er auf seine Sitz= stange zurück und schien so gleichgültig zu sein, als ob wenige Augenblicke vorher nichts Beachtenswertes für ihn vorhanden ge= wesen wäre.

Erfreulicherweise steigt die um die Jahrhundertwende in Mittel= und Osteuropa stark abgesunkene Zahl der Uhus wieder an. Wie das von den Uhus wieder ausgewürgte „Gewölle" zeigt, vernichten diese gro= ßen Eulen vorwiegend Tiere, die der Mensch als schädlich ansieht.

Brutkolonien der Saatkrähen

Wenn die Brutzeit der Saatkrähen herannaht, sammeln sich Tausende dieser schwarzen Vögel auf einem sehr kleinen Raum, vorzugsweise in einem Feldgehölz. Paar wohnt bei Paar; auf einem Baum stehen 15—20 Nester, überhaupt so viele, als er aufnehmen kann. Jedes Paar zankt sich mit dem benachbarten um die Baustoffe, und eines stiehlt dem anderen nicht nur diese, sondern sogar das ganze Nest weg. Ununterbrochenes Krächzen und Geplärre erfüllt die Gegend, und eine schwarze Wolke von Krähen verfinstert die Luft in der Nähe dieser Wohnsitze. Endlich tritt etwas Ruhe ein. Jedes Weibchen hat seine vier bis fünf blaßgrünen, aschgrau und dunkelbraun gefleckten Eier gelegt und brütet.

Bald aber entschlüpfen die Jungen, und nun verdoppelt oder ver= dreifacht sich der Lärm; denn jene wollen gefüttert sein und wissen ihre Gefühle sehr vernehmlich durch allerlei unliebsame Töne aus= zudrücken. Dann ist es in der Nähe einer solchen Ansiedlung buch= stäblich nicht zum Aushalten. Nur die eigentliche Nacht macht das Geplärre verstummen; es beginnt aber bereits vor Tagesanbruch und währt bis lange nach Sonnenuntergang ohne Aufhören fort.

Wer eine solche Ansiedlung besucht, wird bald ebenso bekalkt wie der Boden um ihn her, welcher infolge des aus den Nestern herab= fallenden Mistregens greulich anzuschauen ist. Dazu kommt nun die Hartnäckigkeit der Vögel. Sie lassen sich so leicht nicht vertreiben. Man kann ihnen Eier und Junge nehmen, so viel unter sie schießen, als man will: es hilft nichts — sie kommen doch wieder.

An schroffen, unzugänglichen Felswänden baut der Gänsegeier sein primitives Nest. Seine Heimat ist Südeuropa, Südwestasien und Afrika, sein nördlichstes Brutgebiet sind die Salzburger Alpen.

Mit Vergnügen erinnere ich mich der Anstrengung, welche der hochwohlweise Rat der guten Stadt Leipzig machte, um sich der Saat= krähen, welche sich in dortigen Anlagen angesiedelt hatten, zu ent= ledigen. Zuerst wurde die bewehrte Mannschaft aufgeboten, hierauf sogar die Scharfschützen in Bewegung gesetzt; nichts wollte fruchten. Da griff man, wie es schien in Verzweiflung, zu dem letzten Mittel: man zog die blutrote Fahne des Umsturzes auf. Buchstäblich wahr: rote Fahnen flatterten unmittelbar neben und über den Nestern lustig im Winde, zum Grauen und Entsetzen aller friedliebenden Bürger. Aber die Krähen ließen sich auch durch das verdächtige Rot nicht vertreiben. Erst als man ihnen ebenso hartnäckig ihre Nester immer und immer wieder zerstörte, verließen sie den Ort. Solche Übeltaten sind allerdings nicht geeignet, urteilslose Menschen mit den Saat= krähen zu befreunden; wer aber ihre Nützlichkeit würdigt, wird sie wenigstens in Feldgehölzen, welche von Wohnungen entfernt liegen, gern gewähren lassen.

Das geraubte Schwalbennest

Nur mit einem Vogel haben die Schwalben manchmal hartnäckige Kämpfe zu bestehen: mit dem Sperling nämlich, und diese Kämpfe arten oft in Mord und Totschlag aus. Bisweilen nimmt das Sperlings= männchen, sobald die Schwalben das Nest fertig haben, Besitz davon, indem es ohne Umstände hineinkriecht und keck zum Eingangsloch herausguckt, während die Schwalben weiter nichts gegen diesen Ge= waltstreich tun können, als im Verein mit ihren Nachbarn unter ängstlichem Geschrei umherzuflattern und nach dem Eindringling zu schnappen, jedoch ohne es zu wagen, ihn jemals wirklich zu packen. Es währt öfters einige Tage, ehe sie es ganz aufgeben und den Sperling im ruhigen Besitz lassen, welcher es dann bald nach seiner Weise einrichtet, nämlich mit vielen weichen Stoffen warm ausfüttert, so daß allemal lange Fäden und Halme aus dem Eingangsloch hervorhängen und den vollständig vollzogenen Wechsel der Besitzer kundtun. Weil nun die Sperlinge so sehr gern in solchen Nestern wohnen, hindert

338

deren Wegnahme die Schwalben oft ungemein in ihren Brutgeschäften, und das Pärchen, welches das Unglück gar zweimal in einem Sommer trifft, wird dann ganz vom Brüten abgehalten.

Ich habe sogar einmal gesehen, berichtet Naumann, wie sich ein altes Sperlingsmännchen in ein Nest drängte, worin schon junge Schwalben saßen, über diese herfiel, einer nach der anderen den Kopf einbiß, sie zum Nest hinauswarf und nun Besitz von diesem nahm, wobei sich der Übeltäter recht aufblähte und sich bestrebte, seine Tat durch ein lang anhaltendes lautes Schilken kundzutun.

Ein Märchen ist es übrigens, daß die Schwalben den Sperling aus Rache einmauern sollen. Er möchte dies wohl nicht abwarten. Ihr einziges Schutzmittel ist, den Eingang so eng zu machen, daß sie so eben sich noch durchpressen können, während dies für den dickeren Sperling unmöglich ist.

Der wunderliche Tui

Zu den auffallendsten Vögeln Neuseelands zählt der Poë oder Tui, von den ersten Ansiedlern auch Predigervogel genannt wegen seiner weißen, an die Bäffchen evangelischer Geistlicher erinnernden Halsbüschel. Namentlich infolge seiner ungewöhnlichen Nachahmungsgabe ist er ein Liebling der Ansiedler wie der Eingeborenen geworden. Einmal an Käfig und Stubenfutter gewöhnt, lernt er leicht und rasch mehrere Worte sprechen, eine Weise nachpfeifen, das Bellen des Hundes, das Kreischen eines Papageien, das Gackern eines Huhnes nachahmen. Die Maoris schätzen seine Nachahmungsgabe ungemein hoch, lassen es sich viel Zeit kosten, ihn zu lehren, und erzählen Geschichten, welche die Fertigkeit des Vogels ins hellste Licht stellen.

Auch Buller wurde einmal nicht wenig überrascht. „Ich hatte", so erzählt er, „im Rathaus von Romgitikai zu einer Versammlung von Eingeborenen gesprochen, einen Gegenstand von schwerwiegender Bedeutung mit ihnen verhandelt und meine Ansicht mit allem Ernst und aller mir zu Gebote stehenden Beredsamkeit dargelegt. Man denke sich mein Erstaunen, als unmittelbar, nachdem ich geendet, und noch ehe der alte Häuptling, an welchen ich mich besonders gewandt, Zeit zur Antwort gefunden, ein Tui, welcher über unseren Köpfen im Gebauer hing, mit klarer Stimme und vollkommen richtiger Betonung ‚Tito‘, das heißt ‚falsch‘ herabrief. „Freund", entgegnete mir der alte Häuptling Nepia Taratoa, nachdem die allgemeine Heiterkeit sich etwas gelegt, „deine Gründe sind gewiß ganz gut, aber meinen Mo= kai, den sehr klugen Vogel, hast du doch nicht überzeugt!"

Lehmhans

Wenn man, sagt Burmeister, die hohen Bergketten Brasiliens, welche das waldreiche Küstengebiet von den inneren Grasfluren der Campos trennen, überschritten hat und nunmehr in das hügelige Tal des Rio dos Velhas hinabreitet, so trifft man überall an der Straße auf hohen, einzelnstehenden Bäumen neben den Wohnungen der Ansiedler große, melonenförmige Lehmklumpen, welche auf waagerechten, arm= dicken Ästen stehen und mit regelmäßigen Wölbungen nach beiden Seiten und oben sich ausbreiten. Der erste Anblick dieser Lehm= klumpen hat etwas höchst Überraschendes. Man hält sie etwa für Termitennester, bevor man den offenen Zugang auf der einen Seite bemerkt hat. Aber die auffallend gleiche Form und Größe spricht doch dagegen; denn die Termitennester sind sehr ungleich gestaltet und auch nie schwebend gebaut, sondern vorsichtig in einem Astwinkel angelegt. Hat man also die regelmäßige Form dieser Lehmklumpen einmal bemerkt, so ist man auch bald in der Lage, ihre Bedeutung zu ergründen. Man wird das große, eiförmige Flugloch nicht übersehen, auch, wenn man achtsam genug ist, bisweilen einen kleinen, rotgelben Vogel aus= und einschlüpfen gewahren und daran das wunderliche Gebäude als ein Vogelnest erkennen. Das ist es in der Tat, und zwar das Nest des Töpfervogels, den jeder Mineiro unter dem Namen Lehmhans, João de Barro, kennt und mit besonderen Gefühlen des Wohlwollens betrachtet.

Das Nest selbst ist für die kleinen Vögel wirklich ein staunens= würdiges Werk. Beide Gatten bauen gemeinschaftlich. Zuerst legen sie einen waagerechten Grund aus dem in jedem Dorfe häufigen Lehm der Fahrwege. Aus diesem bilden sie runde Klumpen, wie Flinten= kugeln, und tragen sie auf den Baum, hier mit den Schnäbeln und Füßen sie ausbreitend. Gewöhnlich sind auch zerfahrene Pflanzenteile mit eingeknetet. Hat die Grundlage eine Länge von 20—22 cm erreicht, so baut das Paar an jedes Ende einen aufwärts stehenden, seitwärts sanft nach außen geneigten Rand, welcher am Ende am höchsten (bis 5 cm hoch) und gegen die Mitte der Seiten sich erniedrigt, so daß die Ränder von beiden Enden her einen hohlen Bogen bilden. Ist dieser Rand fertig und gehörig getrocknet, so wird darauf ein zweiter, ähn= licher gesetzt, der sich schon etwas mehr nach innen zu überbiegt. Auch diesen läßt der Vogel zuvörderst wieder trocknen und baut später in derselben Weise fort, die beiden Seiten zu einer Kuppel zusammenschließend. An der einen Langseite bleibt eine Öffnung: das Flugloch. Das fertige Nest gleicht einem kleinen Backofen, pflegt 15—18 cm hoch, 20—22 cm lang und 10—12 cm tief zu sein. Seine Lehmwand hat eine Stärke von 2,5—4 cm, die innere Höhle umfaßt also einen Raum von 10—12 cm Höhe, 12—15 cm Länge und 7—10 cm Breite. Ein der Vollendung nahes Nest, welches ich mitnahm, wiegt 4½ kg. In dieser Höhle erst baut der Vogel das eigentliche Nest, den Brutraum, der sorgfältig mit herumgelegten trockenen Grashalmen und nach innen mit eingeflochtenen Hühnerfedern, Baumwollbüscheln usw. ausgekleidet wird. Dann ist die Wohnung des Lehmhanses fertig. Der Vogel legt seine zwei bis vier weißen Eier hinein, und beide Gatten bebrüten sie und füttern ihre Jungen.

Meine erste Jagd auf Moorhühner

Der Abend eines der letzten Maitage war schon ziemlich vorgerückt, als wir, mein junger Begleiter und ich, die an der Landstraße von Christiania nach Drontheim gelegene Haltestelle Fogstuen auf dem Dovrefjeld erreichten. Wir hatten eine lange Reise zurückgelegt und waren müde; aber alle Beschwerden des Weges wurden vergessen, als sich uns der norwegische Jäger Erik Swenson mit der Frage vorstellte, ob wir wohl geneigt seien, auf „Ryper" zu jagen, welche gerade jetzt in vollster Balz stünden. Wir wußten, welches Wild wir unter dem norwegischen Namen zu verstehen hatten, weil wir uns bereits tage-lang bemüht hatten, es ausfindig zu machen. Das Jagdgerät wurde rasch instand gebracht, ein Imbiß genommen und das Lager aufge-sucht, um für die morgige Frühjagd die nötigen Kräfte zu gewinnen. Zu unserer nicht geringen Überraschung kam es aber für diesmal nicht zum Schlafen; denn unser Jäger stellte sich bereits um die zehnte Stunde ein und forderte uns auf, ihm jetzt zu folgen. Kopfschüttelnd gehorchten wir, und wenige Minuten später lag das einsame Gehöft bereits hinter uns.

Die Nacht war wundervoll. Es herrschte jenes zweifelhafte Däm-merlicht, welches unter so hohen Breiten um diese Zeit den einen Tag von dem anderen scheidet. Wir konnten alle Gegenstände auf eine gewisse Entfernung hin unterscheiden. Wohlbekannte Vögel, welche bei uns zu Lande um diese Zeit schon längst zur Ruhe gegangen sind, ließen sich noch vernehmen: der Kuckucksruf schallte aus dem nahen Birkengestrüpp uns entgegen; das „schak, schak" der Wacholder-drossel wurde laut, sooft wir eins jener Dickichte betraten; von der Ebene her tönten die hellen, klangvollen Stimmen der Strandläufer und die schwermütigen Rufe der Goldregenpfeifer; der Steinschmätzer schnarrte dazu, und das Blaukehlchen gab sein köstliches Lied zum besten.

Unser Jagdgebiet war eine breite, von aufsteigenden Bergen be-grenzte Hochebene, wie sie die meisten Gebirge Norwegens zeigen, ein Teil der Tundra. Hunderte und Tausende von Bächen und Rinnsalen zerrissen den fahlvergilbten Teppich, welchen die Flechte auf das Geröll gelegt hatte, hier und da zu einer größeren Lache sich ausbreitend, auch wohl zu einem kleinen See sich vereinigend. Das Gestrüpp der Zwergbirke säumte die Ufer und trat an einzelnen Stellen zu einem Dickicht zusammen. Auf der Hochebene selbst war der Frühling bereits eingezogen; an den sie einschließenden Berglehnen hielten hartkrustige Schneefelder den Winter noch fest.

Diesen Berglehnen und Schneefeldern wandten wir uns zu, schweigsam, erwartungsvoll und auf die verschiedenen Stimmen, welche um uns her laut wurden, mit Aufmerksamkeit und Wohlgefallen hörend. Etwa 400 Schritte mochten wir in dieser Weise zurückgelegt haben, da blieb unser Führer stehen und lauschte und äugte wie ein Luchs in die Dämmerung hinaus. Daß seine Aufmerksamkeit nicht den erwähnten Vögeln galt, wußten wir; von dem Vorhandensein anderer Tiere aber konnten wir nicht das Geringste wahrnehmen. Erik Swenson jedoch mußte seiner Sache wohl sicher sein; denn er begann, nachdem er uns Schweigen geboten, mit dem erwarteten Wild zu reden, indem er mit eigentümlicher Betonung einige Male hintereinander die Silben „djiake, djiake, dji=ak, dji=ak" ausrief. Unmittelbar nach seinem Lockruf hörten wir in der Ferne das Geräusch eines aufstehenden Huhnes, und in demselben Augenblick vernahmen wir auch einen schallenden Ruf, welcher ungefähr wie „err=reck=eck=eck=eck" klang. Dann wurde wieder alles still. Aber der Alte begann von neuem zu locken, schmachtender, schmelzender, hingebender, verführerischer, und ich merkte jetzt, daß er die Liebeslaute des Weibchens jenes Hühnervogels nachahmte. Auf das „djiak", welches den liebeglühenden Hahn aufgerührt hatte, folgte jetzt ein zartes, verlangendes und Gewährung verheißendes „gu, gu, gu, gurr"; der erregte Hahn antwortete in demselben Augenblick, das Flügelgeräusch wurde stärker, wir fielen hinter den Büschen nieder, und unmittelbar vor uns, auf blendender Schneefläche, stand ein Hahn in voller Balz. Es war ein Anblick zum Entzücken! Aber das Jägerfeuer war mächtiger als der Wunsch des Forschers, solch Schauspiel zu genießen. Ehe ich wußte wie, war das erprobte Gewehr an der Wange, und bevor der Hahn einen Laut von sich gegeben, lag er in seinem Blut.

Der Knall des Schusses erweckte den Widerhall, aber auch die Stimmen aller gefiederten Bewohner unseres Gebietes. Von den Bergen

hernieder und von der Talsohle herauf ließen sich Stimmen verneh=
men; wenige Schritte vor uns rauschte eine Entenschar vom Wasser
auf; ein aufgescheuchter Kuckuck flog durch das Dämmerungsdunkel
an uns vorüber; Regenpfeifer und Strandläufer trillerten und flöteten.
Allmählich wurde es wieder ruhig, und wir setzten unseren Weg fort,
den aufgenommenen Hahn mit Waidmannslust betrachtend. Schon
wenige hundert Schritte weiter ließ der Alte wieder seine verführeri=
schen Laute hören, und diesmal antworteten anstatt eines Hahnes
deren zwei. Ganz wie vorhin wurde der hitzigste von ihnen herbei=
gezaubert; jetzt aber gönnte ich mir die Freude der Beobachtung.

Am entgegengesetzten Ende des Schneefeldes fiel der stolze Vogel
ein, betrat leichten Ganges die Bühne und lief gerade auf uns zu. Es
war noch hell genug, daß wir ihn schon in der Ferne deutlich wahr=
nehmen konnten. Aber der liebesrasende Gesell dachte nicht an Ge=
fahr und kam näher und näher, bis auf einige Schritte an uns heran.
Das Spiel halb erhoben, die Fittiche gesenkt, den Kopf niedergebeugt:
so lief er vorwärts. Da mit einem Male schien er sich zu verwundern,
daß die Lockungen geendet hatten, und nun begann er seinerseits
sehnsüchtig zu rufen. Mehrmals warf er den Kopf in sonderbarer
Weise nach hinten, und tief aus dem Innersten der Brust heraus klan=
gen, dumpfen Kehllauten vergleichbar, abgesetzte Rufe, welche man
durch die Silben „Gabân, gabân" einigermaßen deutlich ausdrücken
kann; dieselben Laute, welche die Norweger durch die Worte „Hvor
er hun" — wo ist sie? — übersetzen. Und der Alte war wirklich so
kühn, mit seiner Menschenstimme zu antworten, den Hahn glauben
zu machen, daß das Weiblein, die ersehnte Braut, sich bloß im Ge=
büsch versteckt habe. Leiser und schmachtender als je rief er wieder=
holt in der vorhin angegebenen Weise, und eilfertig rannte der Hahn
mit tief gesenktem Kopf und Flügeln herbei, dicht an uns heran und
buchstäblich über unsere Beine weg; denn wir lagen natürlich der
Länge nach im Schnee. Doch jetzt mochte er seinen Irrtum wohl ein=
gesehen haben; er stand plötzlich auf, stiebte davon und rief allen
Mitbewerbern ein warnendes, leises Knurren zu. Und nunmehr mochte
der alte Jäger locken, wie er wollte: das Liebesfeuer der zahlreich ver=
sammelten Hähne schien gedämpft zu sein, ihre Brunst wurde durch
ein wohlberechtigtes Bedenken überwogen.

Doch wir zogen weiter und verhielten uns auf einer Strecke von mehreren Minuten ganz ruhig, bis unser Führer glaubte, daß wir in das Gebiet noch ungestörter Hähne eingetreten wären. Dort wurde die Jagd fortgesetzt, und ich erlegte nach den ersten Lockungen einen zweiten und wenige Minuten später den dritten Hahn. Jetzt aber schienen die Vögel gewitzigt zu sein; es war vorüber mit der Jagd, nicht jedoch auch vorüber mit der Beobachtung. Denn zu meiner Freude bemerkte ich, daß fortan die Weibchen, welche sich bisher ganz unsichtbar gemacht hatten, das Amt des Warners übernahmen, um ihre Liebhaber von dem Verderben abzuhalten. Wir wandten uns daher dem Gehöft zu, störten unterwegs noch viele, viele Paare der anziehenden Vögel auf und kamen mit Anbruch des Tages in unserer zeitweiligen Wohnung wieder an.

So lernte ich einen der häufigsten und anziehendsten Vögel des hohen Nordens, das Moorhuhn, kennen.

Der heilige Ibis in Gefangenschaft

Junge Ibisse, welche wir auffütterten, wurden zunächst mit rohen Fleischstücken gestopft, fraßen dieses Futter auch sehr gern. Sie be= kundeten ihren Hunger durch ein sonderbares Geschrei, welches man ebensowohl durch „Zick, zick, zick" wie durch „Tirrr, tirrr, tirrr" wiedergeben kann, zitterten dabei mit Kopf und Hals und schlugen auch wohl heftig mit den Flügeln, gleichsam in der Absicht, ihrem Geschrei größeren Nachdruck zu geben. Bereits nach wenig Tagen nahmen sie das ihnen vorgehaltene Futter aus der Hand, und im Ver= lauf der ersten Woche fraßen sie bereits alles Genießbare. Brot trugen sie regelmäßig nach dem Wasser, aus dem sie überhaupt am liebsten Nahrung nahmen, und das sie beständig nach Art der Enten durch= schnatterten. Ebenso durchsuchten sie auch die feinsten Ritzen und alle Löcher, faßten die dort verborgenen Tiere geschickt mit der Schna= belspitze, warfen sie in die Luft und fingen sie sicher wieder auf. Heuschrecken waren ihre Lieblingsspeise.

Vom ersten Tag ihrer Gefangennahme an betrugen sich diese Jun= gen still, ernst und verständig; im Verlauf der Zeit wurden sie, ohne daß wir uns viel mit ihnen beschäftigten, zahm und zutraulich, kamen auf den Ruf herbei und folgten uns schließlich durch alle Zimmer des Hauses. Wenn man ihnen die Hand entgegenstreckte, eilten sie sofort herbei, um sie zu untersuchen; dabei pflegten sie sich dann wieder zitternd zu bewegen. Ihr Gang war langsam und gemessen; doch führten sie, ehe sie recht fliegen konnten, zuweilen hohe und ge= schickte Sprünge aus, in der Absicht, ihre Bewegung zu beschleunigen. Auf den Fersen saßen sie stundenlang. Da sie anfangs jeden Abend in einen Kasten gesperrt wurden, gingen sie später beim Anbruch der Nacht lieber selbst hinein, als daß sie sich treiben ließen, obgleich ihnen das beschwerlich fiel. Am Morgen kamen sie mit freudigem Geschrei hervor und durchmaßen den ganzen Hofraum.

Im Oktober hatten sie fliegen gelernt und erhoben sich jetzt erst bis auf die niedrige Hofmauer, später bis auf das Dach; schließlich ent= fernten sie sich auf 200 oder 300 Schritte von unserem Gehöft, kehr= ten aber stets nach kurzer Zeit wieder zurück und verließen von nun an den Hof nicht mehr, sondern besuchten höchstens den benachbar= ten Garten. Wenn es gegen Mittag heiß wurde, verfügten sie sich in die schattigen Zimmer, setzten sich auf die Fersen nieder und hockten oft mit ernstem Gesicht in einem Kreis, als ob sie Beratung halten wollten. Zuweilen stellten sich auch zwei von ihnen einander gegen= über, sträubten alle Kopffedern, schrien unter beständigem Kopf= nicken und Schütteln, oft auch Flügelschlägen, jetzt wie „keck, keck, keck", und schienen sich gegenseitig zu begrüßen.

Vor unserer Mittagsmahlzeit besuchten sie regelmäßig die Küche und bettelten den Koch so lange an, bis er ihnen etwas zuwarf. Der Glückliche, der es erhaschte, wurde von den anderen verfolgt, bis er seine Beute in Sicherheit gebracht, d. h. sie hinabgeschlungen hatte. Sobald sie Teller in unser Eßzimmer bringen sahen, versammelte sich die ganze Gesellschaft daselbst; während wir aßen, saßen sie wartend nebenan; wenn wir aber den Blick nach ihnen wandten, hüpften sie bald auf die Kiste, bald auf den einzigen Stuhl, welchen wir besaßen, und nahmen uns die Brotstücke aus den Händen oder vom Teller weg.

Eine höchst sonderbare Gewohnheit von ihnen war, sich gern auf weiche Gegenstände zu legen. Kam eines der aus Lederriemen gefloch= tenen, federnden Bettgestelle, wie sie im Sudan üblich sind, auf den Hof, so lagen die Ibisse gewiß in kurzer Zeit darauf, und zwar platt

auf dem Bauch, die Ständer nach hinten ausgestreckt. Sie schienen sich dabei äußerst behaglich zu fühlen und standen nicht auf, wenn sich jemand von uns näherte. Auf einem weichen Kissen sahen wir einmal ihrer drei nebeneinander liegen.

Mit allen übrigen Vögeln, welche auf dem Hof lebten, hielten sie gute Freundschaft, wurden wenigstens ihrerseits niemals zu Angrei= fern; unter sich zankten sie sich nie, waren vielmehr stets zusammen, entfernten sich selten weit voneinander und schliefen nachts einer dicht neben dem anderen. Als wir eines Tages einen flügellahm ge= schossenen älteren Vogel ihrer Art in den Hof brachten, eilten sie freudig auf ihn zu, nahmen ihn förmlich in ihrer Gesellschaft auf und wußten ihm bald alle Furcht zu nehmen, so daß er nach kurzer Zeit ebenso zutraulich war wie sie. Große Hitze schien ihnen sehr unan= genehm zu sein; sie saßen dann in irgendeinem schattigen Winkel oder im Zimmer und sperrten, tief atmend, die Schnäbel auf. Im Was= ser beschäftigten sie sich, wie schon bemerkt, gern und viel, badeten sich übrigens seltener, als man glauben möchte; wenn es jedoch ge= schah, näßten sie sich die Gefieder so vollständig ein, daß sie kaum mehr fliegen konnten.

Ibisse, welche ich später beobachtete, lebten ebenfalls in Frieden mit allen Vögeln, die dasselbe Gehege mit ihnen teilten, maßten sich aber doch gegen schwächere eine gewisse Oberherrschaft an und schie=

nen ein Vergnügen daran zu finden, diejenigen, die es sich gefallen ließen, zu necken. Namentlich mit den Flamingos machten sie sich fortwährend zu schaffen, und zwar in der sonderbarsten Weise. Sie schlichen, wenn jene zusammenstanden oder, den Kopf in die Federn verborgen, schliefen, leise heran und knabberten mit der Schnabel= spitze an den Schwimmhäuten der Opfer ihres Übermutes herum, gewiß nicht in der Absicht zu beißen, sondern nur aus reiner Necklust. Der Flamingo mochte dann einen ihm lästigen Kitzel verspüren, ent= fernte sich, sah sich furchtsam nach dem Ibis um und versuchte wieder= um einzunicken; dann aber war jener flugs wieder zur Stelle und be= gann das alte Spiel von neuem. Am lästigsten wurde er, wenn er mit den Flamingos das Winterzimmer teilte und die Armen ihm nicht ent= rinnen konnten. Brachvögel, Uferschnepfen und Austernfischer räu= men den Ibissen willig das Feld und warteten gar nicht erst, bis diese durch Schnabelhiebe sie hierzu nötigen.

Zur Zeit der alten Ägypter haben die heiligen Vögel höchstwahr= scheinlich im Zustand einer Halbgefangenschaft sich fortgepflanzt, heutzutage tun sie dies bei guter Pflege nicht allzu selten in unseren Tiergärten.

Der Kranich als Hüter der Ordnung

Der Freiherr von Seyffertitz hatte auf seinem Gutshof zwei junge Kraniche, die außerordentlich zahm wurden. Es war ein Pärchen. Leider kam das Weibchen durch einen unglücklichen Zufall um. Über das hinterbliebene Männchen, dem ein längeres Leben beschieden war, machte der Besitzer später meinem Vater die folgenden Mitteilungen:

„Mein herrlicher Kranich hat sich während des Winters, nicht nur in leiblicher, sondern auch in geistiger Hinsicht sehr ausgebildet. Seine Stellung ist viel würdevoller, sein Wesen drolliger und seine Klugheit größer geworden. Er hatte den Verlust seiner Gefährtin zwar ver= schmerzt und sich an die Einsamkeit gewöhnt, allein es schien ihm Bedürfnis zu sein, sich wieder an ein lebendes Wesen anzuschließen. Da es mir nicht gelungen war, ihm den erlittenen Verlust durch einen

jungen Kranich zu ersetzen, half er sich selbst: er wählte sich einen neuen Freund, mit welchem er treue Freundschaft hält. Diesen von allen anderen um ihn lebenden Tieren Auserkorenen werden Sie schwerlich erraten: es ist kein anderer als einer der Bullen unseres Gutes.

Wie und wodurch diese Freundschaft eigentlich entstand, weiß ich nicht genau; doch scheint mir die starke Baßstimme des Bullen einen besonderen Eindruck auf ihn gemacht zu haben. Kurz, beide waren schon im Frühjahr Freunde; der Kranich zog täglich mit seinem ge= hörnten Liebling auf die Weide und besuchte ihn, wenn er im Stall war, sehr oft. Er benimmt sich stets mit aller Ehrfurcht gegen ihn und betrachtet ihn geradezu als seinen Vorgesetzten. Im Stall steht er ehr= erbietig und ganz aufgerichtet neben ihm, als ob er seine Befehle er= warten müsse, wehrt ihm die Fliegen ab, antwortet, wenn er brüllt, und gibt sich alle Mühe, ihn zu besänftigen, wenn er in Zorn gerät. Wenn der Bulle unter dem anderen Vieh auf dem Hof ist, macht er förmlich seinen Adjutanten, geht gewöhnlich zwei Schritte hinter ihm her, tanzt oft um ihn herum, macht ihm Verbeugungen und benimmt sich so drollig, daß es nicht ohne Lachen anzusehen ist. Des Nach= mittags zieht er mit unter der ganzen Herde oft eine halbe Stunde weit auf die Weide und kommt abends wieder mit ihm zurück. Ge= wöhnlich geht er dann einige Schritte hinter oder ganz nahe neben ihm her, kommt plötzlich hervor, läuft etwa zwanzig Schritte voran, kehrt um und verbirgt sich so lange vor seinem Freunde, bis dieser wieder mit ihm zusammengekommen ist. So geht es unter lautem Gelächter der Dorfbewohner durch den ganzen Ort bis auf den Hof, wo er dann unter vielen Verbeugungen und Gunstbezeigungen sich von seinem werten Genossen verabschiedet.

Dieser Bulle ist aber auch unter allen Tieren des Gutes und Ortes das einzige, welches von ihm mit solcher Auszeichnung behandelt wird. Über alle anderen maßt er sich die Oberherrschaft an und weiß sich gut zu behaupten. Im Dorf und vor allem auf dem Gut macht er den Aufseher und hält streng auf Ordnung; bei der Viehherde vertritt er die Stelle des Hirtenhundes. Unter dem Hausgeflügel duldet er keinen Streit. Er hat stets ein wachsames Auge, stellt sich bei der geringsten Fehde sogleich als Schiedsrichter ein und straft nach Gebühr. Alles gehorcht ihm auch, und dennoch stiftet er nicht den geringsten Scha= den an, sondern lebt mit allen Tieren, die sich ordentlich betragen, in Ruhe und Frieden. Unruhe, Zank und Streit sind ihm durchaus ver= haßt; die dabei Beteiligten straft er nach der Größe mehr oder weniger empfindlich. Pferde, Ochsen und Kühe bekommen derbe Hiebe mit dem Schnabel, Enten und Hühner werden schonender als Gänse und Truthühner behandelt. Er zeigt hierbei eine Klugheit, die einem Men= schen Ehre machen würde. Die Truthühner sind die einzigen, die sich zuweilen seinen Befehlen und seiner Oberherrschaft widersetzen; und er zieht nicht selten den kürzeren, wenn sie ihn vereint angreifen. Unlängst bemerkte er einen Truthahn im heftigen Streit mit einem Haushahn und eilte hinzu, um die Kämpfer auseinanderzutreiben. Der Haushahn gehorchte sofort, der Truthahn dagegen wich erst nach langem Kampf. Nach dessen Beendigung kehrte der Kranich zu dem anderen Geflügel zurück, sah sich überall um, fand endlich den Haus= hahn und erteilte auch ihm seine Strafe.

Bei den Pferden übernimmt er auf dem Hof die Wache, besonders wenn sie vor einem Wagen stehen. Er tritt ganz aufrecht vor sie hin

und sieht sie unverwandt an; sobald sie unruhig werden, hebt er die Flügel etwas auf, richtet den Kopf und Hals noch mehr in die Höhe und schreit aus vollem Hals. Fruchtet das nicht, dann setzt es derbe Hiebe. Unlängst stand ein mit einem Pferd bespannter Wagen auf dem Hof. Der Kranich ging sogleich auf seinen Posten. Das Pferd wurde unruhig und wollte nicht gehorchen; er hieb es deshalb so scharf auf die Nase, daß Blut floß. Kurze Zeit darauf kam dasselbe Pferd nochmals auf den Hof. Der Kranich erschien ebenfalls sogleich wieder, war aber kaum angelangt, als sich das Pferd seiner erinnerte und den Kopf seitwärts bog, um seine Nase in Sicherheit zu bringen. Sogleich machte er ihm eine Menge Verbeugungen, umtanzte es und gab sich alle Mühe, ihm seine Gunstbezeigungen deutlich zu machen, gleichsam als wollte er ihm sein voriges strenges Verfahren wieder abbitten. Außer seinem gehörnten Freund hatte er solche Ehre bisher keinem anderen Geschöpf angetan, denn er ist viel zu stolz, um sich mit jedem beliebigen Gesindel abzugeben.

Zu den Tieren, die er seine Oberherrschaft nachdrücklich fühlen läßt, gehören auch die Füllen. Wenn sie auf dem Hof erscheinen, gibt er ihnen sogleich durch sein überaus stolzes Benehmen zu verstehen, was sie, wenn sie sich nicht ordentlich betragen, zu erwarten haben. Um sie beständig in Aufsicht zu haben, begleitet er sie überall hin. Werden sie lustig und springen, dann läuft er mit starkem Geschrei hinter ihnen her und straft eins ums andere. Er läuft oft große Gefahr, von ihnen geschlagen oder überrannt zu werden, weiß aber immer mit außerordentlicher Gewandtheit auszuweichen. Die Ochsen und

Kühe hält er im Hof und auf der Weide stets in Ordnung. Er hilft sie aus= und eintreiben und bringt sie auseinander, wenn sie sich stoßen. Wollen sie ihm nicht gehorchen, so nimmt er seine schmetternde Stimme zur Hilfe und setzt sie dadurch gewöhnlich so in Schrecken, daß sie die Flucht ergreifen. Auf der Weide hält er die Herde zusam= men und läßt sie nicht zu Schaden gehen. Eines Abends holte er das junge Vieh ganz allein vom Feld herein und trieb es in den Stall. Er hat sich so vieler Geschäfte angenommen, daß er den ganzen Tag voll= auf zu tun hat.

Neulich kehrte er, nachdem er die Dorfherde mit ausgetrieben hatte, zu seinen übrigen Geschäften zurück. Im Dorf traf er noch junges Vieh an, das zur Herde gehörte, aber zurückgeblieben war. Sogleich über= nahm er es, dieses den anderen nachzutreiben. Glücklich bringt er seine Schar zum Dorf hinaus, setzt sie aber dann durch Schreien und Schnabelhiebe so in Schrecken, daß sie die Flucht ergreift und eine der Herde entgegengesetzte Richtung nimmt. Vergebens läuft er eilig nach und gibt sich alle Mühe, sie wieder zurückzubringen; die Jagd geht eine halbe Stunde weit fort und endet erst im Getreidefeld eines benachbarten Dorfes, wo die kleine Herde nebst ihrem Hüter gefan= gen wird. Aber er läßt sich durchaus nicht mit eintreiben, sondern kehrt gekränkt allein nach Haus zurück.

Zuweilen hat er allen Mut und seine ganze Geschicklichkeit nötig, um seinen Willen durchzusetzen. Ich hatte die Freude, einen seiner heldenmütigen Kämpfe mit anzusehen. Zwei Ochsen waren zufällig in unseren Garten gekommen. Der Kranich bemerkte sie, war über ihre Ungezogenheit äußerst entrüstet und lief, so schnell er konnte, hin, um solchem Unfug ein Ende zu machen und die Frevler nach= drücklich zu bestrafen. Er wollte sie sogleich aus dem Garten jagen, aber die Ochsen nahmen dies übel und widersetzten sich ihm im Ver=

Ein imposantes Bild. Der fast ausgestorbene Alpensteinbock wurde in Naturschutzgebieten wieder ausgesetzt und hat sich dort erfreulich vermehrt.

trauen auf ihre Stärke. Weder Schreien noch Schnabelhiebe fruchteten im Anfang; denn die Ochsen stürzten, durch letztere gereizt, wütend auf den Kranich los, ohne an ein Zurückweichen zu denken. Mir war nicht wohl bei der Sache, er aber zeigte gar keine Furcht, sondern bot seinen Angreifern mutig die Stirn. Es entstand ein hitziger Kampf. Die Ochsen sprangen auf den Vogel los, um ihn mit den Hörnern zu durchbohren. Er wich ihren Stößen durch äußerst geschickte Seiten= und Höhensprünge aus, fuhr ihnen entgegen und begrüßte einen um den anderen mit kräftigen, auf den Kopf gerichteten Schnabelhieben. Endlich verloren die Ochsen, weil sie einen Hieb nach dem anderen bekamen und nie einen Stoß anbringen konnten, allen Mut, fühlten sich überwunden und ergriffen die Flucht, verfolgt von ihrem sieges= stolzen Überwinder.

Gegen uns beträgt er sich zuvorkommend und liebenswürdig. Wenn er hungrig ist, erscheint er gewöhnlich zuerst unter dem Fenster der Stube meiner Mutter, die ihm ganz besonders gewogen ist und ihm täglich mehrmals Futter reicht. Hier ruft er; wird er nicht gehört, dann geht er an das Haus und ruft stärker und immer stärker. Endlich nimmt er seine Zuflucht zur Küche, um seine eigentliche Versorgerin, die Köchin, auf sein Bedürfnis aufmerksam zu machen. Er bezeigt ihr, wenn sie kommt, durch das vertrauliche ,Kur Kur Kur Kur' seine Freude und gibt ihr durch allerhand Bewegungen zu erkennen, auf welche Art er gefüttert sein will. Will er seine hauptsächliche Nahrung, geschnittenes Brot, aus der Hand fressen, so zeigt er mit dem Schna= bel darauf. Will er aber das Brot auf dem Fußboden haben, so legt er ein Stück darauf, und sie muß ihm nun alles dahin werfen. Meiner Mutter und seiner Wärterin ist er auch stets am folgsamsten. Die letztere vermißt er, wenn sie abwesend ist, sogleich. Er sucht sie dann sehr eifrig, schleicht im Haus und unter ihren Fenstern herum und

---

Das Bild zeigt einen Turmfalken mit erbeuteter Wühlmaus. Dieser Raubvogel ist den Menschen in die Städte gefolgt. Oft sieht man ihn da die hohen Türme umkreisen, auf denen er sein Nest gebaut hat.

horcht aufmerksam, ob er irgendwo ihre Stimme oder ihren Tritt — denn er kennt sie von weitem an ihrem Gang — wahrnehmen kann. In seiner Jugend mußte ihn die Köchin regelmäßig in sein Schlafgemach bringen, da er nur ungern selbst hineinging. Bei unangenehmer Witterung wollte er frühzeitig zu Bett gebracht sein; bei schönem Wetter versteckte er sich, wenn er seine Wärterin gegen Abend kommen sah. Jetzt verlangt er keine derartigen Hilfeleistungen mehr; aber seine Freundschaft zu ihr ist geblieben. Nur dann, wenn sie ihn, während er hungrig ist, lange vergebens rufen und warten läßt, gibt er ihr seinen Unwillen zu erkennen.

Er erweist sich nie undankbar gegen diejenigen, die ihm Gutes erzeigen. Von seinen Bekannten ihm angetane Beleidigungen nimmt er zwar sehr unwillig auf, vergeht sich aber nie so weit, feindselig gegen sie zu handeln, und vergißt oder verzeiht wenigstens in kurzer Zeit. Frauen gegenüber ist ihm eine gewisse Höflichkeit nicht abzusprechen. Er behandelt sie stets artig, beweist ihnen das meiste Vertrauen und läßt sich von ihnen selbst Beleidigungen gefallen. Ganz anders benimmt er sich Fremden gegenüber. Ich sah ihn in einem Garten unter Pflanzen nach Kerbtieren suchen. Der Eigentümer des Grundstücks traf ihn bei dieser Arbeit und verwies sie ihm durch einen tüchtigen Rutenhieb. Aufs höchste beleidigt, richtete sich der Kranich schnell auf, sprang dem Mann ganz nahe auf den Leib und schrie gewaltig, gleichsam als wolle er fragen, was das zu bedeuten habe. Da er indessen noch einige Hiebe bekam, stellte er einstweilen die Feindseligkeiten ein und entfernte sich. Mit gekränktem Stolz schritt er einer Brücke zu, die in einiger Entfernung von dem Garten über einen Graben führt und den Heimweg des Gegners zu vermitteln hatte. Als dieser herankam, erklärte er ihm schon aus der Ferne durch stolzes Heranschreiten und lautes Schreien den Krieg, griff ihn auf der Brücke mit Heftigkeit an und verweigerte ihm den Übergang. Der Mann mußte sich ordentlich durchschlagen, bekam dabei manchen derben Hieb und wurde von dem Kranich bis an die Türe seiner Wohnung verfolgt. Seitdem lebt er mit seinem Beleidiger in offener Fehde und läßt ihn selten ungeneckt an sich vorbeigehen."

Eiderdunenenten

Am anziehendsten und wichtigsten für den Menschen werden die Eiderenten zur Brutzeit. In allen Fjorden Norwegens wie auch an den von der tollsten Brandung umrauschten Küsten Islands und Grönlands finden sich jetzt die Paare als Gäste ein. Sie suchen das Land auf, welches die Wiege für ihre Jungen werden soll. Der Mensch, welcher die Meeresgäste mit jener Achtung aufnimmt, die der Eigennutz hervorzurufen pflegt, hat ihnen hier und da schon Nestplätze vorgerichtet. Alles Gebüsch und Gesträuch ist sorgfältig geschont worden, und in dem Geklüft der Felsen, aus welchen die unter dem Namen Schären bekannten Inseln bestehen, ist jede günstige Vertiefung mit einem alten Brett und Reisig überdeckt worden, um sie für ein Eidervogelweibchen einladend erscheinen zu lassen.

Nun beginnt ein lebendiges Gewimmel am Strand. Ganz mit dem Gedanken an die Fortpflanzung beschäftigt, vergessen die Weibchen die ihnen angeborene Furcht vor dem Erzfeind und nähern sich vertrauensvoll dem Menschen, gleichsam, als wollten sie sich selbst in dessen Schutz begeben und zu Haustieren werden. Unbekümmert um das Treiben des Besitzers einer solchen Insel bauen sie ihr Nest an möglichst günstig gelegenen Stellen, bisweilen sogar in das Innere des Hauses und Hofes ihrer Schutzherren. Der läßt sie nicht nur ruhig gewähren, sondern ist vielmehr ängstlich bedacht, sie in keiner Weise zu stören. Eigene Gesetze sichern seine Brutinseln vor Sonntagsschützen und anderen Störenfrieden aus dem Menschengeschlecht, und er selbst handhabt die Flinte nur, um einem frechen Raben oder einer beutegierigen Raubmöwe die nötige Achtung vor seinen Gästen beizubringen.

An manchen Orten werden die Eidervogelweibchen nicht selten sehr zudringlich, so daß sie den Besitzer des Hauses geradezu belästigen. Das eine brütet unter einem umgestürzten Boot, das andere wählt sich sogar den Backofen aus, das dritte beengt die Hausfrau in der Vorhalle, im Stall oder in der Küche: kurz, die Tiere werden ganz zu Herren des Hauses. Das Nest, welches der Vogel zurückläßt, vergütet aber dem Besitzer die geringe Unbequemlichkeit in reichlichster Weise. Es besteht aus den kostbaren Dunen. Wie bei allen Entenarten, zieht sich die sorgende Mutter diese Dunen aus der Brust und bildet aus ihnen eine weiche Unterlage sowie einen dichten Kranz um ihr Nest. Dann legt sie vier bis acht, zuweilen auch zehn Eier auf diese Dunen. Die Alte sitzt sehr fest auf ihren Eiern und erlaubt es dem Menschen, dicht an ihr Nest heranzukommen und sie zu betrachten. Mir wurde auf meiner Reise in Skandinavien viele Male der Genuß, die treue Mutter bei ihrem Brutgeschäft zu beobachten. Anfangs wurde es uns sehr schwierig, die brütenden Weibchen aufzufinden, weil die Färbung ihres Gefieders mit der Gesamtfärbung des Bodens so genau überein= stimmt, daß der Vogel schon in kurzer Entfernung dem Auge ent= schwand. Dazu kommt freilich auch der Umstand, daß er beim Brüten eine sehr eigentümliche Stellung einnimmt. Er breitet nämlich die Flügel zu beiden Seiten etwas aus und legt den Kopf vor sich schief herab, bis der Schnabel den Boden berührt.

Unmöglich kann man sich etwas Reizenderes denken als solches brütendes Weibchen unseres Vogels. Wenn man sich ihm nähert, schaut es mit bittenden und flehenden Blicken auf, daß einen wirkliche Rührung überkommt; und wenn man sich dann zu der treuen Mutter herabbeugt, denkt sie gar nicht daran, einen Feind in dem Ankömm= ling zu erblicken, sondern bleibt so ruhig sitzen, als ob ihr nicht das Geringste geschehen könnte. Auf Inseln, welche entfernt von den Wohnungen liegen, sind die brütenden Eidervögel allerdings scheuer als auf solchen, welche Häuser tragen; allein immerhin lassen sie den Menschen ganz nahe herankommen, bevor sie auffliegen. Mehrere Weibchen erlaubten mir, sie vom Neste abzuheben und wieder dar= aufzusetzen. Ich durfte die Eier, die sie unter ihrer Brust hatten, be= fühlen und untersuchen, sie selbst durfte ich streicheln, durfte sie am Schnabel berühren. Sie knabberten höchstens, wie spielend, an meinen Fingern, ohne sich weiter zu wehren. Nahm ich eine und trug sie ein Stück vom Nest weg, so watschelte sie, unbekümmert um uns, wieder dahin zurück, ordnete die Dunen und setzte sich wieder zum Brüten nieder. Auch die, welche scheu ins Meer geflogen waren, blieben dort nur kurze Zeit und kehrten immer bald wieder nach dem Land und nach ihrem trauten Nest zurück. Dabei war es eigentümlich, daß alle Weibchen, welche plötzlich vom Nest abflogen, jedesmal ihr Gelege

mit ihrem Kot überspritzten, während man an den Eiern, deren Er=
zeugerinnen nicht beunruhigt worden waren, niemals derartigen
Schmutz bemerkte.

Nur um in Eile etwas Nahrung zu nehmen, verlassen die Mütter
zeitweilig ihr Nest; dann aber bedecken sie die Eier stets sorgfältig
mit dem Kranz von Dunen und erhalten sie so während der ganzen
Zeit ihres Außenbleibens warm und geschützt. Aber das Meer ist in
der Nähe ihrer Brutplätze so reich an Muscheln, daß sie schon nach
einer viertel oder höchstens nach einer halben Stunde wieder zurück=
kehren und, sobald sie sich getrocknet und geputzt haben, auch wieder
brüten können.

Ganz anders als die Weibchen betragen sich die Männchen während
der Brutzeit. Die wenigsten von ihnen gehen mit auf das Land und
unterhalten ihre brütenden Weibchen. Sie schlagen sich vielmehr auf
dem Meere mit ihresgleichen in ganze Scharen zusammen und ver=
gnügen sich da untereinander, wie es Männern zukommt, während
die Hausfrauen der Kinderzucht obliegen.

In Norwegen nimmt man nur die Dunen, welche im Nest zurück=
bleiben, nachdem die Jungen ausgeschlüpft sind; in Island aber be=
raubt man das Nest, sobald der Eidervogel es ausgefüttert hat, seines
weichen und schönen Inhalts. Abermals muß dann das arme Weibchen
Dunen hergeben, um den Menschen gerecht zu werden, und auch das
Männchen muß sich bequemen, die seinigen sich auszurupfen, wenn
seiner Gattin die Dunen zu mangeln beginnen. Ja, man nimmt den
Vögeln dort sogar ihre Eier und zwingt sie, die doppelte und drei=
fache Zahl ihres natürlichen Geleges zu erzeugen! In Norwegen
ist man vernünftiger und fährt jedenfalls sehr wohl dabei, denn
schon nach drei Wochen sind die Jungen ausgeschlüpft und mit der
Mutter dem Meer zugeeilt, und die Ernte der Dunen kann nun be=
ginnen.

Auch das ist ein gar hübsches Schauspiel, wenn die Alte ihre Klei=
nen nach dem Meer führt. Wo dieses nahe ist, überläßt der Besitzer
die Sorge für das Wohl ihrer Kinder ganz allein der Mutter, und sie
watschelt auch, sobald die Jungen halbwegs trocken geworden sind,
stracks dem Meer zu, welches sie liebend aufnimmt und vor den größ=
ten Gefahren, die der Familie drohen können, freundlich schützt. Da
aber, wo die Insel größer ist und die Eiderenten mehr im Innern brü=

ten, packt der besorgte Besitzer die ganze, ausgeschlüpfte Brut in einen Korb und trägt sie in diesem der See zu, und die Alte wackelt gemütlich hinter ihm her, folgt ihm wie ein Hund, wohin er gehen will, und scheint es ordentlich zu verstehen, daß er ihr die Jungen doch bloß genommen hat, um sie vor dem räuberischen Raben und der Raubmöwe zu schützen. Sobald die Familie das Meer erreicht hat, ist sie gesichert; denn die Jungen sind, sobald sie in die See gelangen, auch in ihr heimisch, schwimmen und tauchen allerliebst um die Alte herum und erlernen es gar bald, sich ihre Nahrung selbst zu erwer= ben. Häufig einigen sich zwei oder drei Weibchen mit ihren Kindern, und man kann gar nichts Anziehenderes sehen als diese Mütter, denen eine lange Schleppe nachzuschwimmen scheint.

Ich habe mir oft das Vergnügen gemacht, mit unserem Boot einem Eidervogel mit seinen Jungen nachzufolgen, um die Familie besser beobachten zu können. Kam nun das Boot sehr nahe, so begann ein Tauchen in die Tiefe, daß es eine wahre Lust war, den niedlichen und behenden Geschöpfen zuzusehen. Einige Male schnitten wir die Alte von ihren Kindern ab, und sie sah sich genötigt, ihr Heil in der Flucht zu suchen. Dann waren die Jungen wohl verwaist, nicht aber auch verlassen. Eiligst wandten sie sich dem Land zu, kletterten, eilten, holperten auf die Küste hinauf, rannten behend wie Reb= hühner hin und her und hatten sich gar bald zwischen den Steinen verborgen und unsichtbar gemacht. Als erfahrener Beobachter ließ ich solch Versteckspielen mir nicht gefallen, sondern suchte die ver= einzelten, in allerhand Schlupfwinkel hockenden Küchelchen zusam= men und füllte mir damit das ganze Schnupftuch an. Brachte ich sie nun auf das Zimmer, so gab es ein Rennen und Laufen ohne Ende; jedes war immer bedacht, sich so gut als möglich zu verbergen. Wenn ich sie dann später einzeln frei ließ, riefen sie sich bald wieder zusammen und eilten dann im vollsten Bewußtsein des zu wählenden Weges nach dem hohen Meer hinaus, wo die besorgte Mutter sie erwartete.

Die jungen Eiderenten wachsen übrigens schnell heran und bedür= fen gar bald keiner Leitung mehr. Noch einige Jahre aber schlagen sie sich mit ihren Eltern oder wenigstens mit Alten ihrer Art zusam= men und bilden größere Scharen, welche dann die hohe See bis zum Beginn der Brutzeit nicht wieder verlassen.

Diese Dunen der Eiderenten sind in ihrer Art unübertrefflich, weil sie weit leichter, zarter, weicher und federnder als die aller übrigen Schwimmvögel sind; drei, höchstens vier Pfund von ihnen reichen zum Ausfüllen einer großen Decke vollkommen aus, und eine solche Decke genügt selbst während des strengen Winters im Norden. Zwar gehören etwa zwölf Nester dazu, um ein Pfund reine Dunen zu liefern, allein schon auf einer mittelgroßen Insel brüten oft 300 bis 400 Paare, und da die Insel sonst nicht das geringste erzeugt, müssen die Eidervögel geradezu als ein Segen erscheinen, mit welchem das Meer die Besitzer überschüttet.

Kormorane als abgerichtete Fischer

Für die Bildungsfähigkeit des Verstandes der Kormorane oder Scharben spricht die Tatsache, daß sie von den Chinesen zum Fischfang abgerichtet werden und zur Zufriedenheit ihrer Herren arbeiten. Von einem Fischereibesitzer wurde berichtet, daß die Kormorane, die man zum Fischen verwendet, in der Gefangenschaft erzogen werden, auch in ihr sich fortpflanzen, daß man die Eier aber von Haushühnern ausbrüten läßt. Die Jungen werden schon beizeiten mit auf das Wasser genommen und sorgsam unterrichtet, springen auf Befehl des Herrn ins Wasser hinein, tauchen und bringen die gefangenen Fische nach oben.

Bei Hochwasser, erzählt Doolitle, sind die Brücken in Futschan dicht besetzt von Zuschauern, welche diesem Fischfang zusehen. Der Fischer steht auf einem etwa meterbreiten, 5—6 m langen Floß aus Bambus, welches vermittels eines Ruders in Bewegung gesetzt wird. Wenn die Kormorane fischen sollen, stößt oder wirft der Fischer sie ins Wasser; wenn sie nicht gleich tauchen, schlägt er mit dem Ruder ins Wasser oder nach ihnen, bis sie in der Tiefe verschwinden. Sobald die Scharbe einen Fisch erbeutet hat, erscheint sie wieder über dem Wasser mit dem Fisch im Schnabel, einfach in der Absicht, ihn zu verschlingen; daran verhindert sie jedoch ein ihr lose um den Hals gelegter Faden oder Metallring, und so schwimmt sie denn wohl oder übel dem Floß zu. Der Fischer eilt so rasch wie möglich herbei, damit ihm die Beute nicht wieder entgehe; denn bisweilen findet, besonders bei großen Fischen, ein förmlicher Kampf zwischen dem Räuber und seinem Opfer statt. Wenn der Fischer nahe genug ist, wirft er einen an einer Stange befestigten netzartigen Beutel über die Scharbe und zieht sie so zu sich auf das Floß, nimmt ihr den Fisch ab und gibt ihr zur Belohnung etwas Futter, nachdem er den Ring gelöst und das Verschlingen ermöglicht hat. Hierauf gewährt er seinem Vogel eine kurze Ruhe und schickt ihn von neuem an die Arbeit. Bisweilen versucht die Scharbe mit ihrer Beute zu entrinnen; dann sieht man den Fischer ihr so rasch wie möglich nacheilen, gewöhnlich mit, zuweilen ohne Erfolg. Manchmal fängt ein Kormoran einen so starken Fisch, daß er ihn nicht allein in Sicherheit bringen kann; dann eilen mehrere der übrigen herbei und helfen ihm. Artet diese Absicht, wie es manchmal auch geschieht, in Kampf aus, und suchen sich die Scharben ihre Beute gegenseitig streitig zu machen, so steigert sich die Teilnahme der Zuschauer in hohem Grad, und es werden wohl auch Wetten zugunsten dieses oder jenen Vogels abgeschlossen.

Die Nonne und ihr Mönch

Die Hauptstadt Kanarias, erzählt Bolle, erinnert sich noch des Capriote (Mönchsgrasmücke, Mönch) einer früheren Nonne, die täglich, wenn sie dem noch jungen Vögelchen Futter reichte, wiederholt: „mi niño chiceritito" (mein allerliebstes Kindchen) zu ihm sagte, welche Worte das Vöglein bald ohne Mühe, laut und tönend, nachsprechen lernte. Das Volk war außer sich ob der wundersamen Erscheinung eines sprechenden Singvogels. Jahrelang machte er das Entzücken der Bevölkerung aus, und große Summen wurden der Besitzerin für ihn geboten. Umsonst! Sie vermochte nicht, sich von ihrem Liebling zu trennen, in dem sie die ganze Freude, das einzige Glück ihres Lebens fand. Aber was glänzende Versprechungen ihr nicht zu entreißen vermochten, das raubte der Armen die selbst unter den sanften, freundlichen Sitten der Kanarier nicht ganz schlum=

mernde Bosheit: der Vogel wurde von neidischer Hand vergiftet. Sein Ruf aber hat ihn überlebt, und noch lange wird man von ihm in der Ciudad de las Palmas sprechen.

Der böse Geist

Mein Vater erzählte von einem Auerhahn, der in der Nähe unseres Wohnortes lebte und die allgemeine Aufmerksamkeit auf sich zog. Während und nach der Balzzeit hielt er sich in der Nähe eines viel begangenen Weges auf und zeigte da, daß er jegliche Furcht vor den Menschen abgelegt hatte. Anstatt vor ihnen zu fliehen, kam er heran, lief neben ihnen her, biß sie in die Beine, schlug mit den Flügeln und war schwer zu verjagen. Ein Jäger ergriff ihn und trug ihn nach einem zwei Stunden entfernten Ort. Am anderen Tag war er schon wieder an der alten Stelle. Ein Jagdfreund nahm ihn vom Boden weg unter den Arm, um ihn dem Oberförster zu bringen. Der Auerhahn verhielt sich anfangs ruhig; als er sich aber seiner Freiheit beraubt fühlte, begann er mit den Füßen zu scharren, so daß er dem Träger den Rock zerfetzte und freigelassen werden mußte.

Für abergläubische Menschen war dieser Vogel ein furchtbares Tier. Da er oft Holzdiebe überraschte, so ging in der ganzen Gegend die Sage, die Jäger hätten einen bösen Geist in den Auerhahn gebannt und zwängen ihn, immer da zu erscheinen, wo sie sich nicht selbst einfinden konnten. Dieser Wahn erhielt unserem Vogel, der eine ganz besondere Kampflust gegen die Menschen zu haben schien, mehrere Monate das Leben, bis er verschwand, ohne daß man wußte auf welche Weise. Wahrscheinlich hat ihn ein starker Geist, deren es in unserer Gegend auch gab, ergriffen und getötet.

Rothuhnjagd in Spanien

Über die Art, wie in Spanien die dort in Ketten von 10 bis 30 Stück lebenden Rothühner, nahe Verwandte unseres Rebhuhnes, gejagt werden, hat mir mein Bruder ausführliche Mitteilungen gemacht.

Am eifrigsten betreibt man die Jagd während der Paarungszeit; sie ist unbedingt die anziehendste, die man auf diese Vögel ausüben kann, und dabei ganz eigentümlich. Der Jäger begibt sich mit einem Lockvogel, „Reclamo", den er in einem sogenannten Glockenbauer mit sich führt, dahin, wo er Rothühner vermutet, und errichtet aus umherliegenden Steinen eine ungefähr 1 m hohe Mauer, die ihm als Versteck dienen soll. 10 oder 15 Schritt davon entfernt stellt er den Käfig auf einen erhöhten Punkt und bedeckt ihn leicht mit Reisern, nachdem er vorher den Überzug, welcher das Gebauer bis dahin verhüllte, abgenommen hat. Ist der Lockvogel gut, so beginnt er sogleich seinen Ruf mit einem wiederholten „Tacktack", dem dann der eigentliche Lockruf, ein „Tackterack", folgt. In der Regel währt es nur einige Minuten, und es erscheint ein Rothuhn in der Nähe des Käfigs. Da man zu Anfang der Paarungszeit Hähne als Lock=vögel benutzt, so kommt es vor, daß sowohl Hähne wie Hennen sich bei dem Schützen einstellen, häufig auch das Paar. Sie sehen sich nach dem Gefährten um, antworten auf seinen Ruf, und da sie sich dem Schützen frei zeigen, werden sie auf leichte Weise erlegt. Diese Jagd währt ungefähr 14 Tage.

Haben die Hennen bereits gelegt und bebrüten ihre Eier, so nimmt der Jäger anstatt des Hahnes eine Henne als Lockvogel und verfährt ganz in der eben beschriebenen Weise. Es erscheinen nur jetzt die ungetreuen oder unbeweibten Hähne, nähern sich mit hängenden Flügeln und gesträubten Kopf= und Nackenfedern, kurz, in der Balz=stellung, dem Versteck des Schützen, führen vor der Henne, welche sie wohl hören, aber nicht sehen können, zierliche Tänze auf und werden dabei in der vollsten Jubellust des Lebens meuchlings getötet. Der Jäger wartet, wenn ein Hahn erlegt wurde, ob sich ein zweiter zeigen will, und kann sicher darauf rechnen, daß, wenn noch ein

Hahn im Umkreis eines Kilometers vorhanden ist, derselbe ebenfalls bald erscheinen wird; ja, es kommt vor, daß zwei oder drei Hähne zu gleicher Zeit eintreffen, sich heftig bekämpfen und oft zugleich dem tödlichen Schuß erliegen. Antwortet kein Hahn auf das fortgesetzte Rufen des Lockvogels, so verläßt der Jäger ruhig seinen Anstand, nähert sich langsam dem Käfig und zieht die Hülle darüber, liest die toten Hähne zusammen und sucht einen anderen Platz zur Jagd auf. Man muß sorgfältig vermeiden, unmittelbar nach dem Schuß aus dem Versteck hervorzuspringen, um etwa den getöteten Hahn aufzunehmen; denn dadurch wird der Lockvogel scheu, ruft in der Regel nicht wieder, verliert sogar zuweilen seine Brauchbarkeit für immer.

Hauptsächlich dieser Jagdart wegen wird das Rothuhn in Spanien allgemein zahm gehalten. In gewissen Gegenden fehlt wohl in keinem Haus eine „Perdiz", und eifrige Jäger halten deren mehrere nach den Geschlechtern in verschiedenen Räumen und Käfigen. Ein guter Lockvogel wird teuer bezahlt, oft mit 400—500 Mark unseres Geldes; in ihm besteht zuweilen der ganze Reichtum eines Jagdkundigen; denn gar nicht selten kommt es vor, daß ein einziger Schütze während der Zeit der „Reclamo" 60—80 Paar Rothühner erlegt.

Die zur Jagd bestimmten Rothühner werden jahraus jahrein in denselben kleinen Gebauern gehalten, in denen man sie später mit sich zur Jagd hinausnimmt, und nur die eifrigsten Jäger lassen ihnen eigentliche Pflege angedeihen. Die große Menge behandelt sie nach unserer Ansicht ganz erbärmlich. Dem ungeachtet halten die Lock= vögel jahrelang in solcher traurigen Gefangenschaft aus.

Wirklich auffallend ist, daß man während des Hochsommers die so gewandten und behenden Rothühner mit den Händen fangen kann. Ein mir bekannter Jäger verstand es ausgezeichnet, sich in dieser Weise ihrer zu bemächtigen. Er näherte sich in den Mittagsstunden einem vorher erkundeten Volk, jagte es auf, beobachtete dessen Flug und lief dann eilig nach der Gegend hin, auf welcher die Hühner einstieben. Hier verfolgte er sie von neuem, brachte sie wiederum zum Flug, ging ihnen zum zweiten Male nach und fuhr so fort, bis die Hühner sich gar nicht mehr erhoben, sondern laufend ihr Heil versuchten oder angstvoll sich zu Boden drückten und sich greifen ließen. Dieses Ergebnis wurde gewöhnlich schon nach drei= oder viermaligem Auftreiben erreicht.

Der Mornell mit seinen Küchlein

Gelegentlich einer Rentierjagd auf dem Hochrücken der Fjelds des Dovregebirges und unmittelbar unter der Grenze des schmelzenden Schnees lernte ich den Mornell (Alpenregenpfeifer) zuerst als Brut=vogel kennen.

Auf seinem Brutplatz zeigt er wenig Scheu vor dem Menschen, gewiß aber nur, weil er diesen in seiner sicheren Höhe so selten zu sehen bekommt. Die Mutter sitzt auf dem Nest so fest, daß sie sich fast treten läßt, weiß aber auch, wie sehr sie auf ihr Bodengewand vertrauen darf.

Wenn erst die Küchlein ausgeschlüpft sind, gewährt die Familie ein reizendes Bild. Ich habe es nur einmal vermocht, ein Pärchen nebst seinen Jungen zu töten, weiteren aber habe ich kein Leid antun kön=nen; denn das Mitgefühl überwog den Sammeleifer. Angesichts des Menschen verstellt sich die Mutter, welche Junge führt, meisterhaft, während der Vater seine Besorgnis durch lautes Schreien und ängst=liches Umherfliegen zu erkennen gibt. Die Mutter läuft, hinkt, flattert, taumelt dicht vor dem Störenfried einher, so nahe, daß die mich be=gleitenden Lappen sich wirklich täuschen ließen, sie eifrig verfolgten und die kleinen, niedlichen Küchlein, welche sich geduckt hatten, voll=ständig übersahen. Unmittelbar vor mir lagen sie alle drei, den Hals lang auf den Boden gestreckt: jedes einzelne teilweise hinter einem Steinchen verborgen, die kleinen, hellen Äuglein geöffnet, ohne Bewegung, ohne durch ein Zeichen das Leben zu verraten. Ich stand dicht vor ihnen, sie rührten sich nicht. Die Alte führte meine Lappen weiter und weiter, täuschte sie um so mehr, je länger die Verfolgung währte; plötzlich aber schwang sie sich auf und kehrte pfeilschnell zu dem Ort zurück, wo die Jungen verborgen waren, sah mich dort stehen, rief, gewahrte keines von den Kindern und begann das alte Spiel von neuem.

Ich sammelte die Küchlein, welche sich willig ergreifen ließen, nahm sie in meine Hände und zeigte sie der Mutter. Da ließ diese augenblicklich ab von ihrer Verstellung, kam dicht an mich heran,

so nahe, daß ich sie wirklich hätte greifen können, blähte das Ge=
fieder, zitterte mit den Flügeln und erschöpfte sich in allen ihr zu
Gebote stehenden Gebärden, um mein Herz zu rühren. Von meinen
Händen aus liefen die kleinen Dingerchen auf den Boden herab:
ein unbeschreiblicher Ruf von der Mutter, und sie waren bei ihr.
Nun setzte sich die Alte, gleichsam im Übermaß des Glückes, ihre
Kinder wieder zu haben, vor mir nieder, huderte die Kleinen, welche
ihr behend unter die Federn geschlüpft waren, wie eine Henne und
verweilte mehrere Minuten auf derselben Stelle, vielleicht weil sie
meinte, jetzt ein neues Mittel zum Schutz der geliebten Kinderchen
gefunden zu haben.

Ich wußte, daß ich meinem Vater und anderen Vogelkundigen die
größte Freude bereitet haben würde, hätte ich ihnen Junge im Dunen=
kleid mit heimgebracht; aber ich vermochte es nicht, Jäger zu sein.

Die Geschichte von Wurm, dem Otter

Marschall Chrysostomus Passek erzählte: Im Jahre 1686, als ich in
Ozowka wohnte, schickte der König den Herrn Straszewski mit
einem Brief zu mir; auch hatte der Kronstallmeister mir geschrieben
und mich ersucht, dem König meinen Fischotter als Geschenk zu
bringen, was mir durch allerlei Gnadenbezeigungen würde vergolten
werden. Ich mußte mich zur Herausgabe meines Lieblings bequemen.
Wir tranken Branntwein und begaben uns dann auf die Wiesen, weil
der Fischotter nicht zu Hause war, sondern an den Teichen umher=
kroch. Ich rief ihn bei seinem Namen „Wurm"; da kam er aus dem
Schilf hervor, zappelte um mich herum und ging mit mir in die Stube.
Straszewski war erstaunt und rief: „Wie lieb wird der König das
Tierchen haben, da es so zahm ist!" Ich erwiderte: „Du siehst und
lobst nur seine Zahmheit; du wirst aber noch mehr zu loben haben,
wenn du erst seine anderen Eigenschaften kennst." Wir gingen zum
nächsten Teich und blieben auf dem Damm stehen. Ich rief: „Wurm,
ich brauche Fische für die Gäste, spring ins Wasser!" Schon sprang er
hinein und brachte zuerst einen Weißfisch heraus. Als ich zum zwei=

tenmal rief, brachte er einen kleinen Hecht, und zum drittenmal einen mittleren Hecht, den er am Hals verletzt hatte. Straszewski schlug sich vor die Stirn und rief: „Bei Gott, was sehe ich!" Ich fragte: Willst du, daß er noch mehr holt? Er bringt so viele, bis ich genug habe." Straszewski war vor Freude außer sich, denn er hoffte den König durch die Beschreibung jener Eigenschaften zu überraschen. Ich zeigte ihm deshalb vor seiner Abreise alle Eigenschaften des Tieres.

Mein Fischotter schlief mit mir auf dem nämlichen Lager und war so reinlich, daß er weder das Bett, noch das Zimmer beschmutzte. Er war auch ein guter Wächter. In der Nacht durfte sich niemand meinem Bett nahen; kaum daß er dem Burschen erlaubte, mir die Stiefel aus= zuziehen, dann durfte er sich aber nicht mehr zeigen, sonst erhob das Tier ein Geschrei, daß ich selbst aus tiefstem Schlaf erwachen mußte. Wenn ich betrunken war, trat der Otter so lange auf meiner Brust herum, bis ich erwachte. Am Tage lag er in irgendeinem Winkel und schlief so fest, daß man ihn auf den Armen herumtragen konnte, ohne daß er die Augen öffnete. Er genoß weder Fische noch rohes Fleisch. Wenn mich jemand am Rock faßte und ich rief: „Er berührt mich!" so sprang er mit einem durchdringenden Schrei hervor und zerrte jenen an den Beinen und Kleidern wie ein Hund.

Er liebte einen zottigen Hund, der Korporal hieß. Von dem hatte er all jene Künste erlernt; denn er hielt Freundschaft mit ihm und war in der Stube und auf Reisen stets bei ihm. Dagegen vertrug er sich mit andern Hunden gar nicht. Einst stieg Stanislaus Ozarawski nach einer gemeinschaftlichen Reise bei mir ab. Wurm, der mich drei Tage lang nicht gesehen hatte, begrüßte mich freudig und konnte sich in Liebkosungen gar nicht genug tun. Der Gast hatte einen sehr schönen Windhund bei sich und sagte zu seinem Sohn: „Samuel, halte den Hund, damit er den Fischotter nicht zerreißt!" „Bemühe dich nicht", rief ich, „dies Tierchen, so klein es auch ist, duldet keine Beleidigung." „Wie! du scherzest!" erwiderte er, „dieser Hund packt jeden Wolf, und ein Fuchs atmet nur einmal unter ihm." Als Wurm genug mit mir gespielt hatte, bemerkte er den fremden Hund, trat an ihn heran und sah ihm starr unter die Augen; auch der Hund betrachtete den Fischotter; dieser aber ging im Kreise um ihn herum, beroch ihn bei den Hinterfüßen, trat zurück und entfernte sich. Ich dachte bei mir:

er wird dem Hund nichts tun. Kaum aber fingen wir an, etwas zu sprechen, als Wurm sich an den Hund schlich und ihm mit der Pfote über die Schnauze schlug, daß er zur Tür und von dort hinter den Ofen lief. Auch dahin folgte ihm Wurm. Als der Hund keinen andern Ausweg sah, sprang er auf den Tisch und zerbrach zwei geschliffene, mit Wein gefüllte Gläser. Man ließ ihn hinaus, und er kam nicht mehr ins Zimmer, obgleich sein Herr erst am folgenden Mittag abreiste.

Wurm war mir auch auf der Reise sehr nützlich. Kam ich während der Fastenzeit an einen Fluß oder See, und Wurm war bei mir, so stieg ich ab und rief: Wurm, spring hinein!" Sogleich sprang er ins Wasser und brachte Fische heraus, soviel ich für mich und meine Dienerschaft brauchte. Auch Frösche, und was er sonst fand, schleppte er herbei. Die einzige Unannehmlichkeit, die ich mit ihm auf Reisen hatte, war, daß überall die Leute zusammenströmten, als wenn das Tierchen aus Indien gewesen wäre. Ich besuchte einmal meinen Oheim, bei dem sich auch ein Priester befand, der bei Tisch neben mir saß, während Wurm hinter mir auf dem Rücken lag, weil er am liebsten auf diese Art ruhte. Als der Priester ihn bemerkte, glaubte er einen Muff zu sehen und faßte ihn an. Der Otter wachte auf, schrie und biß den Priester in die Hand, daß dieser vor Schreck ohn= mächtig wurde. —

Straszewski begab sich nun zum König und erzählte ihm alles, was er gesehen und gehört hatte. Der König ließ mich befragen, wieviel ich für den Fischotter verlangte; auch der Kronstallmeister schrieb an mich: „Um Gottes willen, schlag dem König die Bitte nicht ab, gib ihm den Fischotter, weil du sonst keine Ruhe haben wirst!" Stras= zewski überbrachte mir die Briefe und erzählte, daß der König immer sagte: bis dat, qui cito dat. Der König ließ auch zwei sehr schöne türkische Pferde von Jaworow holen, sie mit prächtigem Reitzeug versehen und mir als Gegengeschenk überschicken. Ich sandte nun den Otter in seinen neuen Dienst. Er trennte sich ungern von mir und schrie und lärmte in seinem Käfig, als er durch das Dorf gefahren wurde. Und er grämte sich sehr und wurde mager. Der König freute sich über die Maßen, als man ihm das kluge Tier überbrachte und sagte: „Das Tierchen sieht so abgehärmt aus, doch soll es schon besser mit ihm werden." Jeder, der Wurm berührte, wurde in die Hand ge= bissen. Der König aber streichelte ihn, und er neigte sich zu ihm hin;

darüber freute sich der König sehr, er befahl Speisen zu bringen, reichte sie ihm stückweise, und er verzehrte auch einiges. Zwei Tage lang ging Wurm in den Zimmern des Schlosses frei und ungehindert umher; es wurden Gefäße mit Wasser für ihn hingestellt und kleine Fische und Krebse hineingesetzt. Der Otter fing die Tiere heraus. Der König sagte darauf zu seiner Gemahlin: „Meine liebe Maria, ich werde von nun an keine anderen Fische mehr essen als solche, die unser Otter fängt. Wir wollen morgen nach Wilanow fahren und sehen, wie er sich aufs Fischen versteht." Wurm aber schlich sich in der nächsten Nacht aus dem Schloß, irrte umher und wurde von einem Dragoner erschlagen, der nicht wußte, daß er zahm war. Das Fell verkaufte der Dragoner an einen Juden. Als man im Schloß aufstand und den kleinen Liebling des Königs vermißte, war der Jammer groß, und es wurde nach allen Seiten ausgeschickt. Aber man fand nur noch Wurms Fell bei dem Juden und den Dragoner. Die beiden ergriff man und führte sie vor den König. Als dieser das Fell erblickte, bedeckte er mit der einen Hand seine Augen, raufte sich mit der andern die Haare und rief: „Schlag zu, wer ein ehrlicher Mann ist; hau zu, wer an Gott glaubt!" Der Dragoner sollte erschossen werden. Da erschienen Priester, Beichtväter und Bischöfe vor dem König, baten und stellten ihm vor, daß der Dragoner doch aus Unwissenheit gesündigt habe. Sie wirkten endlich aus, daß er begnadigt wurde.

Nicht immer zeigt sich der Höckerschwan so friedlich. Zur Brutzeit verteidigt er sein Nistgebiet gegen jeden Eindringling und greift dann selbst Menschen an.

Auf Anstand in der Tonne

An der Ostküste der Insel Rügen befindet sich, wie Schilling er=
zählt, mehrere hundert Schritte von der äußersten Spitze des hohen
Vorlandes ein Haufen Granitblöcke, die bei gewöhnlichem Wasser=
stand mehr als einen Meter über den Wasserspiegel emporragen. Auf
diesem Riff liegen oft vierzig bis fünfzig Seehunde, sind aber ge=
witzig genug, ein Boot nicht an sich herankommen zu lassen.

Einer meiner Freunde, erzählt Schilling, der mir Gelegenheit ver=
schaffen wollte, diese Tiere näher zu beobachten und zugleich jagen
zu können, ließ auf jenem Riff eine Tonne befestigen und sie so
stellen, daß ein Mann darin sitzen konnte. Nach Verlauf von acht
Tagen hatte man Gewißheit erlangt, daß die Seehunde sich nicht
mehr vor dem Anblick der ausgesetzten Tonne scheuten und wie
zuvor das Riff besuchten. Nun segelten wir, mit hinreichenden Lebens=
mitteln versehen, nach der unbewohnten Küste, erbauten uns dort
eine Hütte und fuhren von hier aus nach dem Riff hinüber. Einer von
uns Jägern saß beständig in der Tonne verborgen, der andere hielt
sich inzwischen am Strande auf. Das Boot wurde immer weit entfernt.
Der Anstand war höchst anziehend, aber auch sehr eigentümlich. Man
kam sich in dem kleinen Raume des engen Fasses unendlich verlassen
vor und hörte mit unheimlichen Gefühlen die Wogen der See rings
um sich herum branden. Ich bedurfte einiger Zeit, um die notwendige
Ruhe wiederzufinden. Dann aber traten neue, nie gesehene Erschei=
nungen vor meine Augen.

*Schweben und Gleiten beherrscht die Möwe bis zur höchsten Voll=
endung, denn die Luft ist ihr eigentliches Element, das sie nur verläßt,
um Nahrung aufzunehmen und zu brüten.*

In einer Entfernung von ungefähr vierhundert Schritten tauchte aus dem Meere ein Seehund nach dem anderen mit dem Kopfe über die Oberfläche auf. Ihre Anzahl wuchs von Minute zu Minute, und alle nahmen die Richtung nach meinem Riff. Anfangs befürchtete ich, daß sie beim Näherkommen vor meinem aus der Tonne hervor= ragenden Kopf sich scheuen und unsere Anstrengungen zunichte machen würden, und meine Besorgnis wuchs, als sie fast alle vor dem Steinhaufen senkrecht im Wasser sich emporstellten und mit aus= gestrecktem Halse das Riff, die darauf befindliche Tonne und mich mit großer Neugier zu betrachten schienen. Doch wurde ich wegen meiner Befürchtung beruhigt, als ich bemerkte, daß sie bei ihrer be= absichtigten Landung gegenseitig sich drängten und bissen und be= sonders die größeren sich anstrengten, so schnell wie möglich auf das nahe Riff zu gelangen. Auch unter ihnen schien das Recht des Stärkeren zu herrschen; denn die größeren bissen und stießen die kleineren, die früher auf die flachen, bequemeren Steine gelangt waren, herunter, um letztere selbst in Besitz zu nehmen. Unter abscheu= lichem Gebrüll und Geblöke nahm die Gesellschaft nach und nach die vorderen größeren Granitblöcke ein. Immer neue Ankömmlinge krochen noch aus dem Wasser heraus, wurden jedoch von den ersteren, die sich bereits gelagert, nicht vorbeigelassen und mußten sich bemühen, seitwärts vom Riff das Feste zu gewinnen. Deshalb suchten sich einige in unmittelbarer Nähe meiner Tonne ein Lager.

Die Lage, in der ich mich befand, war äußerst sonderbar. Ich war gezwungen, mich ruhig und still wie eine Bildsäule zu verhalten, wenn ich mich meiner außergewöhnlichen Umgebung nicht verraten wollte. Das Schauspiel war mir aber auch so neu und so großartig, daß ich nicht imstande gewesen wäre, mein bereits angelegtes Ge= wehr auf ein ganz sicheres Ziel zu richten. Das Tosen des bewegten Meeres, das vielstimmige Gebrüll der Tiere betäubte das Ohr, die große Anzahl der in unruhigen, höchst eigentümlichen Bewegungen begriffenen größeren und kleineren Seehunde erfüllten das Auge mit Staunen. Wie von einem Zauber erfaßt, ließ mich mein wunder= sames Gefühl lange zu keinem Entschluß kommen, und zwar um so weniger, da mir zu viel daran lag, die außerordentliche Naturerschei= nung in solcher Nähe beobachten zu können, als daß ich sie durch voreiliges Schießen mir selbst hätte rauben mögen.

Endlich nach langer Zeit solchen eigenen und sicherlich seltenen Genusses der Beobachtung kam mir selbst das Bedenken, daß mein Freund, der am gegenseitigen Ufer die Anwesenheit der Seehunde durch sein Fernrohr wahrnehmen mußte, ein Notzeichen geben und so die ganze Gesellschaft verscheuchen könne, aus Besorgnis, daß mir ein Unfall begegne; ich mußte also daran denken, meinen Anstand zu beenden. Die mich umgebenden Tiere waren zum Teil auch zu einiger Ruhe gekommen, und trotz dem fortdauernden Gebrüll fanden nur von einzelnen noch gegenseitige Angriffe statt — ob aus Feindschaft oder Zärtlichkeit, vermochte ich nicht zu bestimmen. Da ersah ich mir einen der größeren Seehunde, der vor mir auf einem mächtigen Granitblock in der behaglichen Ruhe dahingestreckt lag, zu meinem Ziele, und der gut gerichtete Schuß auf die Seite seines Kopfes traf so sicher und tödlich, daß das Kind des Meeres keine Kraft mehr besaß, von seinem Lager sich herabzuschwingen. Den zweiten Schuß empfing sein Nachbar, der ebenfalls nach wenigen Zuckungen leblos auf seinem Stein liegenblieb.

Die übrigen Seehunde gerieten erst nach dem zweiten Schusse in eine allgemeine hastige Bewegung und glitten hierauf mit großer Behendigkeit in das nahe Wasser; der erste Knall schien sie nur in Erstaunen gesetzt zu haben. Während das herbeigerufene Boot sich aufmachte, um mich und meine Beute abzuholen, hatte ich Zeit, Betrachtungen über das Betragen der geflüchteten Seehunde anzustellen. Sie setzten ihre Flucht nicht eben weit fort, sondern kamen in einer Entfernung von wenigen hundert Schritten oftmals über der Oberfläche zum Vorschein, näherten sich dem Riff sogar, so daß es schien, als ob sie dort wieder landen wollten. Die Annäherung des Fahrzeuges verscheuchte sie jedoch, und sie zogen weiter in die See hinaus.

Nunmehr nahm mein Freund den Sitz auf dem Riff ein, und ich segelte mit dem Boot und den beiden erlegten Tieren nach unserem Versteck hinüber. Etwa zwei Stunden verflossen, ehe die Seehunde wieder erschienen. Zu meiner Freude bemerkte ich nach Ablauf dieser Zeit mit meinem Fernrohre, daß sie sich in ziemlicher Anzahl dem Riff näherten und einzelne bereits Besitz von den äußersten Seiten genommen hatten. Nicht viel später fielen rasch hintereinander zwei Schüsse, und wir erhielten das Zeichen, das uns hinüber forderte. Als wir ankamen, sahen wir einen der größten Seehunde auf einem Steinblock tot hingestreckt. Einem zweiten gleichfalls getroffenen war es gelungen, in das Wasser zu entkommen; wir fanden ihn jedoch am anderen Morgen tot am gegenüberliegenden Strand.

Gelehrige Schweine

Ein Förster erzählte mir, daß er eine Zeitlang ein kleines, soge= nanntes chinesisches Schweinchen besessen habe, das ihm wie ein Hündchen nachlief, auf den Namen hörte, sogleich herbeikam, wenn es gerufen wurde, auf der Treppe mit ihm emporstieg, sich im Zimmer ganz gut betrug, Befehle und mancherlei Kunststücke ausführte. Es war gewöhnt worden, im Walde Morcheln zu suchen und erfüllte diese Aufgabe mit großem Eifer.

Als Ludwig der XI. krank war, wurden von seinen Hofleuten alle nur erdenklichen Mittel ersonnen, um die trüben Gedanken, die den König beherrschten, zu zerstreuen. Die meisten Versuche waren frucht= los, einer aber brachte den trübsinnigen König doch zum Lachen. Ein erfinderischer Kopf verfiel darauf, Ferkel nach den Tönen eines Dudelsacks zum Tanzen und Springen abzurichten. Er bekleidete die Tiere von Kopf bis zum Fuß und ließ sie einherstolzieren in schön geputz= ten Leibröcken, Beinkleidern, mit Hut, Schärpe und Degen, kurz mit allen Anhängseln, welche die Stellung eines vornehmen Mannes er= fordert. Sie waren sehr gut abgerichtet, sprangen und tanzten nach

Befehl, verbeugten sich artig und betrugen sich musterhaft folgsam. Nur eines war ihnen unmöglich: der aufrechte Gang. Sowie sie sich auf zwei Pfoten aufgerichtet hatten, fielen sie sofort unter Grunzen nieder, und die ganze Gesellschaft schrie dann ihr „Honn, honn, honn" auf eine so närrische Weise, daß der König sich nicht des Lachens enthalten konnte.

In London führte man einmal ein gelehrtes Schwein vor. Man zeigte es in einem Saale vor vielen Menschen. Zwei Alphabete großer Buchstaben auf Karten lagen auf dem Boden. Einer aus der Gesellschaft wurde gebeten, ein Wort zu sagen. Der Besitzer des Schweines wiederholte es seinem Zögling, und dieser hob sofort die zu dem Wort nötigen Buchstaben mit den Zähnen auf und legte sie in die gehörige Ordnung. Auch die Zeit verstand das Tier anzugeben, wenn man ihm eine Uhr vorhielt usw.

Ein anderer Engländer hatte ein Schwein zur Jagd abgerichtet. Slud, wie das Tier genannt wurde, war ein warmer Freund der Jagd, mit Ausnahme der auf Hasen, die er nicht zu beachten schien. Obgleich er sich mit den Hunden gut vertrug, waren diese doch so ärgerlich über solchen Jagdgenossen, daß sie ihre Dienste zu tun verweigerten, wenn das Schwein irgendein Wild vor ihnen aufgespürt hatte, und schließlich konnte man die Rüden nicht mehr mitnehmen, sondern mußte Slud allein gebrauchen. Seine Nase war so fein, daß er einen Vogel schon in einer Entfernung von 40 Schritten wahrnahm. Wenn dieser sich erhob und wegflog, ging er gewöhnlich zu dem Platze, wo jener gesessen hatte, und wühlte dort die Erde auf, um den Jägern diesen Ort gehörig anzuzeigen. Lief aber der Vogel weg, ohne sich zu erheben, so folgte ihm Slud langsam nach und stellte ihn, ganz nach Art eines guten Vorstehhundes. Man gebrauchte Slud mehrere Jahre, mußte ihn aber zuletzt töten, weil er die Schafe nicht leiden konnte und unter den Herden Schrecken verursachte.

Andere Schweine hat man abgerichtet, einen Wagen zu ziehen. Ein Bauer in der Nähe der Marktstadt St. Alban kam oft mit seinen vier Schweinen gefahren, jagte in einem sonderbaren Galopp ein= oder zweimal um den Marktplatz herum, fütterte sein Gespann und kehrte einige Stunden später wieder nach Hause zurück. Ein anderer Bauer wettete, daß er auf seinem Schwein in einer Stunde vier engl. Meilen weit reiten wollte, und gewann die Wette.

Die Heerscharen der Wildtaube

Die nordamerikanische Wandertaube, etwa gleich groß wie unsere Ringeltaube, unternimmt oft, lediglich der Nahrung halber, in riesigen Schwärmen weite Wanderungen. Sie tritt aber bei weitem nicht mehr so zahlreich auf wie in früheren Zeiten, aus denen hier ein Bericht des durchaus zuverlässigen Naturforschers Audubon folgen möge.

Im Herbst 1813, schreibt dieser, als ich einige Meilen unter Hardensburgh am Ohio über die dürren Ebenen ging, bemerkte ich einen Zug Wandertauben, welcher von Nordost nach Südwest eilte. Da mir ihre Anzahl größer erschien, als ich sie jemals vorher gesehen hatte, kam mir die Lust an, die Züge, welche innerhalb einer Stunde im Bereich meines Auges vorüberflogen, zu zählen. Ich stieg deshalb ab, setzte mich auf eine Erhöhung und machte mit meinem Bleistift für jeden vorübergehenden Zug einen Tupfen aufs Papier. In kurzer Zeit fand ich, daß das Unternehmen nicht auszuführen war; denn die Vögel erschienen in unzählbarer Menge. Ich erhob mich also, zählte die Tupfen und fand, daß ich in 21 Minuten deren 163 gemacht hatte.

Die Luft war buchstäblich mit Tauben erfüllt und die Nachmittagssonne durch sie verdunkelt wie bei einer Mondfinsternis. Der Unrat fiel in Massen wie Schneeflocken herab, und das Geräusch der Flügelschläge übte eine einschläfernde Wirkung auf meine Sinne aus. Während ich in einer Wirtschaft am Zusammenfluß des Saltriver mit dem Ohio auf mein Mittagessen wartete, sah ich noch unermeßliche Legionen vorüberziehen. Nicht eine einzige dieser Tauben ließ sich nieder; aber in der ganzen Umgebung gab es auch keine Nuß oder Eichel. Demgemäß flogen sie so hoch, daß verschiedene Versuche, sie mit meiner vortrefflichen Büchse zu erreichen, vergeblich waren; die Schüsse störten sie nicht einmal.

Unmöglich ist es, die Schönheit ihrer Luftschwenkungen zu beschreiben, wenn eine Falke versuchte, eine aus dem Haufen zu schlagen. Mit einem Male stürzten sie sich dann unter Donnergeräusch, in eine feste Masse zusammengepackt, wie ein lebendiger Strom hernieder, drängten dichtgeschlossen in welligen und scharfwinkeligen

Linien vorwärts, fielen bis zum Boden herab und strichen in unver=
gleichlicher Schnelle darüber hin, stiegen dann senkrecht empor, einer
mächtigen Säule vergleichbar, und entwickelten sich, nachdem sie die
Höhe wieder erreicht, zu einer Linie, gleich den Windungen einer un=
geheuren, riesigen Schlange. Vor Sonnenuntergang erreichte ich
Lousville, welches von Hardensburgh 55 Meilen entfernt ist. Die
Tauben zogen noch immer in unverringerter Anzahl dahin, und so
ging es drei Tage ununterbrochen fort.

Es war höchst anziehend, zu sehen, daß ein Schwarm nach dem an=
deren genau dieselben Schwenkungen ausführte wie der vorhergeh=
ende. Wenn z. B. ein Raubvogel an einer gewissen Stelle in einen sol=
chen Zug gestoßen hatte, beschrieb der folgende an dieser Stelle die
gleichen Winkelzüge, Krümmungen und Wellenlinien, welche der
angegriffene Zug in seinem Bestreben, der gefürchteten Klaue des
Räubers zu entrinnen, durchflogen hatte.

Das ganze Volk war in Waffen. An den Ufern des Ohio wimmelten
Männer und Knaben durcheinander und schossen ohne Unterlaß un=
ter die fremden Gäste, welche hier, als sie den Fluß kreuzen wollten,
niedriger flogen. Massen von ihnen wurden vernichtet, eine Woche
und länger genoß die Bevölkerung nichts als das Fleisch oder das Fett
der Tauben, und es war von nichts als von den Tauben die Rede. Die
Luft war währenddem gesättigt von der Ausdünstung, welche dieser
Art eigen ist.

Vielleicht ist es nicht unnütz, eine Schätzung aufzustellen von der
Anzahl der Tauben, welche ein solcher Schwarm enthält, und von der
Menge der Nahrung, welche er vertilgt. Nimmt man an, daß der Zug
eine englische Meile breit ist — was durchaus nicht übertrieben ge=
nannt werden darf — und daß er bei der angegebenen Schnelligkeit
ununterbrochen drei Stunden währt, so erhält man ein Parallelogramm
von 180 englischen Geviertmeilen. Rechnet man nun nur zwei Tau=
ben auf den Geviertmeter, so ergibt sich, daß der Zug aus
1 115 136 000 Stück Wandertauben besteht. Da nun jede Taube täg=
lich ein halbes Pint (1 P. = 0,568 l) an Nahrung bedarf, braucht der
ganze Zug eine Menge von 8 712 000 Bushels (1 B. = 35 l) täglich.
Ein anderer Beobachter stellt eine ähnliche Rechnung auf und gelangt
zu dem Ergebnis, daß ein Schwarm über zwei Billionen Tauben ent=
hält und täglich 17 424 000 Bushels Körnerfutter bedarf.

Sobald die Tauben Nahrung entdecken, beginnen sie zu kreisen, um das Land zu untersuchen. Während ihrer Schwenkungen gewährt die dichte Masse einen prachtvollen Anblick. Je nachdem sie ihre Richtung wechseln und die obere oder untere Seite dem Beobachter zukehren, erscheinen sie bald blau, bald purpurn. So ziehen sie nied= rig über den Wäldern dahin, verschwinden zeitweilig im Laubwerk, erheben sich wieder und streichen in höheren Schichten fort. Endlich lassen sie sich nieder. Nun sieht man sie emsig die welken Blätter durchstöbern, um nach der zu Boden gefallenen Eichelmast zu suchen. Unablässig erheben sich einzelne Züge, streichen über die Haupt= masse dahin und lassen sich wieder nieder; dies geschieht aber in so rascher Folge, daß der ganze Zug beständig zu fliegen scheint.

Ungefähr um die Mitte des Tages, nachdem sie sich gesättigt ha= ben, lassen sie sich auf den Bäumen nieder, um zu ruhen und zu ver= dauen. Auf den Zweigen laufen sie gemächlich hin und her, spreizen ihren schönen Schwanz und bewegen den Hals vor= und rückwärts in sehr anmutiger Weise. Wenn die Sonne niedersinkt, fliegen sie den Schlafplätzen zu, welche gar nicht selten Hunderte von Meilen von den Futterplätzen entfernt liegen.

Betrachten wir nun einen dieser Schlafplätze, meinetwegen den an dem Grünen Fluß in Kentucky, welchen ich wiederholt besucht habe. Er befand sich in einem hochbestandenen Wald, welcher nur wenig Unterwuchs hatte. Ich ritt vierzig Meilen in ihm dahin und fand, da ich ihn an verschiedenen Stellen kreuzte, daß er mehr als drei Meilen breit war. Als ich ihn das erstemal besuchte, war er ungefähr vor 14 Tagen in Besitz genommen worden. Zwei Stunden vor Sonnenunter= gang kam ich an. Noch waren erst wenige Tauben zu sehen; aber viele Leute mit Pferden und Wagen, Gewehren und Schießvorrat hatten sich rings an den Rändern aufgestellt.

Zwei Landwirte hatten über 300 Schweine mehr als hundert Mei= len weit hergetrieben, in der Absicht, sie mit Taubenfleisch zu mästen. Überall sah man Leute beschäftigt, Tauben einzusalzen, und allerorten lagen Haufen von erlegten Vögeln. Der herabgefallene Mist bedeckte den Boden mehrere Zentimeter hoch in der ganzen Ausdehnung des Schlafplatzes so dicht wie Schnee. Viele Bäume, deren Stämme etwa 60 cm Durchmesser hatten, waren niedrig über dem Boden abge= brochen und die Äste der größten und stärksten herabgestürzt, als ob ein Wirbelsturm im Wald gewütet hätte. Alle Anzeichen deuteten darauf hin, daß die Anzahl der Vögel, welche hier gehaust hatten, eine über alle Begriffe große sein mußte.

Als der Zeitpunkt des Eintreffens der Tauben herannahte, bereitete man sich fast ängstlich auf ihren Empfang vor. Viele Leute erschienen mit eisernen Töpfen, welche Schwefel enthielten, andere mit Kien= fackeln, wieder andere mit Pfählen, die übrigen mit Gewehren. Die Sonne war unseren Blicken entschwunden, und noch nicht eine einzige Taube war erschienen; aber alles stand bereit, und aller Augen schau= ten auf zum klaren Himmel, welcher zwischen den hohen Bäumen hindurchschimmerte. Plötzlich vernahm man den allgemeinen Schrei: „Sie kommen." Und sie kamen, obgleich noch entfernt, so doch mit einem Dröhnen, welches an einen durch das Takelwerk brausenden Schneesturm erinnerte. Als sie wirklich da waren und der Zug über mich wegging, verspürte ich einen heftigen Luftzug.

Tausende von Tauben wurden rasch von den Pfahlmännern zu Boden geschlagen; aber ununterbrochen stürzten andere herbei. Jetzt wurden die Feuer entzündet, und ein großartiges, ebenso wunder= volles wie entsetzliches Schauspiel bot sich den Blicken. Die Tauben, die zu Tausenden ankamen, ließen sich allerorten nieder, bis sich um die Äste und Zweige der Bäume feste Massen gebildet hatten. Hier und da brachen die Äste unter ihrer Last, stürzten krachend nieder und vernichteten Hunderte der darunter sitzenden Vögel, ganze Klumpen von ihnen zu Boden reißend. Es war ein Auftritt der Ver= wirrung und des Aufruhrs. Ich fand es gänzlich unnütz, zu sprechen oder auch den mir zunächst Stehenden zuzuschreien.

Schon war es Mitternacht und noch fortwährend kamen die Tau= ben, noch immer zeigte sich keine Abnahme. Der Aufruhr währte die ganze Nacht hindurch fort. Ich war begierig, zu erfahren, wie weit hin man den Lärm vernehmen könne, und sandte deshalb einen Mann ab, dies zu erforschen. Er kehrte mit der Nachricht zurück, daß er drei Meilen vom Ort noch alles deutlich gehört habe. Erst gegen Tagesanbruch legte sich das Geräusch einigermaßen.

Lange bevor man einen Gegenstand unterscheiden konnte, begann= nen die Tauben bereits wegzuziehen, und zwar in einer ganz anderen Richtung, als sie gekommen waren. Bei Sonnenaufgang waren alle verschwunden, die noch fliegen konnten. Nun vernahm man das Heu=

len der Wölfe, der Füchse, der Luchse, des Kuguars, der Bären, Waschbären und Beuteltiere, die unten umherschnüffelten, während Adler und eine Menge von Geiern sich einfanden, um mit ihnen die Beute zu teilen. Jetzt begannen auch die Leute die toten, sterbenden und verstümmelten Tauben aufzulesen. Sie wurden auf Haufen geworfen, bis jeder so viele hatte, als er wünschte; dann ließ man die Schweine los, um den Rest zu vertilgen.

Genau dieselbe Schlächterei findet auf den Brutplätzen der Wandertaube statt, wo man auf einem und demselben Baum oft 50—100 Nester beisammen sieht. Wilson schildert solch einen Brutplatz ausführlich.

Wenn die brütenden Wandertauben einen Wald länger im Besitz gehabt haben, bietet er einen überraschenden Anblick dar. Der Boden ist mit Mist bedeckt, alles weiche Gras und Buschholz zerstört. Massen von Ästen liegen unten wirr durcheinander, und die Bäume selbst sind in einer Fläche von mehr als tausend Morgen so völlig kahl, als ob sie mit einer Axt behandelt worden wären. Die Spuren einer solchen Verwüstung bleiben jahrelang sichtbar, und man stößt auf viele Stellen, wo in mehreren nachfolgenden Jahren keine Pflanze zum Vorschein kommt. Die Indianer betrachten solchen Brutplatz als eine wichtige Quelle für ihren Wohlstand und Lebensunterhalt. Sobald die Jungen völlig ausgewachsen sind, erscheinen die Bewohner der umliegenden Gegenden mit Wagen, Betten und Kochgeräten, viele vom größten Teile ihrer Familie begleitet, und bringen mehrere Tage auf dem Brutplatz zu. Augenzeugen erzählten mir, das Geräusch und Gekreisch in den Wäldern sei so arg gewesen, daß die Pferde scheu geworden wären und keiner dem anderen, ohne ihm ins Ohr zu schreien, sich verständlich hätte machen können. Der Boden war bedeckt mit zerbrochenen Ästen, herabgestürzten Eiern und Jungen, an denen Herden von Schweinen sich mästeten. Habichte, Falken und Adler kreisten scharenweise hoch in der Luft und holten sich nach Belieben junge Tauben aus den Nestern; das Auge sah nichts als eine ununterbrochene, sich tummelnde, drängende, durcheinander flatternde Taubenmasse; das Rauschen der Fittiche glich dem Rollen des Donners. Dazwischen vernahm man das Prasseln der stürzenden Bäume; denn die Holzschläger beschäftigten sich jetzt damit, diejenigen umzuhauen, welche am dichtesten mit Nestern bedeckt waren.

Das Wundertier

Das Wundertier — ein Graupapagei, von dem der Naturforscher Lenz mit Recht behauptete, daß niemals, seit Vögel auf Erden leben, ein Papagei oder sonst ein Vogel Höheres in Kunst und Wissenschaft geleistet habe — wurde im Jahre 1827 im Auftrag des Domkapitulars Josef Marchner zu Salzburg von einem Schiffskapitän in Triest für fünfundzwanzig Gulden gekauft und kam im Jahre 1830 in den Besitz des Domceremonarius Hanikl. Dieser gab ihm täglich vormittags von neun bis zehn oder abends von zehn bis elf Uhr regelmäßig Unterricht, beschäftigte sich außerdem viel mit ihm und erzielte so die hohe Ausbildung seiner geistigen Fähigkeiten. Nach Hanikls Tod wurde der Papagei für hundertfünfzig Gulden und im Jahre 1840 zum zweitenmal für dreihundertsiebzig Gulden verkauft. Ein Freund meines verstorbenen Vaters, Graf Gourcy Droitaumont, hat einen Bericht über den Vogel veröffentlicht, der später durch den letzten Besitzer des Wundertiers auf Wunsch von Lenz vervollständigt und abgeschlossen wurde:

Der Papagei achtet auf alles, was um ihn vorgeht, weiß alles zu beurteilen, gibt auf Fragen die richtige Antwort, tut auf Befehl, was ihm geheißen wird, begrüßt Ankommende, empfiehlt sich Fortgehenden, sagt morgens „Guten Morgen" und abends „Guten Abend", verlangt Futter, wenn er Hunger hat. Jedes Mitglied der Familie ruft er bei seinem Namen, und das eine steht bei ihm mehr in Gunst als ein anderes. Will er mich bei sich haben, so ruft er: „Papa, komm her!" Was er spricht, singt oder pfeift, trägt er ganz so vor wie ein Mensch. Zuweilen zeigt er sich in Augenblicken der Begeisterung als Improvisator, und seine Rede klingt dann genau wie die eines Redners, den man von weitem hört, ohne ihn zu verstehen.

Nun das Verzeichnis dessen, was der Jako spricht, singt, pfeift usw.:

„Geistlicher Herr, guten Morgen!" — „Geistlicher Herr, ich bitt um a Mandl!" — „Magst a Mandl?" — „Magst a Nuß?" — „Bekommst schon was. Da hast was." — „Herr Hauptmann, grüß Gott, Herr Hauptmann!" — „Frau Baumeisterin, gehorsamster Diener!" — „Bauer,

Spitzbub, Bauer, Wilddieb, gehst weiter, gehst weiter, gehst nach Haus, gehst nach Haus oder nicht? Wart, du Kerl!" — „Du Lump du, du Kerl, du abscheulicher, du!" — „Braver Paperl, guter Paperl!" — „Du bist a braves Buberl, gar a bravs Buberl!" — „Bekommst an Kukuruz, bekommst schon was!" — „Nani, Nani!" — „Herr Nachbar, Zeit lassen, Herr Nachbar, Zeit lassen!" —

Wenn jemand an die Tür klopft, so ruft er laut und deutlich: „Herein, herein! Befehl mich Euer Gnaden, Herr Bräu, gehorsamster Diener, freut mich, daß ich die Ehre hab, freut mich, daß ich die Ehre hab!"

Er klopft auch manchmal selbst an sein Haus und hält diese An= sprache. Er ahmt den Kuckuck sehr gut nach.

„Gib mir a Busserl, a schönes Busserl, kriegst a Mandl!" — „Schau her da!" — Komm heraus, komm herauf, komm her da!" — „Mein liebs Paperl!" — „Bravo, bravissimo!" „Beten, gehen wir zum Beten, gehen wir zum Essen, gehen wir zum Fenster." — Hieronymus, steh auf!" — „I geh, bfiet Gott (behüte dich Gott)!" — „Es lebe unser Kaiser, er lebe recht lange!" — „Wo kommst du her? Verzeihn Ihr Gnaden, i hab glaubt, Sie sein a Vogel!"

Nit beißen, gib Ruh'! Was hast tan? was hast tan? Wart du Spitz= bub du, du Kerl du, wart, ich hau dich!" — „Paperl, wie geht's dir denn, Paperl? Hast was z'essen? Guten Appetit!" — „Bst, bst, gute Nacht!" — „Der Paperl darf herausgehn, komm, allo, komm!" —

„Paperl, schieß, schieß, Paperl!" — Dann schließt er, indem er laut ruft: „Puuh! Gugu gugu!" —

„Geh nach Haus, gehst nach Haus? Allo marsch, gleich gehst nach Haus, wart, ich hau dich!" — Er läutet an seiner Glocke, die in seinem Bauer angebracht ist, und ruft: „Wer läut, wer läut? Der Paperl!" — „Kakadu, Kakadu! Gagagaga, wart mit dein Ga, du—du!" — „s' Hun= derl ist da, a schöns Hunderl ist da, gar a schöns Hunderl!" Dann pfeift er dem Hund. Er fragt: „Wie sprichts Hunderl?" Dann bellt er. Dann sagt er: „Pfeif'n Hunderl!"

Wenn man ihm befiehlt, „Schieß!" so schreit er „Puuuuh!" Dann kommandiert er: „Halt, richt euch! Halt, richt! Macht euch fertig! Schlagt an, hoch! Feuer! Puuuuh! Bravo, bravissimo!" Bisweilen läßt er das Kommado „Feuer!" aus und ruft nach dem „Schlagt an, hoch!" gleich „Puuuh!", worauf er aber nicht „Bravo, bravissimo!" ruft, offenbar im Bewußtsein des Fehlers, den er gemacht hat. —

„Bfiet Gott, adio! Bfiet Ihnen Gott!" So sagt er zu den Leuten, wenn sie fortgehen. „Was, mich beuteln? Was? Mich beuteln?" Er verführt ein Zetergeschrei, als wenn er gebeutelt würde, dann ruft er wieder: „Was? Mich beuteln? Mich beuteln? Wart, du Kerl! Mich beuteln?" — Ja, ja, ja, so geht's auf der Welt! A so, a so!" Dann lacht er. „Der Paperl ist krank, der arme Paperl ist krank!" — „Hörst den Hansel?" — „Gugu, gugu! Da ist der Paperl!" — „Wart, ich will dich beuteln, dich!"

Wenn er sieht, daß der Tisch gedeckt wird, ruft er: „Gehen wir zum Essen! Allo, komm zum Essen!" Wenn sein Herr frühstückt, ruft er: „Kakau (Kakao)! Bekommst an Kakau, bekommst schon was!" —

Wenn er das Glöcklein von der Domkirche läuten hört, ruft er: „Ich geh, bfiet Gott! Ich geh!" Wenn sein Herr ausgeht, ruft er beim Öffnen der Tür: „Bfiet Gott!" Gehen aber fremde Personen fort: „Bfiet Ihnen Gott!" Wenn er bei Nacht im Zimmer seines Herrn ist, bleibt er so lange ruhig, als sein Herr schläft. Ist er aber bei Nacht in einem andern Zimmer, so fängt er mit Tagesanbruch an zu singen, zu pfeifen und zu sprechen.

Der Eigentümer des Jako hatte eine Wachtel. Als sie im Frühjahr zum erstenmal ihr „Pickerwick" schlug, kehrte sich der Papagei gegen sie und rief: „Bravo, Paperl! Bravo!" Um zu sehen, ob es möglich wäre, ihn auch etwas singen zu lehren, wählte man anfangs Worte, die er ohnehin aussprechen konnte, z. B.: „Ist der schöne Paperl da? Ist der brave Paperl da? Ist der Paperl da? Ja, ja." Später lernte er das Liedchen singen: „O Pitzigi, o Pitzigi, blas anstatt meiner Fagott, blas anstatt meiner Fagott, blas, blas, blas, blas anstatt meiner Fagott, blas anstatt meiner Fagott." Er stimmt auch Akkorde an und pfeift eine Skala hinauf und herunter sehr geläufig und sehr rein, pfeift andere Stückchen und Triller; doch pfeift und singt er dies alles nicht jederzeit im nämlichen Ton, sondern bisweilen um einen halben oder ganzen Ton tiefer oder höher, aber immer ohne falsche Töne. In Wien lernte er auch eine Arie aus der Oper „Martha" pfeifen, und da ihm dabei von seinem Lehrmeister nach dem Takt vorgetanzt wurde, ahmte er den Tanz wenigstens dadurch nach, daß er einen Fuß nach dem andern hob und dabei den Körper possierlich hin und her bewegte.

Von Kleinmayrn, der letzte Besitzer des Wundertiers, starb im Jahre 1853. Bald darauf begann der Papagei zu kränkeln, wurde ganz matt in ein kleines Bettchen gelegt, sorgfältig gepflegt, schwatzte da noch immer, sagte oft mit trauriger Stimme: „Der Paperl ist krank, armer Paperl ist krank" und starb.

Bildnachweis

Die 8 Farbtafeln

an den Seiten 1, 48, 112, 160, 192, 224, 272 und 336 sowie
das Schwarzweißfoto neben Seite 32 stammen von Dr.
Bernhard und Michael Grzimek, Frankfurt/Main.

Die Schwarzweißfotos stellten zur Verfügung:

Bavaria=Verlag, Gauting v. München: 17, 49, 80, 81, 96,
97, 113, 128, 129, 145, 177, 225, 240, 289, 304, 305, 321,
337, 352, 353, 369

M. Hagenlocher, Stuttgart: 257, 320

Keystone GmbH., München 22: 1, 161, 193, 368

P. Kroehnert, Köln: 16, 64, 144, 176, 208, 288

Dr. Wolff & Tritschler, Frankfurt: 33, 65, 209, 241, 256, 273